Tim Lewis

Die Biologie der Hunde

Eine geführte Tour

Kynos

Titel der englischsprachigen Originalausgabe: Biology of Dogs.
From Gonads through Guts to Ganglia.

erschienen bei Dogwise Publishing,
Wenatchee, Washington, USA

Aus dem Englischen übersetzt von Silke Ben Hajla

Kynos Verlag Dr. Dieter Fleig GmbH
Konrad-Zuse-Straße 3
D-54552 Nerdlen/Daun
Telefon: 06592 957389-0
www.kynos-verlag.de

Gedruckt in Lettland

ISBN 978-3-95464-258-8

Bildnachweis:

Alle Fotos Tim Lewis;
Grafiken: Nicole Hilgers unter Verwendung Adobe Stock-Grafiken:
Good Studio-stock.adobe.com: S. 21, 39, 71, 95, 123, 151, 167, 193, 239, 253, 305; macrovector-stock.adobe.com: S. 21, 95;
roadrunner-stock.adobe.com: S. 123; artinspiring-stock.adobe.com: S. 203; mast3r-stock.adobe.com: S. 215;
Studio Ayutaka-stock.adobe.com: S. 215; alestraza-stock.adobe.com: S. 239; Yry Velikanov-stock.adobe.com: S. 253;
Utro na more-stock.adobe.com: S. 253; MicorOne-stock.adobe.com: S. 271;
Cover: Good Studio-stock.adobe.com, magemasher-stock.adobe.com, zenina-stock.adobe.com

Inhaltsverzeichnis

Was Geeks, Nerds und Hundefans zu diesem Buch meinen

„Die Biologie der Hunde“ ist der ultimative Guide, mit dem Sie Ihren haarigen vierbeinigen Begleiter verstehen werden. Tim übersetzt Wissenschaft mit verständlichen Vergleichen auf unterhaltsame Weise. Dies ist ein Buch für Ihre Stammbibliothek – Sie werden immer wieder darauf zurückgreifen.
Lesley Scibora, DC, PhD, außerordentliche Professorin für Gesundheits- und Bewegungslehre – allerdings war sie Tim noch einen Gefallen schuldig …

Hier ist das Rezept für ein witziges und informatives Buch über Hunde: Man beginne mit einer unersättlichen Neugierde, füge einen Doktortitel im Fach „wie Lebendiges funktioniert“ (also dem Studium der Biologie) hinzu. Sodann füge man eine Prise Witz, Sarkasmus und eine gesunde Dosis Despektierlichkeit bei. Man stelle es fertig unter Rühren in ein paar persönlichen Geschichten sowie einem starken Verlangen danach, seine Stellung als bester Hundepapa aller Zeiten zu bewahren.
Ruth Lewis, Tims Frau, ist zwar dazu gezwungen, das Buch zu rezensieren, ist aber selbst zertifizierte Hundefitnesstrainerin, Mitglied der APDT sowie Instruktorin für Agility und Dogdance.

Als er drei oder vier Jahre alt war, zeichnete Tim ein perfekt proportioniertes „B“ in roter Tinte auf ein samtenes Sofakissen. Das war derart erstaunlich, dass nicht einmal unsere Mutter böse sein konnte. Keiner hatte gewusst, dass er schreiben konnte. Dieses Buch beweist nun womöglich das Gegenteil.
Barb Lewis, MFA, Tims Lieblingsschwester, aus der eine professionelle Verlegerin geworden ist und die allen Ernstes als die einzige weitere Frau gelten möchte, mit der Tim je zusammengelebt hat. Und was ist mit unserer Mutter?

Das ideale Buch, um neben die Toilette ins Bad zu legen, denn seien wir ehrlich, Ihr Hund ist sowieso da schon mit drin und Sie haben den Kopf voll mit Biologie – und wenn Sie beide wieder herauskommen, werden Sie Insider-Wissen voneinander haben. Sicher werden Sie und Ihr Hund wie verwandelt sein und Ihre Bindung zueinander wird stärker sein.
Sue Sternberg, Beraterin für Hundeverhalten, Expertin für Tierheime und Autorin einer ganzen Reihe von Büchern über Hundeverhalten und -training. Vor Ort ist sie bekannt als „Die Wüstenratte“ und Liebhaberin von allem, was mit Dinosauriern zu tun hat. Sie brachte Tim vor zwei Jahren dazu, eines ihrer Bücher zu rezensieren. Tja, Rache kann süß sein …

Wie sich herausstellt, ist es im Inneren eines Hundes nicht zu dunkel zum Lesen – Tim ist unser Licht, das uns hindurchgeleitet, damit wir all das lernen, was es über die Biologie der Hunde zu wissen gibt.
Sarah Palm, Expertin für tiergestützte Intervention, Universität von Minnesota: Hundesportmassagetherapeutin und Prüferin der Therapiehunde-Teams bei Pet Partners. Laut Tim haben er und Sarah sich kennengelernt, als sie vor zehn Jahren dem lahmend aus den AKC Nationals kommenden Gromit mit ihren Massagekünsten half. „Ich hatte keine Ahnung, welchen Eindruck ich auf sie gemacht habe!“, meint Tim.

Auf alle Fälle macht sich das Buch gut als Türstopper und wegen seines bunten Covers stolpert man auch nicht so leicht drüber.
Anonym

Wir können nur ahnen, wer das wohl geschrieben haben mag.

WIDMUNG

Für Gromit, der uns gelehrt hat, was es heißt, Hundemenschen zu sein.

Danksagungen

Ein Werk wie dieses kann man nicht alleine erschaffen. Diese Reise in Buchform enthält etwas von all denen, die mich über die Jahre hinweg etwas gelehrt haben. Dazu gehören Lehrer, Kollegen, Freunde, Studenten genauso wie auch die Hunde, die ihr Leben mit mir teilen. Meinen tiefsten Dank für diese Ausgabe schulde ich meiner Mentorin und Freundin Sue Sternberg, die mich davon überzeugt hat, dass das Thema gut und die Perspektive nützlich sei und dass ich das schreiben sollte. Jon Luke von Dogwise ermutigte mich in ähnlicher Weise, damit zu beginnen – selbst noch, nachdem er mich unterrichten gehört hat. Sam Boyd sorgte, während ich mich auf das Projekt konzentriert habe, in meiner restlichen Arbeitswelt für Ordnung. Ich danke meinen Lektorinnen einschließlich Sue Sternberg, Barb Lewis, Ruth Lewis, Lesley Scibora und Sarah Palm sowie meinen Herausgebern, meinem Team bei Dogwise einschließlich Larry Woodward, Jon Luke und der unglaublich präzisen und kompetenten Adrienne Hovey für ihren Blick fürs Detail und die Bereitschaft, meine Worte zu verbessern und meine Gedanken zu klären. Jegliche Fehler in diesem Werk sind einzig meine eigenen. Ruth hat mich währenddessen vieles gelehrt, mich unterstützt und ermutigt, wie sie es bereits seit vier Jahrzehnten tut. Meinen Dank dafür kann ich nicht in Worte fassen. Alles in allem war es für mich ein höchst spannendes und erfülltes Jahr.

Vorwort von Sue Sternberg

Egal, ob Sie ein Hundemensch sind oder nicht: Wenn Sie mit diesem Buch fertig sind, werden Sie nie mehr der- oder dieselbe sein. Mit an Sicherheit grenzender Wahrscheinlichkeit werden Sie nie wieder ein Hundespielzeug kaufen, ohne sich vorher Gedanken über dessen Farbe zu machen. Ebenso wenig werden Sie rote Autos auf der Autobahn so wie vorher betrachten. Wahrscheinlich werden Sie auch nie wieder einen Raum betreten, ohne sich dabei zu fragen, ob irgendwo versteckt vielleicht ein Elefant herumlungern könnte, den Sie nicht sehen können.

Seine Freunde nennen ihn „Tim-i-pedia". Das mag im ersten Moment scherzhaft klingen, aber man versteht dann schnell, dass Tim tatsächlich so einer ist. Und er kann einem wirklich unglaublich nützlich sein. Während eines Urlaubs mit Verwandten im tiefsten Winter in Quebec City kam einmal die Frage auf, wie lange es wohl dauern würde, bis sich unsere Körper an die eisige Temperatur von etwa minus zwölf Grad Celsius akklimatisiert haben würden. „Lasst uns Tim anrufen!" Auf diese Weise lernt man, was Mitochondrien sind („Das Kraftwerk unserer Zellen", sagt Tim mit großer Ehrfurcht) und dass diese sich vermehren, um den Bedarf unseres Körpers nach mehr Wärme oder Energie zu decken. Und wie ATP-Moleküle („wie kleine, aufladbare Batterien", erklärt einem Tim mit zunehmender Begeisterung für diesen Prozess) jeglichen Zucker, den man zu sich nimmt, aufnehmen und sich vermehren, um immer weiter und weiter Energie zu produzieren, damit der Körper warm bleibt. Und weil Tim selbst so aufgeregt ist und beeindruckt von der Wirkungsweise der biologischen Prozesse, kann man da gar nicht anders, als ebenfalls begeistert zu sein.

Jetzt nehmen wir diese ganze biologische Passion, übertragen sie auf die Welt der Hunde – und schon haben wir dieses Buch. Tim definiert und beschreibt biologische Fachbegriffe nicht deshalb, weil Sie diese möglicherweise nicht verstehen oder einige der Grundlagen nicht kennen könnten. Sondern deshalb, weil er es liebt, zu unterrichten, zu erklären und Leute „abzuholen“, aber am meisten einfach deshalb, weil er ein hoffnungsloser Geek ist. Sein wissenschaftlicher Geist und seine wissenschaftliche Ansicht über das Leben wirken ansteckend, wenn man Tim um sich herum hat. So könnte es passieren, dass Sie sich, wenn Sie demnächst einer Unterhaltung auf einer Party lauschen, fragen, ob derjenige vielleicht unter einer Bestätigungsverzerrung leidet, einer psychologischen Störung, die, wie Sie von Tim wissen, etwas mit roten Autos zu tun hat. Tim liefert einem nicht nur Antworten auf die vielen lästigen Fragen, die uns genau dann quälen, wenn wir gerade nicht in der Lage sind, nach Antworten googeln zu können, wie etwa um zwei Uhr morgens oder beim Autofahren. Tim liefert nicht nur Antworten, sondern er bringt uns dazu, dass wir uns einfach tiefere Gedanken machen und gezieltere Fragen stellen. Und er bringt uns ganz schön zum Staunen.

Dass ich Tim kennengelernt habe, hat bei mir eine Veränderung bewirkt, zu der mich andere seit den frühen 1990ern zu bringen versucht haben. Egal, wie weit ich in meiner Karriere auch zurückdenken kann – die Leute haben sich stets bemüht, meine Denkweise in wissenschaftlichere Bahnen zu lenken. Ich bilde Hunde aus und arbeite überwiegend mit Tierheimhunden. Alles, was ich über Hunde weiß, habe ich während der Arbeit gelernt. Um 1993 herum habe ich offiziell begonnen, Trainingsworkshops für Hunde abzuhalten. Manchmal kamen nach der Präsentation Doktoren, Tierverhaltensforscher und andere Wissenschaftler auf mich zu und hinterfragten die Inhalte. Man schlug mir vor, ich solle doch zuerst Daten erheben, ehe ich berichten und über Tierheimhundeprüfungen lehren würde. Manche wollten, dass ich formelle Studien zu dem, was ich sagte, betreiben solle, ich solle die Sprache in meinen Hundeprüfungsabläufen neutraler wählen und weniger offen lassen für Interpretationen. Neutral … Interpretation … Ich konnte mich kaum an das erinnern, was sie gesagt hatten, denn das Gefühl, kritisiert zu werden, überwog alles. Ich schien nicht greifen zu können, was sie mir vorschlugen oder was sie an mir ändern wollten. Ich dachte weder wie eine Wissenschaftlerin noch wusste ich, wie eine Wissenschaftlerin überhaupt denkt. Ich hatte keine Ahnung, dass es nützlich sein konnte, die Welt auf diese Art zu betrachten.

Wir spulen vor ins Jahr 2007 und befinden uns auf einem grasbewachsenen Hang des Marlboro College, auf dem jährlich das Camp „Gone to the Dogs“ abgehalten wurde. Ich unterrichtete dort und hielt gerade meine Fragestunde zum Hundeverhalten ab. Hinzu kam Tim Lewis, ein Mann, der mir lediglich als Ehemann meiner Freundin Ruth bekannt war. Er war verheiratet mit einer Hundetrainerin, selbst Hundeliebhaber, Professor und Biologe mit den Studiengebieten Hirsche und Schildkröten. Nun saß er also in meiner Fragestunde und begann sich einzuklinken, und zwar weniger mit eigenen Fragen zum Hundeverhalten als mit freundlichen und interessanten Fragen zu meinen Ausführungen. Er stellte Fragen zu meinen Antworten, die sich darauf bezogen, ob es sich um *Wissen* oder *Glauben* zu einer Sache handelte. Er fragte mich, ob ich etwas *interpretierte*, das ich beobachtet hatte, oder ob ich etwas *beobachten* würde, das ich bemerkt hätte. Ich glaube, weil Tim selbst kein Hundetrainer war und weil er eine solche Begeisterung für Hunde und Wissenschaft besaß, hörte ich mich selbst, wie ich umzuformulieren begann. Ich begann meine Sätze mit „Nach meiner Erfahrung…" anstatt mit „Ich weiß, dass das Folgende…"

Sofern Sie die Welt bereits wie ein Wissenschaftler betrachten, wird Sie dieses Buch nicht so furchtbar verändern. Aber Sie werden sicher jede Menge mehr über Hunde wissen. Falls Sie, genau wie ich, die Welt nicht wissenschaftlich betrachten, werden Sie feststellen, dass die Begegnung mit Tim Sie verändert hat. Tim gelingt der Spagat zwischen einer Welt der Wissenschaft und der Erfahrung zwischen Experten und Laien: Er übersetzt es so, dass wir uns alle untereinander verstehen können. Manche der nach der Lektüre dieses Buches festzustellenden Veränderungen an Ihnen selbst mögen subtil sein, manche stärker. Wahrscheinlich werden sie aber alle nicht nur Ihre Denkweise, Sichtweise, die Art des Umgangs mit Ihrem Hund und das Verständnis für ihn betreffen, sondern auch die Art, wie Sie die Welt im Großen und Ganzen betrachten. Sie werden, genau wie ich, schon bald gar nicht mehr ohne Tim in Ihrem Kopf sein können. Möglicherweise hören Sie demnächst beim Betrachten eines Sonnenuntergangs wie ich eine innere Stimme: „Du schaust mit Deinem Gehirn, Sue, nicht mit Deinen Augen". Und Sie werden sich fragen, wie dieser Sonnenuntergang wohl aussähe, wenn er auf dem Kopf stünde?

Für die meisten von uns, die wir bereits mehr von der Biologie vergessen haben, als wir jemals darüber gelernt haben, überbrückt Tim die Lücke, die in der Hundewelt zwischen Erfahrung und Alltagspraxis einerseits (wie in der Hundeschule oder im Tierheim) und der Wissenschaft und den Daten andererseits klafft.

Wenn Sie also vielleicht der Meinung sind, dass das Verhältnis zwischen Ihrem Hund und Ihnen gar nicht besser sein könnte, als es schon ist – dann kommt dieses Buch genau richtig für Sie!

Einführung

Eierstöcke und Hoden. Das ist so ziemlich alles, worum es bei einem Hund geht. Biologisch gesehen geht es bei uns allen ja auch bloß genau darum. Hier eine fundamentale Erkenntnis: Hätten Ihre Eltern keine Kinder, so stehen die Chancen gut, dass Sie auch keine hätten. Wenn etwas Kopien von sich selber herstellt, so ist die Wahrscheinlichkeit größer, dass es auch in der nächsten Generation Kopien davon geben wird, als bei denen, die das nicht tun.

Lesen Sie das jetzt noch einmal. Es ist eine beabsichtigte Tautologie. Aber das ist die Quintessenz des Lebens, und zwar gültig vom Virus bis hin zu einer weißstämmigen Zirbelkiefer.

Sehen Sie es einmal so: Hunde, die Kopien (Welpen) von sich produzieren, werden in der Folgegeneration mehr Kopien von sich selbst haben als Hunde, die gar keine Welpen haben. Hunde, die sehr viele erfolgreiche Kopien von sich herstellen, produzieren mehr Kopien von sich als diejenigen, die weniger Kopien herstellen. Zwei oder drei, ja sogar eine einzige erfolgreiche Kopie in der Folgegeneration ist evolutionstechnisch immer noch besser als hundert erfolglose Kopien. Dabei ist es egal, ob wir über einen Virus oder einen Hund sprechen. Von denjenigen, die sich nicht erfolgreich vermehren, gibt es weniger Kopien als von denjenigen, bei denen das der Fall ist. Die, die es tun, bevölkern die Welt. Alles, was dazu beiträgt, erfolgreiche Kopien herzustellen, ist auf lange Sicht in der Evolution von Bedeutung. Es geht gar nicht um ein „survival of the fittest“, also das Überleben des Stärkeren – es sei denn, Sie verstehen unter „fittest“ lediglich die Fähigkeit, erfolgreiche Kopien von sich selbst herzustellen. Welche Teile produzieren denn diese Kopien? Hoden und Eierstöcke. Allerdings auch nicht einfach so.

Also geht's hier doch nur um Sex? Nicht wirklich, sondern schlicht um Reproduktion. Erfolgreiche Vermehrung. Durch Vermehrung entstehen in der nächsten Generation Versionen von einem selbst. Welpen. Sex ist nur eine Möglichkeit, dies zu tun. Andere Möglichkeiten werden wir noch kennenlernen. Was ist wichtiger: Essen oder Sex? Und ich meine damit jetzt nicht die Dinge, die man bei einem Date tut. Langfristig gesehen sind weder Nahrung noch Sex wichtig, sondern ausschließlich die Reproduktion. Kurzfristig betrachtet handelt es sich beim Essen nur um Versorgung mit ausreichend Nahrung, damit man Energie für die Reproduktion hat. Im Jugendalter geht es um Nahrung, damit das Reproduktionsalter erreicht werden kann. Dieses bezeichnen wir dann als Erwachsenenstadium. Um es mal ganz extrem auszudrücken: Bei Jugendlichen dreht sich alles nur ums Essen. Denken Sie nur mal an Ihren eigenen typischen Teenager zu Hause. Oh gut, vielleicht auch lieber nicht. Denken Sie also stattdessen an Insektenlarven, die sich Tag und Nacht durchfressen. Eintagsfliegen zum Beispiel fressen nicht ein einziges Mal; sie besitzen tatsächlich weder einen Mund noch einen Verdauungstrakt. Sie leben nur einen einzigen Tag als Erwachsene. Ihnen bleibt nur ein einziger Tag, um einen Partner zu finden und den Fortbestand der Spezies zu sichern, nachdem sie ein oder zwei Jahre fressend als Jugendliche verbracht haben.

Wie Eierstöcke und Hoden zusammenkommen

Zurück zu den Eierstöcken und Hoden. Naja, nicht, dass wir diese wirklich verlassen hätten. Ein Huhn ist bloß eine Möglichkeit dafür, wie ein Ei ein anderes Ei produzieren kann. Ein Hund ist bloß das Mittel, Hoden und Eierstöcke zusammenzubringen, um dadurch eine weitere Kombination aus Hoden und Eierstöcken mittels Transport von Hund zu Hund zu schaffen. Das ist also alles, was wir brauchen: Eierstöcke und Hoden. Warum hat die Natur das denn dann nicht in einem einzigen Individuum vereint, und alles wäre erledigt? Damit ließe sich doch bestimmt jede Menge Theater und Tamtam von vornherein vermeiden. Einige Spezies tun es ja auch genau so. Um es kurz zu machen, die Antwort auf diese Frage ist: Inzucht!

Langfristig ergibt sich daraus bloß schlechtes Material. Und ich meine jetzt so richtig langfristig, sowas wie Hunderte von Generationen. Das gilt es unter allen Umständen zu vermeiden. Jedoch ist Inzucht genau die erste Wahl, wie wir eine Spezies domestizieren können, um etwa rückläufige Eigenschaften wie die Milchproduktion bei Kühen hervorzubringen oder die Fähigkeit bei einem domestizierten Hund, eine

Schafherde umherzutreiben. Oftmals tun wir kurzfristig gesehen interessante Dinge, die sich auf lange Sicht als wenig weise herausstellen. Inzucht, die zur Domestikation führt, stellt für den Menschen ein nützliches Instrument dar, um Spezies unseren Zielen entsprechend zu manipulieren. Dadurch werden sie nicht gerade geeigneter fürs Überleben in der Wildnis, weshalb die Natur das vermeidet. Diese Hoden müssen also irgendwo anders hin, weg von allen eng verwandten Eierstöcken, um eine Inzucht herum. Da wir schon gerade dabei sind – die Hoden werden außerhalb in einer Tasche aufgehängt, weil das Innere des Hundes schlicht zu warm ist für eine optimale Entwicklung der Spermien.

Ein Hoden, der auf der Jagd nach einem Eierstock durch die Wälder oder Städte rennt, ist also alles, was man braucht. Wenn man einmal davon absieht, dass Hoden gar nicht rennen können. Vielleicht könnten sie ein wenig rollen, wenn man sie mit einem Stock anschubsen würde. Aber es bedarf eines Transportsystems, um sie zu bewegen. Bewegung verbraucht Energie, also muss das Transportsystem für Nahrung sorgen sowie diese ein wenig aufbereiten. Nun nehmen wir Mund und Zähne hinzu sowie das Verdauungssystem und dann noch die gesamte Nahrungsmittelindustrie, auch die Debatte über das Mahlen oder Unverarbeitet-Belassen und die über das Aufsammeln der Hundehaufen. Zähne, Haare und Krallen dienen dazu, das Gesamtpaket am Leben zu erhalten, während die Hoden auf der Suche nach diesen Eierstöcken sind. Dass Hoden und Eierstöcke sich einfach so über den Weg laufen, ist recht unwahrscheinlich – außer sie sind sprichwörtlich allüberall. Das ist eine gebräuchliche Sex-Strategie von Pflanzen. Man werfe alle Spermien hoch in die Luft – verursacht dabei bei einigen Leuten ganz nebenbei noch Heuschnupfen – und manche der Spermien landen auf genau auf sie wartenden Genitalien, genannt Blüten. Wenn man Bienen zum Transport verpflichtet, erreicht man eine höhere Genauigkeit. Fügt man ein System hinzu, das die Außenwelt fühlen kann und einen Prozessor zur Entscheidungsfindung für eine gute Partnerwahl – möglicherweise ist Ihnen dies als Nervensystem und Gehirn ein Begriff – so können sich diese Keimzellen endlich auf effiziente Art und Weise finden.

Um genauer zu sein, es geht gar nicht um Hoden und Eierstöcke, sondern darum, was diese herstellen. Sperma und Eier. Tatsächlich geht es nicht einmal darum. Es geht um die DNA, denn Sperma und Eier sind selbst lebende Zellen, die den Organen, aus denen sie hervorgegangen sind, lediglich genetisches Material liefern. Quasi FedEx für die DNA. Mehr dazu kommt später noch, ganz bestimmt. Ein Virus überspringt diese ganze Körpererfahrung, wickelt seine DNA (oder RNA) in eine Eiweißhülle und überlässt es einem fremden Körper, die Replikationsmaschinerie und das Verbreiten der DNA zu übernehmen. Jedes Mal, wenn ich eine Erkältung oder Grippe habe, werde ich daran erinnert.

Es geht nur um Sex

Im Endeffekt ist das auch schon alles, worum es in diesem Buch geht. Es geht um erfolgreichen Sex. Dies wird kein Praxisratgeber für Sie, darin bin ich nun weiß Gott kein Experte. In diesem Buch geht es darum, was man dazu braucht, um diese beiden Organe bei Hunden zueinander zu bringen. Außerdem hoffe ich, dass das Buch ausreichend Informationen liefert, damit ein durchschnittlicher Hundebesitzer, -partner oder -begleiter etwas Wertschätzung gegenüber den fellbesetzten Freunden auf vier Pfoten entwickelt. Sie haben sich aus der Sicht der Evolution von tödlichen Angreifern, die bandenweise umhergezogen sind, zu den besten Freunden entwickelt, die man haben kann.

Unterwegs können wir uns auch genügend wissenschaftsähnliches Material im Hinblick auf die praktischen Auswirkungen für Sie anschauen, damit Sie und Ihr Hund besser zusammenleben können, länger leben, schneller rennen und vielleicht den ersten Preis auf einer Hundeausstellung gewinnen können oder möglicherweise einfach nur an einem Hundesportwettbewerb vor Ort mitmachen können.

Natürlich sind Hunde weit mehr als ihre Keimzellen, wie der Oberbegriff für Hoden und Eierstöcke lautet. Niemand wird ein paar Keimzellen in sein Haus einladen und sich derart in sie verlieben, dass er ein Vermögen für Halsbänder und Leinen ausgibt. Wir haben über einen Zeitraum von mindestens 14 Jahrtausenden hinweg, und vielleicht sogar 36.000 Jahren, mit der Auswahl des idealen Partners gelebt und diese verbessert. Oder, wie meine Schwester zu sagen pflegt: Wir wurden ausgetrickst von der Niedlichkeit unsere Haustiere, damit wir ihnen beim Reproduktionserfolg behilflich sind. Hunde sind vom Menschen nicht mehr wegzudenken – das geht so weit, dass wir begonnen haben, sie mit uns zu beerdigen – selbstredend, nachdem *wir* gestorben waren, nicht immer dann, wenn die Hunde gestorben sind. Wir zeichneten sie auf Felswände. Heute kaufen wir Zeichnungen und Fotos von ihnen zum Aufhängen an unseren „Höhlen"-Wänden. In meinem Haus gibt es keine Wand, an der nicht ein Bild hinge, das mit Hunden zu tun hat – sei es ein Portrait, eine Zeichnung oder irgendein Nippes. Gelegentlich stellt ein Freund Keramikfiguren unserer

Hunde für uns her. Oder Tassen mit den Hunden drauf. Oder Karikaturen unserer Hunde. Oder, oder, oder … die Aufzählung ließe sich noch lange fortsetzen. Hunde sehen so verdammt niedlich aus und es gibt Millionen von ihnen überall. Millionen? Weltweit wahrscheinlich 900 Millionen. Dreiviertel davon leben frei, ohne festes Zuhause. In den USA schätzt man die Anzahl der Haushunde auf unter 100 Millionen, ungefähr um die 75 Millionen verteilt auf 50 Millionen Haushalte. Oder, wenn wir es anders herum betrachten, etwa 40 Prozent aller Haushalte in den USA halten sich einen Hund.

Was macht Hunde zum perfekten Partner, Therapeuten oder Laufgefährten? Wie können sie bloß zwei Wochen lang den ganzen Tag einen Schlitten in der Kälte Alaskas ziehen, dabei tausend Meilen im Yukon Quest zurücklegen und das gleiche nochmal im Iditarod tun? Sie sind einfach bemerkenswerte Geschöpfe voller Energie und Begeisterung. Sie sind lebende, denkende und fühlende Wesen. Ihre Biologie ist der unseren gar nicht unähnlich.

Eine biologische Reise

Die Leute nennen mich einen Geek. Das würde ich so natürlich in der Öffentlichkeit nicht sagen, geschweige denn selber zugeben. Was noch schlimmer ist, sie nennen mich einen akademischen Geek. Und noch schlimmer, ich sei ein Wissenschafts-Geek. Doch warten Sie, es geht noch schlimmer, daher werden Sie mich wahrscheinlich zu keiner Ihrer Parties einladen wollen: Ich bin nämlich Biologe. Meine Karriere begann ich mit dem Erforschen von Reptilien. Aber da meine Forschungsobjekte Schildkröten waren und Schildkröten ziemlich cool sind, da können wir uns vielleicht trotzdem ein kleines bisschen unterhalten. Ich forsche auch an Hunden, insbesondere bezüglich deren Sehkraft. Und daher geben sich manchmal doch ganz normale Leute mit mir ab. Ich lehre Ökologie und Evolution, aber mein Lieblingsfach, das ich unterrichte, ist Biologie für die Allgemeinheit.

Dieses Buch ist für alle gedacht, die vielleicht etwas mehr über Wissenschaft erfahren möchten, denen jedoch die Vermittlung von Wissenschaft oft zu langweilig ist oder denen der Bezug zum Alltag dabei fehlt. In meinem Unterricht nutze ich Beispiele mit Hunden, weil die Menschen sich mit Hunden verbunden fühlen und ich beinahe jedes biologische Konzept am Beispiel Hund vermitteln kann. Ich wurde schon im ganzen Land eingeladen, um Reden über Hunde und die Wissenschaft zu halten.

Ich war an Universitäten, auf Messen, in Gefängnissen und auf öffentlichen Versammlungen, oft als Hauptredner. Ich werde von Hundegruppen eingeladen, um über Biologie zu referieren, weil ich auch Hunde habe. Schlimmer noch, ich halte Border Collies. Und was noch schlimmer ist: Ich halte gleich vier davon gleichzeitig.

Ich stelle fest, dass die Leute tatsächlich nicht viel über Biologie wissen, welche ja die formale Wissensgrundlage über das Leben und lebende Organismen darstellt. Dennoch haben sie Hunde oder sie mögen Menschen mit Hunden oder sie wissen, dass Katzen Säugetiere sind. Und das meiste, was wir über Hunde wissen, bringt uns auch Informationen über Katzen und uns selbst. Wir sollten alle ein wenig mehr über Biologie wissen.

Tun Sie das, und Ihre Beziehung zu Ihrem Hund wird sich dadurch verbessern. Wie oft höre ich, dass meine Reden eine Liebe zur Biologie neu entfachen oder die Leute zumindest erkennen, dass sie wichtig ist. Wenn Ihnen mein mitgeschleppter Ballast nichts ausmacht – Sie wissen schon, die Tatsache, dass ich Border Collies und Schildkröten und Menschen wirklich alle gleichzeitig mag – dann kommen Sie doch ein Stück mit mir mit und Sie werden ziemlich nützliches Zeug lernen, ebenso wie jede Menge lustige Fakten für Parties, zu denen Sie eingeladen werden. Dieses Buch ist unter vielen anderen Dingen mitnichten dafür da, die einzig wahre und allumfassende Einführung für die gesamte uns bekannte Biologie zu bieten. Bei dem einführenden Lehrbuch, das ich für Studenten der Biologie im Hauptfach einsetze, handelt es sich um die 11. Auflage, welches mit weit über zweihundert Dollar Neupreis gelistet ist. Es hat 1.500 kleingedruckte, zweispaltige Seiten, dichtgepackt mit Informationen. Dieses Material könnte nicht einmal ein jahrelanger Kurs abdecken.

Ich habe nicht die Absicht, Sie unablässig mit jedem verfügbaren Detail zu jedem Aspekt der Biologie der Hunde zu überschwemmen. Vielmehr ist dieses Buch eine geführte Tour durch die interessanteren und nützlichen Gebiete des Hundeorganismus' und es soll Licht in die komplexe Welt der Hundebiologie bringen. Manchmal werden Sie nach Luft schnappen – und hoffentlich sind Sie dann atemlos wegen des wundervollen Tieres an Ihrer Seite. Sie werden so manchen Aha-Moment erleben und dabei endlich verstehen, warum Sie etwas an Ihrem Hund entdeckt haben. Am wichtigsten ist aber, dass Sie Gedanken und Wissen daraus mitnehmen können, die das Zusammenleben mit Ihrem Hund wie auch die Zufriedenheit und das Wohlbefinden Ihres Hundes verbessern werden.

Die inneren Werte zählen

Kürzlich habe ich auf einer überregionalen Konferenz von Hundetrainern einen aktuellen und großartigen Hundebuchautor und Tierverhaltensforscher gehört. Er sagte, es spiele wirklich keine Rolle, was im Kopf eines Hundes vorginge und dass die Neurowissenschaft keinen Arbeitsansatz zum Verständnis von Hundeverhalten bieten würde. Sein Argument war, man brauche nicht zu wissen, wie ein Auto funktioniere, um es fahren zu können. Ich dagegen behaupte in diesem Buch, dass Sie, wenn Sie wissen, wie Ihr Auto funktioniert, Sie das Auto (tatsächlich meine ich hier den Hund) zu schätzen wissen – und weit mehr. Sie werden sich nicht mehr so dumm vorkommen, wenn Sie ein knirschendes Geräusch hören, das Sie nicht einordnen können und können Ihrem Mechaniker bessere Vorinformationen geben, was Ihnen Zeit und Geld spart. Das war der Augenblick, in dem ich mich entschieden habe, jetzt endlich dieses Buch schreiben zu müssen, welches schon über zehn Jahre in meinem Kopf herumgespukt hatte. Einen guten Teil meines Lebens habe ich damit zugebracht, Leuten die Biologie der Hunde beizubringen. Grundlage dafür ist der Gedanke, dass Wissen die Bindung zwischen Mensch und Hund verbessern würde. Die Leute erzählen mir, dass es ihnen sehr geholfen hat, das Verhältnis zu ihrem Hund zu verbessern, egal ob es um Dichroismus, Reißzahnpaare oder auch die Amygdala ging. Hunde sind unglaublich verschieden in Größe, Form, Genetik und individuellen Variationen. Man hat keine Chance, all die möglichen Details jeder Rasse mit einbeziehen zu wollen. Also halte ich mich an die übliche wissenschaftliche Herangehensweise. Ich definiere einen Durchschnittshund und rechne oder extrapoliere von diesem ausgehend weiter.

Ein häufig gemachter Witz passt hier ganz gut:
Wenn man die Physik von Tieren bespricht, dann beginnt man so: „Stellen Sie sich eine kugelförmige Kuh vor…“ Kein Hund ist kugelförmig, aber manche Dinge müssen berechnet werden und man braucht eine Grundlage. Ich berechne manche Dinge, um Ihnen einen Ansatz dafür bieten zu können, womit wir es zu tun haben. Machen Sie sich keine Gedanken, falls Ihr Hund nicht genau 14 Kilogramm wiegt wie mein Durchschnitts-Musterhund. Er wird Ihnen dennoch ein Gefühl für die Maße geben.

Es folgt eine Rundreise durch den Hund – mit ausreichend Tiefe, um nützlich zu sein und ausreichend Spaß, um Sie in unserem Reisebus auch zu fesseln. Seien Sie vorgewarnt. Sie werden auch eine Menge über sich selbst lernen. Denn Mensch und Hund unterscheiden sich gar nicht so sehr voneinander.

Was die meisten Leute sehen: Niedlicher, schlafender Hund. Oohhhh.

Was Sie außer einem niedlichen Hund sehen werden, nachdem Sie dieses Buch gelesen haben:

Wie unsere Touren organisiert sind

Als Ökologe (also ich, nicht Sie – falls Sie auch einer sind, ist es umso besser) habe ich den Wolf in unserem Haus zunächst einmal aus einem evolutionären Blickwinkel betrachtet. Ich will nun untersuchen, wie es denn war mit dem Zusammenkommen (also der zwei Spezies, nicht das Ihres Hunden und Ihnen). Sodann muss ich genau das definieren, wovon Sie wahrscheinlich glauben, dass Sie es bereits wissen: Was ist ein Hund? Wie sich herausstellt, ist die Frage schwieriger zu klären, als man erwarten sollte, zumindest, was die Trennung des wildlebenden Wolfs vom Haushund anbelangt. Das bringt uns zur DNA, ein wenig Genetik und einem Blick auf die Rassen. In den Folgeteilen tauchen wir tief ein in die Themen Ernährung und Verdauung und in alles, was in Ihrem Hund so herumgluckert. Hunde müssen sich bewegen, somit werden wir auch die Biologie der Knochen und Muskeln untersuchen. Wir müssen die Zellen mit Energie und Sauerstoff versorgen. Und wie kommt das alles nun dahin, wo es gebraucht wird? All das muss noch verpackt werden, also hüllen wir es in Haut und Haar und schützen es mit Zähnen und Klauen. All diese Teile werden vom Gehirn gesteuert. Zumindest stellen wir uns das so vor. Ich gehe davon aus, dass sich Ihre Sichtweise über den Hund verändert, sobald Sie die Welt durch seine Augen betrachten. Am Schluss werfen wir noch einen Blick auf die Hundegesundheit und das Altern, womit auch das Thema, von dem sich Tierärzte mehr von Ihrer Aufmerksamkeit wünschen, mit dabei wäre.

Maßeinheiten während der Tour

Nachfolgend kommt ein Kommentar eines gefragten Wissenschaftlers zum Thema Einheiten, ohne den ich hoffnungslos verraten und verkauft wäre.

Ab hier werde ich, sobald ich die üblichen amerikanischen Einheiten Fuß, Pfund, Meilen usw. benutze, die Umrechnung in metrische Einheiten in Klammern dazu setzen. Ich streite gar nicht ab, dass ich ein metrischer Snob bin, was für beinahe alle Wissenschaftler überall gilt. Tatsächlich verwenden alle Länder dieser Erde metrische Einheiten – bis auf drei Länder: Liberia, Myanmar und die USA. Auf der Erde leben 7.800.000.000 Menschen. Davon leben 331 Millionen in den USA und 53,7 Millionen in Myanmar. Mit Liberia kommen noch 4,8 Millionen hinzu. Demnach verwenden 95 % der Weltbevölkerung das metrische System. Sowohl Liberia als auch Myanmar verwenden zusätzlich parallel das metrische System. Also wirklich, ich sollte das me-

trische System nutzen und das dann in das in den USA übliche System in Klammern umrechnen. Aber ich schweife ab. Das wird auf den vor uns liegenden Seiten noch häufig passieren, doch ich werde immer wieder auf Hunde zurückkommen. Hier liegt die Verbindung mehr im Gewöhnlichen. Menschen außerhalb der USA besitzen die Mehrzahl der Hunde, tatsächlich sogar 90 % der Hunde auf der Welt, und ich möchte nicht, dass unsere einzigartige (archaische) Verwendung von Maßen uns dies vergessen lässt oder uns gar separiert. Zumindest möchte ich, dass Sie sich, wenn Sie diese Umrechnungen ins Metrische sehen, Gedanken über Hunde in anderen Teilen dieser Welt machen. Diese teilen sich zwar die Biologie mit unseren Hunden, aber dennoch leben sie in sehr unterschiedlichen Kulturen, in denen Hunde einen hohen, niedrigen oder gar keinen Stellenwert haben.
(Anm. d. Übers.: Da wir im deutschsprachigen Raum das metrische System verwenden, wurden die amerikanischen Maßeinheiten weggelassen.)

Tour 1

Hunde und Menschen

Weshalb fangen wir mit diesem Thema an? Weil die Entwicklung des modernen Hundes so mit der des Menschen und der des Wolfs, von dem er abstammt, verwoben ist, dass man zum vollen Verstehen von Hunden – sowohl von deren Innerem als auch dem Äußeren – Kenntnisse über den Beginn der Verbindung zwischen Mensch und Hund sowie deren zeitliche Entwicklung braucht. Man könnte sogar so argumentieren – was manche auch getan haben –, dass man den Menschen ohne das Wissen um den Einfluss von Hunden auf unsere eigene Entwicklung gar nicht verstehen kann.

Können Sie sich damit identifizieren?

Ich glaube, viele von Ihnen werden sich mit meinem eigenen Verhältnis zu meinem Hund identifizieren können. Wenn ich in die Augen meiner Hündin blicke, dann sehe ich darin mein Spiegelbild. Sie schaut mich sehnsüchtig an, hungrig. Es ist erst vier Uhr, aber ihre Frühstückszeit ist erst um fünf. Vermutlich denkt sie, ich würde es vergessen und dass es eine Stunde dauern würde, um mich dazu zu bringen, mich zu bewegen. Normalerweise weise ich sie ab und sage ihr, dass sie warten soll. Hat sie ein Zeitgefühl? Doch an diesem Nachmittag nehme ich ihren Kopf in meine Hände und erwidere ihren Blick. Ein Teil von mir hegt liebevolle Gedanken, denn als zweijährige aus dem Tierheim Gerettete hat sich diese mittlerweile elfjährige Border Collie Hündin schon mit genau demselben durchdringenden Blick in unser Leben geschlängelt. Ein anderer Teil von mir sieht ein warmherziges, fürsorgliches, beinahe menschliches Tier, das sich seine Gedanken über das sich ausbreitende Universum und dem, was hinterm Horizont des Ozeans liegen mag, machen muss. Wie gesagt, ich sehe mein Spiegelbild – sie ist der Spiegel der Menschlichkeit. Wir vermenschlichen ganz aktiv und machen Dinge menschlich, die es nicht sind. Wie auch immer, die Wissenschaft zeigt andauernd auf, dass es da nicht viel zu unterscheiden gibt bezüglich der Biologie des Menschen und anderer Säugetiere. Ein weiterer Teil von mir sieht, dass das Spiegelbild entsteht, weil das Licht von hinten einfällt und dass ich tatsächlich von ihrer Hornhaut reflektiert werde. Das Licht wird von ihrem Tapetum zurückgestrahlt, der Schicht im Augenhintergrund, die in der Dämmerung zu leuchten scheint. Ich weiß, dass die Hornhaut in der embryonalen Entwicklung aus Haut entsteht, die Netzhaut dagegen aus Hirngewebe. Ich kann also buchstäblich ihr Gehirn sehen. Was geht darin vor? Bin ich mehr für sie als nur der Futterspender? Liebt sie mich genauso wie ich sie? Wie kamen wir vom gefürchteten Wolf, der mich, hätte ich so dicht vor ihm gesessen, bei nächster Gelegenheit gefressen hätte, auf den manipulativen Hund, der in meinem Bett schläft, mein Gesicht ableckt und den ich für all das noch belohne? In meiner Border Collie Hündin steckt eine Menge Biologie. Sie ist klug, penetrant und wird schon ein bisschen grau. Wie gesagt, ein Spiegelbild meiner selbst. Warum altert sie so schnell und wird keine achtzig Jahre alt? Wenn sie mich anschaut, was sieht sie da? Nicht per se mich – doch was für Farben? Wie stark ist ihre Sehkraft? Wie steht es mit ihrem Gesichtsfeld? Um es auf den Punkt zu bringen: Was überhaupt macht einen Hund aus?

In unserer Gesellschaft haben Hunde so viele Aufgaben und es ist nur schwer vorstellbar, wie es gewesen ist, ehe Hund und Mensch eine Beziehung zueinander gehabt haben. Wenn ich traurig bin, therapieren mich meine Hunde. Meine Vorlesungen hören sie sich mehrmals an, ehe ich diese vor Studenten halte. Gemeinsam sind wir Rennen gelaufen, haben Schlitten über schneebedeckte Landstraßen gezogen und sind durch unzählige Wälder gestreift. Ich habe gelernt, wie man Schafe mit ihnen hütet. Wir spielen beinahe täglich Frisbeewerfen. Im Sommer schwimme ich jeden Tag mit ihnen. Meine Hunde haben dank der Fähigkeiten und Anstrengungen meiner Frau schon Preise in Agility und sogar Agility-Landesmeisterschaften gewonnen, bei denen sie durch einen Hindernisparcours laufen mussten: Sie sind durch Tunnel gekrochen, über Sprünge gehüpft und um eng zusammenstehende Stangen herumgewedelt. Diese Hunde haben Titel im Dogdance, einem gemeinschaftlichen Tanz von Hund und Mensch, der auf ein Lied einstudiert wird. Unsere Hunde mischen bei der Nasenarbeit mit und erschnüffeln verborgene Geruchsspuren. Haben Sie den Wechsel bei der Verwendung des Pronomens mitbekommen? „Meine Hunde“ und „unsere Hunde“ sind besitzergreifende Ausdrücke. Wir sind deren Menschen. Das stellt die Besitzverhältnisse schon eher korrekt dar, glaube ich.

Auf jeden Fall haben meine Hunde Kanutouren durch die Wildnis mitgemacht und mir durch unwegsames Gelände in Utah und am Nordufer des Lake Superior bei der Suche nach Achatsteinen geholfen. Mit ausgebildeten Hundeteams habe ich mehrtägige Schlittenreisen unternommen. Unsere Hunde fahren mit uns im Auto querfeldein und sind bisher noch nie geflogen. Ich möchte annehmen, dass wir ihnen ein reichhaltiges Leben schenken. Mit Sicherheit jedenfalls haben sie das unsere bereichert. Ich nehme mit den Hunden Verbindung zu Studenten in den Vorlesungen auf und setze sie im Labor als Demonstrationsobjekte zum Thema Strukturen, Zähne und Verhalten ein. Einige von ihnen habe ich unter großem Kummer und Leid in den Armen gehalten, als sie starben – nach plötzlichen Krebserkrankungen oder fortgeschrittener Arthritis –, umgeben von den anderen Hunden, meiner Frau und dem bereitstehenden Tierarzt. Wir haben uns für den Kauf unseres Eigenheims entschieden, weil es reichlich Platz zum Spielen für unsere Hunde bietet und einen angrenzenden Naturpark zum Wandern. Unsere Autos haben wir auf Basis dessen ausgesucht, ob man darin unfallsichere Hundeboxen transportieren kann und ob sie leicht zu reinigende Oberflächen haben, an denen sich keine Hundehaare festsetzen können. Nicht, dass wir unsere Autos sonderlich oft putzen würden, aber wissen Sie, wir *könnten* es tun! Unser Wochenrhythmus dreht sich um die Hundetrainingsstunden, die meine Frau abhält und um die, die sie selbst nimmt; unsere Tage sind danach ausgerichtet, wann wir unsere Hunde füttern und mit ihnen Gassi gehen. Unser soziales Leben beschränkt sich so auf diejenigen Menschen, die ebenfalls von ihren Hunden besessen werden. Man kann mich ebenso wenig von meinen Hunden trennen wie man ganze Tomaten aus einer Tomatensuppe extrahieren könnte. Es verhält sich so ähnlich, wie sich Pferdemenschen mit ihren Begleitern fühlen, außer dass man sich einen Hund nicht zwischen die Beine klemmt und darauf reitet und dass ein Pferd typischerweise nicht mit einem ins Bett krabbelt. Doch wie kommt es zu solch einer Intimität zwischen verschiedenen Spezies?

Hunde und Menschen kommen zusammen

Dass Hunde und Menschen sich treffen, geht schon über einen ziemlich langen Zeitraum. Eine klare Domestizierung liegt gute 10.000 Jahre zurück und begann möglicherweise schon vor 40.000 Jahren. Alldieweil es damals noch keine Kameras gab, gestaltet sich ein Fotobeweis ausgesprochen schwierig. Auch haben uns Hunde nur wenige Notizen hinterlassen, da es weder Schreibmaschinen gab noch Hunde entsprechende Daumen zum Schreiben haben. Wir suchen nach Nachweisen, wie etwa Illustrationen, auf denen Hunde abgebildet sind und Gräbern, in die man Hunde absichtlich mit hineingegeben hat. Unsere eigene Spezies ist nur einen Hauch jünger als 200.000 Jahre. Wenn man das in Betracht zieht… Warten Sie mal eine Minute. Ich rate hier vor mich hin und Ihre Augen werden trübe bei diesen Zahlen – nun, es sind Zahlen, und wir werden auf den nachfolgenden Seiten noch mehr von denen sehen, mit vielen Nullen. Diese Zahlen sind wirklich unvorstellbar groß. Wir müssen uns diese zeitliche Perspektive aneignen, und zwar eine tiefgründige Perspektive. Ansonsten werden wir diese einzigartige Beziehung gar nicht zu schätzen wissen, die zwischen der menschlichen Spezies und dem domestizierten Hund als Unterspezies des Wolfes (Ja! Das sind sie wirklich: Wölfe!) existiert.

Eine Pause mit Blick auf die Zeit

Mit der „Zeit“ ist es so eine komische Sache. Wir wissen ja, Zeit gab es schon vor Milliarden von Jahren. Wenn man in einer dunklen Nacht in den Himmel schaut und weiß, wo der Andromedanebel zu sehen ist, dann kann man 2,6 Millionen Jahre in der Zeit zurückblicken. Denn so alt ist das Licht von Andromeda – es wurde etwa zur selben Zeit abgestrahlt, als menschliche Primaten sich im Gebiet des Afrikanischen Grabenbruchs herumgetrieben haben. Für uns ist Zeit etwas Relatives, nichts Absolutes. Ein Tag voller Spaß mit Freunden und Hunden kann im Nu vorbei sein, während sich für einen Schüler die letzten Minuten vor Unterrichtsende gefühlt so lange hinziehen können wie eine Stunde. Für meine Hunde erscheint die Zeit zwischen dem Moment, wenn die Futterschüssel auf den Boden gestellt wird und dem Moment, wenn sie das Freigabekommando bekommen, wie eine Ewigkeit. Und es dauert nur eine Nanosekunde, bis das Fressen verschwunden ist. Physiker wie Stephen Hawking behaupten, dass die Zeit umkehrbar sei und sie vielleicht nicht einmal real wäre, sondern nur ein biologisches Produkt unserer Erfahrung. Das mag interessant sein, hilft uns aber hier nicht weiter. Über die Vergangenheit können wir eine ganze Menge lernen durch die Geologie, Molekularuhren, alte Knochen und vergrabene Schätze, so wie Hunde. Die Geschichte reicht über Milliarden von Jahren zurück, die leicht zu beobachten sind. Doch in die Zukunft können wir überhaupt nicht blicken. Wir stellen sie uns vor, wir sagen sie vorher, wir planen sie. Doch wir sehen die Zukunft nicht. Tatsächlich werden wir später herausfinden, dass wir noch nicht einmal das Hier und Jetzt sehen können. Wenn wir zurückblicken, was sehen wir da, und wie können wir uns so etwas Veränderliches wie die Zeit vorstellen?

Stellen Sie sich einmal einen angenehmen Spaziergang mit Ihrem Hund vor. Oder eine Lieblingsstrecke mit Ihrem Freund oder eine nette Ausfahrt von etwa einer Stunde Dauer. Oder die einstündige Folge einer Serie auf Netflix. Vielleicht auch, wie eine Lasagne eine Stunde lang im Ofen ist. Es ist egal, wie lange, solange Sie sich dies vorstellen und mit einer Stunde in Verbindung bringen können. Ich stelle mir einen Spaziergang durch den Naturpark vor, von meinem Haus aus auf einem Weg entlang, der mich zu einer hübschen Anhöhe bringt, dann einen Hügel hinunter führt und in einen Pinienwald in eine Gegend, die wir Schneeschuhhügel nennen, weil wir sie auf einer Winterwanderung entdeckt haben. Ich kann mir jeden einzelnen Schritt vorstellen, weil wir da so oft entlangwandern, sommers wie winters. Einmal hin und zurück auf diesem Weg dauert eine Stunde.

Eine Stunde kann man sich leicht vorstellen. Jeden Tag unseres Lebens erleben wir zwei Dutzend davon. Wenn also der einstündige Spaziergang für das Alter des Universums (13,6 Milliarden Jahre) stehen würde, dann wäre unser wunderschöner Planet etwa während der letzten 20 Minuten dieses Spazierganges erst vorhanden (4,54 Milliarden Jahre). Ein neuer Vergleich: Wenn die Spazierstunde das Alter der Erde repräsentiert, dann existieren Säugetiere erst seit der letzten drei Minuten und die Spezies Mensch etwa in den letzten zwei Zehntelsekunden. Sie lesen ganz richtig, wir sind buchstäblich ein Augenblick bezogen auf das Alter der Erde. Mein Spaziergang zum Schneeschuhhügel steht für das Alter der Erde und Säugetiere sind erst etwa ab dann da, wenn ich den Naturpark auf dem Heimweg verlasse, in meine Wälder hineingehe und mein Haus gegenüber des Teiches sehen kann. Menschen als Spezies existieren erst dann, wenn ich meinen Fuß über die Schwelle meines Vorraums setze. Einen Augenblick. Rein technisch gesehen die Hälfte eines Augenblicks, denn der dauert drei oder vier Zehntelsekunden. Aber deswegen habe ich kein schlechtes Gewissen, denn es ist unser einziger Augenblick, und das ist alles, was für uns zählt.

Domestizierung und Zuchtauswahl beginnen

Nun setzen wir den einstündigen Spaziergang als die Zeit fest, die der moderne Mensch schon existiert, also auf knapp 200.000 Jahre. Bezüglich des Beginns der Domestizierung nehmen wir einen Mittelwert von vor 20.000 Jahren an. Das sind dann ganze zehn Prozent dieser Zeit, somit die letzten sechs Minuten unseres Spazierganges.

Jetzt ändern wir den Bezug. Der einstündige Spaziergang steht nun für die 20.000 Jahre der Domestizierung des Hundes. Wie lange schon manipulieren wir aktiv die Zucht? Der amerikanische Hundezuchtverband AKC wurde erst gegen Ende des 19. Jahrhunderts gegründet. Es wird reichlich darüber debattiert, was eine Rasse ausmacht, was jedoch an dieser Stelle noch keine Rolle spielt. Wir wissen, dass der Mensch bereits seit einigen tausend Jahren Hunde aktiv und selektiv nach ihrem Einsatzgebiet züchtet und dabei nach Hüten, Bewachen und weiteren Arbeitsaufgaben selektiert hat, ohne darüber allzuviel nachzudenken. Lassen Sie uns dafür 3.000 Jahre annehmen. Wenn unser einstündiger Spaziergang nun für die Dauer von 20.000 Jahren steht, dann züchten wir seit neun Minuten Hunde – mit offiziellen Zuchtverbänden sogar erst seit 27 Sekunden. Da sehen Sie mal, was man in weniger als einer Minute alles tun kann! Entscheidend ist, dass das alles, biologisch gesehen, ziemlich schnell passiert, und nach geologischem Maßstab in astronomischer Geschwindigkeit.

Züchtungen, Rassen, Unterarten, Arten: Es ist schwierig, gute Definitionen zu bekommen. Evolutionsökologen denken Genpool-technisch. Was an dieser Stelle nicht besonders hilfreich ist. Wir kommen etwas später noch einmal darauf zurück. Lassen Sie uns Gene als Familiengeheimnisse sehen, die von den Eltern an ihre Kinder weiter gegeben werden und weiter an die Kinder der Kinder. Und nun lassen wir die Realität mal außer Betracht und behaupten, dass diese Familien ein Geheimnis innerhalb der Familie bewahren können. Nehmen wir mal an, dass das Geheimnis sich darum dreht, wie man etwas Bestimmtes tut, etwa wie man nahrhaftere und kalorienreichere Nahrung anbauen könnte. Einige Familien haben dazu gute Ideen, andere weniger gute. Wenn diese Idee dazu beiträgt, dass die Kinder wachsen und gedeihen, dann würden sich die Familienzweige mit dem guten Ideengut besser entwickeln. Sie würden mehr Kinder haben, was wiederum zu mehr Kindern und mehr Abkömmlingen führen würde. Recht bald wäre das schlechte Ideengut verschwunden – genauso die Familien, die das Nötige nicht mitgebracht haben. Falls das Ideengut wie Gene funktionieren würde, dann wären wir alle ganz schön clever!

Warum würde das schlechte Ideengut ausgemerzt werden? Nun ja, Ressourcen wie Zeit und Nahrung und adäquate Behausungen sind nur begrenzt vorhanden. Das würde zu einiger Konkurrenz führen, stimmts? Sofern es keine Konkurrenz gibt, dann gedeihen alle Ideen, egal ob gut oder schlecht, und die Familien genauso mit diesen Ideen. Das geht genau so lange, bis genug Zeit vergangen und deren Welt recht voll ist – dann entwickelt sich ein Wettbewerb. Früher oder später beginnen alle, dieselben begrenzt vorhandenen Dinge zu wollen und entwickeln ein Verlangen danach. In dieser Metapher steht die Idee für den Anbau besserer Nahrung. Falls Ackerland unbegrenzt vorhanden ist, wird es Farmen geben, die gute Nahrung anbauen, mit einer Menge gesunder Kinder, und Farmen mit kleineren, weniger gesunden Familien, weil diese weniger nahrhaftes Essen hätten und nicht so viel zu essen. Mit der Zeit haben die besser genährten Familien mehr Nachkommen als die weniger gut genährten Familien. Raten Sie mal, wer bei Verknappung von Eigentum dieses am Ende besitzen wird, sofern das Geheimnis der besseren Nahrung nicht miteinander geteilt wird?

Bedenken Sie – eine Menge Zeit ist dabei vergangen. Falls die Ideen voneinander abweichen und manche hilfreich für das Überleben der Familien wären und einige der nützlichen Ideen von Eltern zu Kind und Enkel weitergegeben würden, würden mehr der guten Ideen an die nächsten Generationen weitergegeben werden. Mit der Zeit gedeihen die guten Ideen und die schlechten werden ausgemerzt. Alle Modifikationen an guten Ideen, die diese besser funktionieren lassen, werden im bestehenden Wettkampf noch bessere Ergebnisse haben. Schlechte Modifikationen der guten Ideen gedeihen nicht, also verschwinden diese auch. In seinem Buch „Die eigennützigen Gene" nannte Richard Dawkins (1976) diese Ideen „memes". Dieses Wort wird allerdings inzwischen für lustige Bilder im Internet verwendet. In ihrem Kern jedoch immer noch Memes. Gute werden kopiert, schlechte verschwinden.

Zusammenfassend ist das übrigens der Evolutionsmechanismus namens *Natürliche Auslese*. Die Eigenschaften müssen nur vererbbar sein, nichts Erlerntes. Mit Eigenschaften wie großen Zähnen und Tarnzeichnungen ist es wie mit diesen Ideen. Es gibt einen Wettbewerb um Ressourcen, die für den relativen Wert unterschiedlicher Versionen von Bedeutung sind. Solche Eigenschaften wie die Größe der Zähne und die Fellqualität variieren bei jedem Individuum. Einige dieser Abweichungen helfen beim Überleben und der Vermehrung. Einige dieser Abweichungen sind vererbbar, während andere – wie z. B. ein abgebrochener Zahn – nicht vererbbar sind. Mit der Zeit sammelt man mehr der positiven Eigenschaften, die nicht so guten werden ausgemerzt und verschwinden. In der Natur geschieht das durch den unglücklichen Umstand des Sterbens derjenigen mit weniger Nachkommen als die anderen. Dieses Verständnis des Evolutionsmechanismus' geht zurück auf Charles Darwin, welcher die Idee der Evolution nicht erfunden hat, sondern erkannt hat, wie diese funktioniert. Er lieferte nur den ersten funktionierenden Mechanismus dafür. Inzwischen kennen wir fünf Mechanismen, aber die anderen vier nützen uns bis jetzt nicht sehr viel. Darwin ist historisch gesehen wichtig, deswegen habe im National History Museum in London erst letzte Woche ein Selfie von mir mit seiner Statue dort gemacht. Ich bin ein Geek, Sie erinnern sich? Und, ganz nebenbei bemerkt, da gab es noch einen mit dieser Idee, unabhängig von Darwin, basierend auf anderen Tatsachen: Alfred Russel Wallace. Mit seiner Statue habe ich auch gleich noch ein Selfie gemacht!

Wir Menschen machen gerne Erfindungen. Also wieso sollten wir nicht damit beginnen, die guten Eigenschaften verstärkt für unsere eigenen Zwecke auszuwählen, und zwar unabhängig davon, ob sie dem Überleben eines Tieres dienlich sind? Wir könnten Hunde auswählen, die gerne mit Menschen zusammen sind oder die gut im Hüten oder großartige Beschützer unseres Heims sind. Wir könnten Außergewöhnliches auswählen, wie ein Punktemuster im Hundefell. Ja, ich meine euch, ihr Dalmatiner. Tatsächlich haben wir in dem einen biologischen Wimpernschlag genau das getan: Nämlich Eigenschaften ausgewählt, die unseren Bedürfnissen und Wünschen entsprochen haben, sei es nun Farbe oder Größe (oder den Hund auf das Aussehen einer runzligen Pflaume hin zu züchten. Das beruht auf einem Gendefekt in den Hautproteinen, den man sich entschieden hat, beibehalten zu wollen.). Und schon haben wir es geschafft. Natürliche Auslese dauert sehr lange. Menschliche Auslese funktioniert verflixt schnell. Durch Selektion haben Forscher über 20 Generationen hinweg aus einem ungebärdigen Fuchs eine sozial verträgliche Version hervorgebracht, der stark einem Border Collie ähnelte. Noch dazu einen freundlichen Fuchs.

Wenn man erst einmal begriffen hat, was einem zur Verfügung steht, dann versteht man schnell, wie man eine Linie von Hunden domestizieren kann. Sei es zum Hüten unserer Schafe, Bewachen unserer Gebäude, oder Kuscheln auf dem Sofa. Aber wie hat das angefangen? Ja, wer weiß das schon? Historische Aufzeichnungen gibt es erst seit etwa 10.000 Jahren, somit fehlt darin der Beginn dieser wunderbaren Beziehung. Aber einige ganz brauchbare Vermutungen können wir durchaus anstellen.

Ich stelle fest, dass Menschen gerne ein gutes Erklärungsmodell für etwas haben. Und gleich zwei davon, wenn Wochenende ist oder Ferien sind. Das Leben ist üblicherweise nicht so einfach. Bei der Erörterung, wie wir Hunde domestiziert haben, gibt es einige plausible Mechanismen und jeder davon spielte irgendwo eine Rolle dabei. Denn Hunde sind offensichtlich an verschiedenen Orten unabhängig voneinander domestiziert worden. Das Internet hatte so ziemlich seine Grenzen damals vor 15.000 Jahren und Postzustellungen haben so gut wie nicht existiert. Isolierte Gruppen von Menschen konnten nicht bereitwillig ihre Gedanken austauschen wie z. B. „Hey, diese Beziehung mit dem Hund ist echt eine gute Sache. Schau, wir haben uns einen Hund geholt, der all unsere Sachen befördern kann."

Der Mensch war schon immer gut darin, Dinge zu erfinden und Werkzeuge zu benutzen. Und die Tatsache, dass dieses Werkzeug nun lebendig war, verursachte vermutlich keinerlei moralische Bedenken. Umfassende Rechte der Tiere sind eine viel jüngere Erfindung, die beim Einsatz von Lebendigem zwecks Sicherung unseres Überlebens nach Alternativen verlangte. Moral und ethische Vorstellungen sind wirklich etwas Großartiges und halten die Gesellschaft zusammen. In den Anfängen aber, als wir Hunde zu domestizierten begannen, wären alle Gruppen, die Moralvorstellungen gegen den Einsatz von Hunden entwickelt hätten, überstimmt worden von Gruppen, die Hunde als Werkzeuge benutzten.

Analog zu Wölfen, die intelligente und soziale Tiere mit einer Gruppenkommunikation sind, so hätten wir da eine Spezies, die besonders empfänglich für das Lesen eines anderen sozialen Tieres ist, nämlich des Menschen. Wenn die beiden beteiligten Spezies davon profitieren, geht es mit der Domestizierung ziemlich schnell.

Meine Lieblingstheorie: Wie und warum hat die Domestizierung begonnen?

Die Erklärung für Domestizierung, die mir am besten gefällt, nennt man „Verringerung der Fluchtdistanz". Es ist ähnlich wie die Fuchsstudie, die ich vorhin erwähnt habe, bei der eine schnelle Auswahl der weniger ungebärdigen in jeder Generation zu einer gefügigen Gruppe in nur zwanzig Generationen führte. Für Wölfe konnte dieser Prozess über eine einzige Generation hinweg gelingen. Bei den Menschen gab es Nahrung und Müll, sodass Siedlungen attraktive Anziehungspunkte für die wilden Hunde boten.

Alle Wölfe, die weniger Angst vor Menschen hatten als die anderen im Rudel, konnten dieser Zusatzquelle an Nahrung näherrücken und länger bleiben sowie einen gewissen zusätzlichen Schutz erlangen. Im Laufe der Zeit verringerte sich die Fluchtdistanz, was heißt, dass die wilden Hunde den Menschen immer näher kommen konnten, ehe sie davongelaufen sind. Es fand auch eine Selektion bezüglich derjenigen Hunde statt, die sich besonders gut im Menschenverstehen gezeigt haben. Selektion setzt hierbei voraus, dass diese Verhaltensweisen einer genetischen Kontrolle unterlegen haben mussten. Dass dies der Fall ist, zeigt die Domestizierungsstudie bei den Füchsen ziemlich deutlich, glaube ich. Es wäre einigermaßen wertvoll, wenn man einen hilfreichen Menschen, der einem einen Brocken Fleisch hinwirft, von einem solchen unterscheiden kann, der einen Stein nach einem wirft. Dasselbe gilt für die Fähigkeit, menschliche Absichten erkennen zu können. Wie zum Beispiel, dieser Mensch ist verrückt und will mich töten; der da drüben ist freundlich und will mich füttern. Welchen von beiden kann ich mich nähern? Diese Hunde fokussierten sich auf den Menschen und haben seine grundlegenden Eigenschaften erkannt, wodurch sich mit der Zeit ein Hund entwickelte, der sich in der Umgebung des Menschen aufhalten und den Menschen genauso gut „lesen" konnte wie ihn andere Menschen „lesen" konnten. Die Hunde entwickelten sich ohne jeglichen beabsichtigten Eingriff durch den Menschen dahin. Dies nennt man daher „Selbst-Domestizierung".

Für den frühen Menschen waren Hunde recht nützliche Werkzeuge. Man kann sich leicht vorstellen, dass man die Intelligenz der Hunde testen konnte, sobald es Hunde mit geringer Fluchtdistanz gab, die dabei noch auf den Menschen fokussiert waren.

Konnte man ihnen denn beibringen, wenn sie eine bestimmte Aufgabe erledigten, dass sie dann Futter erhalten würden? Das stellte sich als zu bejahen heraus. Nun konnte man die Hunde also ausbilden. Kurz danach brachte sie der Mensch in Teams zusammen, um Schlitten zu ziehen und Baumstämme zu rücken. Möglicherweise war damit ein Lernprozess verbunden, der dem beim Einreiten oder Einfahren eines Pferdes ganz ähnlich ist. Man gewöhnte die Hunde an Halsband oder Seil. Dann an eine Art Geschirr. Man beachte dabei, dass die Fluchtdistanz eine vererbbare Eigenschaft ist, genau wie in der Fuchsstudie aufgezeigt. Ebenso als vererbbar haben sich das „Lesen" der Menschen und ein sich zu ihnen Hinwenden gezeigt. Ein Halsband zu tragen und Sachen zu ziehen ist eine erlernte Eigenschaft und man muss diese jedem Hund einzeln wieder von Neuem lehren.

Andere Wege der Domestizierung

Es gibt weitere Wege, wie die Domestizierung von Hunden ablief. Wildlebende Wolfsrudel bewachen Ressourcen. Ein Hund mit Orientierung am Menschen wird sowohl den Menschen als auch dessen Ressourcen als die Ressourcen seines Rudels betrachten. Wie man leicht an den sehr speziellen und vererbbaren Hüteinstinkten bei Hunden einer Arbeitslinie erkennen kann, ist somit das Bewachen von Nutztieren eine vererbbare Eigenschaft. Um diesen Aufgaben gerecht zu werden, wird der Mensch immer nur ausschließlich die besten Wachhunde auswählen. Selbst einfaches Alarmbellen wäre eine nützliche Eigenschaft gewesen, mit welcher sich die Wahrscheinlichkeit, sich um seine hart verdienten Besitztümer bringen zu lassen, verringern ließe. Ich wünschte, jemand hätte sowas für unser späteres Zusammenleben herausgezüchtet!

Wölfe jagen im Rudel. Und viele ihrer Verhaltensweisen scheinen eher vererbt als angelernt worden zu sein. Den besten Beweis dafür liefern unsere Hütehund-Rassen, die dieselben instinktiven Verhaltensweisen zeigen wie Wölfe. Wolfsrudel schicken jüngere, schnellere Hunde vor, damit sie Fluchttiere wie Hirsche zum Rudel hin treiben. Es handelt sich um dasselbe Verhalten wie das „Senden", das wir beim Schafehüten einsetzen, wenn wir dem Hund signalisieren, er soll die Schafe oder Rinder einkreisen und zu uns treiben. Wenn die Beutetier-Herde an Ort und Stelle festgehalten wird, ermöglicht dies den älteren Wölfen, sich heimlich anzuschleichen und ihre Beute auszuwählen. Von Hirten werden Hunde genau so eingesetzt, um Schafe und Rinder an Ort und Stelle zu halten. Bei Wölfen handelt es sich beim Selektieren und

Isolieren der einzelnen Beutetiere für ihren Angriff um dasselbe Grundverhalten, mit welchem wir eine Herde sortieren, einige Schafe in ein Gehege und die anderen zurück aufs Feld treiben. Das Zurücktreiben der Herde auf die angreifenden Wölfe zu ist dasselbe Verhalten wie das Treiben von Rindern in einen Lastwagen hinein. Die Selektion hin zu einem kontrollierten Jagdverhalten, das nicht in den eigentlichen Angriff mündet, ermöglicht den Einsatz von Hunden, mit denen man domestizierte Ziegen, Schafe und Rinder hüten kann. Hunde, die es nicht schaffen, das Angriffsverhalten zu unterdrücken, werden ganz schnell ausgemustert.

Ein ganz anderer Domestizierungsprozess führt uns direkt zum Hund als unserem Gefährten. Wölfe sind Rudeltiere und man kann sie zähmen. Ein verwaister Welpe, der von einem Menschen aufgegriffen worden ist, weil dieser etwas Neues, Niedliches haben wollte, lehrte seine eigenen Welpen, Menschen gegenüber tolerant zu sein. Davon ausgehend wählten die Menschen weiterhin die besten Nachkommen aus. Einige der Nachkommen wanderten ab, um sich mit der lokalen Wolfspopulation zu vermischen. Doch viele blieben in der Nähe. Schon bald erhielten die Menschen eine Zuchtlinie von Haushunden, die sie verkaufen oder gegen Keulen und Speere tauschen konnten.

Bis hierhin handelt es sich ausschließlich um Beziehungen, bei denen die Hunde am Leben bleiben und sinnvolle Arbeit tun. Dies waren ganz offensichtlich Vorstufen der vielen Aktivitäten, die man heute mit Hunden unternehmen kann. Nun ist ein Hundefell ja sehr warm. Jeder Wolf im kanadischen Winter kann Ihnen das bestätigen! Wenn man das Spinnen von Wolle nicht beherrschte, war also die Hundehaltung sehr sinnvoll. So hatte man eine Quelle für warme Winterbekleidung. Wer stets die besten Exemplare bezüglich des Fells ausgewählt hat und dann viele der Nachkommen zur Mantelherstellung hernahm, dem ging es recht gut. Damals konnte man sich bei der Firma Patagonia ja noch keine warmen High-Tech-Outdoorklamotten als Alternative kaufen. Daher musste man, um sich warm zu halten, auf die Felle einiger unglücklicher Tiere zurückgreifen. Ebenso stellte Hundefleisch eine willkommene Abwechslung in der Ernährung dar und bot dazu noch eine Umwandlung von menschlichen Abfällen in essbare Proteine.

Warum waren es aber nun die Wölfe, und nicht etwa Kojoten oder Füchse? Das ist eine gute Frage. Eben jetzt, in diesem Moment, höre ich Kojoten heulen. Diese hören sich deutlich friedlicher an als das unheimliche Heulen der Wölfe in der Wildnis im Norden. Im Vergleich zu Wölfen muten Füchse niedlich an, gar wie Spielzeuge, und friedlicher. Offensichtlich hätte der Mensch sich auch für einen von ihnen entscheiden können und hätte im Laufe der Zeit eine domestizierte Version des, wie wir Biologen sagen, „wilden Typs“ erhalten. Möglicherweise haben sie ja genau das getan und wir haben nur noch keine Beweise dafür gefunden. Ich vermute mal stark, und das ist wirklich nur eine Vermutung, dass es an der Größe liegen könnte. Ein Wolf kann eine Herde oder ein Dorf vor Kojoten schützen, aber umgekehrt geht das nicht. Ein Wolf kann schwerere Lasten ziehen als ein Kojote. Eine Wolfshaut ist größer und wärmer als die eines Kojoten. Weiterhin zu erwähnen wäre – wenngleich das auch nicht von zentraler Bedeutung für uns ist –, dass moderne Hunde von demjenigen Wolf abstammen, wie er vor Zehntausenden von Jahren gewesen ist und nicht vom heutigen Wolf. Nachdem wir eine Art Teilmenge für unseren Begleiter entnommen hatten, entwickelte sich die Wolfslinie in der Natur stetig weiter. Dann töteten wir die meisten Wölfe weltweit, damit sie unser domestiziertes Vieh oder unsere Kinder auf dem Weg zur Arbeit nicht fressen würden. Der einfache Vorfahre der heutigen Hunde ist der Wolf, wie er vor vierzig Jahrtausenden existierte, und nicht der heutige Wolf. Unter dem heutigen Wolf versteht man im Wesentlichen die größere, arktische Sorte, nicht den Präriewolf oder den Waldwolf aus den Wäldern der gemäßigten Zone in der Zivilisation der Vormoderne.

Die Koevolution einer Beziehung des Menschen mit einem anderen sozialen Tier, welches dazu beitragen könnte, ihn zu schützen, zu bewachen und zu verteidigen, scheint also unvermeidlich gewesen zu sein. Aber vielleicht kam das alles auch erst später. Vielleicht war es einfach nur angenehm, jene Hunde mit der niedrigen Fluchtdistanz um sich zu haben, sei es nun auf der Jagd, im Dorf oder rund um das Feuer herum. Vielleicht wollten die Hunde auch einfach nicht gehen. Und so ist der Mensch auf den Hund gekommen. Wir wissen nicht wirklich, wie lange es her ist, dass sich die Fähigkeit zu Sprechen und die Sprache selbst beim Menschen entwickelt haben. Die beste Schätzung geht davon aus, dass sich vor hunderttausend Jahren eine vereinfachte Sprache entwickelt hat. Das warme und pelzige Etwas konnte tatsächlich nicht wirklich viel reden und war damit sprachlich gar nicht so weit weg von den anderen, den menschlichen Begleitern. Vielleicht gilt das ja bis heute noch fort. Viele von uns sind auch heute, da die Menschen sich einer komplexen Sprache bedienen, weiterhin der Meinung, dass unsere Hunde ganz gut kommunizieren können.

Begleiter, Haustiere oder Eigentum

Von der rechtlichen Seite aus betrachtet haben unsere Tausende von Jahren der Domestikation Begriffe und Werkzeuge in Sachen Eigentumsanspruch hervorgebracht. Während mein Schwiegervater, der auf einer Farm in Zeiten der Großen Depression aufgewachsen ist, Hunde eben als Besitz betrachtete, so würden viele (die meisten?) von uns unsere Beziehung zum Hund heutzutage eher in die Kategorie „Freunde" eingruppieren. Wenn ich in diesem Buch unsere Beziehung zu Hunden beschreibe, dann meine ich genau jene freundschaftliche Art und Weise – wobei ich am häufigsten das Wort „Begleiter" dafür verwende. Ein noch zutreffenderer Ausdruck dafür mag wohl „Aufpasser" sein. Denn dieses Wort macht uns zugleich die unterschiedliche Verantwortung, die wir in unserer Beziehung füreinander übernehmen, deutlich.

Keiner meiner Hunde hat mich je auch nur ein einziges Mal zum Arzt gefahren oder angeboten, mir mein Abendessen zu richten. Haben Sie bemerkt, wie ich hier den Ausdruck „mein Hund" benutzt habe? Das wirkt besitzergreifend und hört sich nicht wirklich gleichberechtigt an. Das Wort „Besitzer" verwende ich nicht gerne, wenn es um uns und unsere Beziehung zu Hunden geht. Es erinnert mich daran, wie besitzergreifend die Beziehung sich darstellen kann, wenn der Hund nicht vollkommen mit uns einig ist. Ebenso erinnert es mich an meine Erwartungshaltung, dass „meine" Hunde „Befehlen" und nicht „Vorschlägen" folgen sollen. Als Biologe werde ich mich auf unsere vierbeinigen Freunde auch nicht als unsere „Kinder" und auf uns nicht als deren „Eltern" beziehen. Zumal das biologisch gesehen ungenau wäre: Hunde gehören ja einer ganz anderen Art an. Ja, ich weiß schon, was ich für eine Spaßbremse sein kann! Doch ich bezweifle, dass auch nur einer der frühen Halter von Hunden darüber nachgedacht hat, wohin diese Beziehung führen würde …

Die Auswirkungen der Zuchtwahl

Zweifellos haben wir uns bei Haushunden auch für die Eigenschaft „niedlich" entschieden. Ich meine, sind Sie schon mal in einem Zimmer gewesen, in dem jemand das Foto eines Babys herumgezeigt hat – und alle haben instinktiv „ohhhh" gerufen? Der Anblick eines jungen Menschen löst bei Erwachsenen ein Bedürfnis danach aus, elterliche Fürsorge ausüben zu wollen. Tatsächlich haben Babys, die diesen Hilfeinstinkt gut auslösen konnten, im Vergleich zu denen ohne diese Eigenschaft eine extra Portion Fürsorge erhalten, und so war ihre Überlebensrate höher. Ja, niedliche Babys konnten besser durchkommen als die nicht niedlichen Babys. Und damit ist „niedlich" die Eigenschaft, die für den Erhalt von elterlichem Schutz und Hilfe besonders hilfreich ist.

Unterwürfig aussehen ist hilfreich, während große Ohren aggressiv erscheinen, ebenso wie ein Zähneblecken oder Knurren. Menschliche Babys, die möglichst nicht knurrten, waren besser dran. Gleiches gilt für Hundewelpen. Die genetischen Eigenschaften, die einen Welpen ausmachen, sind nicht dieselben, die ihn zum erwachsenen Wolf machen. Kindliche Züge in einem sozialen Tier wecken den Erwachsenen in uns und bringen diesen dazu, sich um das Kindliche zu kümmern. Erwachsene Eigenschaften sind darauf ausgerichtet, sich wieder auf die Nahrungssicherung zu konzentrieren, einen Partner zu finden und darauf, diese Dinge und sich selbst zu verteidigen.

Bei der Domestizierung wird oft diejenige Kombination von Merkmalen ausgewählt, die Tiere zu erfolgreichen wilden Jungtieren machen, und nicht die Eigenschaften, die für erfolgreiche wilde Erwachsene sorgen. Bei Wölfen würden wir eher ausgewachsene Exemplare selektieren, die ein solches Jungtierverhalten zeigen. Wir würden demnach diejenigen auswählen, die sich an uns als Rudelführer wenden, um Führung und Nahrung zu erhalten – und nicht diejenigen, die alleine klarkämen und sich mit allem selbst bedienten, einschließlich am Menschen, oder etwa nicht? Tatsächlich sind erwachsene Haushunde ganz gute Beispiele dafür, dass das Gesamtpaket an Jungtier-Charakteristika auf uns genau wie die eines Menschenbabys wirkt. Wir trafen die Auswahl hin zu unterwürfigeren Hunden, die uns ein „Ohhh" entlocken konnten und die sich auf eine Leitung durch den Menschen einließen. Wir haben diejenigen rausgeschmissen (der Euphemismus sei mir gestattet), die uns zu sehr herausgefordert haben oder unser Vieh oder unsere Kinder gefressen haben. Im Laufe der Zeit erhielten wir immer mehr bereits ausgewachsene Tiere mit zunehmend jugendlichem Aussehen und ähnlichen Zügen wie bei Hunde- und Menschenbabys. Die Köpfe wurden im Verhältnis zu den Ohren größer, die Augen wurden größer, das Baby lächelte und konzentrierte sich auf den Elternteil. Den Zustand der Beibehaltung vererbbarer juveniler Eigenschaften als Erwachsene nennt man Neotenie. Erwachsene Haushunde zeigen viele Eigenschaften junger Wölfe – einschließlich des Spielverhaltens, Unterwerfungsgesten und eines höheren Tons beim Bellen und sie zeigen sich insgesamt deutlich weniger aggressiv. Sie weisen zudem Züge auf, die denen von Menschenbabys unheimlich ähnlich sind.

Naturwissenschaft als eine Möglichkeit zur Erkenntnis

Nun schreibe ich schon eine Weile über Evolution und das wird sich auch noch durch das ganze Buch hindurchziehen. Es gibt Leute, die zu mir sagen: „Ich glaube nicht an die Evolution." Okay. Ist es der Schwerkraft wichtig, ob Sie an sie glauben? Nö – wenn ein Glas zu dicht am Rand steht, fällt es halt auf den Boden. Da mag man nun an die Schwerkraft glauben oder auch nicht. Das Glas fällt nun einmal hinunter, die Glasscherben splittern, und Sie tragen die Konsequenzen. Alle, und damit meine ich auch wirklich alle, verfügbaren Beweise in der physischen Welt beweisen, dass die Erde Milliarden von Jahren alt ist (4,54 Milliarden plus minus ein paar Dutzend Millionen Jahre) in einem Universum, das 13,79 Milliarden Jahre alt ist, plus minus einige Dutzend Millionen Jahre. Diese Zahl hat sich im Laufe der Zeit etwas verändert. Und warum ist das so? Weil Wissenschaft nun einmal so funktioniert: „Auf Grundlage der besten Beweise unter Verwendung dieser Technik, habe ich herausgefunden …" Andere Wissenschaftler versuchen, die Methode zu replizieren, während wieder andere eine andere Technik ausprobieren und so zu einem anderen Ergebnis kommen. Eine Anhäufung von Beweisen, die hinterfragt und erneut geprüft werden, führt zu grundlegenden Erkenntnissen. Geologen und Astrophysiker mögen sich um ein paar Millionen Jahre hin oder her streiten, je nachdem, welche Altersbestimmungsmethode sie anwenden. Nehmen wir zum Beispiel die Frage nach dem Alter Ihres Hundes. Ich könnte nach der Entwicklung des Grauen Stars schauen und eine Schätzung abgeben. Oder ich könnte nach dem Zahnstatus schauen und das Alter danach einschätzen. Ich könnte das Knochenskelett auf der Suche nach Arthritis röntgen und daraus eine Vermutung auf das Alter ableiten. Ich könnte die DNA auf Veränderungen untersuchen, und zwar die sich schnell teilenden Zellen im Vergleich zu den sich langsam verändernden Zellen. Mit jeder dieser Methoden würde ich ein anderes Ergebnis erzielen. Nur die Gesamtbetrachtung der Ergebnisse würde uns eine vernünftige Einschätzung ermöglichen. Diese Information, also das geschätzte Alter Ihres Hundes, würde zu verschiedenen Diagnosen und Behandlungen auf der Grundlage von Ergebnissen führen. Einen Welpen behandelt man anders als einen Hund im Greisenalter, nicht wahr? Wissenschaft ist empirisch, wobei wir harte Fakten aus Experimenten bekommen, wie Zahnverschleiß Ihres Hundes bei dem Versuch der Altersbestimmung. Aber die Wissenschaft muss solche Daten auch interpretieren. Sagen wir mal, die Zahnverschleißdaten deuteten auf einen jüngeren Hund hin, der vielleicht vier Jahre alt ist. Arthritis und Katarakt würden mich auf zehn Jahre bringen. Haben wir es nun mit einem vorzeitig gealterten jungen Hund zu tun, oder mit einem alten Hund mit besserem Ernährungsstatus als üblich? Dann wende ich meine eigenen Interpretationen an, basierend auf den besten Beweisen sowie meiner Kenntnisse, und schätze daraufhin Ihren Hund.

Genauso fließen in dieses gesamte Buch meine jahrzehntelange Ausbildung und meine Untersuchungen ein, damit wir unser Hundewissen interpretieren und ein paar vernünftige Schlussfolgerungen ziehen können. Ich garantiere Ihnen, wenn Sie einen anderen Biologen an meiner Stelle dieses Buch schreiben ließen, und zwar auf Grundlage genau der gleichen Daten, dann würde etwas anderes dabei herauskommen. Wir könnten darüber streiten, wann Hunde nun domestiziert wurden, aber nicht darüber, *ob* sie domestiziert wurden. Wir mögen darüber streiten, wie viele Zellen sich im Körper eines Hundes befinden, weil niemand sie einzeln nachzählen kann. Doch über die Größenordnung (Dutzende Billionen) ließe sich nicht streiten. Das hat schon Hand und Fuß, nicht wahr?

Wissenschaft ist logisch, oder sie bemüht sich zumindest darum. Studien beweisen eher nicht, dass etwas nicht existiert oder nicht passieren kann. Ob etwas existiert, lässt sich leicht beweisen, einfach indem man es findet. Schauen Sie sich um. Sehen Sie einen rosa Elefanten? Falls ja, dann wissen Sie, dass dieser existiert. Immer davon ausgehend natürlich, dass Sie ihn sich nicht nur eingebildet haben. Falls Sie keinen sehen, heißt das noch nicht, dass auch keiner da ist. Vielleicht ist er ja kleiner als Sie annehmen oder Sie haben an der falschen Stelle gesucht oder er versteckt sich gar hinter Ihnen. Mit Logik kann man nicht beweisen, dass es ihn nicht gibt. Man kann nur beweisen, dass man keinen gefunden hat. Bitte erinnern Sie sich daran, und zwar jedes Mal, wenn Sie den folgenden Satz lesen: „Diese Studie fand keinen Unterschied zwischen Hunde-Medikament X und Medikament Y, oder Ernährungsweise X im Vergleich zu Ernährungsweise Y." Es bedeutet nicht, dass der Unterschied nicht existiert, sondern nur, dass die angewandten Methoden vielleicht nicht ausreichten, um einen Unterschied zu finden. Sollte jedoch ein Unterschied gefunden worden sein, dann wird es interessant. Sodann sollten Sie sich Ihre Methoden auf die Zuverlässigkeit bezüglich der Unterschiede anschauen. Danach können Sie erst entscheiden, ob Sie das Ergebnis so akzeptieren können. Seien Sie kritisch und denken Sie genau nach!

Hüten Sie sich vor Voreingenommenheit. In unserem Gehirn sind schon einige Vorurteile eingebaut und wir lernen beständig dazu. Auf der einen Seite dienen uns Vorurteile als großartige Filter gegen eine zu große Datenflut, die auf uns einprasselt. Instinkt und Erfahrung lassen uns nach dem suchen, was wir für die wichtigeren

Informationen halten. Hier ist ein Beispiel: Ein rotes Auto schneidet mir den Weg ab. Später noch eins. Daraus lerne ich, roten Autos aus dem Weg zu gehen, und das funktioniert auch. Keine roten Autos haben mich angefahren. Das bestätigt, dass ich Recht hatte, ich fühle mich belohnt und gehe weiter. Abgesehen von der Tatsache, dass ich selbst ein rotes Auto fahre und mich nicht mitzähle. Diese besondere Voreingenommenheit wird als Bestätigungsvoreingenommenheit (Confirmation Bias) bezeichnet. Nach einigen ersten Erfahrungen ging ich davon aus, dass rote Autos ein Problem darstellen. Somit erinnere ich mich jedes Mal, wenn ich eines sehe, daran. All die Beinahe-Unfälle mit blauen und grauen und schwarz-weißen Autos und Lastwagen sind vergessen. Wir müssen sorgfältige, objektive Bewertungen vornehmen. Ganz besonders, wenn es um Dinge geht, die uns sehr am Herzen liegen. Wie zum Beispiel in Bezug auf unsere Überlegungen, warum unsere Hunde oder unsere anderen Haustiere dies oder das tun.

Verzweifeln Sie nicht, wenn Sie hören: „Eine neue Studie hat gezeigt, dass …“. Üblicherweise stimmt das gar nicht. Eine neue Studie fügt zu einem Haufen an vorhandenen Beweisen weitere Beweise hinzu. Dies könnte uns dazu bringen, die Beweise neu zu bewerten. Damit werden die alten Beweise aber nicht einfach ausgelöscht. In den seltensten Fällen beweist eine Studie irgendetwas. Bitte, bitte und nochmals bitte: Sagen Sie nicht zu mir, solange Sie dieses Buch noch lesen: „Aber ich sah in den Nachrichten, dass … was dies beweist …“ So funktionieren Studien nicht. Sie sind wie einzelne Beweisstücke in einem großen Gerichtsverfahren und die Riege an Wissenschaftlern, einschließlich Praktikern wie Tierärzten, ist dabei die Jury. Der Autor der Studie ist ein Mitglied des juristischen Teams, welches sich um einen Punkt streitet. Das sind Menschen wie du und ich. Vorurteile, Annahmen und beruflicher Background beeinflussen ihre Argumentation. In diesem Buch beschreibe ich die Gerichtsverfahren auf der Basis meiner eigenen Voreingenommenheit. Dazu kann man nur hinzufügen, dass, sofern Sie in den Vereinigten Staaten leben, Sie mit deutlich geringerer Wahrscheinlichkeit an die Evolution glauben als dies im Rest der Welt der Fall ist. Die genannten Prozentsätze variieren je nachdem, wie die Fragen gestellt wurden. Egal, was Sie darüber denken mögen, Haushunde stammen von Wölfen ab und Wölfe stammen von weiteren Säugetierahnen ab. Die Beweise dafür sind überwältigend und aussagekräftig.

Tour 2

Das Reproduktionssystem: Von DNA über Taxonomie zum Geschlechtsverkehr

Ich habe bereits im letzten Teil auf einer der zurückliegenden Seiten damit begonnen, über Genpools zu sprechen. Den Begriff „vererbbar“ habe ich in meinen Ausführungen über die Domestikation wiederholt verwendet. Dabei handelt es sich weder um einen Zufall noch einen Unfall. Denn wenn man beschreibt, was einen Hund ausmacht oder was ein Hund eben nicht ist, dass er nämlich eine andere Spezies ist als wir, dann hängt das alles von vererbbaren Merkmalen ab. Aber ohne ein funktionierendes Fortpflanzungssystem geben Hunde vererbbare Merkmale auch nicht weiter. Allzu viel an Wissen über die Vererbungsmechanismen auf der suborganischen Ebene benötigen wir gar nicht wirklich. Und doch lasse ich mich nicht abhalten, Ihnen trotzdem davon zu erzählen. Das könnte Ihnen irgendwann noch von Nutzen sein. Etwa dann, wenn Sie über die Anschaffung eines neuen Hundes nachdenken. Und wenn Sie dann von CRISPR hören, werden Sie wissen, dass das gar nichts mit knackigem Gemüse zu tun hat, sondern mit Designerhunden und Ihrer Zukunft zusammenhängt.

DNA

Über die DNA selbst brauchen wir gar nicht viel zu sagen. Ich gehe davon aus, dass es Ihnen genügt, zu wissen, dass die DNA ein langes Molekül ist. Sie sieht wie eine Leiter mit Sprossen aus, die zu einer Spirale verdreht ist. Die DNA speichert Informationen einschließlich der Anweisungen zur Herstellung eines Organismus‘, und zwar in Molekülketten. Das ist etwa so ähnlich wie mit den Buchstaben auf dieser Seite, die sich zu Wörtern und dann zu Sätzen aneinanderreihen. Wenn die DNA gelesen wird, um die Anweisungen zu erhalten, spaltet sich das DNA-Molekül in der Mitte der Sprossen auf. Ansonsten ist alles außer den Teilen, die von der jeweiligen Zelle zum erforderlichen Zeitpunkt gelesen werden müssen, die meiste Zeit eng zusammengerollt. Leberzellen benötigen andere Arbeitsanweisungen als Nervenzellen. Die molekularen Werkzeuge in der Zelle können das richtige Teil finden, es weit genug ausfalten und in den Sprossen der Leiter aufspalten, um es zu lesen. Sie können sogar kleinere Reparaturen daran vornehmen, ohne das Ganze wie eine Angelschnur oder einen Garnhaufen zu verknoten. Jede Zelle im Körper Ihres Hundes, mit Ausnahme von Spermien oder Eizellen, verfügt über zwei vollständige DNA-Anweisungen für die Herstellung des ganzen Hundes mit allem Drum und Dran. Diese DNA aus einer einzelnen Zelle aneinandergereiht wäre in etwa zwei Meter lang. An dieser Stelle nehmen wir uns kurz Zeit für einen Reality-Check: Zellen sind so winzige Teile, dass man sie sich nur schwer vorstellen kann. Die übliche Zellgröße bei einem Menschen beträgt etwa 0,025 mm. Ich habe Ihnen eben erklärt, dass eine kleine winzige Zelle (die vielleicht ein Zehntel des Durchmessers eines menschlichen Haares misst) zwei Meter an DNA enthält. Das verdient zumindest ein vorübergehendes „Wow", vielleicht sogar ein „Echt, sind Sie da sicher?". Oh ja, das bin ich. Sie können auch das gerne auf der nächsten Party anbringen, die Sie besuchen!

Beim Menschen sind diese zwei Meter DNA in jeder Zelle in sechsundvierzig Teilen gespeichert, die jeweils als Chromosom bezeichnet werden. Ihr Hund, genau wie Wölfe und Kojoten, lagert das Ganze in achtundsiebzig Teilen, und auch hier werden diese Chromosomen genannt. Denken Sie mal eben einen Moment darüber nach – bitte nicht zu lange, sonst wird Ihnen noch ganz schwindelig davon. Jede Ihrer vierzig Billionen (das ist eine Vierzig mit zwölf Nullen!) mikroskopischer Zellen enthält die DNA nicht zentimeterweise, sondern meterweise, und zwar zwei Meter. Während mir die Einschätzung, wie viele Zellen ein Hund haben mag, schwerfällt, so kann ich doch sagen, wenn wir einen durchschnittlichen Hund von etwa einem Viertel der Größe eines Menschen haben, dann wären es etwa zehn Billionen Zellen. Nun hat jede Zelle achtundsiebzg DNA-Teile. Das ist so viel DNA in einem Hund, dass man damit eine wirklich dünne DNA-Schnur ungefähr acht Mal zur Sonne und zurück zur Erde ziehen könnte. Oder eine, die von der Sonne bis über den Saturn hinaus reichen würde. Diese Schnur ist gerade mal einen Nanometer dick. Ein Hundehaar ist ungefähr fünfzigtausend Mal dicker. Versuchen Sie jetzt mal, das Ganze nicht in jeder Zelle, zu jeder Minute an jedem Tag zu verknoten oder zu zerbrechen, während Sie die DNA abwickeln, lesen und wieder zusammenfügen. Die Frage „Was ist schief gelaufen?" sollten Sie sich nie stellen. Vielmehr sollten Sie darüber staunen, dass es immer richtig abläuft. Denn das tut es, und zwar Tag für Tag, Jahr für Jahr.

Halten Sie kurz inne – und dann lesen Sie diesen Absatz noch einmal. Wenn Sie das jetzt nicht umhaut, dann muss ich mir unbedingt etwas anderes einfallen lassen, mit dem mir das gelingt. Ich verspreche Ihnen, ich bleibe da dran!

Es gibt Teile der DNA, die den Code für Proteine in sich tragen. Proteine erledigen die Arbeit der Zelle. Andere Teile der DNA sind für die RNA zuständig, die wiederum die DNA verwaltet. Teile des Codes sind Irrläufer oder invasive Überreste von Viren. Wieder andere Teile haben den Code für … na ja, wir sind uns da nicht so sicher was viele davon eigentlich tun. Wenn Sie uns Zeit geben, werden wir es schon noch herausfinden. Funktionale Einheiten, DNA-Abschnitte, die etwas bewirken, nennt man Gene. Ihr Hund hat Gene für die Augenfarbe, die Fellfarbe, die Ohrform, für die Bekämpfung von Bakterien, für Geselligkeit und buchstäblich für Tausende anderer Eigenschaften.

Chromosomen

Stellen wir uns nun einmal jedes Chromosom als ein Buch vor. Vergessen Sie dabei nicht, dass Hunde davon achtundsiebzig an der Zahl in jeder Zelle haben. Alle Säugetiere haben im Grunde ungefähr die gleiche Menge an DNA, nur ist diese in verschiedene Stückzahlen aufgeteilt. Das sind die Chromosomen, die ich erwähnt habe. Ich verallgemeinere hier, damit diejenigen von Ihnen, die Ahnung von Molekularbiologie und Biochemie haben, jetzt die Augen verdrehen können, weil ich Polyploidie, sich schnell wiederholende Segmente usw. einfach überspringe. Also zurück zu den Chromosomen, die wir uns als Bücher vorstellen wollten. Da „ein Buch" heute als archaischer und selten verwendeter Gegenstand gilt, nennen wir es einen alten, pflanzenbasierten analogen Speicher. Sie halten gerade eines davon in Ihren Händen. Da Sie ja nun eines hier haben, bleiben wir auch bei der Bezeichnung „ein Buch".

Stellen Sie sich einen Stapel von achtundsiebzig Büchern vor, die meine Hündin auf ihrer genetischen Ebene in einer einzigen Zelle ihres Körpers darstellen. Wir nennen diese Hündin „Wish". Offiziell heißt sie MACH2 Brighteye Fairy Tail und es folgen noch eine lange Reihe an Titeln nach. Das ist ein viel zu langer Name zum Aussprechen, wenn man sie von der Jagd nach einem Eichhörnchen zurückrufen möchte. Genau wie das bei Kampfpiloten aus ähnlichen Gründen der Fall ist, hat sie einen Rufnamen bekommen: Wish. Wie wir uns Wish als einen Hund vorzustellen haben, ist klar. Aber zunächst stellen wir uns Wish als einen Haufen vor, der aus zehn Billionen Zellen besteht. Wish hat achtundsiebzig DNA-Bücher in jeder Zelle ihres Körpers. Die Hälfte der Bücher stammte von Wishs Mutter Brighteye Amazing Grace, die andere von ihrem Vater Offon Remingtons Blue Steel. Obwohl die Chromosomen alle dieselbe Farbe haben, nehmen wir zur Veranschaulichung an, dass die von Remington gelieferten Bücher blau und die von Grace erstellten Bücher rosa sind. Meine Wish hat neununddreißig blaue Bücher von ihrem Vater und neununddreißig rosa Bücher von ihrer Mutter. Die Bände sind von 1 bis 39 nummeriert. Band 1 von ihrer Mutter oder ihrem Vater hat Kapitel oder Gene, die für einen Mix aus Dingen codieren. Diese sind nicht nach ihren Funktionen in die 39 Bücher eingeordnet. Die Natur tendiert nicht zu einer solchen Ordnung und eine solche Organisation wäre auf lange Sicht katastrophal. Das erste Buch könnte die Form von Fellflecken, Augenfarbe und Anweisungen zur Pilzbekämpfung und Hunderte anderer Anweisungen enthalten. Band 2 enthält möglicherweise Anweisungen zum Anpassen der Körpertemperatur und der Haarlänge sowie der Anzahl der Zehen einer Pfote. Band 1 von Grace hat die gleichen Kapitel mit Arbeitsanweisungen wie Band 1 von Remington. So geben die rosa und blauen Kopien von Band 1 für jeden Hund die gleichen Anweisungen für die gleichen Dinge.

Aber Band 1 bei Hunden unterscheidet sich von Band 1 bei Menschen. In der gesamten Büchersammlung sind die gleichen Basiseigenschaften alle vorhanden. Allerdings ist der Instruktionssatz an unterschiedlichen Stellen aufgebrochen. Dieselben Ideen, aber andere Anleitungen. Meistens ist die Reihenfolge des Materials gleich, aber es ist keineswegs identisch. Das blaue Set ist auf den meisten Seiten identisch mit dem rosa Set, aber einige Kapitel weichen ab. Genau diese Unterschiede sind es, die meinen Hund Wish von ihrer Mutter Grace und ihrem Vater Remington unterscheiden. Und ein einzelnes Buch, nämlich Band Nr. 39, ist ganz anders. Wish hat die gleiche Version von Grace und Remington bekommen, also ist sie von den Chromosomen her ein Mädchen. Wären sie unterschiedlich gewesen, wäre sie ein Junge. Wahrscheinlich würde man sie immer noch Wish nennen, aber das spielt wohl kaum eine Rolle.

Bei Säugetieren bekommen Weibchen, wenn man es chromosomal betrachtet, alle die X-Ausgabe von ihrer Mutter und ein weitere X-Ausgabe von ihrem Vater. Männchen bekommen, chromosomal betrachtet, die X-Ausgabe von ihrer Mutter und die Y-Ausgabe von ihrem Vater. Grace, die Mutter, war XX. Remington, der Vater, war XY. Wish, mein Hund, hat ein X von Mutter Grace und ein X von Papa Remington. Mütter können nur X Kopien weitergeben, denn das ist alles, was sie haben. Die Hälfte der Papa-Spermien hat ein Y, die Hälfte ein X.

Das alles ist ziemlich detailliert. Wenn Sie die nächste Überschrift unwiderstehlich finden, können Sie das hier ja überspringen und später darauf zurückkommen. Anderenfalls rate ich dazu, die letzten beiden Absätze noch einmal durchzulesen, und zwar langsam.

Mitochondrien

Ihrem einzigartigen DNA-Paket wird mit den Mitochondrien in jeder Ihrer Zellen ein weiteres Element hinzugefügt. Im Gegensatz zu Ihren Chromosomen in Kettenform haben diese mit ihrer ringförmigen Struktur ihren eigenen DNA-Typ und kopieren DNA unabhängig von der normalen DNA ihrer Wirtszelle. In jeder Ihrer Zellen gibt es zwischen einigen hunderttausend und einer halben Million Mitochondrien mit ihrer eigenen (gewöhnlichen, gemeinsamen) DNA. Sie sind geklont. Und alle stammen sie aus dem Ei Ihrer Mutter, aus dem Sie entstanden sind. Im Grunde war das Ei Ihrer Mutter mit Mitochondrien infiziert und jede Ihrer Zellen trägt bis zu einer halben Million dieser Kerlchen in sich. Wenn DNA und Ihr eigener Stoffwechsel Sie zum Leben erwecken, dann sind Mitochondrien lebendig und waren früher unabhängig von der DNA Ihrer eigenen Zellen, während sie ihre eigenen Mutationen akkumulierten und sich fortentwickelten. So konnten diese Ihre eigenen Zellen überstimmen. Der Anzahl der Zellen nach beurteilt sind Sie diesen Mitochondrien näher als sich selbst. Es sind verdammte Parasiten. Wenn man mal davon absieht, dass sie der Wirtszelle auch den größten Teil der nutzbaren Energie geben, die sie bekommt. Ohne Mitochondrien stirbt ein Hund. Oder vielmehr – er wird gar nicht erst geboren werden.

Fällt Ihnen auf, wie chaotisch das alles wirklich ist? Genau wie Sie von Ihrem Vater hat auch Ihr Hund von seinem Vater einen kompletten und vollständigen DNA-Satz erhalten. Und er hat einen DNA-Satz von seiner Mutter, und zwar komplett und vollständig. Gemeinsam tragen diese in sich den Code für etwa zwanzigtausend verschiedene Proteine mit drei Milliarden Basenpaaren. Die Basenpaare sind im Wesentlichen die Buchstaben eines Alphabets plus Satzzeichen, aber der Code erfordert drei Basen für jeden Buchstaben. Übersetzt ergibt das ungefähr zwanzigtausend Sätze, deren Code sich aus einer Milliarde Buchstaben generiert. Da es zwei DNA-Sätze gibt (einen von Mama, den anderen von Papa), können wir diese dafür halbieren und dann gleich noch einmal halbieren, da nur eine Seite des DNA-Doppelstrangs gelesen wird. Lassen Sie uns von zwanzigtausend Sätzen ausgehen, deren Code aus zweihundertfünfzig Millionen Buchstaben generiert wird. Im Vergleich dazu verwendet dieses Buch etwa zehntausend Sätze, deren Code aus einer halben Million Buchstaben und Satzzeichen generiert wird. Diese Sätze in der DNA sind oft fünfzehntausend Buchstaben lang. Jede Zelle enthält eine unglaubliche Menge an Informationen! Ihr Hund hat zudem einen vollständigen Satz einer mitochondrialen DNA. Der ist viel kleiner und besteht aus nur etwa siebzehntausend Basenpaaren, aus denen der Code für dreizehn Proteine gebildet wird. Der größte Teil der Kodierung für Mitochondrien hat sich im Laufe der Zeit von deren eigenen Genen auf den Hund als Wirt verlagert, sodass einige der zwanzigtausend Proteine Ihres Hundes dazu verwendet werden, die Mitochondrien herzustellen. Ihr Hund, mein Hund, alle sind sie nur ein Durcheinander von DNA aus vielfachen Quellen. Ja klar, Ihr Hund hat alle seine Mitochondrien von seiner Mutter, aber diese Mitochondrien waren wiederum ein beinahe exakter Klon der Mitochondrien ihrer Mutter, diese beinahe ein exakter Klon von deren Mutter und so weiter. Der DNA-Satz, den Ihr Hund von seiner Mutter bekommen hat, war ein Mischmasch aus ihrer Muttertier-DNA und ihrer Vatertier-DNA. Die DNA seines Vaters war ein Mischmasch aus dem seiner Eltern. All das macht jeden Hund einzigartig, man erkennt leicht, ob es sich um direkte Geschwister handelt (gleiche mitochondriale DNA, falls von derselben Mutter) und wir können leichter herausfinden, wie eng wir verwandt sind – genau wie bei jeder CSI-Folge.

Der DNA-Code legt, was die Vererbung angeht, die Art Ihres Hundes fest, wie er funktioniert und wie gut er sich als Begleiter eignet. Vergessen Sie nicht, dass die Einrichtung seiner Umgebung zu Hause, die Ausbildung und die Pflege, die Sie ihm angedeihen lassen, dies alles beeinflusst. Ich denke eben, man sollte nicht außer Acht lassen, wie viel von den zwei Metern an DNA bestimmt wird, die in jeder Zelle aufgewickelt ist. Die DNA bestimmt, was einen Hund ausmacht, wie gut die Spezies mit dem Menschen auskommt und auch in vielerlei Hinsicht, warum wir uns so gut miteinander verstehen. Das Kopieren und Teilen von Genen ist ziemlich chaotisch. Doch Gott sei Dank funktioniert es so oft so gut.

Der Paarungsakt

Der einzige Bereich bezüglich des Teilens und Auslesens der DNA, den wir noch nicht behandelt haben, ist der eigentliche Akt der Paarung. Ich vermute mal, Sie wissen schon, was wohin gehört und warum. Damit brauche ich das Thema nicht wirklich zu behandeln, nicht wahr? Aber weil es ziemlich interessant ist, werde ich es trotzdem tun.

Das Männchen der meisten Säugetiere hat einen dauerhaft erigierten Penis, was mit einem echten Knochen namens Baculum zuwege gebracht wird. Wenn es verlangt wird und oft genug auch, wenn es nicht verlangt wird, kann das Männchen seinen Penis einfach ausfahren. Primaten gehören zu den wenigen Säugetieren, die anstelle eines Knochens ein Hydroskelett für den Penis haben. Das Baculum ist bei den meisten Primaten stark reduziert, beim Menschen fehlt es gänzlich.

Es gibt viele Spekulationen darüber, wie sich das entwickelt hat; sehr wahrscheinlich nicht nur deshalb, um die Geschäfte mit Viagra am Laufen zu halten. Auch Pferden fehlt ein Baculum. Beim Waschbären hat es eine üble scharfe Krümmung. Warum braucht es überhaupt einen Penis? Es ist ein im ganzen Tierreich verbreitetes Werkzeug, aber alles andere als universell, um Sperma so weit wie möglich in ein Weibchen hinein zu platzieren und damit das eigene Sperma am Samen anderer Männchen vorbei gebracht wird. Je mehr männliche Konkurrenz es bei einer Art gibt, desto größer ist deren Penis. Menschen haben im Vergleich zu den meisten Säugetieren einen ziemlich kleinen Penis. Ja, auch das können Sie Ihrem Erbe anlasten. Das Walross ist sowohl absolut als auch relativ für ein Landsäugetier der Meister der Penisgröße und hat einen Penis von bis zu dreiunddreißig Zentimeter Länge. Der Penis eines Caniden hat am distalen oder „geschäftigen" Ende des Penis blutgefüllte Teile, sodass ein Männchen beim Besteigen physisch mit dem Weibchen fest verbunden werden kann. Dies hält andere Männchen fern und sein Sperma kann sich so langfristig ansiedeln. Aber es birgt auch die Gefahr, dass das Baculum bricht. Jene Verbundenheit dauert zwischen ein paar Minuten und einer halben Stunde – üblich sind etwa fünfzehn Minuten.

Bemerkenswerterweise dient Sperma als energiereiche Flüssigkeit bloß dazu, eine nährstoffreiche Umgebung für die Spermien bereitzustellen und einen Propfen zu bilden, mit dem verhindert werden kann, dass die Spermien eines Konkurrenten den Heiligen Gral einer Eizelle erreichen. Bei vielen Arten arbeiten tatsächlich einzelne Spermien zusammen. Ein Haufen von Spermien, die ihre Köpfe zusammenstecken, kann schneller schwimmen als ein einzelnes Spermium. Wer zuerst kommt, mahlt zuerst, das gilt gewissermaßen nicht. Die Erkenntnis, dass sich bei einer Hündin, die ein Dutzend Eizellen auf einmal hervorbringt, Sperma von mehreren Vätern vermengen und einen gemischten Wurf ergeben kann, ist auch nicht im Geringsten anzuzweifeln.

Ansonsten ähneln die erforderlichen Teile bei Hunden denjenigen, die Sie selbst auch haben – oder vielleicht auch vor einer Operation noch hatten ... Spermien werden von Sertoli-Zellen in den Hoden der Männchen produziert. Am besten funktionieren die Sertoli-Zellen bei einer Temperatur etwas unter der normalen Körpertemperatur. Und daher hängen sie gewissermaßen in einem Sack namens Scrotum (Hodensack). Wenn die Spermien bereit sind, werden sie, gemischt mit Stoffen, die von der Prostata produziert werden, am Ende des Penis' aus der Harnröhre ausgestoßen. Wenn alles wie „von der Natur geplant" abläuft, befindet sich der Penis zu dem Zeitpunkt in einem muskelbesetzten Behältnis, auch bekannt als Vagina. Durch peristaltische Bewegung wird das Gemisch nach oben in die Gebärmutter und dann in einen Eileiter befördert. Davon gibt es zwei. Wenn man es von der Funktion her betrachtet, so hat ein Hund zwei Gebärmütter, aber da wir es technisch angehen, wird nur nach Anzahl der Enden gerechnet. Diese Enden nennt man den Gebärmutterhals. Hunde haben einen Gebärmutterhals am Ende der Vagina, der sich jedoch fast sofort in zwei verschiedene Gebärmutterhörner oder -körper aufspaltet, von denen jeder mit einem Eileiter verbunden ist, welche wiederum jeder zu einem Eierstock führen. Dort findet die Befruchtung normalerweise statt. Die Gebärmutterhörner sind also jeweils mit einem Eierstock verbunden – der Heimat der heiligen Eier. Wenn die Hündin läufig ist, werden Eizellen abgelegt, bis hin zu etwa einem Dutzend. Alle Eizellen, die auf Spermien treffen, werden, wenn die DNA problemlos passt, zu einer befruchteten Eizelle mit einem Satz von Mamas Genen und einem Satz von Papas Genen. Wenn sie sich erfolgreich in der Gebärmutterwand einnisten, bilden sie eine ringförmige Plazenta. Die Plazenta umgibt den sich entwickelnden Embryo. Dieser entwickelt sich zwei Monate lang und wird dann von der Mutter als Welpe geworfen. Der Welpe startet blind, verwirrt und zweifellos hungrig ins Leben.

Sex

Also, jetzt lassen Sie uns mal offen über Sex reden. Schließlich sind wir ja alle erwachsen, oder? Es wird ein Gespräch so in der Art, dass ich sage, setzen Sie sich mal hin – dann schaue ich Ihnen in die Augen und erzähle Ihnen das am wenigsten Romantische, was mir einfallen will. Reden wir mal Klartext über Sex. Biologisch gesehen ist Sex nur dazu da, den gleichen Satz der Buchseiten von den Mama- und Papa-Büchern untereinander auszutauschen, damit sich die Kinder von den Eltern unterscheiden. Durch Sex werden DNA-Segmente aus dem Instruktionssatz ausgetauscht. Dabei werden zum Beispiel die Seiten neunundzwanzig bis einhundertunddreiundfünfzig von Band vier aus dem blauen Buch von Papa genommen und diese gegen dieselben Seiten in Band vier von Mamas rosa Buch getauscht. Ganze Kapitel dabei auszutauschen ist nicht nötig, große Seitenbereiche tun es bereits. So etwas geschieht nur in Spermien oder Eizellen. Die restlichen Zellen behelligen das blaue und rosa Buch von Papa und Mama gar nicht. Beim Sex werden also Segmente der DNA zwischen den Instruktionssätzen von Mama und Papa ausgetauscht, um ein völlig neues Buch aus demjenigen zu machen, welches das Sperma oder die Eizelle ausmacht. Jetzt sind Sie doch bestimmt auch froh, dass wir diese kleine Unterhaltung über Sex hatten, habe ich Recht?

Dabei sollten Ihnen jetzt zwei Fragen in den Sinn gekommen sein. Wozu die ganze Mühe? Ich meine natürlich den Tausch von Buchseiten, nicht all das Zeug über Sex. Wenn nun ein Spermium achtundsiebzig Chromosomen hat und wenn die Eizelle genauso achtundsiebzig Chromosomen hat, hat das Kind dann nicht einhundertsechsundfünfzig? Die Zelle ist sowieso schon ziemlich voll, also was macht das denn noch aus?

Genau wie bei jede andere Zelle starten diese kleinen, sexy Geschlechtszellen des Hundes, nämlich die Spermien und die Eizellen, mit achtundsiebzig Bänden, die zur Hälfte von Mama und zur Hälfte von Papa stammen. Wir erinnern uns, in den blauen Büchern sind alle Seiten beinhaltet, die es für einen Hund braucht. Und genauso verhält es sich mit den rosa Büchern. Nach dem Austausch befinden sich in jedem der Bände ganze Abschnitte aus dem Büchersatz des anderen Elternteils. Dann sortieren wir alle achtundsiebzig Bücher nach Bandnummern in neununddreißig Stapeln. Stapel Nummer eins besteht aus dem blauen Band eins und dem rosa Band eins mit den untereinander ausgetauschten Seiten. Nun gehen wir zu jedem der Stapel und entscheiden mit einem Münzwurf, welchen Band wir in eine Kiste werfen. In Analogie dazu gibt es zwei Kisten, wobei eine Starterzelle mit achtundsiebzig Büchern die Chromosomen in zwei Geschlechtszellen mit jeweils der halben Anzahl an Büchern sortiert. Jede Starterzelle, also Spermium oder Eizelle, wird in zwei finale Spermien oder zwei finale Eizellen aufgeteilt. Bei den Spermien vollzieht sich das in einem Hoden, bei den Eizellen in einem Eierstock, und zwar noch vor der Empfängnis. Im Falle der Spermien geschieht dies grade mal ein paar Tage, ehe sie, ähm, ihre Reise außerhalb des Körpers antreten. Ich denke, interessanter ist die Tatsache, dass dies im Ei geschieht, noch bevor der Eierstock, der das Ei enthält, geboren wird. Das Ei, aus dem meine Mama meine Wenigkeit gemacht hat, hat diesen Prozess bereits durchlaufen, bevor sie selbst geboren wurde. Man nennt diesen Vorgang Meiose. Wenn dies ein Katzenbuch wäre, müsste ich „Miause“ sagen – aber das mach‘ ich jetzt nicht.

Wenn sich dann später Spermium und Eizelle in einer dunklen Gasse treffen, wird die neue Zelle wieder aus den erforderlichen achtundsiebzig Büchern bestehen. Denn die beiden besitzen ja je die Hälfte der Chromosomen. Mit diesem Prozess wird verhindert, dass sich die DNA Menge bei jeder Empfängnis verdoppeln würde. Wir nehmen die beiden Bände in Stapel zwei (Chromosom zwei) und werfen zufällig je ein Buch in jede der beiden Boxen (Zellen). Und so weiter. Das Ganze machen wir achtundsiebzig Mal. Jede Box (Zelle) enthält eine vollständige Anleitung, aber nur eine Reihe von Bänden mit den Nummern eins bis neununddreißig. Jede Box (Zelle) enthält eine Mischung aus rosa und blauen Büchern (Chromosomen) und jedes Buch (Chromosom) enthält ein paar Seiten (DNA-Stränge) von jedem Elternteil. Das ergibt ein ziemlich gutes Scrambling. Und da wir die Anzahl der Chromosomen von achtundsiebzig auf neununddreißig halbieren, wird das Sperma oder die Eizelle nach der Vereinigung schließlich die richtige Chromosomenanzahl besitzen. Dem Deckel jedes Buches (Chromosom) in der Box (Zelle) geben wir nun wieder die Farbe desjenigen, der die Sortierung durchführt (Mutter oder Vater). Damit wird jedes Buch (Chromosom) jetzt rosa, wenn es im Körper eines weiblichen Elternteils und blau, wenn es im Körper eines männlichen Elternteils sortiert wird. Wir verpacken die Box mit Luftpolsterfolie (Ja, in diesem Fall bleibt die Luftpolsterfolie außerhalb der Box. Die Box ist ein Spermium oder eine Eizelle, die Luftpolsterfolie ist die klebrige Flüssigkeit, die um das Sperma oder die Eizellen herumgespült wird) und wir versenden diese Box über FedEx. Dies tun wir, damit sie sich mit einer Box von demjenigen vereinen möge, mit dem wir unsere kostbaren Boxen mit DNA-basierten Anweisungen teilen.

Wenn sich diese Boxen treffen und man Glück hat (oder Pech? Denn wer bin ich schon, das beurteilen zu können?), entsteht daraus ein neuer Hund, der auf der ganzen Welt einzigartig ist, mit einem vollständigen Satz der Bände von seiner Mama und einem vollständigen Satz von seinem Papa.

Also wozu macht man sich denn nun die ganze Mühe? Denn das ist ja schon eine Menge Arbeit, bei der man riskiert, all diese DNA zu verheddern oder falsch zu sortieren. Es braucht Zeit und man muss Energie aufwenden. Und, ganz ehrlich, dann ist man noch abgelenkt und muss dazu noch einem anderen Wesen nahe kommen, das einen vielleicht lieber für eine Mahlzeit um die Ecke bringen möchte als seine Gene mit einem zu teilen.

Die dürftige Erklärung dafür ist: Wenn es nicht so wichtig wäre, Gene durchzumischen, gäbe es auch keinen Sex. Und ohne Sex würden sich die Lebewesen einfach nur selbst klonen. Schnell, sicher, einfach, effizient. Was passiert aber bei Inzucht, wenn also zwei relativ eng Verwandte sich verpaaren? Bei meiner Hündin Wish war das der Fall, als sie sich mit ihrem Bruder Sonic gepaart hat. Das Ganze bringt zwei große Probleme mit sich. Erstens hat man keine Möglichkeit, schlechte, nicht hilfreiche Gene oder Fehler, die auftauchen, loszuwerden. Diese häufen sich sogar noch an. Daraus hervorgehende Nachkommen werden öfter krank oder sind deformiert oder schwach oder sind auf eine andere Art weniger fit als diejenigen, die aus zufälliger Paarung mit Nichtverwandten hervorgehen. Wir nennen das eine „Blutlinie“, wobei es sich in Wirklichkeit um einen Genpool handelt. Eine erfolgreiche Vermischung von Genen misst man an deren Vielfalt. Je größer die Vielfalt, desto besser können sich die Arten an sich ändernde Umweltbedingungen anpassen. In einer sich verändernden Umwelt setzt sich langfristig eben die genetische Vielfalt durch. Und in freier Wildbahn ändert sich die Umgebung so gut wie immer. An den wenigen Orten, an denen dies nicht der Fall ist, finden wir Arten, die sich selbst klonen und sich all den Bohei um Sex glatt durch die Lappen gehen lassen. Warum hat die Natur es wohl so eingerichtet, dass Sex sich so gut anfühlt? Nun, das Risiko, das man eingeht, um Krankheiten und Missbildungen zu verhindern, muss ja irgendwie belohnt werden. Sonst würde niemand seine Gene teilen wollen, eine Durchmischung fände nicht statt und in den Kriegen der Geklonten würden die Asexuellen obsiegen.

Die Auswirkungen von Mutationen

Als ob das alles noch nicht genug wäre! Ich hätte da noch zwei weitere interessante Details für Sie im Angebot. Zuallererst einmal müssen Sie wissen, dass bei der ganzen Gen-Kopiererei etwa drei Milliarden funktionelle Einheiten beteiligt sind. Somit sind in jeder Zelle, und jedes Mal, wenn diese sich repliziert, Fehler bereits vorprogrammiert (denken Sie nur an Buchstaben in Worten, oder, falls Sie Chemie belegt hatten, an Basenpaare von Nukleinsäuren). Eine Fehlerquote von eins zu einer Million bedeutet, dass ein Fehler dreitausend Mal in drei Milliarden Basiskopien vorkommt. Jetzt multiplizieren wir das mit den zehn Billionen Zellen im Körper des Hundes. Das ergibt eine Menge Fehler! Die meisten Fehler sind geringfügig oder unwichtig. Wenn die Gene für eine gute Leber in den sich schnell kopierenden und sich teilenden Zellen auf der Haut meines Hundes durcheinander geraten, wen interessiert das schon? Die Haut wird sich sowieso nicht daran gewöhnen. Alle schlimmen Fehler, die Körperzellen (also nicht Spermien und auch nicht Eizellen) betreffen, mögen tödlich sein. Aber sie können nicht an die Nachkommen weitergegeben werden. Auf lange Sicht der Evolution spielen nur Kopierfehler in Spermien oder Eizellen eine Rolle. Nur diese können vererbt werden. Die meisten Fehler bei Spermien und Eizellen führen zu Nachkommen, denen es schlechter geht als denen ohne diesen Fehler. Sie können sich entweder nicht replizieren und damit den Embryo töten oder, wenn sie denn geboren werden, werden sie auskonkurriert und der Fehler verliert sich in der Abstammungslinie. Doch selten, ganz selten führt ein Fehler zu einer etwas besseren Version als das Original. Über eine sehr lange Zeit hinweg – bedenken Sie, wie lange dies tatsächlich ist – summieren sich diese kleinen Änderungen. Tatsächlich beruht jeder einzelne Unterschied – zwischen Hunden und Pferden, und was davor das Säugetier von Dinosauriern getrennt hat und davor Tiere von Bakterien unterschieden hat – auf den sehr wenigen zufälligen Fehlern mit positiver Auswirkung, die sich über eine sehr lange Zeit subsummieren. Der größte Teil der DNA, die wir in uns tragen, funktioniert in allen lebenden Tieren genau so, demnach ist sie eine durchgehende Gemeinsamkeit. Alle Lebewesen teilen etwa 50% der gleichen DNA. Hunde und Zimmerpflanzen teilen sich die Hälfte des Materials für ihren Bauplan. Menschen haben etwa 90% ihrer DNA gemein mit Hunden und 99,8% gemein mit Schimpansen, unseren engsten Verwandten. 99,9% ihrer DNA teilt der Mensch mit jedem anderen Menschen auf der Erde. Ebenso teilen alle Hunde 99,9% der gleichen DNA miteinander, vom Chihuahua bis hin zum Mastiff.

Daran können Sie erkennen, dass nur eine relativ kleine Anzahl von Genen den Code liefert, der uns von Fischen und Regenwürmern unterscheidet. Wenn es nicht diese zufälligen Kopierfehler gäbe, die als Mutationen bekannt sind, so wären Hunde keine Hunde, sondern Bakterien. Im Genpool bleiben nur Mutationen, die sich auf die DNA in Spermien oder Eizellen auswirken, und auch nur solche, die den Nachkommen einen Vorteil verschaffen. Wenn Sie Ihren Hund, Ihre Katze oder Ihre Rennmaus das nächste Mal liebevoll anblicken, vergleichen Sie diese einmal mit einem mikroskopisch kleinen Bakterium. Danken Sie dem Schicksal, das mit all den buchstäblich über Milliarden von Jahren angesammelten Unterschieden dafür gesorgt hat, dass sich unsere Liebsten und Bakterien voneinander unterscheiden.

Inzucht – Gut und Böse

Inzucht bringt jedoch einen klaren Vorteil. Wenn eine zufällige Mutation Merkmale hervorbringt, die uns zusagen, wie zum Beispiel eine neue Fellfarbe oder eine bestimmte Textur des Fells, dann können wir diese rasch weiter züchten. Durch die abnehmende genetische Vielfalt lässt sich einfacher vorhersagen, wie die Nachkommen aussehen werden, weil man sich so schon per se unerwünschter, störender Optionen entledigen kann. Inzucht ist, wie so vieles, eine Medaille mit zwei Seiten. Man kann nur mit diesem kleinen Teil herumexperimentieren, den 0,1% , die den einen Hund vom anderen genetisch gesehen unterscheidet. Bei Hunderassen beobachten wir eine Verringerung der Vielfalt, was zu Problemen bei starkem Inzest in den Untergruppen oder Rassen führt. Es gibt eine Datenerhebung (Dreger et al., 2016), die einen guten Überblick bietet. Für eine bessere grafische Darstellung verweise ich auf Beuchats Blog von 2016 unter https://www.instituteofcaninebiology.org/blog/inbreeding-of-purebred-dogs-determined-from-dna. Man fand heraus, dass Norwegische Lundehunde die höchste Inzuchtrate (über 80%) der vom AKC (American Kennel

Club/Amerikanischer Zuchthundeverband) anerkannten Rassen aufwiesen. Bullterrier waren mit 60 % ebenfalls weit oben. Möpse, Irische Wolfshunde und Bloodhounds lagen bei 50 %. Golden Retriever waren bei 30 %, Border Collies bei 25 %.

Und bei welchen Rassen ist die Inzuchtrate am niedrigsten? Das sind Jack Russell Terrier und Chihuahuas, beide mit einer Rate von 10 %. Zum Vergleich: In freier Wildbahn muss man zwei Vollgeschwister derselben beiden Eltern kreuzen, um eine Inzucht von bis zu 25 % zu erreichen. Aber wieviel an Inzucht ist zu viel? In freier Wildbahn führt jede Inzucht auf lange Sicht im Allgemeinen zu einem unterdrückten Erfolg. Bei einer domestizierten Rasse hängt es allerdings wirklich davon ab, inwiefern die negativen Auswirkungen der Inzucht tolerabel sind, bei gleichzeitigen positiven Auswirkungen bestimmter körperlicher und erblicher Verhaltensmerkmale. Erwähnenswert ist, dass viele dieser Mutationen bei Wildhunden auftauchen und durch Selektion mangels Nützlichkeit rasch wieder verschwinden. Was beim Wildtyp tödlich wäre, wie zum Beispiel wirklich kurze Beine von einem Wolfsgen, das irgendwann in der Vergangenheit wieder in den heimischen Bestand eingefügt wurde, kann bei einem einheimischen, geschützten Typ wie einem Corgi sehr nützlich sein. Abgesehen davon, dass ihn viele niedlich finden, so gab die niedrige Schulterhöhe dem Corgi eine einzigartige Fähigkeit beim Vieh-Hüten. Er schob dabei seinen Körper unter die Tiere, die getrieben werden mussten. Hingegen ein wilder Wolf mit Corgi-Beinen? Der wäre tot.

Jetzt ist Sex nur eine Art und Weise, die Seiten durcheinanderzubringen, damit kein Welpe genau wie sein Vater- oder Muttertier ist. Aber lassen Sie uns darüber einmal nachdenken. All diese Sortiererei findet mit achtundsiebzig DNA-Teilen statt. Jeder der insgesamt achtundsiebzig Sätze in jeder Zelle (DNA) ist insgesamt zwei Meter lang, ohne sich zu verheddern und ohne einen Buchband zu verlieren oder zu verlegen. Falls Fehler passieren – und das tun sie! –, so ist die versendete Box mit Büchern unvollständig oder sonst irgendwie durcheinander und das Ganze stirbt. Wenn die Grundlagen schon in der DNA falsch sind, stirbt das Spermium oder die Eizelle. Sind die Chromosomen falsch sortiert, stirbt die neu befruchtete Zelle ab. Fehler haben oftmals zur Folge, dass der sich entwickelnde Embryo nicht überlebt oder der Welpe bei der Geburt stirbt, sobald er abgenabelt ist.

Selektive Zucht und künstliche Selektion

Haushunde, die Stars in unserem Leben, bestehen also aus einer Reihe von Wolfsboxen mit den Bänden, bei denen die von uns nicht erwünschten Teile ausgemustert worden sind. Wir haben sie rausgeworfen. In den letzten zwanzigtausend Jahren haben wir ständig Eigenschaften ausgemustert, die uns nicht gefielen, während wir die Eigenschaften, die wir mochten, durch langsames, mühsames Bearbeiten beibehalten haben. Egal ob uns diese gefielen oder nicht, wir mussten diejenigen Eigenschaften behalten, die das Überleben des Hundes sicherten. Falls der Hund starb, so ging mit ihm dieser ganze Satz von Büchern (Genen) verloren. Anders ausgedrückt, Sie können sich nicht für eine Eigenschaft entscheiden, sodass der Hund kein Futter braucht, nur damit er nie kackt. Schade eigentlich, denn das wäre eine beliebte Rasse! Aber Haushunde und Wölfe können gemeinsame Boxen haben. Nicht ein Chihuahua und ein Wolf, denn einer von ihnen wird den anderen fressen. Natürlich kann man ihre Spermien und Eizellen im Labor paaren. Mit CRISPR können wir die DNA direkt ausschneiden und einfügen und benötigen damit keine Hunde und mehrere Generationen ihrer Misch-DNA, um das gleiche Ergebnis zu erzielen. Jetzt frage ich mich, weil CRISPR nun schnell und neu ist, ob es wirklich etwas Anderes ist als das, was wir seit zwanzigtausend Jahren tun?

Wenn eine Eigenschaft zu erfolgreicheren Kopien führt, dann wird diese selektiert. Bei der Fellfarbe kann man das zum Beispiel ganz gut beobachten. Mit der falschen Fellfarbe wird man zum Ziel, weil man sich nicht verstecken kann. Oder man wird nicht als potenzieller Partner erkannt. Auch andere Merkmale stehen unter evolutionärem Druck. Nehmen wir einmal die Lebenserwartung. Sofern schwach sein und jung sterben zur Folge hat, dass mehr Energie für die Fortpflanzung bleibt, als aus Kopien von sich selbst, die sich später reproduzieren könnten, dann wäre fit oder evolutionär erfolgreich sein gleichbedeutend mit „stirb jung, du Schwächling“. Wenn dagegen große Zähne zu haben und viel zu knurren dafür stünde, dann würde sich das auf Dauer durchsetzen. Im Grunde genommen ist die Menge an vorhandener Energie begrenzt. Diese kann nur für eine begrenzte Anzahl von Tätigkeiten eingesetzt werden, einschließlich Fortpflanzung, Wachstum, Nahrungsaufnahme für die Energiegewinnung und zur Regeneration. Wenn einer zu viel Energie in die Regeneration steckt, dann werden die Mitglieder eines Genpools, die darauf programmiert sind, mehr in die Fortpflanzung zu investieren, bald in der Überzahl sein. Wer nicht genug in die Regeneration steckt, stirbt zu früh und stellt zu wenige Kopien von sich her. Die Natur schafft hier den Ausgleich über viel Zeit und Experimente. Mit Experimenten meine ich erfolglose Individuen, deren genetische Linien sich nicht durchgesetzt haben. Sie sind ausgestorben.

In freier Wildbahn gibt es zwei Arten von Lebenserwartungen bei Organismen. Die eine wird als ökologische Lebenserwartung bezeichnet. Die andere ist die physiologische, also was der Organismus erreichen könnte, wenn es in der Umwelt keine Bedrohungen wie Raubtiere, Krankheiten und gelegentliche Hungersnöte gäbe. Letzteres kommt in der Natur nicht vor; denn dort draußen ist es echt gefährlich. Sowas gibt es nur bei Ihnen zu Hause. Ihr Hund kann nicht ewig leben, weil er irgendwann verbraucht ist. Aber warum ist das beim Hund schon mit zehn bis fünfzehn Jahren so, und nicht wie bei uns mit achtzig oder neunzig Jahren? Warum sterben Menschen mit siebzig Jahren, während Grönlandwale zweihundert Jahre alt werden können? Und die bedauernswerte Sunda-Ratte lebt bloß ein Jahr lang.

Es gibt offensichtlich seit Jahrhunderten biologisch tragfähige Mechanismen, durch die Lebewesen abgenutzte Teile reparieren und ersetzen können. Diese Art der Reparatur kostet allerdings sehr viel Energie. Wenn es in der Umgebung von Gefahren, Krankheiten und Raubtieren wimmelt, wäre es pure Verschwendung, Energie für das Erreichen eines Alters von zweihundert Jahren aufzuwenden, während die Wahrscheinlichkeit hoch ist, dass man durch andere Dinge viel früher aus dem Leben scheiden wird. Die ökologische Lebenserwartung einer Art in freier Wildbahn ist in Wirklichkeit die durchschnittliche Lebenserwartung der Population auf Grundlage der Bedrohungen, denen sie ausgesetzt ist, mit einer gewissen Reserve zur Aufrechterhaltung des Durchschnitts. Wenn wir nun annehmen, dass der Durchschnittswolf in freier Wildbahn fünf Jahre alt würde und weniger als ein Prozent würde doppelt so alt werden – dann gäbe es keine Selektion auf solche Gene, die dieser Spezies helfen würden, hundert Jahre alt zu werden. Individuen mit Genen, die so lange leben, würden einen zu großen Anteil ihrer Energie in Reparaturen anstatt in die Reproduktion investieren. Das wäre so, als ob Sie in Ihren betrieblichen Vorsorgeplan so investierten, dass Sie genug Geld bis zum Erreichen eines Alters von eintausend Jahren hätten. Selbiges werden Sie nicht erreichen, ganz egal, was passiert. Somit würde der größte Teil des angehäuften Geldes verschwendet sein. Es gilt also: Das Merkmal „Energieverschwendung" wird durch Selektion aussortiert.

Die ökologische Lebenserwartung einer Art in freier Wildbahn, wo sie lebte, bedeutet, das richtige Gleichgewicht zwischen Reparatur im Verhältnis zu anderen Energienutzungen zu finden, welche zu den erfolgreichsten Kopien mit einer zusätzlichen

Fehlerquote führte. In einer sicheren, stabilen Umgebung ohne Raubtiere können Sie sich Zeit nehmen. Werden Sie älter und vermehren Sie sich ein wenig auf diesem Weg. In einer Umgebung, in der Sie im Durchschnitt gesehen sowieso in einem Jahr gefressen werden, wie eine Ratte, können Sie auch nicht zu viel in Reparaturen investieren, da Sie eine Wegwerf-Spezies sind. Die Domestikation einer Art kann deren Leben mit guter medizinischer Versorgung, Schmerz- und Arthritismedikamenten usw. um Jahre verlängern. Bei Hunden lebt die wilde genetische Quelle (Wölfe) im Allgemeinen nicht viel länger als etwas mehr als ein halbes Dutzend Jahre, weshalb sich das darauf Programmiertsein auf eine erheblich darüber hinausgehende Reparatur nicht auszahlte. Aus diesem Grund bekommt Ihr Hund mit einem Jahrzehnt Arthritis und Katarakte – Sie waren in diesem Alter gerade mal warmgelaufen. Nur wenige Wildhunde würden so lange leben, und diejenigen, die es taten, waren eine leichte Beute. Könnte CRISPR die Gene für das Altern finden und das Spiel verändern und Hunde hervorbringen, die zweihundert Jahre alt werden? Wahrscheinlich, obwohl es unwahrscheinlich ist, dass sich so am meisten Geld verdienen lässt. Damit nichts, wo Forscher ansetzen würden. Das Altern wird auch von vielen Genen gesteuert, womit das für einen Anfang auch keine guten Voraussetzungen wären.

Arten, Rassen und Hybriden

Wie sind wir nun darauf gekommen, wo ich doch über Genpools sprechen wollte? Es ist wohl an der Zeit, den Bogen dahin zurück zu schlagen und diesen Teil abzuschließen. Arten werden am häufigsten als Gruppen von Lebewesen betrachtet, die Gene miteinander teilen können und die das auch tun. In unserem Vergleich sind das dann diejenigen, die erfolgreich Bücherboxen austauschen können. Kein Wolf teilt Kisten mit einem Elefanten. Die Teile passen nicht und die Bücher sind anders angeordnet. Der Elefant hat sechsundfünfzig Chromosomen, also passen sie nicht mit den achtundsiebzig bei Hunden zusammen. Die Gruppen leben auf getrennten Kontinenten, was wir genetisch isoliert nennen. Sie haben separate Genpools. Genetische Isolierung und genügend Zeit führen zu einer eigenen Art. Hier kann man durch jede nur denkbare Definition leicht aufzeigen, dass diese beiden getrennte Arten sind.

Wölfe und Kojoten teilen sich gelegentlich Boxen und haben die gleiche Anzahl an Chromosomen. Eigene Spezies? Ja, aber nicht wegen derselben Art von genetischer Isolation. Wenn Sie diesen nächsten Teil lernen, wird klarer, was eine Rasse ist und was nicht. Kreuzt man einen Wolf mit einem Wolf, so bekommt man einen Wolf.

Kreuzt man einen Kojoten mit einem Kojoten, erhält man einen Kojoten. Kreuzt man einen Wolf mit einem Kojoten, dann erhält man etwas, das wir einen Rotwolf nennen. Meine Entschuldigung geht an die Biologen, die darauf bestehen, dass es sich um eine eigene Spezies handelt. Biologen streiten darüber, wie viel Trennung ausreicht. Wenn man Rotwölfe mit Rotwölfen kreuzt, erhält man dann einen Wolf, einen Kojoten oder einen Rotwolf? Wenn man eine echte Zuchtlinie erhält, dann hat man eine neue Art. Wenn man einen Labrador mit einem Pudel kreuzt, erhält man einen Labradoodle. Kreuzt man zwei Labradoodles miteinander, was bekommt man dann? Ob die Kreuzung eine echte Rasse ist, darüber streiten sich die Leute noch. Wenn man die Politik dahinter übergeht, wonach man biologisch gesehen die originären Quellgruppen (den Labrador und den Pudel) abspalten müsste, so handelt es sich um einen Mischling, keine echte Rasse. Wenn man Labradoodles mit Labradoodles kreuzt und vorhersehbar konsistente Labradoodles erhält, dann hat man eine neue Rasse geschaffen. Diese wurde auf die gleiche Weise erschaffen wie viele der alten etablierten Rassen ebenfalls entstanden sind. Dieser Rotwolf ist seine eigene Spezies, wenn man beim Kreuzen von Rotwölfen mit Rotwölfen auch wieder Rotwölfe erhält. Wenn man häufig eine Stufe zurückgehen muss, also Wölfe und Kojoten kreuzen muss, um einen Rotwolf zu erhalten, dann ist es nur eine Kreuzung. Ist sie etwas Besonders? Nun, das ist keine Fragestellung für die Biologie.

Wann ist denn eine Rasse nun eine neue Rasse? Auch das ist keine Fragestellung für die Biologie, kommt ihr aber schon näher. Bei der Trennung der Rassen voneinander geht man mit einer Menge Subjektivität heran. Sie werden jetzt einwenden: „Nein, das stimmt nicht, denn es gibt Rassestandards." Doch diese Standards hat ja der Mensch aufgestellt, nicht die Natur. Die Menschen sortierten und kodifizierten und stimmten ab und argumentierten, indem sie auflisteten, was sie schätzten und was nicht. Dabei handelt es sich um menschliche Willkür, und das hat nichts mit Biologie zu tun. Ist ein Rassehund denn das ganze Geld wirklich wert? Die Kosten richten sich nach Angebot und Nachfrage, und damit sind wir noch nicht einmal ansatzweise bei einer biologischen Frage. Ist eine Rasse eine Spezies? Wenn man Rassen lange genug reinrassig gehalten hat, könnte man diese sicher genetisch weit genug isolieren, um eine eigene Spezies zu erhalten. Doch keine Rasse der Haushunde erreichte bisher das Niveau einer separaten Spezies. In meinem Biologieunterricht ist mir zwar das Gegenteil beigebracht worden. Aber die Natur schert sich nicht um unsere Definitionen wie „Art" oder „Rasse". Die sind nur exakt so, wie wir sie festlegen. Nicht mehr und nicht weniger. In der Natur werden Gene überall und zu jeder Zeit ausgetauscht, ohne sich irgendwelche Gedanken um unsere Gefühle oder unsere Definitionen zu machen.

Hunde gehören derselben Spezies wie Wölfe an, und zwar den meisten Definitionen für eine Spezies zufolge. Haushunde stellen nur eine Untergruppe von Büchern dar, welche nur innerhalb ihrer eigenen Art geteilt werden. Das ist auch schon alles, was eine Rasse ausmacht. Irgendjemand entscheidet, dass jenes gutes Aussehen und eine gute Kombination von Eigenschaften sind, setzt Standards, die er mag und ermutigt dazu, Bücher nur zwischen gleichgesinnten Mitgliedern zu teilen. Und der Himmel stehe jener armen Seele bei, die ein Individuum aus einer Linie herausnimmt, die sich auf einen Vererber zurückführen lässt wie „Mehrfach preisgekrönter – Champion-sieger schwebt wie ein Schmetterling“ (Multiple Best in Show – Winning Champion Floats Like a Butterfly) und auf eine Mutter „Mehrfach preisgekrönte – Championsiegerin sticht wie eine Biene“ (Multiple Best in Show – Winning Champion Stings Like a Bee). Und die dann dessen wertvollen Bücher mit ihrer mühselig selektierten DNA mit der DNA von „Hat nie etwas nennenswertes gewonnen Vater unbekannt und vermehrt sich wie ein Hase“ (Never Won Anything Questionable Daddies Unknown Breeds Like a Rabbit) teilt und daraus eine Mischlingsrasse namens „Bubba“ hervorgebracht wird. Es bleibt immer noch eindeutig ein Haushund, doch er gehört nicht mehr der sorgfältig ausgewählten Zuchtlinie an. Diese Linie ist eine Rasse. Es handelt sich um einen funktionalen Begriff, der sich auf eine Teilmenge eines Genpools bezieht. Es ist ein Begriff, der für vom Menschen ausgewählte DNA-Pakete verwendet wird. Im Gegensatz zu jenen, die Mutter Natur für die Welt des Fressen und Gefressen-Werdens ausgewählt hat.

Vererbbarkeit versus Umwelt

Jetzt wissen Sie zwar eine Menge über Genetik. Aber es gibt den unvermeidlichen Querschläger, der hier eine Warnung wert ist. Er kehrt wieder, vor allem wenn wir uns gegen Ende unserer Tour das Verhalten ansehen. Wenn es in Büchern blinkende Schriftarten gäbe, würde ich sie jetzt einsetzen. Es ist so, dass nur sehr wenige beobachtete Merkmale, wenn überhaupt, rein genetisch bedingt sind. Zwei eineiige Zwillinge, die man unterschiedlich ernährt, werden unterschiedlich groß, obwohl die Größe hauptsächlich von einigen wenigen Genen gesteuert wird. Das Geschlecht (die biologische Unterscheidung, nicht Gender, das soziale Geschlecht) wird genetisch vorgegeben. Es sei denn, etwas anderes Genetisches oder Umweltbedingtes wie eine Krankheit oder ein Tumor von Zellen, die Sexualhormone produzieren, stört dieses.

Bitterer Geschmack ist genetisch bedingt, um vor Pflanzengiften zu schützen. Wenn Sie Kaffee oder Bier mögen, haben Sie gelernt, diese Gene zu ignorieren. Wir berechnen die Vererbbarkeit eines Gens als das Verhältnis der Variation, wie sich dieses

Gen im vererbten Organismus präsentiert, im Vergleich zum umweltbedingten. Am besten kann man dies untersuchen, indem wir eineiige Zwillinge (eineiige oder aus einem Ei) mit nicht eineiigen (zweieiigen oder aus zwei getrennten Eiern) Zwillingen vergleichen. Bisher machen wir das meistens beim Menschen.

Schon wieder Reproduktion

Evolutionär gesehen ist der gesamte Organismus darauf optimiert, Kopien seiner selbst in die nächste Generation zu bekommen. Trotz all der Konzentration bisher auf dieses Thema, so ist es eben nicht dasselbe, wie Nachkommen zu haben. Setzen Sie sich gerade, halten Sie sich fest, denn ich bin im Moment dabei, Welpen als einzige Möglichkeit zur Reproduktion eines Hundes anzuzweifeln! Ich habe die Hälfte meiner Gene, die rosa Bände, von meiner Mutter. Und wie wir nun wissen, bekam ich nur die Hälfte ihrer Gene. Die andere Hälfte ging in ein anderes, weniger glückliches Ei, einen Polkörper, der vom Eierstock meiner Mutter resorbiert wurde. Ebenso bei Papas Genen, nur dass die andere Hälfte in einem Sperma endete, das das einzige große Rennen seines Lebens verlor. Also für meine Mutter sind mein Bruder und ich jeweils eine halbe Kopie von ihr. Nehmen wir meine Schwester noch hinzu und wir erhalten eineinhalb Kopien meiner Mutter. Wenn meine Schwester die Hälfte der Gene meiner Mutter hat und ich die Hälfte der Gene meiner Mutter und die Hälften zufällig geteilt wurden, dann ist die Hälfte der Gene meiner Mutter, die ich von meiner Mutter bekommen habe, in meiner Schwester. Eine halbe Hälfte ist eine Viertel, bitte merken Sie sich diesen Punkt. Am besten behalten Sie jene Punkte, da dies der einzige Punkt dieses ganzen Absatzes ist. Meine Schwester hat ein Viertel der gleichen Gene von unserer Mutter wie ich und ein Viertel der gleichen Gene, die ich von meinem Vater habe. Meine Schwester ist genetisch die Hälfte von mir. Mein Bruder ist die Hälfte von mir. Für eine Genpool-Zählung sind sie mir gleich. Soweit die Evolution funktioniert, ist es egal, ob ich Kopien von mir in die nächste Generation bringe, ob ich den Kindern meiner Geschwister zum Überleben verhelfe oder ob ich meinen eigenen Kindern beim Überleben helfe. Sie sind jedes ein Viertel von mir. Zwei ihrer Kinder sind genetisch gleichbedeutend einem meiner Kinder. Denken Sie daran, dass Dinge, die Kopien von sich selbst erstellen, dazu neigen, mehr Kopien von sich selbst zu erstellen als Dinge, die dies nicht tun. Mutter Natur ist es egal, ob die Kopien bei meinen Kindern oder bei den Kindern meiner Verwandten sind. Ihr evolutionärer Erfolg wird in Kopien von jenen gemessen, die unter anderen Menschen verstreut sind, nicht in direkten Nachkommen.

Ihr genaues Genom existiert nur einmal in der Geschichte als Paket. Ja, genau Sie meine ich! Leider sind Sie, wie das frühe Hühnerei, nur die Art und Weise, wie Ihre Gene mehr Gene herstellen. Wenn dies das einzige Mal in der Geschichte ist, dass das Paket (Sie) existiert, kann es nicht sehr wichtig sein (natürlich ist es alles für Sie). Sobald dieser einzigartige Satz von Genen verschmutzt ist (durch die Paarung mit anderen vermischt), sind diese Nachkommen wirklich keine mehr oder weniger „Kopien von dir", ob Sie ihnen tatsächlich beim Überleben helfen oder nicht. Kopien von Ihnen in die nächste Generation zu bringen, ist das ganze Ziel dessen, worum es im Leben geht, rein biologisch gesehen jedenfalls. Andere als Blutsverwandte zählen dabei nicht. Beachten Sie, dass die Nichte und der Neffe meiner Frau, also die Kinder ihrer Schwester, für mich nicht zählen, weil sie nichts von meiner eigenen genetischen Linie haben. Aber für meine Frau schon, da sie dieselbe gemeinsame Quelle haben, die Mutter meiner Frau, die ihre Großmutter ist.

Nun lassen Sie uns mal die Tim-Lewis-Kopien zählen:
Mein Bruder hat drei Kinder. Mein Bruder ist eine halbe Kopie von mir und jedes der drei Kinder ist eine Viertelkopie von mir. Die Seite meines Bruders besteht somit zu einunddreiviertel Kopien von Tim Lewis. Meine Schwester hat zwei Kinder und insgesamt ergeben sie eine Kopie von mir (mit jeder Nichte kommt ein Viertel hinzu, meine Schwester ist eine Hälfte). Ich bin eine vollständige Kopie von mir. Ich habe keine Eltern mehr, jeder hätte eine halbe Kopie von mir dazu beigetragen, wenn sie denn noch am Leben wären. Das sind sie aber nicht, also zählen sie hier leider nicht mit. Großeltern sind ein Viertelexemplar, aber von ihnen leben bei mir auch keine mehr. Hätte ich Kinder, wären diese jeweils eine Hälfte von mir. Ihre Kinder, meine nicht existierenden Enkel, würden jeweils ein Viertel von mir ausmachen. Ich habe also drei- und dreiviertel Kopien von mir, aber sie verteilen sich auf acht Menschen. Aus evolutionärer Sicht hätte ich weniger Erfolg (gemessen an den Kopien von Tim Lewis da draußen), wenn ich keine Geschwister, keine Nichten oder Neffen, sondern fünf eigene Kinder hätte. Oder, um es noch einmal klar zu sagen, weil es nicht intuitiv verständlich ist: Aus evolutionärer Sicht ist eigene Kinder zu haben nicht immer der beste Weg, Kopien von sich selbst in die nächste Generation zu bringen. Wenn ich fünf Kinder hätte, wäre eine Menge Essen zu beschaffen. Wenn Kopien von mir in den Kindern meiner Geschwister verteilt werden, kostet mich das lediglich ein paar Weihnachtsgeschenke, aber ich muss sie nicht jeden Tag ernähren. Evolutionär gesehen bin ich ein Parasit, da meine Familie Kopien von mir aufzieht, damit ich es nicht muss. Man könnte meinen, ich müsste meine eigenen Kinder haben, um in diesem evolutionären Wettbewerb erfolgreich zu sein, habe ich aber nicht.

Bei wildlebenden Wölfen scheint die Strategie, fünf Welpen zu haben, eine gute Strategie zu sein, mit der sie da draußen Kopien von sich selbst erschaffen. Und tatsächlich funktioniert das. Ein Wolf jedoch, der an der Installation von Systemen mitwirken könnte, mit denen sichergestellt wäre, dass eng verwandte Welpen besser überleben würden als seine eigenen Welpen, müsste keine eigenen produzieren. Das erfordert ein größeres Gehirn und eine Gesellschaft oder ein Rudel. Erkennen Sie, wohin das führt? Wie auch immer, die meisten meiner Schüler kommen durchschnittlich auf sieben bis zehn Kopien von sich selbst, wenn sie Eltern, Cousins, Geschwister und manchmal auch ein Kind mitzählen. Biologisch gesehen sind sie also alle erfolgreicher als ich, evolutionär fitter und besser darin, Kopien von sich selbst herzustellen.

Wenn ich sage, dass mein Bruder die Hälfte von mir ist, meine ich tatsächlich, dass wir von den 0,1 % der DNA, die wir möglicherweise nicht teilen können, die Hälfte teilen. Für die anderen 99,9 % ist er ganz ich, oder ich bin ganz er, so wie wir Menschen alle diese 99,9 % teilen.

Rufen Sie sich einmal ins Gedächtnis, dass Sie genetisch einzigartig sind, es Sie nur einmal in der Geschichte genauso gibt, wie Sie sind und Sie tatsächlich gar nicht das darstellen können, worum es bei der Evolution geht. Gene sind ziemlich langlebig. Wir tragen sogar Neandertalergene in uns und haben parasitäre, von Viren eingetragene Gene in uns. Ich habe Sie sowas wie angelogen, was die Wichtigkeit der Kopienherstellung anbelangt. Für die Gene ist das Ei der Weg zu mehr Kopien der Gene. Für das Ei ist das Huhn der Weg, ein weiteres Ei zu produzieren, welches wiederum der Weg der Gene zu mehr Genen ist. Das Gen ist die primäre Einheit. Das Ei ist der Weg eines Gens, eine Kopie von sich selbst zu erstellen, und Gene, die Kopien von sich selbst erstellen, bestehen fort und vermehren sich. Gene, die sich in Chromosomen einhüllten, schnitten besser ab als solche, die dies nicht taten und stellten mehr Kopien her. Das Ei ist der Weg des Gens, mehr Kopien des Gens herzustellen. Das Huhn ist der Weg des Eis, mehr Eier zu produzieren, welche tatsächlich der Weg des Gens ist, mehr Gene zu produzieren. Wir sind eine Verschmelzung erfolgreicher Gene auf deren Weg durch die Geschichte. Diese sind aktuell in Ihnen, Ihrem Hund oder einem anderen lebenden Wesen verpackt und bestehen fort. Für wie lange? Nun, kein Gen überlebt länger als Sie, außer dasjenige, das in der erfolgreichen Eizelle oder dem Spermium ist, die Sie oder Ihre nahen Verwandten produziert haben. Hierzu kann ich Richard Dawkins „Das egoistische Gen“ nur wärmstens empfehlen.

Bevor Sie sich jetzt fragen, was mit Ihrem Hund ist, wenn es jetzt doch nur um die Gene geht: Dieses Genpaket – einzigartig und in einmaliger Zusammensetzung, historisch gesehen, dazu noch in Ihrem Hund – hat immerhin das Wesen geschaffen, das Sie so lieben und über das Sie mehr wissen möchten. Es spielt wirklich keine Rolle, dass das Gen nicht denken kann und dass Ihr Hund nur ein zufälliges Nebenprodukt sich selbst replizierender DNA-Abschnitte ist. Diese erschaffen wunderbare Organismen, die von Emotionen und Gedanken angetrieben werden. Das Ziel der Tour in diesem Buch ist es, genau zu wissen, wie dieses Paket funktioniert, damit der einzigartige DNA-Satz, der in der Ihren Hund ausmachenden Enzymtasche untergebracht ist, eine reichhaltige und lohnenswerte Zeit erleben kann, und zwar mit dem einzigartigen DNA-Satz in der Sie ausmachenden Tasche aus Enzymen. Auf Ihrer gemeinsamen Reise durch die Zeit.

All das ist ein sehr langer Weg für die Erklärung, dass vererbbare Merkmale bei Hunden erfolgreich dabei waren, Kopien von sich selbst zu erstellen, sodass sie in die nächste Generation gelangten. Wobei sie dem einzelnen betreffenden Hund selbst nicht immer nützlich sind. Eine Eigenschaft oder ein Gen, aufgrund dessen der Hund wahrscheinlich ein Menschenleben auf Kosten seines eigenen Lebens retten wird, funktioniert evolutionstechnisch gesehen dann, falls der Hund mit der Rettung dieses Menschen dazu beiträgt, dass mehr Kopien von ihm selbst (in Form naher Verwandter) bei dem Menschen leben werden, den er gerettet hat. Vergessen Sie nicht, dass hier gar keine bewusste Absicht vorhanden zu sein braucht. Hunde mit einem Gen, die einen Menschen unter Umständen retten, bei denen andere Geschwister in der Nähe waren, wie bei den früh domestizierten Hunden, würden trotz der negativen Auswirkungen auf sich selbst einfach erfolgreich sein. Um es genauer auszudrücken: Ein Gen, das in einem Organismus untergebracht ist, der den eigenen Tod verursacht, aber mit dem Ergebnis, dass andere Kopien des Gens überlebt haben, wäre ebenso erfolgreich wie eins, dessen „Wirts-Organismus" überlebt und eigene Nachkommen produziert. Wir werden darauf zurückkommen, wenn wir gegen Ende unserer Touren einen Blick auf das Verhalten von Hunden werfen. Evolution ist nicht immer auf den ersten Blick verständlich, aber sie funktioniert und hat die Bühne für unsere Hunde bereitet. Ich habe Ihnen gerade eine der wichtigsten Entdeckungen von Zusammenhängen geschildert, die Menschen je gemacht haben. Dabei erwarte ich nicht, dass Sie es gleich beim ersten Lesen verstehen. Vielleicht kehren Sie später noch einmal zu dieser Textstelle zurück und lesen diesen Teil noch einmal. Langsam. Geben Sie sich Zeit, es in sich aufzunehmen. Wenn diese Gedanken sacken, wird das Ihre Welt erschüttern. Nehmen Sie sich in der Zwischenzeit eine Minute Zeit, um Ihren Hund zu knuddeln, denn das ist das Wichtigste. Unsere folgenden Touren werden viel konkreter sein. Aber sie alle bauen auf der etwas abstrakten Idee auf, dass Eigenschaften vererbbar sind sowie auf der Frage, warum Vielfalt existiert.

Wenn Sie den evolutionären Erfolg Ihres Hundes überprüfen wollen, so ist das Prinzip genau das gleiche. Ich habe viele Züchter argumentieren hören, wie erfolgreich ihre Zuchtlinie ist. Ich kann diesen Leuten nicht widersprechen, weil ich nicht weiß, wie sie Erfolg messen. Vielleicht in Geld. Vielleicht ist es die geografische Verteilung oder der Ruhm ihrer Hunde. Für Mutter Natur ist das einzige Maß für Erfolg Kopien des Hundes in der nächsten Generation – nicht, weil Kopien an und für sich gut sind, sondern einfach, weil Kopien eben Kopien sind. Selbst für uns mit unseren kastrierten Hunden ist der evolutionäre Erfolg von Belang. Erfolgreiche Kopien, die weitere gute Kopien herstellen, sind hervorragend an ihre Umgebung angepasst. Wenn es viele Kopien meines Hundes gibt, stehen auch die Chancen gut, dass das Genpaket ziemlich gut ist. Wish, unser 11-jähriger Border Collie, stammte aus einem Sechserwurf, wovon fünf noch immer am Leben sind. Es gab zwei weitere Nachzuchten derselben Eltern und jede davon zählt als volles Blutsgeschwister oder halbe Kopie von Wish. Sie ist die Tante unseres jüngsten Hundes Cricket. Das Sperma von Crickets Vater ist seit Jahren eingefroren, wer weiß also, wie viele ihrer Geschwister, Halbgeschwister und so weiter es geben mag. Gromit, unser Ältester, wurde adoptiert. Soweit wir wissen, könnte er auch ganz alleine dastehen im Universum. Oder vielleicht haben Sie inzwischen herausbekommen, dass wenn mein Kind die Hälfte von mir ist, ein blutsverwandter Cousin ein Achtel von mir ist und Sie, die zufällige Person, die diesen Absatz liest, immer noch 99,9 % Ihrer DNA mit mir teilen. Und da wir alle genetisch verwandt sind, ist ein sehr kleiner Bruchteil Ihrer Gene auch mit meinen Genen identisch. Unter den 7,5 Milliarden Menschen da draußen gibt es viele Kopien von mir und ein bisschen von mir in allen lebenden Menschen. Und in mir sind auch eine Menge der Gene der Vorfahren meines Hundes, und die Gene meiner entfernten Vorfahren sind in meiner Hündin. Wir sind wirklich alle eine Familie.

Oh, und habe ich schon erwähnt, dass wir heute wissen, dass wir noch Neandertaler-Gene in uns tragen? Tatsächlich scheinen wir nur geringfügig von deren Genpool abzuweichen. Außer uns und ihnen gab es vier weitere Arten von Menschen (unsere Gattung, andere Arten als wir, aber wie Kojoten und Wölfe, die sich wahrscheinlich mit uns kreuzen können). Drei dieser anderen Arten lebten alle zur gleichen Zeit, in der wir vor zwanzig- bis dreißigtausend Jahren mit dieser Hundebeziehungskiste beschäftigt waren. Mindestens ein Buch behauptet, Hunde seien der Grund, warum wir die anderen drei Menschenarten, die Neandertaler in Europa und Westasien, die Denisova-Menschen in Asien und die Flores-Menschen (leider im Volksmund „Hobbits" genannt) aus dem Feld geschlagen haben. Für den Fall, dass Sie es noch nicht mitbekommen hätten – es ist nur noch unsere Art da. War das der Hunde und unserer einzigartigen Partnerschaft wegen? Möglicherweise haben wir Hunden viel mehr zu verdanken, als wir zugeben möchten.

Noch viel zu oft hört man Leute sagen, sie würden nicht glauben, dass die Welt Milliarden von Jahren alt ist oder dass es Billionen von Sternen gibt oder dass es über sieben Milliarden Menschen gibt und dass sie mit ihrem einzigartigen Satz von Genen alleine dastehen. Manche Menschen fühlen sich dadurch bedeutungslos. Bei mir hat es den gegenteiligen Effekt. Es gibt zig Millionen Hunde – meiner ist der wertvollste auf dem Planeten. Zeit mag scheinbar endlos sein. Meine Zeit hingegen ist knapp, also ist jede Minute wichtig und jeder Moment unbezahlbar. Und zwar so sehr, dass ich jetzt meinen Hund zum Schwimmen in den Fluss mitnehmen muss, nur Cricket und ich. Wenn Momente wichtig sind, in diesem Meer von DNA und einem Ozean von Menschen in unendlicher Menge an Zeit, dann kann ich gar nichts Besseres tun, als meinem Hund eine Freude zu bereiten. Dieser sorgt sich um nichts von dem und erfüllt meine Momente so mit Hoffnung, Liebe und Glück. Bis gleich, nach dem Schwimmen sehen wir uns wieder.

Was ist Leben?

Biologie ist das Studium des Lebens. (Ja glaubt man es denn, dass ich so lange gewartet habe, um das zu definieren?) Das Leben wird definiert oder von Biologen mit diesen sieben Eigenschaften belegt:

- Lebewesen sind *organisiert*, und zwar typischerweise in Zellen, um eine Funktion zu erfüllen.
- Sie behalten ein gewisses Maß an *Homöostase* (Selbstregulierung) bei und regulieren ihre innere Umgebung nach Bedarf.
- Alle Lebewesen haben einen *Stoffwechsel*. Das ist ein Prozess, bei dem Energie in andere Formen umgewandelt und zum Bauen oder Reparieren von Dingen verwendet wird.

- Lebewesen *wachsen*, entweder im Volumen oder nach Anzahl der Zellen.
- Sie *reagieren* auf ihre äußere Umgebung, normalerweise über ihren Stoffwechsel und oft, um die Homöostase aufrechtzuerhalten.
- Lebewesen können sich bis zu einem gewissen Grad an ihre Umgebung *anpassen*.
- Vielleicht am wichtigsten ist die Eigenschaft, dass sich alle Lebewesen *fortpflanzen* und Kopien von sich selbst erstellen können.

Es ist zu beachten, dass Lebewesen, wenn sie sich fortpflanzen, nur irgendeine eine Form der Vererbung haben müssen, und das ist nicht unbedingt die DNA. COVID-19 verwendet zum Beispiel RNA anstelle von DNA. Das wird im Laufe der Zeit zu einer Evolution führen. Die Definition ist weder allgemeingültig noch immer eindeutig. Leben Viren überhaupt? Und was ist mit den Prionen, diesen kleinen Proteinen, die sich ohne die zelluläre Maschinerie von selbst reproduzieren? Ist eine einzelne Zelle meiner Wange am Leben? Die letzte Frage ist einfach zu beantworten: Ja, wenn diese Zelle neu ist. Wann sie stirbt, das ist biologisch gesehen nicht einfach zu bestimmen, da Sie die Zelle einfrieren und Jahrzehnte später wieder zum Leben erwecken können. Das kann ich auch mit ganzen Organismen machen. Tardigraden oder auch Bärtierchen sind sehr häufig segmentierte und mikroskopisch kleine Tiere mit Beinen. Sie können auf minus zweihundert Grad Celsius eingefroren, bis hundertfünfzig Grad Celsius gekocht und zehn Tage lang dem Vakuum des Weltraums ausgesetzt werden und kommen immer noch aus ihrem überlebensträgen Zustand zurück. Wir finden gefrorene, träge, aber definitiv lebende Bakterien im schmelzenden arktischen Eis, die schon bis zu einer Million Jahre dort sind. Das Leben ist ziemlich belastbar, wie es scheint.

Spermien und Eier sind am Leben. Jedes einzelne enthält einen vollständigen DNA-Satz, verstoffwechselt Energie und weist all die Eigenschaften jeder anderen lebenden Zelle im Tierkörper auf. Abgesehen davon, dass sie nur einen Satz der DNA-Bände haben (23 beim Menschen, 39 beim Hund) und nicht zwei Sätze (46 beim Menschen oder 78 bei Hunden). Das Leben wird nicht durch DNA-Sätze definiert. Es gibt Organismen mit einem DNA-Satz (wie bei einer Milbenart), mit zwei (wie bei Hunden) und bis zu vier Sätzen bei einer Säugetierart (einer Ratte) – vier Sätze sind auch bei Pflanzen und einigen Fischen gang und gäbe. Das Ei, aus dem ich entstanden bin, war voll entwickelt mit den gepackten Bücherkartons und bereit zu gehen, als meine

Mutter geboren wurde. Das war dann 35 Jahre bevor sie und mein Vater… können wir diesen Teil bitte außen vor lassen?

Wir männlichen Säugetiere packen diese Kartons höchstens ein paar Tage, bevor wir sie versenden. Es hat keinen Sinn, das zu überstürzen. Also, wie alt bin ich? War ich bei der Geburt sozusagen brandneu, wenn wir Geburtstage zählen wollen? Oder war ich neun Monate alt, gerechnet ab dem Zeitpunkt, als das Spermium und die Eizelle anfingen, eine Lebensgemeinschaft zu bilden und DNA zu kombinieren? Oder war ich schon 35 Jahre alt plus neun Monate, weil das lebende Ei mit der Hälfte meiner Anweisungen schon vor so langer Zeit vorbereitet und startklar gewesen ist?

Na und? Was sollte Sie das angehen? Erst einmal, wie ich gerne anmerke, ist es interessant und es zwingt einen darüber nachzudenken, was es heißt, am Leben zu sein. All diese DNA in jeder Zelle, die Geschlechtszellen, die nur die Hälfte der Anweisungen bekommen bedeuten Probleme in Hülle und Fülle, falls Fehler auftreten. Es bedeutet auch, dass wir einen Austausch von DNA-Boxen arrangieren können, sagen wir ein paar Millionen Spermien und ein oder zwei Eizellen, in der Hoffnung, die großartige Freundlichkeit der Mutter und das schöne Fell des Vaters zu erhalten. Vielleicht gelingt es uns richtig gut, genau wie bei unserem Hund Wish. Oder vielleicht bekommen wir das Fell der Mama und die Freundlichkeit des Papas, oder beides von Mamas Seite oder beides von Papas Seite. Und da keines der Merkmale von nur einem Gen abgedeckt wird, bekommen wir höchstwahrscheinlich etwas, das eine Mischung aus Freundlichkeitsgenen von Mutter und Vater ist und Fellanweisungen von jedem. Alles, was wir später noch sagen können, ist, dass wir denken, dass der Hund vielleicht beiden Elternteilen sehr ähnlich sieht. Könnten wir doch nur die gewünschten Merkmale identifizieren und diese Seiten ausschneiden und unsere eigenen maßgeschneiderten Bücher oder Chromosomen zusammenstellen!

Bis vor einigen Jahren nannten wir das Science-Fiction. Dann hieß es Wunschdenken. Mit einer brandneuen molekularen Technik nennen wir das jetzt CRISPR (praktisch niemandem bekannt mit seinem ausgeschriebenen Namen: *Clustered Regularly Interspersed Short Palindromic Repeats* (geclusterte, regelmäßig eingestreute kurze palindromische Wiederholungen). Die Gentechnik ist erwachsen geworden. Ich habe im Lauf meines Lebens erlebt, wie wir von Watson und Crick, die uns zeigten, wie die DNA die Anweisungen des Lebens ausmacht, über das Lesen des gesamten Genoms (auch wenn wir nicht wussten, was die Worte bedeuten) bis zur Fähigkeit, bestimmte Teile gezielt zu identifizieren und der Möglichkeit, Designer-Nachwuchs herzustellen, fortgeschritten sind. Letzteres wird CRISPR tun. Man kann einen gewünschten Teil der DNA ausmachen, diesen ausschneiden und in die DNA eines anderen Lebewesens einfügen. Theoretisch, aber noch nicht in der Praxis, könnte ich die Gene, die die Laufgeschwindigkeit steuern, von einem Hund übernehmen und diese mit der Persönlichkeit eines zweiten Hundes verbinden, und … die einzige Grenze hier bildet Ihre Vorstellungskraft. In vielen Ländern ist sowas für den Menschen gesetzlich verboten, aber wir gehen diesen Weg mit (anderen) Tieren. Designer-Hunde im wahrsten Sinne des Wortes wird es wahrscheinlich in naher Zukunft wirklich geben. Vorsicht, kann ich da nur sagen. Oft werde ich gefragt, ob wir dies tun sollten und antworte dann, dass die Begriffe „sollte“ oder „sollte nicht“ keine Bedeutung zu haben scheinen, wenn es ums Geldverdienen geht. Gene sind schlicht und einfach eine Goldgrube. Erinnern Sie sich an die Grundregel: Wer das Geld hat, hat die Macht!

Endlich: Das macht einen Hund aus

Also, was ist jetzt ein Hund? Um technisch zu werden – und Sie wussten, dass ich es tun würde – ein Haushund, *Canis lupus domesticus*, ist eine Untergruppe eines Genpools, aus dem die Art *Canis lupus* besteht. In der Gruppe der Hunde aus der Gattung *Canis* der Familie Canidae der Ordnung Carnivora, der Klasse Mammalia im Stamm Chordata des Königreichs Animalia, wenn wir uns einmal des zwar üblichen, aber etwas veralteten Fünf-Königreich-Modells aus der Taxonomie bedienen. Jede aufgeführte Gruppe teilt mit allen anderen in derselben Gruppe im Laufe der Evolution eine gemeinsame Abstammung von einem gemeinsamen Vorfahren. Alle Tiere stammen also aus einer gemeinsamen Quelle und alle Säugetiere bilden eine Untergruppe mit einem gemeinsamen Ursprung innerhalb der größeren Gruppe der Chordaten und Tiere.

Um uns von großen Gruppen von Lebewesen zu Arten zurück zu begeben, beginnen wir mit dem Königreich (Domänen ignorieren wir, und denken Sie bloß nicht, dass ich sie nicht kenne). Alle Tiere sind vielzellig mit fortgeschrittenen, nicht-bakteriellen Zellstrukturen. Diese bezogen ihre Energie zumindest ursprünglich aus dem Verspeisen anderer Tiere. Chordaten sind Tiere, die vier gemeinsame Merkmale haben: einen dorsalen tubulären Nervenstrang (Ihr Rückenmark), einen Schwanz (Ihren fünf Steißbeinknochen oder das Steißbein), eine Chorda dorsalis (ein steifer Stab, bei Ihnen und Ihrem Hund die Bandscheiben zwischen Ihren Wirbeln) und Kiemenschlitze (die Sie und Ihr Hund als Embryo hatten und die in Ihre Nasen- und Kieferhöhle und andere Teile umfunktioniert wurden). Säugetiere sind Chordaten und weisen alle sieben diagnostische Merkmale auf, mit denen ich Sie überwiegend hier nicht langweilen möchte. Aber sie umfassen Milch, Talgdrüsen und Haare und schließen das Legen von Eiern nicht aus (wie zum Beispiel beim Schnabeltier, dem Ameisen- oder Schnabeligel und dem stacheligen Ameisenbär). Fleischfresser (Carnivoren) sind Säugetiere, die hauptsächlich Fleisch zu sich nehmen und ein sehr charakteristisches Paar von Zähnen haben, das als Reißzahn-Paar bezeichnet wird und das Ihr Hund dazu nutzt, um an Knochen zu nagen und Spielzeug zu kauen. Fleischfresser haben auch Krallen und größere Eckzähne als die meisten anderen Säugetiere. Wiesel, Bären, Waschbären, Katzen, Robben, Walrosse und Wölfe gehören alle zur Ordnung Carnivora. Caniden sind Fleischfresser mit nicht einziehbaren Krallen, die auf Geschwindigkeit und Verfolgung angelegt sind. Es gibt über dreißig Arten von Caniden, darunter unsere geliebten Haushunde, Dingos, Schakale, Füchse, Rothunde und Wildhunde. Die Gattung *Canis* umfasst Füchse, Schakale und Wölfe. *Canis lupus* ist eine isolierte genetische Gruppe mit gemeinsamer evolutionärer Abstammung, einschließlich Wölfen und Haushunden. Da haben Sie es, ohne Aufpreis. Wenn sich das nächste Mal jemand zu fragen getraut, was ein Hund ist, geben Sie es ihm.

Wissenschaft als Denkweise – Teil 2

Ich möchte diese Diskussion über die Fortpflanzung und die grundlegende genetische Abstammung von Hunden mit einem Framing-Paradigma abschließen, das meine Gedanken über Hunde prägt: Es hilft mir außerdem, besser mit meiner gespaltenen Persönlichkeit umzugehen, die sich sowohl durch das Studium als auch durch das Leben mit Hunden entwickelt hat. Beinahe jeder Aspekt eines jeden Tages ist durch meine Liebe zu meinen Hunden im Besonderen und Hunden im Allgemeinen beeinflusst. Mein Tag beginnt damit, dass Cricket auf meine Brust, meinen Rücken oder meine Seite klettert, je nachdem, welcher Teil von mir im Schlaf zur Decke zeigt. Daraufhin schnüffelt sie so lange in mein Gesicht, bis ich aufstehe. Dann rollt sie sich auf meinem Kissen zusammen, um wieder einzuschlafen. Damit kann sie die erste Aufgabe auf ihrer To-Do-Liste für den Tag abhaken: Tim aufwecken, denn er muss zur Arbeit gehen. Bloß scheint sie das mit den Wochenenden und Feiertagen nicht zu verstehen Fällt Ihnen auf, was ich gerade gemacht habe? Ich habe Crickets Handlungen Bedeutung und Motivation verliehen. Die tatsächliche Beobachtung ist die, dass Cricket mich jeden Tag um fünf Uhr morgens so lange anschnüffelt, bis ich ihr aus dem Weg gehe. Ist das für sie eine Aufgabe, die sie erledigen muss? Vielleicht löse ich den Vorgang ja aus, indem ich mich bewege und das ist ihre Art, denjenigen loszuwerden, der ihren Schlaf stört? Oder versucht sie, mir zu helfen, dass ich pünktlich zur Arbeit komme? Kommt das wirklich jeden Tag vor, oder erinnere ich mich nur an die Tage, an denen das so ist, und die Tage, an denen sie es nicht tut, bemerke ich gar nicht? Haben wir es hier also mit einer Form von Beobachtungsfehler zu tun?

Das können wir ausprobieren. Und zwar mit der anderen Hälfte meiner gespaltenen Persönlichkeit. Ich bin ja Wissenschaftler, und das bedeutet, dass ich mich einer Philosophie verschrieben habe, die auf zwei Annahmen fußt. Diese Annahmen bilden Grenzen dafür, wozu die Wissenschaft taugt. Und diese Philosophie, also diese Art des Wissens, geht davon aus, dass in unserer vorhandenen Welt rationale, wiederholbare, nicht wundersame Kräfte herrschen, durch die sämtliche Handlungen erklärbar sind. Einige sind sogar der Meinung, dass das auch Entscheidungsfindungen und den freien Willen betrifft. Zweitens geht die Philosophie davon aus, dass unsere Vernunft valide Möglichkeiten bietet, etwas über die Welt zu lernen. Wissenschaft ist eine Betrachtungsweise, die auf sorgfältiger Beobachtung und gründlicher Prüfung von Annahmen mit der Durchführung von Experimenten basiert. Bei den theoretischen Physikern unter Ihnen muss ich mich an dieser Stelle entschuldigen. Wenn Sie es nicht experimentell überprüfen können, ist es keine Wissenschaft. Das ist wahrscheinlich eine Überlegung wert, aber es handelt sich damit immer noch nicht um Wissenschaft. Unsere Fähigkeit, Dinge auszutesten, wächst, und damit auch das, was im Bereich der Wissenschaft liegt. Zum Beispiel habe ich früher gelehrt, dass Liebe und Schönheit Bereiche jenseits der Wissenschaft sind. Moderne Experimente beweisen nun aber, dass ich falsch lag. Beide Aspekte haben eine starke Basis in der Evolution und einige genetisch beeinflusste Aspekte. Viele Hundeverhaltensweisen, die wir trainieren, sind wissenschaftlich überprüfbar. Meistens wird die Wissenschaft dahin geleitet, wo das Geld sitzt. Deshalb wurden die interessanten Themen, die Sie sich bezüglich Ihres Hundes stellen mögen, wahrscheinlich gar nicht überprüft. Überprüfungen sind langsam und können jeweils nur eine Fragestellung beantworten.

Wir Wissenschaftler lieben es, wenn wir widerlegt werden. So bringen wir Wissen voran. Wissenschaft basiert auf überprüfbaren Fakten. Das heißt, ich habe auch nicht mehr Einblick in Moral und Ethik als jeder andere. Sind Hunde moralische Wesen mit eigenen Rechten? In meiner Eigenschaft als Wissenschaftler kann ich diese Meinung ebenso wenig stützen wie Sie. Ich werde versuchen, mich weiterhin auf die Biologie zu konzentrieren und meine Meinungen klar als solche zu kennzeichnen. Ich werde vieles in Zusammenhang bringen, was für eine fundierte Interpretation notwendig ist, denn Wissenschaft besteht nicht nur aus Fakten und Experimenten.

Wissenschaft ist auch ein Wissensschatz; die vielen Beobachtungen, Fakten und Experimente werden zu Modellen zusammengefügt und unsere Interpretationen basieren auf den besten Erklärungen zu den Fakten. Damals hieß es zwar noch nicht Wissenschaft, aber frühe Beobachtungen des Erdschattens auf dem Mond bewiesen den Menschen, dass die Erde rund ist und dass Sonne und Mond beide die Erde umkreisen. Der umlaufende Teil war die Interpretation, ein Modell, das am besten den zunehmenden Abstand von Sonne und Mond vom östlichen Horizont der Erde jeden Morgen im Laufe des Tages erklärt, wie auch die gleichzeitige Verringerung des Abstands zum westlichen Horizont. Zusätzliche Beobachtungen von anderen Himmelskörpern, den wandernden Sternen, die als Planeten bekannt sind, führten zu einer besseren Erklärung, nämlich dass die Erde die Sonne und der Mond die Erde umkreist. Im Laufe der Zeit konnten diese Annahmen experimentell bestätigt werden, von der Messung der Schwerkraft bis hin zu Experimenten mit Umlaufbahnen, was so ziemlich dem heutigen Stand entspricht. Ich entschuldige mich hier bei allen Profi- und Hobby-Astronomen wegen der flüchtigen und pauschalisierten Verallgemeinerungen.

Der Wissensschatz ist groß und wie in jedem Wissensgebiet kann sich ein Außenstehender leicht in Fachjargon und Details verlieren. Wissenschaftler sind dafür ausgebildet, dass sie genau und präzise sind. Wenn uns Wissenschaftlern jemand aus der breiten Öffentlichkeit eine einfache Frage stellt, so neigen wir dazu, alles mit Details, seltenen Ausnahmen und bedingten Aussagen zu spicken. Der Wissensschatz muss frei zugänglich sein, denn Sie verdienen es wirklich zu wissen, wie erstaunlich so ein Hund ist. Wenn wir unsere gemeinsame Tour beendet haben, werden Sie genug Kenntnisse in den Grundlagen der Biologie haben, um sich entsprechend fundiert mit Ihrem Tierarzt auszutauschen. Sie werden bessere Informationen über Ernährung und pflanzliche Heilmittel haben und wissen, warum Ihr Hund viel von genau dem macht, was er tut. Sie können zum Mittelpunkt der Party werden. Warum leben Hunde nur ein Jahrzehnt oder vielleicht zwei? Kann mein Hund Depressionen haben? Sind Hunde farbenblind? Was war zuerst da, das Huhn oder das Ei?

Die letzte Frage kennen Sie schon. Je nachdem, wie Ihre Antwort ausfällt, sagt das viel über den Rest unserer gemeinsamen Reise. Wenn Ihre Antwort lautet: Das Ei, um einige hundert Millionen Jahre, da Eier in allen Tieren vor Hühnern auf der Erde gefunden werden – dann haben Sie die Perspektive eines Logikers. Wenn Sie in die Frage das Wort „Huhn“ einfügen, wie in „was zuerst da war, das Hühnerei oder das erwachsene Huhn“, kann dies auf zwei Arten erfolgen. Wenn Sie denken: „Was auch immer ein Huhn ist, es wurde von der DNA in einem Ei entworfen. Also musste das Hühnerei dem Huhn vorausgehen.“ Das ist faktisch korrekt und impliziert, dass die DNA der bestimmende Faktor für ein Huhn ist. Dies ist ebenso eine evolutionäre Perspektive, mit Schwerpunkt auf der Perspektive eines Molekularbiologen. Wenn Sie dachten: „Egal, was ein Huhn ausmacht – es ist das erwachsene Huhn, das zählt, denn diese frisst und ist in der Lage, mehr Hühnereier zu produzieren.“, dann sind Sie eher ein Evolutionsökologe und halten sich wahrscheinlich an die Denkweise der „Muss erfolgreiche Kopien machen, die reproduzieren, damit es zählt“-Schule. Wenn Ihre Antwort lauten würde: „Hühner sind so niedlich, wir sollten eins als Haustier haben“, sind Sie ein hoffnungsloser Schöngeist und verbreiten überall, wo Sie sind, eine gewisse Freude. Und wenn Sie denken: „Wen kümmert das schon, Chickenwings zum Abendessen klingen gut“, dann handelt es sich bei Ihnen um einen optimalen Futterverwerter und Sie werden weiterhin zu nicht-vegetarischen Partys eingeladen und bei Vegetariern aktiv ausgeschlossen. Wenn Sie aber denken: „Ach du liebe Güte, welcher Irre denkt über all diese Fragen nach?“, dann wissen Sie ganz genau, warum ich nicht zu diesen Partys eingeladen werde!

Tour 3

Eine Floßfahrt durch das Verdauungssystem

Es ist der Morgen des Thanksgiving-Tages, als ich mit dem Schreiben dieses Teils beginne. Das hat eine gewisse Ironie, lenkt aber auch den Fokus genau darauf, womit ein wilder Hund den größten Teil seines Tages zubringt und was für meine Border Collies von zentraler Bedeutung ist, während sie mir beim Schreiben zuschauen: Fressen. Ich hätte auch mit dem Thema Schlaf beginnen können, aber das ist für einen kleinen Abschnitt in einem anderen Teil vorgesehen. Egal ob Urlaub oder nicht, meine Hunde wecken uns um fünf, weil sie gelernt haben, dass ich dann normalerweise aufstehe, üblicherweise, um zur Arbeit zu gehen. So sehr ich es auch versucht habe, ich konnte ihnen nicht erklären, dass Menschen Wochenenden und Feiertage haben und viele von uns gerne ausschlafen möchten. Für meine Hunde sind wir, was auch immer wir sonst noch sein mögen, der Zugang zu Nahrung und ihre Morgenmahlzeit folgt direkt nach dem ersten Ausflug des Tages nach draußen. Wenn diese beiden Dinge abgehakt sind, folgt ihr Mittagsschlaf. Ihre Mahlzeit inklusive der Zubereitungszeit ist in ein paar Minuten fertig. Das Fressen dauert ein paar Sekunden. Die Redensart „wie ein Wolf schlingen“ kommt ja nicht von ungefähr. Wie beim Thanksgiving-Fest, an dem wir später teilnehmen werden, nimmt die Zubereitung von Speisen viel mehr Zeit in Anspruch als das Verspeisen der Mahlzeit. Im nächsten Teil werde ich nochmals darauf zurückkommen, was alles unternommen werden musste, um ihr Fressen in den Vorratsraum zu schaffen und kann damit einige Fragen zur Nahrung selbst ansprechen.

Der Großteil des Tages bei einem wilden Hund besteht daraus, Nahrung zu finden und zu konsumieren. Bei Ihren nicht ganz so wilden Hunden zuhause erledigen Sie das, damit diese mehr schlafen können. Vieles von dem, was jeden Hund ausmacht, ergibt sich aus der Notwendigkeit, Nahrung effektiv und effizient zu finden, zu sichern, zu verarbeiten, aufzunehmen, zu verdauen und zu entsorgen. Durch die Evolution ist das über Millionen von Jahren hinweg verfeinert worden. Nichts davon wird mit Werkzeugen oder Waffen erledigt. Es gibt ja keine Lebensmittelgeschäfte für wilde Wolfsrudel, keine Metzgereien, in denen sie einen halben Elch kaufen könnten, kein Vertriebsnetz von Lastwagen, die von Hunden gefahren werden und keinen Hund als Küchenchef mit weißer Kochmütze. Jedenfalls war das bis zur Domestikation so. Denn heute erledigen ja Sie diese Aufgaben für die Hunde. Auf die eine oder andere Weise haben wir all diese Rollen übernommen und füllen den Tag mit anderen Aktivitäten, die Vorteil aus dem Wolfserbe ziehen. Die Frage ist nun, wer hat hier wen domestiziert?

Nun, wenn schon, dann können sie auch genauso gut lernen, all diese Jobs besser zu machen. Ich finde, wenn Sie wissen, wie Ihr Hund funktioniert, wie er Nahrung verarbeitet und verdaut und was bei all dem schiefgehen kann, werden Sie bald ein besserer von Hunden domestizierter Mensch sein.

Futter für die Zellen

Ich war 18 Jahre alt, es war mein erster Tag an der Uni und ich saß in meiner ersten Vorlesung. Und zwar in der Einführung in die Biologie, wie sie an den meisten Universitäten des Landes angeboten wurde. Ich saß in einem großen Hörsaal an einem kleinen College in Zentral-Illinois, umgeben von hundert anderen Studenten, in Erwartung der Weisheit und checkte natürlich meine Kommilitonen. Nach einem kurzen und unaufrichtigen „Willkommen am College“ beschrieb der Professor seine Frau einfach als eine große Tüte Enzyme. Er fragte uns, warum das nicht funktionieren würde – bloß eine große Tasche anstatt der Billionen an kleinen Taschen, die wir tatsächlich haben. Er wollte auf das Thema Spezialisierung hinaus. Wenn seine Frau nun eine unaufgeräumte Tasche wäre, wie würden Nahrung und Sauerstoff darin verteilt? Wie würde sich die Tasche bewegen, um Essen zu bekommen? Wie würde sich die Tasche verteidigen? Wäre die Größe die einzige Einschränkung? Könnte eine einzelne Zelle einfach als eine Tasche funktionieren? Wie sich zeigt, nein. Mein jüngster Hund Cricket ist zwangsläufig weit mehr als nur eine Tüte Enzyme. Sogar die einfachen Zellen, aus denen sie besteht, alle zehn Billionen, sind hoch organisiert. Jede hat Organellen, eigentlich Teile einer Zelle mit spezialisierten Aufgaben, analog zu den Organen in Ihrem Körper. Einige von ihnen werde ich kurz beschreiben, weil ich einfach nicht widerstehen kann, und zwei andere, weil sie für unseren Rundgang durch den Körper des Hundes nötig sind. Insgesamt gesehen ist das eine Hommage an die Tatsache, dass Zellen das sind, worum sich die Fressgewohnheiten Ihres Hundes drehen und damit auch der Grund, warum er Beine und Zähne und einen Schwanz hat. Übrigens, wenn Sie diesen Teil lesen und verstehen, machen Besuche beim Tierarzt oder im Tierfuttergeschäft künftig viel mehr Sinn für Sie.

Zellen sind winzig, nicht wahr? Für einen vierzehn Kilogramm schweren Hund braucht man zehn Billionen davon. Es ist schwierig, sich zehn Billionen vorzustellen. OK, es ist fast unmöglich, ohne Vergleiche heranzuziehen. Es ist mehr als die derzeitige Schätzung der Galaxien im Universum, was uns allerdings auch nicht hilft. Wenn jede Zelle Ihres Hundes so groß wäre wie ein durchschnittliches Sandkorn, würden sie eine Kiste mit einem Maß von 10,6 Metern auf jeder Seite füllen. Das entspricht einem dreistöckigem Haus mit 111 Quadratmeter Grundfläche, also einem mittelgroßen, aber hohen Haus.

Diesen Text schreibe ich in meinem Büro zu Hause, wofür der aktuelle globale Lockdown wegen eines Virus‘ verantwortlich ist. Ich sitze in einem Zimmer mit einer Grundfläche von drei auf drei Metern und einer Deckenhöhe von zweieinhalb Metern. Am Beispiel meines Büros, das Sie nicht einmal sehen können, werde ich Ihnen nun veranschaulichen, wie eine Zelle Ihres Hundes aussieht, und zwar eine typische Zelle. Bitte merken Sie sich, dass es tatsächlich gar keine typische Zelle gibt. Jede Zelle ist spezialisiert und Zellen variieren bezüglich der Größe ganz ordentlich. Hautzellen unterscheiden sich von Darmzellen und diese unterscheiden sich von Muskelzellen, welche sich wiederum von Nervenzellen unterscheiden. Und die wiederum unterscheiden sich stark von Spermien (kleine Zellen) und Eiern (größten Zellen) – nur um einmal den Sex hier grade wieder mit ins Spiel zu bringen. Denn nur mit Hunden und Nahrung könnte ich Ihre Aufmerksamkeit ja gar nicht bei der Stange halten. Wissen müssen Sie jedenfalls, *dass* sich Zellen unterscheiden. Sie müssen nicht wissen, *wie* sie sich unterscheiden. Jedenfalls noch nicht.

Wenn der Raum, in dem ich mich befinde, eine lebende Zelle in einem Hund wäre, dann wäre der Raum bis oben hin mit einer dicken, klebrigen Flüssigkeit namens Zytoplasma gefüllt. In dieser Gallerte wabert ein Ball von einem Meter Durchmesser (so einer wie diese großen Yogabälle), der die DNA in ihren 78 Fragmenten enthält, die wir schon in Tour 2 behandelt haben. Da ich von 78 gesprochen habe, wissen Sie nun, dass es eine Hundezelle sein muss. Sie erinnern sich an den vorherigen Teil. Dieser Ball ist der Kern, der Träger der Kronjuwelen, die Anweisungen für das Leben, genau die Moleküle, die Ihren Hund zu dem machen, was er ist und verhindert, dass er ein Elefant oder eine Tomate ist. Wie in einem Museum ist das meiste Material im Inneren des Balls einfach da und verstaubt sozusagen. Jenachdem, in welcher Art von Zelle wir uns befinden, werden verschiedene Teile der DNA aktiv gelesen und auf der RNA geschriebene Anweisungen kommen durch die vielen Öffnungen in der Kugel aus dem Zellkern. RNA ist DNA sehr ähnlich, wenn man davon absieht, dass sie nur eine halbe verdrehte Leiter ist und nicht eine ganze wie die DNA und dass sie einen anderen Zucker als Baustein verwendet.

Die Zelle hat weitere Organellen, die in einem Meer aus Glibber schwimmen, Strukturen, die bestimmte Aufgaben erfüllen. Eine entscheidende Struktur, von denen ihre Zellen jede Menge haben (und mit Menge meine ich etwas irgendwo zwischen siebzigtausend und zehn Millionen, also eine beträchtliche Menge) sieht aus wie eine Eichel (schlagen Sie nach, wenn Sie keine Eichen in Ihrer Nähe haben). Sie werden Ribosomen genannt. Sie lesen die RNA-Anweisungen zur Herstellung von Proteinen, die bestimmte Aufgaben für die Zelle erledigen. Eine meiner Lieblingsstrukturen heißt Golgi-Apparat (wie könnte man diesen Namen nicht mögen?). Diese übereinanderliegenden Organellen sehen aus wie ein kleiner Stapel Pfannkuchen. Sie modifizieren die von den Ribosomen hergestellten Proteine, damit sie aus der Zelle heraus und zur späteren Verwendung über den Blutkreislauf durch den Körper transportiert werden können. Es gibt einen vollständigen komplexen Satz von Filamenten, die wiederum ein Endoskelett bilden. Stellen Sie sich die Stahlträger vor, aus denen ein großes Gebäude besteht oder das Tragwerk einer Scheune oder Bühne. Es handelt sich um ein Gerüst, das durch die Zelle läuft und an dem Taschen mit von Ribosomen hergestellten Proteinen bewegt werden können, die vom Golgi-Apparat verpackt werden. Außerdem sorgen diese Filamente für die Bewegung, wenn die Zelle ihre Form ändern oder Chromosomen sortieren muss.

Die Umwandlung von Nahrung in Energie

Ein Organell sollten Sie sich wirklich merken: Es heißt Mitochondrium (das ist die Singularform, „Mitochondrien“ ist die Pluralform, weil man selten eines alleine erwischt). In Teil 2 haben wir schon im Hinblick auf deren DNA über sie gesprochen. Jetzt ist es an der Zeit, dass wir uns darüber unterhalten, was sie tun. Mitochondrien sind Schlingel, Betrüger, Parasiten – tatsächlich nicht wirklich Teil von Ihnen, aber in jeder Zelle zu finden. Stellen Sie sich die Mitochondrien als Ladestation vor, die viele kleine Batterien wieder auflädt. Alles andere in der Zelle wird mit diesen wiederaufladbaren Batterien betrieben. Die Zelle ist ein geschäftiger Ort. Wenn Sie mich fragen, vermute ich stark, dass diese Mitochondrien früher einmal frei lebende Bakterien waren, die erfolgreich in Tierzellen eingedrungen sind. Sie schnorren von uns Nahrung und geben uns im Gegenzug dazu ihre restliche Energie, damit wir sie nicht rauswerfen. Sie haben ihre eigene Art von DNA, aber im Laufe der Zeit wanderte der größte Teil ihrer DNA in den Zellkern unserer DNA. Zum Glück töten die Antibiotika, die wir so nehmen, sie nicht, sonst wären wir hoffnungslos verloren. Ohne sie ist man nämlich tot. Habe ich Ihr Interesse geweckt?

In unserem Beispiel mit dem Büro ist dieser Parasit etwa 15 cm groß und sieht aus wie Pillen, diese alten Kapseln, die zweifarbig waren und sich anfühlten, als wären sie aus Plastik. Wenn mein Zimmer eine Zelle ist, befinden sich wahrscheinlich Hunderte dieser Mitochondrien im Zimmer. Was machen die da drin? Sie entnehmen dem Blut zwei Stoffe, und zwar Kohlenstoff und Sauerstoff, und setzen ein Molekül frei, das Energie speichert. Die Mitochondrien verbrennen chemisch Kohlenstoff aus Einfachzuckern der Nahrung, mit der Sie Ihren Hund gefüttert haben und verwenden dazu den Sauerstoff, den Ihr Hund eingeatmet hat. Wie ein Lagerfeuer, nur chemisch kontrolliert, damit die Verbrennung kühler abläuft. Daraus machen sie aus einem Vorläufer, dem ADP, ein Molekül namens ATP. Kleine Pause.

Sie werden viel über ATP hören. Tatsächlich werden Sie fünfunddreißig weitere Begegnungen mit dieser Abkürzung haben – und ohne ATP sind Sie tot. Fort. ATP steht für Adenosintriphosphat. Vergessen Sie das getrost wieder, aber nicht die Buchstaben. Also wenn diese in ein paar Teilen wieder auftauchen, halten Sie sich nicht zu lange mit „huh?“ auf. Das T dort steht für tri, das D im anderen Akronym steht für di, also drei gegen zwei. Die Phosphat-zu-Phosphat-Bindung speichert viel nützliche Energie. Bricht man die Bindung auf, so setzt man Energie frei, die man verwenden kann. Diese Organellen nehmen loses Phosphat (Phosphor kombiniert mit einigen Sauerstoffmolekülen) in der Zelle auf und heften das an ADP, um ATP herzustellen. Andere Teile der Zelle nehmen das ATP auf, spalten ein Phosphat ab, das Energie freisetzt und verwenden diese Energie, um Dinge zu tun.

In diesem Absatz hier möchte ich Ihnen eine dieser echt coolen Fun-Facts nahebringen, die Sie in Gesprächen mit Ihren früheren Freunden ganz nebenbei einfließen lassen können. Also, wenn Sie Ihrem Hund etwas Futter geben, so wird dieses Futter in Moleküle aus Kohlenstoff zerlegt. Beim Atmen nimmt Ihr Hund Sauerstoff aus der Luft um ihn herum auf. Die Mitochondrien nehmen sich ein über die Nahrung aufgenommenes Kohlenstoffatom heraus und kombinieren es mit Sauerstoff, den Ihr Hund durch das Einatmen der Luft erhalten hat. Übrig bleibt Kohlendioxid zum Ausatmen und freie Energie zur Nutzung. Wenn Sie zu viel füttern, speichert Ihr Hund den zusätzlichen Kohlenstoff und die Energie als Fett. Bei Unterernährung wird dieses Fett mit Sauerstoff zusammen verbrannt, wodurch mehr Kohlendioxid freigesetzt wird. Wenn Ihr Hund weiter an Gewicht verliert, wird dieses verlorene Gewicht als Kohlendioxid ausgeschieden. Man verliert also Körpergewicht durch Ausatmen von Kohlenstoff, nicht etwa durch vorübergehende und leicht zu behebende Abgänge in Form von Koten, Pinkeln oder Ausschwitzen von Wasser.

Alles, was in diesem Teil nun folgt, ist im Grunde Folgendes: Wie zerlegt man einen komplexen Nahrungs-Mix, etwa ein Stück Trockenfutter oder die Keule eines Elchs, in so kleine Teile, dass man sie zu Einfachzuckern verarbeiten kann, damit Mitochondrien diese wiederum zu ATP verbrennen können? Hunde verbrennen ATP, damit Hoden auf lange Sicht irgendeinen Eierstock lokalisieren und Kopien von sich selbst erstellen können. Hunde, die dies tun, gehen in die nächste Generation ein. Hunde, die das nicht tun, eher nicht. Kurzfristig gesehen wandeln Hunde Nahrung in ATP um, damit sie über eine Reihe von Stangen springen, durch einen Tunnel kommen, ein paar Schafe herumschubsen oder einfach am Leben bleiben können – während wir uns einen Film anschauen.

ATP ist ATP, egal, ob es aus Trockenfutter oder dem blutigen Fleisch eines kürzlich getöteten Kaninchens stammt. Die Nahrung ist der Rohstoff. Das Verdauungssystem zerlegt diesen in verwertbare chemische Bestandteile. Wenn die erst einmal drin sind, spielt es keine Rolle mehr, von woher da draußen sie hergekommen sind. Wenn dies so stimmt, warum spielt die Nahrungsquelle dann überhaupt noch eine Rolle? Ganz einfach, weil Nahrung viel mehr ist als Energie. Sie enthält Vitamine, Mineralstoffe und einige Giftstoffe. Schon ab dem Eintritt in unser Verdauungssystem werden unterschiedliche Vorspeisen, beispielsweise Fleisch im Vergleich zu Getreide, unterschiedlich verarbeitet. Am Ende wird das meiste, was wir essen, zur Herstellung von Glukose verwendet, einem Einfachzucker, der in jeder einzelnen Zelle zur Herstellung von ATP verwendet wird.

Das Verdauungssystem – die Röhre in der Röhre

Mein Professor der Einführung in die Biologie beendete die Vorlesung am ersten Tag mit der Feststellung, dass der Körperbauplan der meisten Tiere einfach nur aus einer Röhre in einer Röhre besteht. Genauer gesagt gleicht die Röhre oder der Weg vom Maul Ihres Hundes durch den Magen, den Darm und den Anus dem Inneren eines Hemdärmels. Dieses Innere meint nicht die Fasern des Stoffes, sondern lediglich den Leerraum, durch den Sie Ihren Arm schieben können. Ihr Arm wird nie Teil des Ärmels, außer in einem Science-Fiction-Film. Ihr Arm geht durch den Leerraum und dringt nicht in den Stoff ein. Genauso ist es mit dem Darm. Er ist nicht wirklich in einem drin. Wenn man einen Stein schluckt (bitte tun Sie das jetzt nicht!), wird er am anderen Ende ziemlich intakt herauskommen. Es sei denn, es war Kalkstein, den würde die Magensäure verdauen. Ob der Weg in einem ist oder nicht, ist eine Frage der Perspektive. Für einen Physiologen nicht. Für einen Ökologen schon. Ich bin Ökologe, also gehen wir in die Röhre, die als Verdauungskanal bekannt ist. Betrachten Sie dies jetzt als eine Reise durch das Verdauungssystem des Hundes. Unsere Reise beginnt an dem vor Speichel triefenden, zahngespickten Hundemaul und endet mit einem Hundehaufen – hoffentlich außerhalb des Hauses.

Zähne

Das Hundezahnschema lautet I 3/3, C 1/1, P 4/4, M 2/3 (Erklärungen folgen unten). Das sagt so ziemlich alles, oder? Ich habe Ihnen gerade aufgelistet, was unsere Hunde immer bei sich tragen, sozusagen den Ersatz für die Grundausstattung an benötigten Werkzeugen. Setzen Sie sich einmal hin und beobachten Sie einen Hund. Ganz egal, für wie lange Sie das tun, früher oder später wird er etwas mit dem Maul aufnehmen oder an etwas herumkauen. Wir fassen etwas an und greifen mit den Händen. Caniden benutzen dazu ihre Eckzähne, die bei ihnen auch Fangzähne oder lateinisch *Dentes canini* heißen. Zähne von Säugetieren werden nach ihrer Funktion in vier Arten eingeteilt. Diese werden durch Selektionsdruck modifiziert – und die Ernährung übt schon einen großen Druck auf Lebewesen aus. Wer sich nicht gut ernährt, der stirbt. Wer stirbt, wird tendenziell weniger Kopien von sich selbst anfertigen, als wenn er am Leben wäre. Ein sorgfältiger Blick ins Maul verrät Ihnen, was das Tier in Ihrer Küche frisst. Aber Vorsicht: Während Ihr Hund möglicherweise tolerant ist, wenn Sie seine Kiefer gegen seinen Willen aufhebeln und mit Ihren Fingern und einer Taschenlampe herumtasten, um zu überprüfen, was ich gleich beschreiben werde, achten Sie unbedingt auf seine Reaktionen. Bei meinen Hunden gäbe es keinen Grund zur Sorge. Ich könnte wahrscheinlich in ihren Rachen greifen und eine fehlende Socke aus ihrem Bauch herausziehen. Andere Hunde vereinnahmen dagegen einfach Ihre Finger in ihren Bauch. Lernen Sie Ihren Hund kennen und gehen Sie vorsichtig vor. Vielleicht öffnen Sie erst die Lefzen und schauen auf die zusammengebissenen Zähne. Ich kann die Verantwortung für Sie und Ihren Hund nicht übernehmen. Wenn Sie sich nicht sicher sind, so haben Sie einfach Vertrauen in meine Beschreibungen oder schauen Sie sich das Foto an. Ich hoffe jedoch, dass Sie jetzt auf eine etwas schleimige Reise in die höhlenartigen Abgründe der Wangen-region des Hundes einchecken.

Stellen Sie sich vor, Sie haben wirklich Hunger. Sie gehen also in einen Laden, um etwas zu essen zu kaufen. Sie greifen nach Stücken handlicher Größe, seien es Teile einer Kuh oder Stücke eines Mais- oder Reisfeldes. Sie nehmen diese mit nach Hause, kochen sie vielleicht, damit sie leichter zu kauen und zu verdauen sind und machen sich auf den Weg zum Dessert. In der Wildnis Ihrer Küche, Ihres Waschraums oder wo immer Sie Ihre Hunde füttern geben Sie ihnen mundgerechte Portionen Trockenfutter oder Rohkost. Mit ziemlicher Sicherheit werfen Sie Ihren Hunden nicht eine ganze Ziege zum Fraß vor, damit sie diese auf einmal fressen können. Falls doch, dann haben Sie ein Problem – ernsthaft. Ich gehe also davon aus, dass Sie die Ziege ausreichend verarbeitet haben, damit die Nachbarn sich nicht genötigt sehen, die Polizei zu rufen. Sie, der Metzger und die Lebensmittelindustrie verwenden eine ganze Ladung an Werkzeugen zur Verarbeitung der Lebensmittel für eine leichte Handhabe. Messer. Schere. Waage. Schüsseln. Sie transportieren größere Portionen in Beuteln oder Kisten, Tupperware, Ziploc-Beuteln und Leckerlitaschen. In freier Wildbahn haben Hunde dafür nicht einmal Hände. Ihr Maul dient als Werkzeugkasten, als ihre Scheren und Messer, ihre Hände zum Herumtragen und als ihre Schüsseln und Taschen.

Die Schneidezähne oder *Incisivi* (I) sind meißelförmige Zähne, die sich im vorderen Mundbereich befinden. Sie werden dazu verwendet, um ein Stück von etwas abzubeißen, wie bei einem Apfel. Sie funktionieren wie eine Zange, um Dinge zu greifen. Dabei sitzen sie mit nur einer Wurzel im Kiefer. Wenn man an etwas wirklich kräftig ziehen möchte, dann tut man das besser nicht mit den Schneidezähnen. Diese eine Wurzel pro Zahn bildet nicht gerade die stärkste Verbindung zwischen Zahn und Kiefer. Aber für einen kleinen Knabberspaß eignen sie sich schon. Da sie weit am Außenbereich des Kiefers liegen, ist ihre Hebelwirkung nicht die beste, sodass damit nicht unbedingt der stärkste Biss erreicht werden kann. Hunde im Besitz eines vollständigen, normalen Wolfsgebisses haben im Oberkiefer vorne sechs Schneidezähne und sechs im Unterkiefer. Die Betonung liegt hierbei auf dem Wort „normal“. Denn Haushunde, wie alle domestizierten Tiere, sind eine ziemlich stark von Inzucht betroffene Gruppe. Defekte, also Abweichungen vom Wildtyp, treten in Inzuchtgruppen häufiger auf. Falls Sie an Ihrem Hund Besonderheiten feststellen sollten, machen Sie sich keine Sorgen. Meinem ältesten Hund zum Beispiel fehlen die unteren Schneidezähne. Die Ursache liegt womöglich in zu viel Herumzerren, vielleicht hat er auf Steine gebissen oder vielleicht auch eine Auseinandersetzung mit einem anderen Hund gehabt. Jedenfalls bemerkte ich eines Tages, dass er mit einer klaffenden Lücke an der Stelle umherlief, wo früher vier dieser unteren Frontzähne saßen. Lassen Sie mich auf folgendes hinweisen: Wenn Sie sich in der Mitte des Gesichts Ihres Hundes eine Linie denken, so würden die sechs oberen Schneidezähne jeweils in einer Dreiergruppe links und rechts der Linie sitzen. Die linke Seite wäre symmetrisch zur rechten. Alles, was ich Ihnen damit sagen möchte ist, dass Ihr Hund drei obere Schneidezähne hat, weil wir uns auf Quadranten oder Viertel des Mauls beziehen. Oben links, oben rechts, unten links, unten rechts. Links spiegelt rechts. Das Obere spiegelt nicht immer das Untere. In der Formel, mit der ich diesen Abschnitt begonnen habe, bedeutet I 3/3 drei obere Schneidezähne und drei untere Schneidezähne pro Quadrant. Links und rechts sind bei den Wildtypen immer ein Duplikat, aber die oberen und unteren Zahnzahlen variieren. Ein Weißwedelhirsch oder ein Rind oder ein Schaf hat das Schema I 0/3. Also keine oberen Schneidezähne. Über die Zahnform sagt dies nichts aus, wohl aber viel darüber, was das Tier frisst. Der Stoßzahn eines Elefanten ist ein langer, kontinuierlich wachsender Schneidezahn und sieht gar nicht so aus wie die Schneidezähne Ihres Hundes. Plazenta-Säugetiere, das sind die Säugetiere, die weder Eier legen noch einen Beutel haben, besitzen höchstens 3/3 Schneidezähne. Beuteltiere können bis zu 5/4 Schneidezähne erreichen. Erwachsene Monotremes (das ist die eierlegende Gruppe von Säugetieren, zu denen auch das Schnabeltier gehört) haben gar keine Zähne.

Als nächstes entlang des Kiefers kommen die Eckzähne oder *Dentes canini* (C). Bei Hunden sind diese leicht zu erkennen, wohingegen sie bei uns Menschen kaum größer als die Schneidezähne sind – außer, es würde sich um einen Vampir handeln. Eckzähne sind im Allgemeinen wie Dolche geformt und haben auch so ziemlich deren Funktion inne. Kein Säugetier hat mehr als 1/1 Eckzähne. Manche Eckzähne werden geradezu irrwitzig groß, wie zum Beispiel bei Walrössern. Bei einem Säugetier, das schnell laufen kann, dürfen die Eckzähne aber gar nicht riesig sein. Sie wären ihm nämlich nichts als im Weg, zumindest solch große wie beim Walross. Säbelzahntiger besaßen ein ziemlich respektables Eckzahnpaar. Und bei Hunden dienen Eckzähne auch dazu, die Beute zu durchbohren, die Zähne tief in diese einzugraben und sie zu packen. Wilde Hunde, die sich große Beutetiere schnappen, verwenden ihre Eckzähne, die sie in die Beute schlagen und mit denen sie sich festbeißen. Diese Zähne haben tiefe Wurzeln, die gut im Kiefer verankert sind. Für etwas Kleines, wie ein Kaninchen, setzen Wölfe gerne nur ihre Schneidezähne dafür ein, um die Beute festzuhalten. Um ihr Opfer zu töten, schütteln sie dann kräftig den Kopf. Jedes Mal, wenn mein Hund Cricket einen Frisbee fängt, schüttelt sie den Kopf und wirbelt herum. Wenn ich dann zu ihr sage „töte es“, handle ich mir seltsame Blicke von meinen Freunden ein. Doch alles, was sie da tut, ist nur, ihrem Tötungsinstinkt für kleinere Beutetiere zu folgen. Versuchen Sie doch einmal bei großen Beutetieren, diese an Halsschlagader oder Oberschenkelmuskeln zu greifen und festzuhalten. Nicht alle Bisse von Hunden sind gleich. Wenn ein Hund Sie – als große Beute – wirklich verletzen wollte, dann würde er seine Eckzähne für den tödlichen Biss einsetzen. Ein bloßer Biss mit den Schneidezähnen gegen größere Lebewesen wie Menschen stellt normalerweise eine Warnung dar oder ist ein Versuch, Sie einzuschüchtern oder zum Weggehen zu bewegen, aber nicht, Sie zu töten und zu fressen.

Nun kommen wir in den Bereich der Backenzähne oder Molaren (M). Molaren dienen der Verarbeitung von Nahrung. Anfangs hatte Ihr Hund ein „Milchset", also seine Milchzähne. Dabei handelt es sich um einen Satz kleinerer, scharfer und spitzer Zähne, speziell für das kleinere Maul. Dieses hat die gleiche Anzahl von Schneide- und Eckzähnen wie der spätere Satz an Erwachsenenzähnen. In diesem ersten Satz an Milchzähnen sind allerdings nur einige der späteren Molaren vorhanden. In diesem ersten Milchset finden sich jedoch nur einige der ausgewachsenen Backenzähne. Technisch gesehen bezeichnet man einen Backenzahn, dem schon ein Molar im Milchzahngebiss vorangegangen ist, als Prämolar. (P). Echte Backenzähne, also ohne ein „Prä" in der Bezeichnung, gibt es nur beim bleibenden Gebiss des Erwachsenen. Demgemäß (ich habe auf die Gelegenheit gewartet, dass ich dieses Wort verwenden kann – es ist so snobistisch) unterscheiden wir sie an der Zahnformel. Bei Hunden lautet diese 4/4 Prämolaren und 2/3 Molaren.

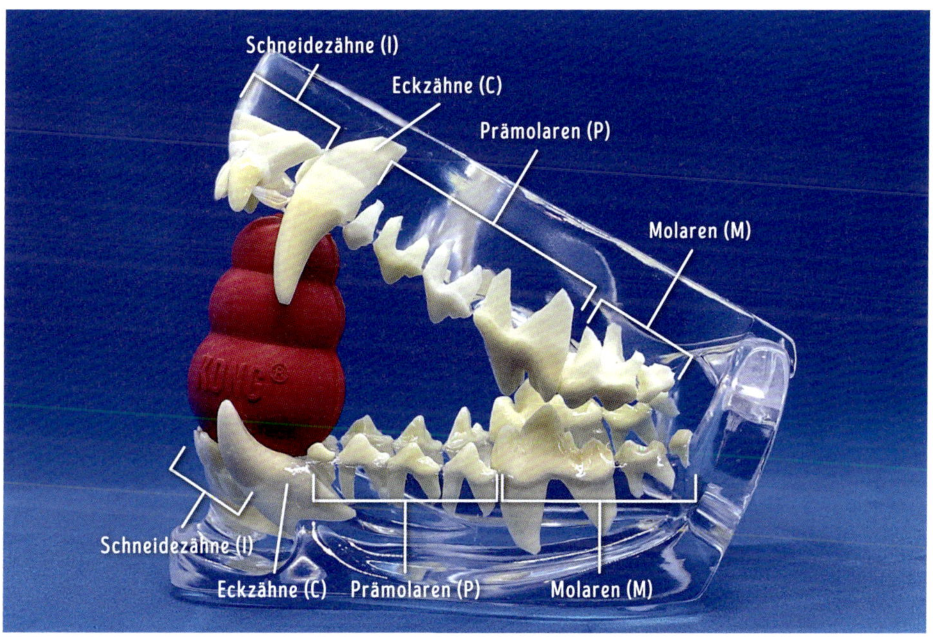

Bei Pferden oder Kühen sind die Backenzähne groß, breit und flach mit mahlenden Oberflächen, um Pflanzenfasern aufzureißen. Hunde in freier Wildbahn fressen Fleisch. Da gibt es nicht viel zu verarbeiten. Nur zerstückeln und die Stücke hinunterschlucken. Fahren Sie einmal mit Ihrer Zunge an Ihren eigenen Backenzähnen entlang. Diese sind breit und flach, nicht so groß wie die eines Pferdes, aber auch nicht wie die Backenzähne Ihres Hundes. Schauen Sie sich dann die Backenzähne Ihres Hundes an. Sie schauen spitz aus, scharf und gar nicht zum Mahlen geeignet. Tatsächlich kann Ihr Hund nicht mit seinem Kiefer mahlen, indem er den Unterkiefer seitlich hin und her bewegt. Sie können das schon ein bisschen. Und wenn Sie eine Kuh oder ein Pferd beim Fressen beobachten, dann werden Sie feststellen, dass sich deren Unterkiefer sehr weit von einer zur anderen Seite bewegt. Bei Hunden haben die Molaren die Aufgabe, zu zerschneiden. Nicht, dass Sie mich danach gefragt hätten, aber diese Gebissform heißt secodont. Wenn Sie beobachten, wie ein Hund an einem Knochen oder einem Kauspielzeug aus Leder kaut, werden Sie sehen, dass er die größten Backenzähne verwendet, die er hat. Das sind ein Paar Zähne an der Seite des Kiefers, die wie eine Guillotine aufgestellt sind, mit einem riesigen oberen Prämolaren gegenüber einem großen unteren Backenzahn. Dieses Paar ist bei Wölfen stark genug, um den Oberschenkelknochen eines Elches zu knacken. Falls Ihr Hund in diese Richtung eine Veranlagung hat und Sie Ihre Finger in sein Maul stecken, werden Sie die Freude über den ernsthaften Schaden zu spüren bekommen. Lassen Sie uns nun dazu kommen, was bezeichnend für Fleischfresser ist: Jeder Molar ist so geformt, dass er Fleisch verarbeiten kann. Das größte Paar jedoch bezeichnet man als Carnassialpaar und es ist diagnostisch für diese Säugetierordnung. Sogar der grasfressende Panda besitzt ein solches.

Wir schließen nun ab mit zwei oberen und drei unteren Backenzähnen, die alle so geformt sind, dass sie zum Schneiden von Fleisch geeignet sind. Der letzte obere Molar ist ziemlich klein und sitzt versetzt zu den anderen. Alle diese Backenzähne sind dabei behilflich, die Beute festzuhalten. Im hinteren Teil des Kiefers verankert, besitzen sie eine unglaubliche Hebelwirkung. Die Kraft eines Bisses kann man nur schwer messen, den Beißdruck schon. So kann der Beißdruck oder die Beißkraft eines Wolfes bis zu 270 kg erreichen, ähnlich wie beim Löwen. Ihr Hund besitzt wahrscheinlich nur eine halb so große Beißkraft, was aber immer noch dreimal so viel wie die eines Menschen ist. Das ist ideal, um eine sich windende Beute festzuhalten. Das Carnassialpaar eines Wolfes kann eine Kraft von 827,4 N/cm^2, doppelt so viel wie der Kiefer insgesamt, erreichen. Die meisten Haushunde erreichen hier einen Wert von 138 N/cm^2. Der Rottweiler hat die stärkste durchschnittliche Beißkraft der Haushunde, gefolgt vom Deutschen Schäferhund und dem American Pitbullterrier. Ich möchte hier zur Vorsicht mahnen: Bei der Durchforstung des Internets begegnen uns Beißkraftwerte bei Hunden bis über 900 kg (ich weise darauf hin, dass dies ohne einen Bereich, also ohne cm^2 zu finden ist). Einige Websites verwenden Zahlen von 138 Newton. Andere wieder behaupten, der höhere Wert sei nur ein Mythos. Man muss die gleichen Einheiten miteinander vergleichen. Ein Biss von 200 N/cm^2 wird nicht über einen vollen Quadratzentimeter verteilt. In den Beißkraftstudien wird üblicherweise die Klemmkraft des Kiefers angegeben. Denken Sie einmal an einen zahnlosen Kiefer. In Wirklichkeit konzentriert sich diese Kraft an den Zahnspitzen, was diesen einen enormen Durchdringungsdruck verleiht. Die Haut reißt schon weit unter einer Beißkraft, wie die meisten Hunde sie besitzen. Denn scharfe und spitze Dinge wie Messer und Zähne schneiden in die Haut ein und es nicht nur eine rein quetschende Kraft, die eingesetzt wird. Jeder Hund ist mit Muskeln und Zähnen ausgestattet, um dementprechend zubeißen zu können – und zwar kräftig.

Wie machen sie das eigentlich? Wenn man mit dem Finger über die Mitte des Schädels eines Hundes nach hinten fährt, so lassen sich ein paar Erhebungen ertasten, ab denen der Kaumuskel – oder Musculus Masseter – am Schädel ansetzt. Die Erhebung, die sich auf einer Linie mit der Wirbelsäule befindet, nennt man den Sagittalkamm. Den Hinterhauptkamm, der von links nach rechts hinten über den Schädel verläuft, kann man bei vielen Hunden ebenso spüren. Ein weiterer Teil des Kaumuskels entspringt am Jochbogen, dem breiten Teil des Schädels oberhalb des Oberkiefers, unterhalb und etwas hinter den Augen liegend. Der Musculus Masseter endet am Unterkiefer beziehungsweise ist an diesem befestigt. Im Großen und Ganzen gesehen ist dieser ein ganz schön großer Muskel. Bei Kühen und Pferden zieht dieser Muskel den Unterkiefer mahlend von einer Seite zur anderen. Bei Hunden ist der Kiefer ohne seitliche Bewegung in einer Scharnierfunktion fest verankert, sodass die gesamte Kraft darauf verwendet wird, den Unterkiefer in den Oberkiefer zu ziehen.

Und Sie füttern Trockenfutter, das kaum noch gekaut zu werden braucht, oder rohes Fleisch, das sich nicht wirklich zur Wehr setzt. Da ist es kein Wunder, dass unsere Hunde Kauspielzeug mögen.

Die Verdauung

Bei der Verdauung geht es darum, lange Ketten von Molekülwiedeholungen aufzunehmen und diese in kleine Einheiten zu zerlegen, die aufgenommen werden können. Das Magenenzym Pepsin sowie die Enzyme Trypsin und Chymotrypsin der Bauchspeicheldrüse zerlegen Proteine aus langen Polypeptiden in einzelne Aminosäurebausteine. Die Magensäure leistet dazu ebenfalls ihren Beitrag. Fette bestehen aus langen Ketten von Glyceriden. Mit Galle, die in der Leber gebildet wird, werden die Fettkügelchen in immer kleinere Tropfen zerlegt. Dann spalten Enzyme wie Lipase aus der Leber und Bauchspeicheldrüse diese Ketten in kleinere, ein- oder zweiteilige Stücke, die Mono- oder Diglyceride. Verdauliche Kohlenhydrate treten als lange Zuckerketten in den Verdauungsprozess ein und werden in Einfach- oder Zweifachzucker zerlegt. Stärken werden durch Amylase in Glukose oder Maltose aufgespalten, welche nur eine Verbindung aus zwei Glukosezuckern ist. Milchzucker wird durch Lactase zerlegt, die den Zweifachzucker Laktose zerlegt in Glukose und Galactose, einen engen molekularen Verwandten. Ein Großteil unserer Ernährung enthält heute Saccharose, einen Zweifachzucker, der wiederum durch Saccharase in Fruktose und Glukose gespalten wird.

Dies ist ein echt süßes Thema. Deshalb starte ich den Versuch, Ihnen den Aufbau dieser Zuckerarten von Grund auf nahezubringen. Sie sollen sich an diese Zucker erinnern können. Zucker sind einzelne Einheiten oder Doubletten und durch deren Aneinanderreihung erhält man Kohlenhydrate. Von diesen Zuckern gibt es verschiedenen Arten. Die von uns üblicherweise konsumierten Zuckerarten besitzen alle sechs Kohlenstoffringe. Dabei handelt es sich um Glukose, Fruktose und Galactose. Glukose ist hauptsächlich das, was Pflanzen aus Sonnenlicht und dem Kohlendioxid aus der Luft bei der Photosynthese herstellen. Fruktose ist eine Zuckerart, die in Pflanzen eingelagert wird und heute kommerziell aus Maissirup und Zuckerrüben gewonnen wird. Wobei ich finde, dass die aus Zuckerrohr gewonnene Fruktose am besten für Cocktails geeignet ist, obwohl es sich um den gleichen Zucker handelt. Galactose tritt normalerweise gar nicht einzeln auf und sie ist nicht sehr süß. Meiner Meinung nach hat sie aber den tollsten Namen.

Diese einfachen Zucker treten in der Natur oft paarweise kombiniert auf. Verbindet man Glukose mit Galactose, erhält man Laktose, die in der Milch vorkommt und die viele nicht vertragen. Saccharose oder Haushaltszucker besteht aus Glukose und Fruktose. Zwei Glukosen ergeben Maltose, das Malz in Bier und Malzmilchshakes.

Honig (also das Erbrochene von Bienen) besteht aus Fruktose und Glukose – oder auch Haushaltszucker mit Extras. Ahornsirup besteht aus Saccharose, verbunden mit noch einigen zusätzlichen Aromen. Der Agavennektar, den ich meinen Margaritas anstelle von Saccharose beifüge, einfach weil er so viel besser ist, besteht aus einer Fruktose und einer Glukose. Ja, ganz richtig, wieder Haushaltszucker. Lange Zuckerketten, die Kohlenhydrate genannt werden, werden simpel deshalb in Einfachzucker zerlegt, damit sie aufgenommen werden können. Behalten Sie einmal etwas Stärkehaltiges im Mund, wie zum Beispiel ein Stück Brot. Sobald die Amylasen in Ihrem Mund die Zucker aufbrechen, beginnt das Brot süßer zu schmecken.

Weiter hinunter in der Röhre, in Richtung Magen

Mehrere Organe im Bauch des Hundes tragen zur Verdauung bei – der chemischen Aufspaltung großer Zucker-, Protein- oder Fettmoleküle in kleinere Stücke. In gewisser Weise ist die Verdauung nur ein mikroskopisches Kauen und Schlucken, das große Nahrungsstücke in handliche Stücke zerlegt. Die Enzyme, die Nahrung abbauen, sind eigentlich nichts anderes als chemische Zähne. Die Bauchspeicheldrüse und die Leber stellen Sekrete her, die die Verdauung unterstützen. Doch lassen Sie uns im Mund starten. Während die Zähne das Fleisch in, hmmm, ich schätze mal mundgerechte Stücke schneiden, spritzen die Speicheldrüsen im Mund eine schleimige Flüssigkeit herum, um die Nahrung gewissermaßen zu schmieren. Die Zunge schiebt die Nahrung in den hinteren Teil des Mundes. Dort treffen wir auf eine der schlechtesten Einrichtungen der Natur. Allein beim Gedanken daran bin ich fassungslos. Die Luftröhre, die nach Luft für die Lunge schnappt, verläuft hinter der Speiseröhre, also dem Muskelschlauch, der den Mund mit dem Magen verbindet, aber auch davor. Das wäre ja soweit in Ordnung, wenn sie einer Umleitung folgen würde. Doch stattdessen kreuzen sich Luftröhre und Speiseröhre im selben Bereich. Da gibt es zwar ein Einwegventil, den Kehldeckel (Epiglottis), der verhindern soll, dass Nahrung auf der Reise vom Mund zum Magen einen Umweg über den für die Luft bestimmten Weg von Nase zu Lunge nimmt. Falls Sie aber jemals etwas Nahrung oder Wasser inhaliert haben, wissen Sie schon, dass dies kein perfektes System ist. Die Evolution funktioniert mit den vorhandenen Teilen. Nur ist die Ausgestaltung nicht immer optimal, wofür wir hier ein gutes Beispiel vorliegen haben. Einmal habe ich beim Essen mit der weltberühmten Meeresbiologin Sylvia Earle ein Stück Hühnerfleisch inhaliert. Ich verließ den Tisch, denn ich war gar zu verlegen, um zuzugeben, dass ich in ihrer Gegenwart sterben würde. Irgendwie habe ich es fertiggebracht, an mir selbst den Heimlich-Griff anzuwenden, als ich den Flur erreichte. Direkt nachdem ich das Fleischstück aus meinem Mund gezogen hatte, dachte ich: „Was für eine dämliche Erfindung ist das bloß“. Wie gesagt, ich bin ein Geek, selbst dann noch, wenn ich dem Tode nahe bin. Und nein, „dämlich“ war nicht gerade das Adjektiv, das ich verwendet habe, aber ich hoffe, Sie verzeihen mir diese Taktlosigkeit, wo doch der Tod mit im Spiel war und all sowas.

Der Magen

Der Bissen aus Nahrung wird nun aktiv die mit Muskeln besetzte Speiseröhre hinunter gedrückt. Dabei wird er wellenförmig eingeschnitten, etwa in der Art, wie man Zahnpasta aus einer Tube drückt. Diese peristaltischen Wellen bewegen die Nahrung durch das gesamte Verdauungssystem. Die Nahrung wird zur Lagerung und Verarbeitung in den Magen gekippt. In freier Wildbahn frisst ein Wolf eine enorme Menge Fleisch und belässt diese in der Speiseröhre und im Magen. Wenn es ein ausgewachsener Wolf ist, der keine Welpen hat, liegt er ein oder zwei Tage lang herum und verdaut. Hat er Welpen, so kehrt er in die Höhle zurück, und wenn ihm die Welpen das Gesicht lecken, wird er sie mittels Hochwürgen mit Nahrung versorgen. Futter wiedergeben. Also ja, bevor Ihr Welpe durch Ihr Kichern und Gurren darauf geprägt wird, Ihr Gesicht zu lecken, hat er dies zunächst instinktiv getan, um Sie dazu zu bringen, ein kleines Abendessen für ihn hervorzuzaubern. Vielleicht ist das nun doch nicht so süß, wie Sie mal gedacht haben.

Im Magen wird die Nahrung geflutet und mit Magensäure und Enzymen wie Pepsin verwirbelt, die beim Abbau der Nahrung helfen. Der Magen ist ein sehr muskulöser Beutel. Er verschließt Ventile an der Eingangs- und Ausgangsseite und er zieht den Beutel zusammen, so, als wenn man Teig in einem Plastikbeutel mischen würde. Wenn ein guter Brei daraus geworden ist, wird dieser weiter in den Dünndarm bewegt. Beim Hund und beim Menschen dauert dieser Vorgang bei flüssiger Nahrung etwa 15 Minuten, bei einer festen Mahlzeit bis zu drei Stunden. Im Magen findet nur eine geringe Nährstoffaufnahme statt. Es geht wirklich nur darum, Nahrung in chemische Grundbestandteile zu zerlegen und zu einer pastenartigen Konsistenz zu verflüssigen, die besser aufgenommen werden kann. Es gibt einige Hinweise auf Geschmacksknospen im Magen. Später werden Sie etwas über das enterische Nervensystem erfahren, das als „zweites Gehirn“ (Bauchgehirn) oder Verdauungsnervensystem bekannt ist. Natürlich erkennt der Magen Toxine und stößt erkannte

Toxine so wieder aus, wie sie eingedrungen sind. Deshalb erbrechen Hunde so leicht. Sie haben sich so entwickelt, dass sie fragwürdige Nahrung aufnehmen. Deshalb müssen sie in der Lage sein, diese im Handumdrehen wieder herausbringen zu können. Der Nahrungshaltemechanismus war auch bei wilden Caniden wichtig. So konnten sie Fleisch zurück in die Höhle tragen und den Welpen das teilweise verdaute Fleisch zum Fressen geben.

Entlang des gesamten Verdauungstraktes gibt es spezielle Zellen, die als Becherzellen bezeichnet werden. Sie sondern einen Schleim ab, der die Auskleidung des Verdauungstrakts davor schützt, selbst verdaut zu werden. Denken wir mal darüber nach. Ein Wildhund verschlingt die Eingeweide eines Hirsches. Er muss nun die Eingeweide des Hirsches verdauen, seine eigenen dabei aber nicht. Schleim kleidet seine eigenen Eingeweide aus und hilft, diese zu schützen. Der Dünndarm hat kleine Protrusionen, die Zotten genannt werden. Diese vergrößern die Oberfläche um das Zehnfache. Jede Zelle in den Zotten besitzt Mikrovilli, die eine weitere 20-fache Vergrößerung der Oberfläche bewirken sowie Protrusionen, um die Oberfläche noch mehr zu vergrößern. Würde man den Dünndarm flach ausbreiten, so würde dieser einen großen Bereich bedecken. Angaben dazu variieren je nach Quelle, wobei es sich um Schätzungen handelt, da man die Protrusionen der Zelloberfläche nicht flach ausbreiten kann. Doch mit einer Schätzung von zweihundert Quadratmetern dürfte man ganz gut liegen. Das wäre dann ein Quadrat von etwas mehr als vierzehn Meter auf einer Seite. Stellen Sie sich die Fläche eines einstöckigen eintausendundachthundert Quadratmeter großen Hauses oder eines Tennisplatzes oder etwas weniger als einen halben Basketballplatz vor. Das ist jede Menge Fläche, die sich zusammengefaltet in einem durchschnittlich großen (nehmen wir einen etwa fünfzehn Kilo schweren) Hund befindet. Der Dünndarm ist der Hauptort für die Fett- und Nährstoffaufnahme und der einzige Ort für die Aufnahme von Aminosäuren und Einzelzucker.

Dünn- und Dickdarm

Der erste Abschnitt des Dünndarms, der Zwölffingerdarm genannt wird, nimmt die saure Pampe aus dem Magen auf. Er hat einen Ductus oder Gang aus der Gallenblase für die Gallenflüssigkeit und einen anderen aus der Bauchspeicheldrüse mit ihren Verdauungsenzymen und Säurepuffern. Es gibt auch einige Lymphknoten, die für das Immunsystem wichtig sind und die den Hund vor Bakterien und Viren schützen, die durch seine Futterzerlegungsleitung herunterkommen könnten. An der Stelle ist das Futter schon ziemlich flüssig. Das Ausgangsmaterial ist nicht mehr erkennbar. Der nächste Teil des Dünndarms ist das Jejunum (Leerdarm). Dies ist der längste Teil des Dünndarms, in dem die meisten Nahrungs- und Nährstoffe aufgenommen werden. Da die für die Verdauung notwendige warme, feuchte Umgebung ein idealer Nährboden für Bakterien ist, verfügt der Dünndarm ebenfalls über ein Immunsystem, um die Ausbreitung von Infektionen zu bekämpfen. Der letzte Bereich des Dünndarms des Hundes wird Ileum genannt. Dieser unterscheidet sich kaum vom vorherigen Abschnitt, ist aber darauf spezialisiert, die bei der Verdauung verwendeten Enzyme aufzuspalten und wieder zu absorbieren. Recycling im Körper ist eine wichtige Angelegenheit.

All das sollte Ihnen zu denken geben, wenn Sie auf Ihrem frisch shampoonierten Teppich ein unbestimmbares Häufchen vorfinden. Wenn darin noch erkennbare Teile sind, vielleicht sogar unzerkautes Trockenfutter, dann kommt es höchstwahrscheinlich aus dem Magen. Wenn es eine braune, wässrig-flüssige Pampe ist, übelriechend und – zumindest für mich – eine chemisch anmutende Duftnote besitzt, dann kommt es aus dem Darm. Allerdings aus der Vorderseite des Hundes heraus. Dasselbe, vielleicht jedoch etwas dicker in seiner Konsistenz, mit einem, naja, Sch...-Geruch – oder auch Fäkal-Bouquet, falls Ihnen das lieber ist? Das wurde aus dem Darm zum hinteren Ende ausgestoßen. Halbfertiger Kot? Die Mitteilung zur Ausweisung des Materials wurde vom Rektum empfangen. Bei Ihrer nächsten Reinigungsaktion können Sie darüber einmal nachsinnen.

Die kleineren Einheiten von Zucker, Proteinen und Fetten werden über den Darm in den Blutkreislauf aufgenommen, der die Dünndarmwände umspült. Darüber werden sie zur weiteren Verarbeitung und Entgiftung in die Leber transportiert. Diese Erklärung eben hat vieles von einem komplexen Bereich der Biologie abgedeckt, denn es gibt verschiedene Möglichkeiten, die inzwischen molekülgroßen Stücke aus dem Dünndarmlumen in die Zellen der Darmwände zu bringen. Die Verarbeitung durch die Leber beinhaltet den Aufbau neuer Moleküle: Cholesterin sowie einige Proteine zum Abtransport von Fetten aus den im Dünndarm aufgenommenen Aminosäuren. Über das Kreislaufsystem werden die Verdauungsprodukte im ganzen Körper verteilt.

Auch hier ist der Dünndarm der Ort, an dem das meiste dieser Verdauung stattfindet. Bei Ihrem durchschnittlichen Hund ist dieser Abschnitt des Kanals etwa vier Meter lang (sechs Meter bei Ihnen und einundzwanzig Meter bei einem Pferd). Es geht um Qualität und Verdaulichkeit der Nahrung. Wenn Sie Fleisch essen, müssen Sie nur Proteine und Fett abbauen und dann davon den Rest aufnehmen. Das ist eine chemisch gesehen einfache Aufgabe, sodass Sie kein große Darmlänge dafür benötigen. Wenn man Gras frisst, das schwer verdaulich ist und im Verbund lebende Pilze und Bakterien dazu benötigt, Zellulose aufzuspalten, dann benötigt man eine größere Lagerfläche, größeren Verarbeitungsraum und eine längere Verweilzeit. Der Dünndarm eines Pferdes ist lang. Ein Pferd ist groß, weil es ein riesiges Verdauungssystem für die Grasverarbeitung mit sich herumschleppen muss. Ein Hund ist klein, da die Verdauungsbedürfnisse bei weitem einfacher sind. Bei Hunden wird die Körpergröße von der Beutegröße mitbestimmt. Wölfe fressen Hirsche und Elche, daher müssen sie ziemlich groß sein. Kojoten fressen Kaninchen, haben also eine kleinere Körpergröße. Füchse fressen Mäuse – Körpergröße kleiner. Auf jeden Fall bedeutet Fleischfressen einen kürzeren Dünndarm. Der menschliche Dünndarm hat eine mittlere Länge, da wir uns zum Fleisch- und Pflanzenfresser entwickelt haben.

Eine adäquate Beschreibung der Verdauung würde Seiten um Seiten benötigen, aber aus dem Bauch heraus traue ich mich das gar nicht. Allerdings dürfen wir nicht ignorieren, was mit diesem jetzt verflüssigten Lebensmittel, dem Chymus, passiert. Bei diesem Gebräu nun müssen wir darüber nachdenken, was Futter eigentlich ist, woraus es besteht und zu was es verarbeitet wird. Damit Sie die Etiketten auf dem Futterbeutel Ihres Hundes entziffern oder sinnvoll argumentieren können, ob eine rohe Fütterung besser ist, oder damit Sie wissen, ob es wirklich so wichtig ist, was Sie Ihrem Hund zu fressen geben.

Der warme und nasse Darm ist ein idealer Nährboden für Bakterien. Während Nährstoffe aus dem Fleisch herausgelöst werden, vermehren sich Bakterien und sammeln sich an. Die jetzt stinkende Pampe wandert stromabwärts in den Dickdarm. Der Zweck dieser größeren Röhre, die bei einem typischen Hund sechzig Zentimeter, bei einem Menschen eineinhalb Meter und bei einem Pferd bis zu acht Meter lang ist, besteht darin, die Verdauung zu umhüllen und das gesamte, in den Magen als Magensäure und in den Darm zur Emulgation und Verflüssigung abgegebene Wasser aktiv aufzunehmen. All das zu verlieren kann man sich nicht leisten. Haben Sie schon einmal einen Hund mit Durchfall gesehen? Bestimmt haben Sie das. Übrigens schreibe ich diesen Absatz während des Mittagessens und mir ist aufgefallen, wie gleichgültig ich gegenüber Gedanken an flüssigen Stuhl mit meinem griechischen Salat vor mir bin. Aber ich entschuldige mich, falls Sie dies beim Mittagessen lesen. Zurück zur Frage: Haben Sie schon mal einen Hund mit Durchfall gesehen? Genau so flüssig ist das Material im Dünndarm. Der Dickdarm dann trocknet die durchkommende Nahrung aus und nimmt einige Mineralien auf.

Das Ende der Röhre und was dabei herauskommt

Die letzte Station für das Material stellt das Rektum dar. Dies ist ein Muskelorgan, das den jetzt festen Abfall verwahrt und schließlich ausstößt. Der endgültige Ausgang wird von einem muskulären Schließmuskel, dem Anus, gesteuert. Wenn dieser sich einmal geöffnet hat, dann erhalten wir all diese liebenswerten kleinen Juwelen, die wir eintüten und markieren.

Bei einem Wolf ist der Kot voller Haare und Knochenstücke. Unsere Hunde lassen hauptsächlich Bakterien und unverdauliche Reste fallen. Gesamtzeit von der Einnahme bis zur Ausscheidung? Beim Menschen etwa einen Tag lang, plus-minus einen halben Tag. Beim Hund acht Stunden plus-minus einige Stunden. Die Verarbeitung von Proteinen und Fetten nimmt weniger Zeit in Anspruch als die schwer verdaulicher Pflanzenfasern.

Ein guter Hundepartner entwickelt sich zum Kotkenner. Man muss seine Häufchen wirklich kennen. Veränderungen im Kot sind gute Indikatoren für Veränderungen bei Ihrem Hund. Mehr Flüssigkeit bedeutet eine geringere Verweilzeit im Dickdarm. Ein gelegentlicher weicher Stuhlgang gibt selten Anlass zur Besorgnis. Ein harter, trockener Stuhl weist auf Verstopfung, auf zu lange Verweilzeit im Dickdarm hin. Veränderungen in der Textur oder Farbe jedoch, bei gleichbleibender Ernährung, bedeuten, dass etwas im Verdauungstrakt anders ist. Es könnte an so etwas Einfachem liegen wie Bewegung oder Stress, die die Beweglichkeit der Nahrung fördern. Canider Kot ist normalerweise braun von der Galle, die zur Verdauungsunterstützung abgesondert wird. Veränderungen der Verdauungsenzyme aus der Bauchspeicheldrüse oder der Leber können an der Stelle auf Probleme hinweisen. Einige Darmparasiten wie Bandwürmer können im Stehen über Ihrem Hund erkennbar sein; sie können im Kot wie weiße Flecken oder sogar Reiskörner aussehen. Dunkle oder rote Farbe kann auf Blut im Kot oder ein Geschwür (Loch oder Wunde im Verdauungssystem) hinweisen. Teerschwarz kann genauso von einem Geschwür stammen. Wenn der Kot wie Himbeermarmelade aussieht, kann es sich um eine hämorrhagische Gastroenteritis handeln, das sind schwere Blutungen im Verdauungssystem mit oft ungewisser Ursache. Fettig aussehender oder übermäßig grauer Kot kann auf eine schlechte Verdauung von Fetten hindeuten, die von Pankreaserkrankungen herrühren kann. Grüner Kot besteht normalerweise aus Gras oder Pflanzenmaterial, kann jedoch auf einen Parasiten oder eine Vergiftung hinweisen. Orange oder eine richtig hellbraune Farbe im Kot ist üblich bei Material, das zu schnell durch den Darm gewandert ist, um die Galle aufzunehmen, die zur Unterstützung der Verdauung benötigt wird und dem Kot diese beruhigende braune Farbe zu verleihen. Gelbe Farbe ist typischerweise Schleim. Diese kommt oft von einer schnell geänderten Ernährung. Wenn Ihnen bekannt ist, dass die Biologie Ihres Hundes die Farbe und Textur des Kots beeinflusst, kann dies einen ersten Hinweis auf ein Problem bieten oder aber Bestätigung dafür sein, dass alles in Ordnung ist. Wenn Sie wissen, was bei Ihrem Hund normal ist, wird Ihre Erkenntnis, was möglicherweise die Aufmerksamkeit eines Tierarztes erfordert, erleichtern. Nicht jede Änderung ist es wert, in Panik zu verfallen! Blut im Kot oder unübersehbare Parasiten bedürfen dagegen Ihrer vollen Aufmerksamkeit.

Bevor Sie weiterlesen – als ob der vorige Absatz noch nicht genug gewesen wäre – möchte ich Sie an meine Warnung aus der Einleitung des Buches erinnern. Die haben Sie aber schon gelesen, oder? Ich denke, es ist der beste Teil des ganzen Buches. Jedenfalls bin ich Biologe. Kacke liefert eine wahre Fundgrube an Informationen. Als ich Hirsche untersuchte, sammelte ich Kojotenkot, um festzustellen, was sie fraßen, insbesondere auf der Suche nach Hirschhaaren im Kot. Bei unseren Hunden überprüfe ich die meisten Defäkationen, sowohl durch Inaugenscheinnahme als auch beim Aufheben, um zu sehen, ob es Veränderungen in Textur und Farbe gibt. Meine Frau und ich berichten uns täglich, was wir beobachtet haben, ein bisschen wie Hohepriester, die die Stühle eines Prinzen oder Königs lesen. Es wird Sie daher wenig überraschen, wenn ich Ihnen sage, dass ich regelmäßig an dem schnüffle, was ich aufnehme. Man muss wissen, wie der Normalzustand so riecht. Nach dem Verzehr von billigem Hundefutter stinkt der Kot meiner Hunde nach grob fauligen Gerüchen, die eine Kreuzung aus einem verrottenden Tier nach einem Verkehrsunfall und Erdölprodukten zu sein scheinen. Bei einer guten Ernährung, an einem normalen Tag, riechen sie tatsächlich leicht süßlich und angenehm für mich. Für was auch immer das gut sein mag, aber ich schnüffle auch an den Ohren meiner Hunde. Hauptsächlich aber deswegen, weil ihre Ohren einzigartig riechen und das eine Möglichkeit bietet, mich an sie zu erinnern. Geruchserinnerungen sind sehr stark.

Bakterien im Stuhl sind eine der Ursachen für üblen Geruch. Bakterien kommen im Allgemeinen in zwei Arten vor: aerobe, die in sauerstoffreichen Umgebungen gedeihen und anaerobe, das sind solche, die an Orten ohne Sauerstoff gedeihen. Zum Beispiel spalten aerobe Bakterien häufig Glukose, einen gewöhnlichen Zucker, in Kohlendioxid und Wasser auf. Kein Geruch. In der anaeroben Umgebung des Darms ohne Sauerstoff funktioniert diese Art des Stoffwechsels nicht. Anstelle von zwei geruchlosen Nebenprodukten kann der anaerobe Weg zu Kohlendioxid oder Methan und Milchsäure führen, die nach Essig riecht. Er setzt auch Ketone, Schwefel und Wasserstoff frei, die der Mensch, sagen wir einmal, als unangenehm empfindet. Ballaststoffe werden bei Hunden schlechter verdaut, da sie nicht mit einem Darm zur Zerlegung der in Pflanzen enthaltenen Zellulose ausgestattet sind. Ballaststoffe absorbieren viele der Gerüche, verlangsamen aber auch die Zeit, die die Nahrung braucht, um durch den Darm zu fließen, sodass Abfallprodukte länger zurückgehalten werden und die Gerüche aufnehmen. Eine hochwertige Ernährung, ob roh oder mit Trockenfutter, führt zu kleineren Fäkalien, die weniger übel riechen oder gar keinen unerwünschten Geruch haben.

Was fängt man nun mit Millionen von Tonnen an Hundekot an? Biologisch gesehen werden diese im Freien biologisch abgebaut. Wenn Menschen genau dort gehen, werden sie wahrscheinlich noch darauf treten, ehe die Monate um sind, die Sonne und Bakterien zum Abbau benötigen. Biologisch betrachtet funktioniert das. Aber während der Kot abgebaut wird, werden die Bakterien im Regen und Schnee stromabwärts gewaschen. Was haben Sie denn für Möglichkeiten? Wenn Sie in der Wildnis außerhalb eines National Forest oder Parks oder in den North Woods abseits der ausgetretenen Pfade leben und sicher sind, dass niemand diesen Weg passiert oder innerhalb von zehn Metern Entfernung weg von der Kotablage dann Wasser trinkt, können Sie es wahrscheinlich vergessen. Aber abgesehen von diesen seltenen, wirklich seltenen (habe ich seltenen gesagt?) Situationen haben Sie die Wahl, sie aufzuheben oder sie aufzuheben. Wenn Sie dies nicht tun, wird Ihre Gemeinde Verordnungen erlassen, die Hunde an allen interessanten Orten verbieten. Eben weil Hundekot voller Bakterien ist, die Menschen krank machen können, und außerdem haben überraschend viele Menschen doch tatsächlich etwas dagegen, in einen warmen, feuchten Haufen zu treten. Ich gehe nirgendwo anders hin als unter die Dusche ohne einen Hundekotbeutel bei mir. Also: Aufheben!

Aber was nun? Ganz generell meine ich, es sollte zusammen mit Ihrem Kot die Toilette heruntergespült werden und zur hygienischen Aufbereitung Ihrer städtischen Kläranlage oder Ihrer eigenen Desinfektionsanlage zugeführt werden. Das ist eine ziemliche Schweinerei, ehrlich gesagt unvernünftig und vielerorts dazu noch illegal. Knüpfen Sie den Kotbeutel zu und entsorgen diesen in den Hausmüll. Das bedeutet, dass tonnenweise Bioabfälle auf die Deponie wandern. Wie viele? Ich dachte schon, Sie würden mich das nie fragen! Allein in den Vereinigten Staaten produzieren Haushunde etwa zehn Millionen Tonnen Kot pro Jahr. Das ist mehr Abfall, als alle Menschen auf dem Planeten in meinem Geburtsjahr produziert haben. Zugegeben, das ist schon eine Weile her. Aber schon damals hatten wir riesige Sanitäranlagen, um mit menschlichem Abfall fertig zu werden. Zehn Millionen Tonnen sind etwa zehn Würfel mit jeweils hundert Metern Seitenlänge (ein American-Football-Feld ohne die Endzonen breit, tief und hoch oder etwas weniger als eine Fußballfeldlänge). Das meiste davon bearbeiten wir gar nicht und verbuddeln vieles davon. Eine interessante Option wären biologisch abbaubare Kotbeutel. Das scheint eine tolle Idee zu sein. Ich mahne dabei aus verschiedenen Gründen zur Vorsicht. Moderne Deponien sind anaerob, das heißt, sie verarbeiten ohne Sauerstoff. Auf einer Deponie zersetzt sich nicht viel, und was sich zersetzt, setzt aufgrund des sauerstofffreien Stoffwechsels der Bakterien Methangas frei. Ihr biologisch abbaubarer Abfall in einem biologisch abbaubaren Beutel auf einer Mülldeponie braucht irgendetwas zwischen mehreren Monaten bis hin zu einem Jahr, um sich zu zersetzen, aber er wird sich zersetzen. In einer normalen Plastiktüte muss sich die Tüte erst zersetzen. Das dauert zwischen zehn- und eintausend Jahren, abhängig davon, wie nah der Kunststoff an anderen sich aktiv zersetzenden Gegenständen ist, von der Feuchtigkeit dieser anderen Gegenstände und von einer Vielzahl anderer Variablen. Eines Tages *wird* der Beutel sich zersetzen, aber nicht so schnell. Es gibt gute, kunststoffähnliche Kotbeutel auf Zellulosebasis und einige billige Imitationen. Lesen Sie sich auf jeden Fall die Etiketten und Angaben sorgfältig durch. Deren Zersetzungsrate in der Natur bei mäßiger Feuchtigkeit und warmen Temperaturen wird in Monaten angegeben.

Tour 4

Ein Abstecher zu Ernährung und Fütterung

Jetzt scheint mir ein guter Zeitpunkt dafür zu sein, aus dem Verdauungssystem herauszutreten und das Gelernte anzuwenden. Und zwar im Hinblick darauf, wie Sie Ihren Hund füttern sollten und womit, die Wahl der richtigen Ernährungsform sowie die Analyse der Futterzutaten.

Dafür richten wir unser Augenmerk auf die Wolfsvorfahren unserer Haushunde vor 36.000 Jahren. Hätte deren Ernährung jener der modernen Wölfe geähnelt, dann hätten sie viel Fleisch gefressen. Ich verweise hier auf einen wissenschaftlichen Artikel aus dem *Journal of Nutrition* aus dem Jahr 2006 über die Ernährungsökologie nordamerikanischer Wölfe, verfasst von Stahler, Smith und Guernsey (Stahler et al., 2006). Die Winternahrung besteht hauptsächlich aus großen Huftieren wie Elchen. Im Sommer aber sind die Beutequellen vielfältiger und umfassen auch Wirbellose wie Insekten und dazu noch jede Menge Gras. Pflanzenmaterial kommt in 74 % Prozent von 530 Exkrementen (Kackhaufen) vor. Auch im Winter getötete Tiere bedeuten nicht nur Fleisch im üblichen Sinne: Steaks aus Muskelfleisch. Da wird die Fettleber gefressen, auf Knochen gekaut, auf Nieren, Lungen, dem Gesamtwerk. Wölfe fressen nicht das zu verdauende Pflanzenmaterial, das sich im Magen der Beute befindet, bekommen also nicht das schottische Nationalgericht Haggis aus gefülltem Schafsmagen. Die roh verzehrten Pflanzen ergänzen die Ernährung um Vitamine und wichtige Ballaststoffe, die zwar schlecht verdaulich, aber hilfreich bei der Eindämmung von Darmparasiten sind.

Haushunde sind zwar genetisch gesehen eine Untergruppe der Wölfe, unterscheiden sich jedoch bedingt durch die menschliche Selektion in einigen Punkten von ihnen. Arendt und andere haben 2016 in der Zeitschrift *Heredity* einen interessanten Artikel über Domestikation und Hundeernährung veröffentlicht (Arendt et al., 2016). Im Gegensatz zu ihren Wolfsvorfahren haben Haushunde Gene für Amylase, mit der sie Stärke verdauen können. Dies wäre sicherlich ein Vorteil, falls sie Reste der frühen Bauern als Nahrungsquelle genutzt haben, welche damals angefangen haben, sich die Bäuche mit Stärkehaltigem zu füllen. Zudem hat sich die Fettsäureverdauung bei Hunden verändert. Diese beiden Anpassungen bezüglich der Verdauung gehören zu den wichtigsten Veränderungen auf dem Weg vom Wolf zum Haushund. Genau im Dünndarm zeigt sich die erste große Veränderung. Insbesondere fand dabei eine Duplizierung von Genen zur Amylaseherstellung statt. Mit jeder Kopie kommen knapp über fünf Prozent mehr an Amylase hinzu. Wölfe und Kojoten haben zwei dieser Gene, Haushunde bis zu zweiundzwanzig. Diese Generweiterung liegt bei Haushunden nicht einheitlich vor. Manche Haushunde haben nur die ursprünglichen zwei geerbt. Das sind dann überwiegend solche Rassen, die von indigenen arktischen Hunden oder von australischen Dingos abstammen. Die meisten anderen Rassen besitzen im Schnitt neun davon. Dies beeinflusst die Umwandlung von Stärke in Glukose, also in den Zucker, den die hungrigen Mitochondrien benötigen. Der Abbau von Stärke – und eine komplette Verstoffwechselung, der sie zu Glukose umwandelt – entwickelte sich weiter, eine Selektion fand statt und hat das, was Haushunde effektiv zu sich nehmen können, grundlegend verändert. Das Kochen von Speisen hilft dabei, schwierige Stärkeformen abzubauen. So können wir aus gekochtem Sellerie tatsächlich Kalorien gewinnen, nicht gerade besonders viele, jedoch aus rohem Sellerie kaum welche. Dennoch kochen sich selbst voll ausgebildete und domestizierte Hunde ihre Nahrung nicht selbst. Als der Mensch damit begann, Stärke anzubauen, gab es für die Haushunde eine reichhaltig gedeckte Tafel mit Nahrung und diejenigen, die die neue Fähigkeit besaßen, Stärke zu verdauen, vermehrten sich stark. Die Menschen lernten kochen und ihre Nahrungsabfälle wurden noch wertvoller. Hunde, die eng mit ackerbauenden Menschen zusammenlebten, unterschieden sich von denen, die im Verbund mit nomadischen Jägern und Sammlern lebten.

Was die verschiedenen Hunderassen fressen, ist sehr unterschiedlich. Unter der Prämisse einer ausreichenden Auswahl kann man davon ausgehen, dass ein Hundekörper gut daran angepasst ist, sich das Benötigte herauszuholen und den Rest auszuscheiden. Im Laufe der Zeit verändern sich die Bedürfnisse – außerdem hängen sie vom jeweiligen Gesundheitszustand ab. Daher muss eine kommerzielle Ernährung, die zu jeder Zeit alles bieten soll, eine gewisse Vielfalt beinhalten. Ich nehme mir jetzt nur die Trockenfutter-Rezeptliste eines Herstellerproduktes vor, das bei vielen meiner Freunde beliebt ist. Es überrascht Sie zu hören, dass ich Freunde habe? Falls Sie selbst Trockenfutter füttern, nehmen Sie sich eine Kopie des betreffenden Zutatenetiketts her und lassen Sie uns durchgehen, was ein einzelner Bissen enthält. Hier sind die Inhaltsstoffe des Hundefutters von Fromm Gold Adult:

Hühnchen, Hühnermehl, Hühnerbrühe, Hafergrütze, Perlgerste, Naturreis, Hühnerfett, Menhaden-Fischmehl, Getrockneter Tomatentrester, Trockeneiprodukt, Vollkornhafer, Weißer Reis, Hühnerleber, Ganze Gerste, Kartoffeln, Käse, Leinsamen, Lachsöl, Biertrockenhefe, Ente, Lamm, Karotten, Süßkartoffeln, Sellerie, Luzernemehl, Salz, Monocalcium Phosphat, Kaliumchlorid, Zichorienwurzelextrakt, Vitamine, Mineralien, Yucca Schidigera-Extrakt, Sorbinsäure (Konservierungsmittel), L-Tryptophan, Taurin, DL-Methionin, Natriumselenit, Probiotika.

Man beachte, dass die Zutaten nach Gewicht absteigend sortiert sind. Demnach ist zwar Ente drin, aber diese Zutat befindet sich an einundzwanzigster Stelle auf der Liste.

Wie die Ente auch, so stellen einige der Zutaten ganz offensichtlich Fleischproteinquellen dar. Da diese jedoch in so geringen Mengen vorhanden sind, drängt sich mir der Gedanke auf, dass sie hauptsächlich deswegen dabei sind, damit sich das Futter auch verkauft. In noch geringerem Anteil als Ente finden wir Lamm. Die primäre Proteinquelle in dieser Mischung besteht aus Huhn in dreierlei Formen: Fleisch, pulverisiertes getrocknetes Gewebe und Brühe vom Auskochen des Huhns. Ich kenne Fromms Methoden nicht, aber bei den meisten Hundefuttern bekommt man nicht nur Fleisch, sondern alle als Nebenprodukt aufgeführten Organe. Das mag für Sie eklig klingen, aber für einen Hund bildet es eine reichhaltige und abwechslungsreiche Ernährung, ähnlich der, wie sie in freier Wildbahn vorkam. Weiter unten auf der Liste entdecken wir Hühnerfett und Hühnerleber. Dann gibt es da Menhaden-Fischmehl, das dem Hund den ganzen Fisch und seine vielfältigen Nährstoffe liefert, sowie Lachsöl. Eier und Käse. Wir sehen vier Körnersorten: Hafer, Gerste, Reis und Leinsamen. Es gibt einige Gemüsesorten wie Tomaten, Karotten, Sellerie und Kartoffeln. Bisher klingt das sehr nach meinem Thanksgiving-Dinner. Dann gibt es kleinere Mengen an Zutaten für eine ausgewogene Ernährung und sogar Zichorienwurzelextrakt, um den Bedürfnissen der symbiotischen Darmbakterien gerecht zu werden.

Wahrscheinlich würden die Darmbakterien das, was sie brauchen, von all der anderen Nahrung bekommen, die den Verdauungskanal herunterkommt. Mir gefällt jedoch der Gedanke, die Darmbakterien selbst bewusst zu ernähren und ihnen für all das, was sie leisten, eine gewisse Achtung entgegen zu bringen. Ich glaube nicht, dass hinter der Zichorienwurzel viel an wissenschaftlicher Überlegung steckt, aber ich finde sie trotzdem gut, weil ich die Mikroben gerne füttern möchte. Ihre Zutatenliste wird natürlich davon abweichen. Die Anteile dieser Mahlzeit betragen mindestens 25 % Protein, 16 % Fett und nicht mehr als 5,5 % Ballaststoffe, wobei 54 % für Kohlenhydrate übrig bleiben. Was ist ideal? Diese Frage ist Stoff für heiße Diskussionen. Die meisten Tierärzte sagen 18 – 25 % Protein, 30 – 70 % Kohlenhydrate einschließlich der unverdaulichen, aber notwendigen Ballaststoffe und 10 – 15 % Fette. Die Association of American Feed Control Officials (im Folgenden AAFCO) ist die Organisation, die Standards für Heimtiernahrung festlegt. Sie listet 18 % Protein als Minimum für die laufende Versorgung auf (22,5 % während des Wachstums), 5,5 % Fett (8,5 % im Wachstum), jeweils in Prozent vom Körpergewicht. Je nachdem, ob eine Nahrungsmittelallergie vorliegt, spielt auch die Proteinquelle eine Rolle. Wenn Ihr Hund Probleme mit Rindfleischprotein entwickelt, kann die Umstellung auf Lachs helfen. Und so verhält es sich mit jeder Zutat auf der Liste.

Durchgegart versus Rohkost

Packen wir also den Stier bei den Hörnern und stellen uns die Frage, die man mir so oft stellt: Ist es besser, meinen Hund mit rohem Fleisch oder kompletter Rohkost zu ernähren als mit Trockenfutter? Das erste, was ich dann zurückfrage, ist: „Was ist Ihr Maß für ‚besser'? Wem vertrauen Sie? Wie komplex wird Ihre Entscheidungsgrundlage sein?" Einfache Antworten ergeben selten ein komplettes Bild der Wahrheit. Was ist besser, Trockenfutter oder Rohes? Ich habe darüber schon Vorträge gehalten, zu denen wirklich kampfbereite Leute gekommen sind. Über dieses Thema diskutieren menschliche Begleiter von Hunden ungern zivilisiert. Das liegt wahrscheinlich daran, dass die wissenschaftlichen Daten keine klare Antwort liefern. Wenn die Fakten eine Meinung nicht stützen, dann spricht man lauter. Anwälte sagen: „Wenn Sie nicht auf das Gesetz oder die Beweise pochen können, dann hauen Sie auf den Tisch." Ich schätze, das ist auch hier die Strategie.

Sofern Sie Rohkost füttern und dabei auf Verunreinigungen achten und mehr als nur Muskelfleisch beifügen, dann ist das großartig. Ihren Hunden wird es gut tun. Wenn Sie ein hochwertiges verarbeitetes Futter füttern, wird es Ihren Hunden gut gehen. Wenn Sie billiges Futter füttern, das die Mindeststandards der AAFCO erfüllt, wird Ihr Hund immer noch gedeihen. „Gedeihen" bedeutet übrigens für die AAFCO, dass sie nicht sterben und keine Anzeichen von Unterernährung aufweisen. Ich sehe (und rieche und fühle) einen signifikanten Unterschied zwischen den Fäkalien aus einem hochwertigen Futter, einschließlich rohem, und einem minderwertigen Trockenfutter. Ehrlich gesagt hinterlässt das bessere Futter weniger unangenehme Fäkalien und ein glänzenderes Fell. Manche Leute sagen mir, dass ihre Hunde mit Rohkost länger leben würden. Es gibt nur sehr wenige qualitativ hochwertige wissenschaftliche Daten, mit denen man diese Frage beantworten könnte. Also, bitte, legen Sie Ihre Waffen nieder. Ich möchte nur sagen, dass ich in jedem hochwertigen Lebensmittel einen Wert sehe, und da das Nicht-Sterben der wichtigste Maßstab bezogen auf Lebensmittel ist, so gestaltet es sich schwierig, den Wert besserer Lebensmittel zu quantifizieren. Ich esse bessere Lebensmittel. Ich vermute, dass mein Hund mit besserem Futter besser zurechtkommt. Was sind bessere Lebensmittel? Wie viele Körner und Kohlenhydrate optimal sind, hängt davon ab, wie viele Amylase-Gene Ihr Hund hat. Es hängt auch vom Mikrobiom des Darmes ab. Sobald Sie mit der Ernährung beginnen, ändern sich die Mikrobenarten im Darm in Richtung derjenigen, die an die Zusammensetzung der von Ihnen verfütterten Nahrung angepasst sind. Wenn Sie das Futter wechseln, muss die Flora und Fauna Ihres Hundes ausgetauscht werden, und das braucht Zeit. Die beste Ernährung hängt also von den Kriterien ab, die man für die Definition von „das Beste“ festlegt, von der Genetik und den Mitbewohnern Ihres Hundes, von Ihrem Geldbeutel und von der Zeit, die Sie für die Fütterung aufwenden können. Aber Sie werden Ihre Version des Besten nicht so beweisen und belegen können, dass das viele Hundemenschen überzeugt. Es sei denn, Sie wären sich bezüglich Definitionen und Maßnahmen einig.

Die Bewertung von Hundenahrung ist aus den gleichen Gründen genauso komplex wie die Bewertung von Nahrung für den Menschen. Auf unserer ersten Tour haben wir gesehen, wie vielfältig und einzigartig wir alle sind. Wir können uns also von vornherein eingestehen, dass aufgrund individueller Unterschiede in der genetischen Ausstattung, der Verdauungsphysiologie, der Variationen des Stoffwechsels und der körperlichen Aktivität sowie der Mikroben im Darm keine zwei Hunde genau gleich auf das gleiche Futter reagieren werden. Außerdem haben wir verschiedene Anforderungen an die Nahrung. Daraus erhalten wir mehrere Ergebnisse. Was für Ihre Hunde funktioniert, funktioniert möglicherweise nicht gut für meine und es stellt sich nicht die Frage, ob ich ganz einfach online oder in einem Buch recherchiere, um die beste Ernährung für meinen Hund zu finden. Außerdem ist das, was für meinen Welpen funktionieren mag, nicht das, was mein Hund mittleren Alters braucht. Wenn dieser Hund altert, werden sich seine Bedürfnisse wieder ändern. Eine einfache Antwort in Bezug auf Ernährung habe ich Ihnen nie versprochen. Jeder, der das tut, hat etwas zum Verkauf anzubieten.

Futtermittelanalyse, -prüfung und -regulierung

Beginnen wir mit einer einfachen Frage. Sie müssen wissen, dass meine Schüler Sie jetzt warnen würden. Wenn ich ihnen sage, dass etwas einfach oder leicht ist, dann ist es alles andere als das. Und wenn ich frage: „Was ist besser?“, dann haben sie gelernt, ihre Antwort mit „Das kommt darauf an …“ zu beginnen. Um die beste Ernährung beurteilen zu können, müssen wir festlegen, welches Ergebnis wir erzielen möchten. Das Bundesgesetz (der von der Food and Drug Administration durchgesetzte Federal Food, Drug, and Cosmetic Act) verlangt, dass jedes kommerzielle Heimtierfutter „rein und gesund, sicher zu fressen und unter hygienischen Bedingungen hergestellt ist, keine schädlichen Substanzen enthält und wahrheitsgemäß deklariert ist." Vielleicht entsprechen Ihre Anforderungen einfach dem FDA-Kriterium „safe to eat": Wenn Ihr Hund nach aufeinander folgenden Mahlzeiten nicht krank wird, ist alles in Ordnung. Auf der anderen Seite möchten Sie vielleicht mehr.

Die meisten kommerziellen Hundefutterhersteller versuchen, die Standards der AAFCO zu erfüllen. Behalten Sie im Hinterkopf (als hätten Sie das schon vorher gewusst!), dass die AAFCO eine private Organisation ist, die hauptsächlich aus Regierungsbeamten und Führungskräften der Tiernahrungsindustrie besteht, die einige Standards für die Tiernahrungsindustrie fordern und von einigen der Vorteile profitieren können. Die AAFCO testet oder zertifiziert Tierfutter nicht selbst. Ihre Kennzeichnungsanweisungen und Definitionen von Lebensmittelzutaten werden oft in staatliche Gesetze aufgenommen. Laut den Daten der Heimtierindustrie für 2018 – das sind die aktuellsten zum Zeitpunkt der Entstehung dieses Buches – die zuletzt veröffentlicht wurden, da 2019 gerade vor einem Monat zu Ende ging – betrug der Umsatz auf dem US-Markt 91 Milliarden US-Dollar und weltweit 125 Milliarden US-Dollar. Im Vergleich dazu werden für die Nahrung der Menschen in den USA sechs Billionen US-Dollar pro Jahr umgesetzt. Doch bei den einhundert Milliarden US-Dollar an Heimtiernahrung handelt es sich wohl kaum um Hühnerfutter. Da die AAFCO die Richtlinien aufstellt und die Industrie mit am Tisch sitzt und diese Richtlinien festlegt, könnte man sich über die richtigen Kontrollen und Abwägungen wundern. Andererseits liegt es im besten Interesse der Tiernahrungsindustrie, Richtlinien festzulegen, die funktionieren. Es ist halt nur so, dass deren Definition von „Arbeit" von meiner ganz weit entfernt ist. Ich habe das der Vollständigkeit halber erwähnt, weil eben nicht die Wissenschaft die treibende Kraft hinter all dem ist. Die Wissenschaft, die hier dahintersteckt, wird überwiegend von der Industrie finanziert oder gehört ihr sogar, ist also nicht allgemein verfügbar. Erschwert wird das Ganze durch die Tatsache, dass meine Hunde rechtlich gesehen keine Familienmitglieder sind, sondern Eigentum und eher dergestalt geschützt sind, als wären sie ein Rasenmäher denn ein lebendes Individuum. Es geht mir tierisch auf den Zeiger, dass so viele gute Datenerhebungen, die wir für kluge Ernährungsentscheidungen verwenden könnten, jetzt privat finanziert werden, sodass die Ergebnisse der Öffentlichkeit nicht zugänglich sind. Die Regierung hat sich als einst neutrale Quelle solcher Dinge herausgenommen. In der Forschung führt die Privatisierung zu marktfähigen, aber kontrollierten Informationen anstelle allgemein verfügbarer Rohstoffkunde. Ich bin

Akademiker, und ich bin ziemlich wütend darüber. Ich werde jetzt von meinem hohen Ross steigen, aber ich möchte, dass Sie wissen, warum dies so schwer zu beantworten ist. Wenn ich auch etwas vage bezüglich der Diskussion um die Ernährungsfrage bin, so möchte ich Ihnen doch versichern, dass ich wirklich noch darauf zurückkommen werde.

Um den AAFCO Standards gerecht zu werden, benötigt das Hundefutterprodukt eine klare Etikettierung mit Produktnamen, Ernährungsziel, Mengenangaben pro Packung (Nettogewicht), Qualitätsanalyse, Inhaltsstoffen in absteigender Reihenfolge nach Gewicht, Erklärung zur ernährungsphysiologischen Angemessenheit (das gilt nicht für Leckerlis und Snacks), Fütterungshinweisen und der Adresse des Herstellers. Als eine faszinierende Lektüre vor dem Schlafengehen lege ich Ihnen die AAFCO Anhang B, „AAFCO Haustierfutter Ausführungsregularien zur Etikettierung, Überarbeitete Checkliste“ ans Herz, zum Kennenlernen der unglaublichen Nuancen dieser Lebensmitteletiketten. Lebensmittel, die den „vollständigen und ausgewogenen“ Standards entsprechen, um als alleiniges Futter für Hunde zu dienen, müssen einen Fütterungstest bestehen und eine lange Liste von Ernährungsanforderungen erfüllen, die die AAFCO festlegt, die wiederum von anderen getestet werden, um von der AAFCO überwacht, untersucht, erörtert und ergänzt zu werden. Beachten Sie, dass die AAFCO Standards für Tierfutter festlegt, es nicht aber „in irgendeiner Weise reguliert, testet, genehmigt oder zertifiziert“. Hundefutterhersteller sind für die Zusammensetzung ihrer Futtermittel verantwortlich, während staatliche und bundesstaatliche Behörden den Auftrag haben, sicherzustellen, dass die Etiketten genau und wahrheitsgetreu sind.

Es gibt Standardernährungsprofile, die darauf basieren, ob der Hund eine Erhaltungsdiät erhält oder ob er sich im Wachstum befindet, trächtig ist oder säugt. Nach den AAFCO-Fütterungsversuchsregeln muss der zu bestehende Fütterungsversuch mit mindestens acht Testobjekten durchgeführt werden. Davon müssen sechs der acht den Versuch über sechsundzwanzig Wochen hinweg mit genau dem zu untersuchenden Futter durchhalten. Hier lohnt es sich, kurz innezuhalten. Einer meiner Lektoren schrieb an hierzu am Rand vermerkt „Willst du mich verarschen?“ Ein anderer schrieb dazu „Das muss falsch sein.“ Ein dritter sagte weiter: „Du meinst sechs bis acht von jedem Geschlecht für jede Rasse, oder?“ Ein vierter rief mich an und meinte: „Was für ein Witz. Ist das wirklich alles, worum es bei der AAFCO-Zertifizierung geht?“ Vergessen Sie nicht, dass die AAFCO kein Futtermittel zertifiziert. Stattdessen wird von Handelsmarken behauptet, die AAFCO-Kriterien zu erfüllen. Nur fürs

Protokoll, ich muss es wiederholen: Das akzeptable Minimum und daher ein weit verbreiteter Teststandard besteht darin, mindestens acht Probanden zu haben und sechs der acht müssen sechsundzwanzig Wochen mit nur dem zu untersuchenden Futter absolvieren. Da diese Studien privat und geheim stattfinden, kann ich nicht abschätzen, wie viel Prozent mehr Probanden als das Minimum verwenden. Ich kann Ihnen sagen, dass mehr Probanden mehr Geld kosten würden. Von daher bin ich skeptisch, ob es da draußen überhaupt gute, gut konzipierte und groß angelegte Studien gibt. Meine Hoffnung in die Menschheit ist, dass es einige wirklich fleißige, hochkarätige Lebensmittelhersteller geben muss, die sich ordentlicher Wissenschaft bedienen, um Futtermittel von besserer Qualität zu erhalten.

Für diese Futterversuche überprüft ein Tierarzt die Hunde vorher und nachher auf ihren allgemeinen Gesundheits-, Körper- und Haarzustand. Es werden vier Blutwerte abgenommen: Hämoglobin, Erythrozyten, Serumwerte von Alkalischer Phosphatase (AP) und Albumin. Ein Hund kann während des Versuchs bis zu 15 % seines Körpergewichts verlieren. Wenn also Ihr Maßstab für den Erfolg einer Studie lautet: „das meiste Gewicht Ihres Hundes über ein halbes Jahr ohne signifikanten Verlust zu halten, mit vier Blutmessungen bei drei Vierteln Ihrer sehr kleinen Stichprobengröße von Hunden, die nicht annähernd alle Rassen- und Geschlechtsvariationen da draußen abdecken“, dann genügt dem jede AAFCO-basierte Ernährung. Als Wissenschaftler halte ich das „Experiment“ von nur 26 Wochen zur Messung minimaler Merkmale für notwendig, aber nicht annähernd ausreichend. Es ist besser, als keine Versuchsdaten zu haben, aber diese allein können nicht der Maßstab für den Erfolg sein. Daher begrüße ich aufrichtig den unglaublichen Einsatz, die Forschung und die Überwachung durch die AAFCO. Es ist ein wichtiger erster Schritt, aber wie jede Reihe von Standards setzt er eine Messlatte, die es zu klären gilt und die nicht das Ende der Fahnenstange markiert. Die vom Umweltbundesamt festgelegten Mindestwerte für die „Zutaten“ in meinem Trinkwasser bilden eine Basis für Sicherheit, und die brauchen wir. Dennoch läuft mein gesamtes Wasser, ehe ich es koche oder trinke, durch einen Umkehrosmosefilter, mit dem ich mich weit über das Minimum hinaus begebe. So ist es auch mit dem Essen oder Futter. Ich möchte es weit besser als das Minimum machen.

Die meisten von uns können sich keine monatlichen Blutuntersuchungen für ihre Hunde leisten und nur wenige Tierärzte würden dies auch verordnen, aber theoretisch könnten sie der beste Weg zur Erfassung dessen sein, wie es dem eigenen Hund geht und um Ausschau nach möglichen Problemen zu halten. Jährliche Blutuntersuchungen sind gut und einige Ernährungsfehler können auf diese Weise auch erkannt werden. Die meisten Menschen sollten zumindest die folgenden Merkmale im Bezug auf eine gesunde Ernährung beobachten. Also ich würde das Körpergewicht, ein gewisses Maß an Aktivität und Verspieltheit, Fellfarbe und -struktur, Atem und Kotbeschaffenheit überwachen. Ich empfehle, dass Sie sich beim Ausprobieren verschiedener Lebensmittel entsprechende Notizen dazu machen. Denn Ihr Gedächtnis ist kein perfektes Aufzeichnungsgerät und es wird sich entsprechend den Erwartungen anpassen. Sie werden sehen, was Sie zu sehen hoffen (dies wird als Bestätigungsfehler oder Confirmation Bias bezeichnet). Zeichnen Sie diese Parameter regelmäßig, selbst monatlich, auf. Oder machen Sie weiter wie bisher und improvisieren Sie. Aber dann halten Sie mir auch keinen Vortrag, wie viel besser Ihre Hundeernährung im Vergleich zu meiner ist.

Hunde entwickelten sich zu Aasfressern und Raubtieren ganz ohne AAFCO-Richtlinien, niemand beobachtete ihr Fell und niemand sorgte sich um jede kleinste Nuance ihres Verhaltens. Über Jahrhunderte hinweg haben Menschen schon Hunde gefüttert, und das ganz ohne Vorschriften oder minimale Ernährungsanalysen. Hunde gediehen, weil sie, wie die meisten Säugetiere, mit einer abwechslungsreichen Ernährung bei ausreichender Kalorienzufuhr gut zurechtkommen. Den Rest erledigt ihr Stoffwechsel. Kommerzielles Hundefutter ist keine abwechslungsreiche Ernährung – es stellt nur eine ausgewogene Ernährung dar, die den langfristigen Bedarf am besten abdeckt. Wenn Sie Ihren Hund füttern und seine Ernährung mit einer Vielzahl von Leckereien wie Karotten und Äpfeln ergänzen und die schlechten menschlichen Lebensmittel wie Trauben und Schokolade meiden, wird es Ihrem Hund mit ziemlicher Sicherheit gut gehen. Aber ist gut auch gut genug? Nehmen Sie mit Ihrem Hund an Speedsportarten teil, bei denen es auf eine Zehntelsekunde ankommt? Falls ja, dann wäre es wichtig, genau diese Kleinigkeit herauszufinden, die den Unterscheid macht. Gehen Sie mit Ihren Hunden auf Hundeausstellungen? Mit einem minimal besseren Fell kann sich das Blatt wenden. Vielleicht liegen Ihnen Ihre Hunde auch nur so sehr am Herzen, dass Sie das Beste für sie tun und ihnen das bestmögliche Futter geben möchten? Nun, die Daten sind ziemlich spärlich und ein Maßstab ist schwer herauszubekommen. Und was sind denn nun Ihre Kriterien für „am besten"? Aber Ihr Beweggrund ehrt Sie.

Die große Diskussion ums richtige Futter

Zurück zum Thema Rohkost versus Trockenfutter. Krempeln Sie die Ärmel hoch, Fäuste hoch – sind Sie bereit für den Kampf? Lassen Sie uns das angehen. Rohkostdiäten bestehen im Großen und Ganzen hauptsächlich aus rohem Fleisch, Knochen, Obst und Gemüse. Können Sie sich vorstellen, was alle Hunde vor dreißigtausend Jahren gefressen hätten, wenn sie in der Nähe eines Lebensmittelgeschäfts gelebt hätten, bei einer Lebenserwartung von bis zu drei Jahren? In den 1990er Jahren begann ein australischer Tierarzt, eine Rohkost mit biologisch geeigneter Rohkost zu bewerben, die unter dem Akronym BARF für „biologically appropriate raw foods" bekannt wurde. Sein Ausgangsargument war, dass Hunde sich nicht zu Getreidefressern entwickelt hätten. Genetische Daten beweisen jedoch, dass Hunde, die sich in der Nähe der menschlichen Landwirtschaft aufhielten, tatsächlich die notwendigen Gene zum Verdauen von Getreidestärke entwickelt haben. Damit entbehrt die Voraussetzung jeglicher Grundlage. Mir ist schon klar, dass Sie es vielleicht nicht mögen, wenn sich Fakten einem guten Argument in die Quere stellen. Diejenigen, die roh füttern, behaupten, dass ihre Hunde ein glänzenderes Fell, eine gesündere Haut, bessere Zähne, mehr Energie und weniger stinkenden und kleineren Kot haben. Wenn man auf eine ausgewogene Ernährung achtet, insbesondere bei heranwachsenden, trächtigen oder säugenden Hunden, und wenn man außerdem gewissenhaft auf Hygiene wegen möglicher bakterieller Infektionen durch Salmonellen und E. coli achtet und darauf, Knochen zu vermeiden, an denen ein Hund ersticken oder sich einen Zahn abbrechen könnte, dann ist das Beleg genug für eine durchaus angemessene Ernährung. Ich bitte zu beachten, dass ich nicht behaupte, sie sei besser. Definitiv ist sie auch nicht schlechter. Nur anders, abhängig von den Ihrerseits angewendeten Maßstäben.

Wenn Sie wirklich die Ernährungsformen mit Rohkost und Trockenfutter objektiv und auf wissenschaftliche Weise vergleichen möchten, dann müssen beide Ernährungsformen genau die gleichen Zutaten haben. Mit dem einzigen Unterschied, dass diese bei der einen Form gegart werden. Andernfalls könnten die gefundenen Unterschiede von den Nahrungsquellen oder Nahrungsarten herrühren und nicht von dem Fakt, ob sie gekocht oder roh sind. Nein, das ist keine Grundlage. Doch selbst wenn Sie das richtige Experiment durchgeführt haben, woher wollen Sie den Maßstab nehmen, dass Ihres zum besseren Experiment machen würde? Ein Freund von mir sagt zum Beispiel: „Schau dir nur den Fellunterschied an." Ich erwidere „Gut, aber spielt das wirklich eine Rolle, wenn mein Maßstab Gesundheit oder Langlebigkeit sind"? Gibt es Beweise dafür, dass ein glänzenderes Fell ein klarer Indikator für etwas anderes als ein glänzendes Fell ist? Ist das Äquivalent der Vergleich eines gewachsten Autos im Vergleich zu einem schmutzigen, aber ansonsten identischen, mechanisch in gutem Zustand befindlichen Fahrzeug? Auf einer Hundekonferenz sagte einmal jemand beim Abendessen zu mir: „Mein erster Hund wurde 10 Jahre alt und lebte nur von Trockenfutter. Mein zweiter Hund derselben Rasse wurde 15 Jahre alt bei reiner Rohkosternährung. Welche Beweise wollen Sie noch?“ Ich muss zugeben, dass ich gesagt habe, dass dies so wertlos ist, wie Daten nur sein können. Vielleicht hätte der zweite Hund 16 oder 17 Jahre mit Trockenfutter geschafft. Individuen unterscheiden sich voneinander. Was war es, das den einzelnen Hund umgebracht hat? Lag es an der Ernährung? Waren Sie mit der gleichen Anzahl anderer Hunden bei gleicher Gesundheit im selben Haus, bei demselben Stresslevel? Wie haben Sie jeden dieser Faktoren gemessen? Ich sage nicht, dass es nicht an der Rohkost gelegen haben kann. Aber aus dieser Geschichte heraus besteht einfach keine Möglichkeit, wissen zu können, ob die Ernährung irgendeine Rolle für den Unterschied in der Lebenslänge gespielt hat. Gibt es andere Geschichten mit einem gegenteiligen Ergebnis? Unnötig zu erwähnen, dass wir kein weiteres Abendessen mehr zusammen eingenommen haben, um dieses faszinierende Gespräch fortzusetzen.

Vergessen Sie nicht, dass Hunde keine Wölfe sind – auch wenn sie es sind

Haushunde haben bis zu dreißig Mal so viel genetisch kodierte Amylase wie Wölfe. Amylase hilft bei der Verdauung von Stärke, welche in der menschlichen Nahrung enthalten ist. Eine genetische Veränderung, die Hunde durch die Domestikation erfahren haben, ist die Fähigkeit, Stärke auf eine Weise zu verdauen, wie es Wölfe nicht können. Sie können den Streit Trockenfutter gegen Rohkost gerne führen. Doch falls Ihr Argument aber darauf beruht, was Wölfe gefressen haben, würde damit die selektiv vorgekommene Evolution bei Haushunden ignoriert. Rohkost bietet Abwechslung und das erhöht die Sicherheit für den Erhalt sämtlicher notwendiger Nährstoffe beim Hund. Bei der Bewertung der Ernährung sollten Sie sich wahrscheinlich auch die Frage stellen, wie viele Kopien der Amylase-Gene Ihr Hund hat? Ich wette, das wissen Sie nicht. Ich weiß es jedenfalls bestimmt nicht. Allerdings hängen Border Collies schon seit geraumer Zeit mit ackerbauenden Menschen zusammen herum und ihre Vorfahren stammen nicht aus der Arktis. Den Hunden dort fehlen die meisten oder alle Amylase-Gene. Meine Hunde scheinen Stärke gut zu verdauen. Ja, es ist sehr unwissenschaftlich von mir, das anzumerken; es hört sich genau wie die Argumente pro Rohkost an, die ich gerade zerrissen habe. Außer, dass bei mir ein bisschen Genetik, also Wissenschaft dahintersteckt. Ihre Erfahrung kann davon abweichen. Der vehementeste Prediger pro Rohfutter, den ich kenne, ist ein Freund, der Sibirische Huskies hält. Bei ihnen liegt Rohkost viel näher dran an ihrem Verdauungssystem und wahrscheinlich fehlen ihnen Amylase-Gene. Ist das besser? Kann sein. Vielleicht auch nicht. Die bisher besten Beweise deuten darauf hin, dass das glänzendere Fell wirklich wie das Autowachs ist, da es von höheren Fettgehalten in den meisten Rohkostnahrungen stammt, nicht von der Rohheit selbst. Tatsächlich fördert das Kochen die Verdauung. Aber ich mag einen glänzenderen Fellmantel.

Wenn Sie durch die Rohkostfütterung aufmerksamer dafür werden, was Ihr Hund frisst, bin ich voll dafür. Wenn es Sie dazu bringt, höherwertige Zutaten zu verwenden, bin ich voll dafür. Falls Sie das aber als Werkzeug einsetzen, um andere ohne Beweise für deren Fütterung zu beschämen, dann kommt es mir wie Mobbing vor. Dasselbe gilt für Trockenfutter. Wenn Sie beim Lesen der Zutatenetiketten die Nährstoffe studieren und zu einem hochwertigeren Lebensmittel übergehen, ist das großartig. Wenn Sie lernen, dass Fleischnebenprodukte Gehirn, Milz, Lunge, Nieren, Magen und Darm bedeuten, umso besser. Aber wenn Ihr hochwertiges Trockenfutter nur ein Werkzeug dafür ist, um eine Person zu beschämen, die es sich nicht leisten kann oder will, das zu füttern, wofür Sie sich entschieden haben, dann kommt es mir wie Mobbing vor. Haben Sie eine Ahnung, wie ich nach meinen Essensgesprächen von Leuten angegriffen werde, die mich nur davon überzeugen wollen, dass sie bei einem Thema Recht haben, das viel zu komplex und unerforscht ist, um eine einheitliche Antwort ergeben zu können? Zeigen Sie mir richtig konzipierte, richtig kontrollierte Studien mit angemessenen Stichprobengrößen und detaillierten statistischen Analysen, die dem experimentellen Design entsprechen, und ich bin ganz dabei. Ohne diese hauen wir tatsächlich nur auf den Tisch, um Eindruck zu schinden.

Fürs Protokoll, ich füttere keine Rohkost. Oder zumindest nicht ausschließlich roh. Nicht einmal annähernd. Ich habe weder die Zeit noch die finanziellen Mittel, um eine Rohkost umzusetzen. Ich sehe keinen Beweis dafür, dass diese anderen hochwertigen Ernährungsformen mit abwechslungsreichen Nahrungsergänzungsmitteln überlegen wäre. Die Idee, roh zu füttern, reizt mich jedoch sehr und nimmt mir das Staunen über die Frage, „was sonst noch ins Trockenfutter kam". Ich sehe auch keinen Beweis dafür, dass Trockenfutter einer Rohkost überlegen wäre. Hygiene ist bei der Rohfütterung wichtiger, aber sie ist überschaubar. Hier sind Beispiele dafür, was wir unseren Hunden über ihr wahrscheinlich überteuertes Trockenfutter hinaus noch zu fressen geben: Käse, Fleischreste, Trockenfleisch, Wurst, ausgewähltes Obst und Gemüse, getrockneter Kabeljau, Sprotten und hochwertige kommerzielle Leckereien, die aus Gott weiß was bestehen. Nein, das ist eine Lüge, wir haben die Etiketten gelesen. Klingt ein bisschen nach roh. Vielleicht versuchen wir es in beide Richtungen?

Wir haben das auf Erbsenbasis im Getreideanteil hergestellte Trockenfutter unserer Hunde nicht deshalb abgesetzt, weil es für mich genügend Daten gegeben hätte, die auf wissenschaftlicher Literatur basieren würden. Um das zu erreichen, würde es Jahre dauern, bis die Daten erhoben wären. Sondern einfach, weil es keinen erkennbaren Vorteil bot und in letzter Zeit mehrfach die Frage aufkam, ob es eine dilatative Kardiomyopathie (DCM) verursachen könnte. Sogar die FDA hat eine Warnung veröffentlicht. Nach dem Wechsel bemerken wir etwas weniger Energie bei unseren Hunden und ihre Fellfarbe ist etwas stumpfer. Also werden wir ein weiteres hochwertiges Trockenfutter ausprobieren. Ob irgendeins davon die perfekte Ernährung meiner Hunde garantieren kann? Nein, aber sie leben bei uns und sind unsere Familie, also können wir nicht anders, als es wenigstens zu versuchen. Wir können sicherlich kein Jahrzehnt mehr warten, bis die Wissenschaft alles geklärt hat.

Richtlinien und Vorsichtsmaßnahmen

Für einen niedrigschwelligen Einstieg bieten die AAFCO-Mindestanforderungen den besten Wegweiser. Falls Sie dem zugeneigt sind, können Sie ganz einfach experimentieren, indem Sie kleine Änderungen an der Ernährung Ihres Hundes vornehmen. Hunde haben sich zu Aasfressern entwickelt, weshalb man sie wohl in Sachen Magen nicht besonders leicht durcheinander bringen kann. Aber es gibt Lebensmittel aus dem Füllhorn unserer Lebensmittelgeschäfte, die Sie für Ihren Hund unbedingt meiden sollten. Wie bei den meisten Dingen bestimmt auch hier die Dosis das Gift. Ein großer Hund, der ein kleines bisschen von etwas aus der Giftliste frisst, ist wahrscheinlich nicht so gefährdet wie ein kleiner Hund, der viel davon frisst. Am besten Sie besorgen sich jetzt gleich die Telefonnummer für den Giftnotruf Ihrer Region, platzieren diese an einem gut sichtbaren Ort in der Nähe des Telefons – und passen gut auf, was Ihre Hunde zu sich nehmen.*

* Eine Liste der Giftnotrufzenten für Deutschland, Österreich und Schweiz finden Sie auf der Seite des Bundesministeriums für Verbraucherschutz und Lebensmittelsicherheit www.bvl.de – im Suchfenster „Giftnotruf" eingeben.

Buchtipp zum Thema: Gisa und Olof Löwe, Vergiftungen bei Hund und Katze. Kynos Verlag, 2021.

Und jetzt unterbrechen Sie das Lesen. Befestigen Sie die Informationen *jetzt* am Kühlschrank oder lassen Sie sich die Telefonnummer auf Ihren Wählfinger tätowieren. Ich warte. Hat das geholfen? Nein? Kümmern Sie sich darum, wir warten. Notieren Sie das auf einem Post-It und kleben Sie es irgendwohin. Sie brauchen später nicht zu versuchen, dieses Buch danach zu durchsuchen, wenn Sie es brauchen.

Die nachfolgende Liste ist keine abschließende Liste der für Ihren Hund gefährlichen Lebensmittel. Sowohl Quellen darüber als auch die Hunde variieren. Die Kenntnis der Toxizität erfordert umfangreiche Tests mit tödlichem Ausgang. Hundespezifische Toxizitätsinformationen würden erfordern, dass viele Hunde dafür sterben müssten. Davon bin ich gar kein Fan. Zufällige Geschichten über Hundesterblichkeiten sind zwar weniger hilfreich als eine kontrollierte Studie, stellen jedoch eine ethischere (wenn auch langsame) Methode da, um Informationen zu sammeln. Man berechnet einen LD50-Wert. Dieser gibt buchstäblich die Menge eines Stoffs an, bei der 50 Prozent sterben. Nun variieren Rassen, individuelle Genetik und Größen. Die Konzentration des betreffenden Toxins variiert je nach Nahrungsquelle. Eine umfangreiche Literatur zur LD50 dieser Stoffe bei Hunden ist praktisch keine vorhanden. Deshalb ist es am besten, wenn Sie per se verhindern, dass Ihr Hund eines der Dinge aus der folgenden Liste frisst. Laut den Informationen auf www.pets.webmd.com, einer der besseren und objektiven Quellen im Internet, sollten wir die folgenden Lebensmittel für unsere Hunde vermeiden:

- **Alkohol** ist giftig für die Leber und schädlich für die Gehirnfunktion. Zum Beispiel stecken in einer kleinen Flasche Bier (0,33 l) zwölf Gramm Alkohol, ein Glas Sekt (0,1 l) enthält 10 g und ein Schnaps (Korn, 20 ml) fünf Gramm. Bei Ihrem großen Körper ist das die eine Sache, bei einem Hund von vierzehn Kilogramm Gewicht eine insgesamt höhere prozentuale Dosis. Meine Hunde lieben Bier. Aber sie dürfen allenfalls einen Tropfen von meinem Finger lecken oder den letzten Rückstand aus dem Glas. Machen Sie Ihre Hunde nicht betrunken!

- **Zwiebeln und Knoblauch** haben stark riechende Stoffe entwickelt, um sich vor Fressfeinden wie uns zu schützen. Bei normaler Dosierung in einer Mahlzeit sind wir groß genug, um keine giftige Dosis abzubekommen. Ihr Hund ist wahrscheinlich kaum so groß. Bei der Verdauung dieser Lebensmittel scheint das Garen hilfreich für die Verdauung zu sein. Knoblauch taucht in vielen Hundefuttern auf. Denken Sie daran: Die Dosis macht das Gift. Wie auch immer, Knoblauch scheint für Hunde jedenfalls giftiger zu sein als Zwiebeln oder Lauch.

- **Koffein** ist ein Stimulans. Auch hier gilt, dass die Dosis, die für Sie in Ordnung ist, für Ihren Hund zu hoch ist. Hinzu kommt noch, dass Hunde Koffein nicht gut verstoffwechseln können, sodass es sich in deren Systemen rascher anreichert als in Ihrem. Also auch dann, wenn Sie beide gleich viel wiegen würden.

- **Trauben und getrocknete Trauben (Rosinen)** sind ein Problem bezüglich der Physiologie Ihres Hundes, die anders ist als Ihre. Diese Obstsorte kann bei Hunden zu Nierenversagen führen. Wissenschaftliche Studien haben den verursachenden Inhaltsstoff in Trauben noch nicht identifizieren können. Trauben sind sehr giftig, daher kann schon eine kleine Dosis eine Vergiftung hervorrufen.

- **Milch und Milchprodukte**. Genau wie viele Menschen besitzen auch viele Hunde nicht die genetische Fähigkeit, Laktase zu produzieren. Diese wird zur Verdauung der Milch benötigt. Möglicherweise hat Ihr Hund eine Laktoseintoleranz. Falls Ihre Hunde Käse vertragen, vertragen Sie vielleicht auch Milch. Bei vielen Hunden ist das jedoch nicht der Fall.

- **Schokolade** ist allgemein als giftig für Hunde bekannt. Hier ist es das darin enthaltene Theobromin, das im Kakao vorkommt. Kakaopflanzen produzieren das Alkaloid, um sich vor Fressfeinden wie Hunden zu schützen. Daher sind diejenigen Sorten mit höherem Anteil an Kakao wie dunkle Schokolade und Blockschokolade am giftigsten. Hunde verstoffwechseln dieses Alkaloid nicht gut, es reichert sich somit im Körper an.

- **Alle Kernobstsorten** wie Pflaumen und Pfirsiche stellen eine Erstickungsgefahr für Hunde dar. Rein technisch gesehen gehören diese nicht in die Liste giftiger Nahrungsmittel, da es sich um ein rein mechanisches Problem handelt. Doch ich möchte, dass Ihnen das Problem bewusst ist, okay?

- **Leicht splitternde Knochen** wie von Hühnchen, oder Fischgräten, können dazu führen, dass sich Splitter in der Speiseröhre festsetzen. An großen Knochen kann ein Zahn abbrechen.

- **Macadamianüsse** scheinen für Hunde giftig zu sein. Ich habe noch nichts darüber herausgefunden, welcher Inhaltsstoff der Übeltäter ist.

- **Avocados** haben einen riesigen Kern in der Mitte, wie ein Pfirsich, nur größer. Sie enthalten zudem Persin. Dieser Inhaltsstoff kann giftig sein und der Samen kann den Darm blockieren.

- **Rohe Eier und rohes Fleisch einschließlich Fisch** können eine hohe Keimzahl aufweisen, nämlich Salmonellen bei Hühnerprodukten und E. coli bei Rindfleischprodukten. Zwar sind Trichinen aus Schweinefleisch der westlichen Länder so gut wie kein Thema mehr, jedoch können dennoch Parasiten in Fleisch oder Fisch enthalten sein. Um diese bakteriellen Risiken zu reduzieren, kochen wir unsere Lebensmittel.

- **Roher Hefeteig** wie zum Beispiel Brotteig kann in der warmen Magenumgebung Ihres Hundes aufgehen. Selbst schon eine kleine Menge kann zu Verstopfung führen. Schlimmer noch, beginnt der Teig zu gären, dann ergibt das als Nebenprodukt der Fermentation Alkohol (siehe oben).

- **Backpulver und Natron** in größeren Mengen sind für Hunde giftig. Sie verbinden sich mit Magensäure und setzen dann ein Gas frei, das das Verdauungssystem schädigen oder gar einen Durchbruch verursachen kann.

- Die meisten unserer **Gewürze** haben sich als Abwehr gegen Fressfeinde von Pflanzen entwickelt. Wir verwenden sie sparsam, um unser Essen „aufzupeppen". Wenn Ihr Hund die von uns verwendete Dosis, die auf unsere größere Körpermasse bezogen ist, zu sich nimmt, so kann das im Verhältnis zu seiner geringeren Körpermasse den Grenzwert überschreiten. Viele Gewürze können so für den Hund giftig oder gar tödlich sein.

- **Xylit** ist ein vom Menschen verwendeter Lebensmittelzusatzstoff, der süß schmeckt und daher natürlich in vielen Produkten enthalten ist. Xylit findet sich in solchen Produkten wie Zahnpasta und Mundwasser, vielen Arten von Erdnussbutter (ja, das ist mein Ernst, lesen Sie ruhig auf dem Etikett nach), Fruchtgetränken, Müsli, Marmeladen und Gelees, vielen Backwaren, Kaugummi, einigen Tabletten und vielen anderen verarbeiteten Lebensmitteln. Bei Hunden verursacht es eine massive Ausschüttung von Insulin, was wiederum zu einem gefährlich niedrigen Blutzuckerspiegel führt.

Reinigen, Desinfizieren und Sterilisieren

Bakterien stellen eine der Herausforderungen bei der Rohfütterung dar. Es lohnt, hier von unserer Route kurz abzuweichen und einmal übers Putzen und Kochen nachzudenken und darüber, wie gut Sie einen Haushalt führen. Nicht, dass ich mir hier ein Urteil erlauben würde. Heben Sie einmal die Hand, sofern Sie Ihr Geschirr von Hand spülen. Gut. Wie wäre das, wenn Sie es Ihren Hund zuvor „waschen“ ließen? Das mag zwar reinigen (entfernt Lebensmittelreste), aber desinfizieren wird das ganz sicher nicht (Vernichtung von Bakterien und Viren, die lebensmittelbedingte Krankheiten auslösen). Waschen Sie sich denn nach dem Umgang mit rohem Hühnchen die Hände? Desinfizieren Sie Ihre Hände? Und ist das nicht sowieso dasselbe? Wollen Sie mir wirklich folgen und mit mir kommen in den Horrorladen der Mikroskopie?

Betrachten Sie das Schneidebrett, auf dem Sie rohes Hühnerfleisch geschnitten haben, sei es nun für Ihren Hund oder für Ihr Abendessen. Sofern Sie Vegetarier sind und Ihrem Hund gar kein rohes Hühnerfleisch füttern, müssen Sie an dieser Stelle wohl Ihre Fantasie bemühen. Rohes Hühnchen, und im Grunde jedes Fleisch, sofern es nicht aktiv infiziert ist, ist im ursprünglichen ganzen Organismus oder Kadaver so ziemlich steril. Bei der Verarbeitung und Handhabung wird es pathogenen Bakterien ausgesetzt, die (in der Luft) aus Verdauungssystemen anderer Tiere, aus Handschuhen des Verarbeiters und so weiter vorkommen. Wenn Sie heranzoomen und die Oberfläche des Hühnerfleischs und des Schneidebretts vergrößert betrachten könnten, würden Sie feststellen, dass das alles sehr uneben ist, wie eine zerklüftete Landschaft, die jede Menge an Verstecken für Bakterien bietet. Diese Oberflächen macht man sauber, indem man sie abwäscht. Man könnte dazu Wasser nehmen, das ein recht gutes Lösungsmittel ist. Man könnte auch ein Reinigungsmittel hinzufügen, das dabei hilft, Schmutz zu entfernen und Fette abzubauen, die sich ansonsten in Wasser nicht auflösen. Dies trägt nur wenig dazu bei, Bakterien zu entfernen. Doch nach einer gründlichen Reinigung mit Seife sehen die Dinge schön aus und glänzen. Das beseitigt Quellen der Verunreinigung, reduziert die Oberfläche für Bakterien und wäscht viele Bakterien ab. Aber es tötet die Bakterien, die in den Ecken und Kanten des Schneidebretts oder des Fleisches hängen, nicht wirklich ab. Eine gut durchgeführte Reinigung entfernt bis zu 98 % der Bakterien und 93 % der Viren. Das ist gut, aber möglicherweise nicht genug. Wenn Sie zu Hause sind und alle bereits die gleichen Bakterien miteinander teilen, ist sauber mehr als genug. Wo es jedoch Krankheiten gibt, möglicherweise von einer kranken Person oder einem salmonellenbehafteten Hähnchenschenkel, da müssen Sie desinfizieren. Wenn Sie vorhaben, irgendwo etwas operativ einzuführen – etwas, das Sie, nebenbei bemerkt, besser nicht zu Hause üben sollten –, dann müssen Sie mehr als nur desinfizieren. Dann müssen Sie sterilisieren.

Um mehr der potenziell schädlichen Bakterien abzutöten, als eine gute Reinigung das leisten kann, benötigt man etwas Stärkeres. Ein Desinfektionsmittel. In unseren Zweck ist dafür am besten ein lebensmittelzugelassenes Desinfektionsmittel geeignet, das Bakterien reduziert und die meisten schädlichen lebensmittelbedingten Bakterien abtötet. Zu Hause spülen Sie das Geschirr ab. Einige Geschirrspüler für zu Hause verwenden Dampf und desinfizieren tatsächlich das Geschirr. Im gewerblichen Bereich, wie zum Beispiel in Restaurants, möchte man das Übertragunsgrisiko für Krankheiten von einem Kunden zum nächsten nicht tragen und desinfiziert daher Geschirr und alle Essflächen. Zuerst muss die Oberfläche gereinigt werden, damit ein Desinfektionsmittel wirken und alle Bereiche der Oberfläche erreichen kann. Zu den üblichen Desinfektionsmitteln gehören solche auf Chlorbasis wie Natriumhypochlorit, Ozon, Natriumhydroxid und Phosphorsäure. Was ist mit den Desinfektions tüchern, die Sie für den Einkaufswagen im Supermarkt verwenden? Diese sind in der Regel auf Alkoholbasis und gelten nicht als lebensmittelgeeignet. Sie müssten die Oberfläche abspülen, bevor Sie davon essen. Sie wären also ideal zum Abtöten von Keimen auf Arbeitsplatten, aber nicht für Teller und Besteck. Es ist also in Ordnung, den Wagengriff damit abzuwischen; denn davon isst man vermutlich nicht. Obwohl ich viele Kinder sehe, die sie ablecken. Sobald der Alkohol verdunstet ist, brauchen Sie sich sowieso keine Sorgen mehr machen. Diese Tücher töten typischerweise 99,9 % der Bakterien und Viren ab, wenn diese mindestens 30 Sekunden lang mit ihnen in Kontakt kommen. Ebenso ist es bei einem guten Händedesinfektionsmittel. Sie sollten dieses Zeug eben einfach nicht zu sich nehmen.

Also, richtig sterilisieren oder desinfizieren und damit 100 % (99,999 %) abzutöten, das ist viel schwieriger, als man denken mag. Bakterien sind hartnäckige kleine Kerlchen. Das Desinfizieren von Lebensmitteln und den Bereichen für die Zubereitung zu Hause ist nicht üblich und angesichts der Menge an Bakterien, die sich bereits in Ihnen befinden, auch nicht tatsächlich standardmäßig nötig. Eine Desinfektion tötet Bakterien und Viren in dem Maße ab, das erforderlich ist, um die Ausbreitung von Krankheitserregern zu verhindern, insbesondere solche, die durch Lebensmittel übertragen werden. Die Desinfektion dieser Oberflächen in öffentlichen Versammlungsstätten ist wichtiger. Die eigentliche Sterilisation erfordert hohe Temperaturen oder ziemlich giftige Chemikalien mit einer Kontaktzeit von 10 Minuten und ist im

Allgemeinen der medizinischen Industrie, Wickelstationen und anderen Bereichen vorbehalten, bei denen ein hoher Bedarf besteht.

Möchten Sie das Huhn desinfizieren? Dann kochen Sie es. Hitze ist ein großartiges Desinfektionsmittel. Würde ich roh füttern, würde ich mein Huhn kochen. Oh, halt, dann ist es ja nicht mehr roh. Ich würde etwas über Lebensmittelhygiene lernen und regelmäßig meine Schnittflächen und Theken desinfizieren, wie es im Gaststättengewerbe üblich ist. Ein heißer Geschirrspüler bietet einen Desinfektionsgrad, den das Spülen von Hand nicht schafft. Aber wenn Sie sich nicht für einen gewerblichen Geschirrspüler mit Dampfeinstellung entscheiden, reinigen Sie im Wesentlichen einfach nur gut. Reicht das nun aus oder ist das schon zu viel? Das hängt ganz von Ihrer Risikobereitschaft ab. In den meisten Fällen bräuchten Sie Ihr Geschirr nicht einmal sauber machen, geschweige denn desinfizieren. Das klingt allerdings ziemlich eklig für diejenigen unter uns, die nicht allein leben. Der Preis dafür sind jedoch gelegentliche Lebensmittelvergiftungen. Nachdem ich einen Tag mit Lebensmittelvergiftung auf dem Boden eines Hotelbadezimmers verbracht hatte, die Toilettenschüssel im Arm (wir sprechen von einer ekligen solchen, die wahrscheinlich nicht sauber und schon gar nicht desinfiziert war), wünschte ich, ich wäre tot. Ich war aber zu schwach, um es durchzuziehen, das war es nicht wert. Ihr Hund pinkelt auf den Teppich? Sie können den Teppich reinigen und/oder desinfizieren. Wenn Sie ohne Reinigung desinfizieren, haben Sie bloß bakterienfreie Pisse auf dem Boden. Wenn Sie reinigen ohne ein Desinfektionsmittel für Pipi zu verwenden, ist das wahrscheinlich ganz in Ordnung, vielen Dank. Falls Sie von diesem Boden essen möchten, dann desinfizieren Sie das Ganze.

An wen kann man sich wenden?

Wem werden Sie nun bei all den Diskussionen um die Ernährung Glauben schenken? Sich im Internet zu informieren ist so ähnlich, wie in ein überfülltes Einkaufszentrum zu gehen und seine Frage herauszuschreien. Da gibt es Spinner. Man bekommt gut gemeinte, aber schlecht informierte Antworten. Es wird gut informierte, aber bösartige Leute geben. Es wird Unmengen von Daten geben, die nur schwer zu verdauen sind. Es wird angebliche Experten geben. Es wird echte Experten geben. Es wird Scharlatane geben. Wie treffen Sie Ihre Entscheidung? Überprüfen Sie die Referenzen. Hat diese Quelle einen möglichen Grund, warum sie eine Sache über eine andere stellen könnte und könnte daher voreingenommen sein? Wenn ich Ihnen ein Produkt verkaufen will, werde ich eher die Meinung vertreten, dass mein Produkt besser ist, als es das objektiv gesehen sein mag. Stammt die Webseite von einer unparteiischen Quelle, sofern solche Quellen existieren? Würde ich Trockenfutter verkaufen, würde ich erwähnen, wie günstig und bequem es doch ist. Würde ich über eine Lebensmittelkategorie missionieren, würde ich den wahrgenommenen Nutzen gegenüber den Risiken übermäßig herausstellen. Als Regierungsbehörde würde ich Mindestrichtlinien festlegen. In der Regel bieten Wissenschaftler der Regierung und der Universitäten unvoreingenommene Ratschläge an. Es schadet jedoch nicht, einmal zu überprüfen, wer ihre Forschung finanziert.

Sie müssen nun zu der Überzeugung gelangen, dass dies wirklich eine Menge Arbeit ist. Leider muss ich Ihnen da Recht geben. Ich sollte es wissen, das Expertendasein ist nicht einfach. Warum das so ist? Weil ich mit Ausnahme eines sehr engen Feldes, in dem ich originär forsche, eben kein Experte bin. Ich muss mir meine Informationen hart erarbeiten, wie alle anderen auch. Ich verfüge über besser entwickelte Methoden zur Auswertung von Informationen als die meisten Menschen, weil ich über Erfahrung aus zwei Jahrzehnten einer formalen Ausbildung und aus über drei Jahrzehnten als professioneller Wissenschaftler und Lehrer verfüge. Trotzdem muss ich permanent nachprüfen und überprüfen und Annahmen hinterfragen – und Fehler stellen mich vor neue Herausforderungen. Man kann keine siebzig klugen Erstsemester am College unterrichten und ihnen beweisen, dass einer von ihnen schlauer ist als der andere, ohne jeden Tag vor eine neue Herausforderung gestellt zu werden! Natürlich verlangen Sie nun auch nach diesen Auswertungsmethoden, denn sonst wären Sie gemeinsam mit mir nicht bis hierhin gekommen. Hut ab. Glauben Sie mir nur, Sie brauchen nicht zu denken, dass dies der einfache Weg wäre. Aber es wird Ihnen zu besseren Ergebnissen, gesünderen Hunden und dem warmen, doch nicht greifbaren Gefühl verhelfen, dass Sie wirklich wissen, wann Sie Recht haben.

An dieser Stelle sind jede Menge Worte der Vorsicht vonnöten, und das gilt auch für den Rest unserer gemeinsamen Zeit. Echte objektive Daten und Ergebnisse sind seltener als ein Sechser im Lotto. Schlimmer noch, wir sind voreingenommen und wollen das sehen, was wir zu sehen erwarten. Auch hier wird dies als Bestätigungsfehler oder Confirmation Bias bezeichnet. Wenn ich glaube, dass die neue Ernährung meinen Hund gesünder macht, werde ich alle Anzeichen von Gesundheit beachten und die widersprüchlichen Fakten ignorieren. Wir alle tun dies. Das müssen wir tun, damit wir alle widersprüchlichen Informationen in unserem Leben wegsortiert bekommen. Psychologische Studien zeigen: Je mehr Zeit oder Geld man in etwas investiert, desto mehr wird es einem gefallen. Dies hilft, die von Ihnen getätigten

Ausgaben zu rationalisieren. Kaufen Sie ein teures Trockenfutter oder erstklassige Fleischstücke und Sie werden unabhängig von der Realität mehr Vorteile alleine wegen des Preises sehen, den Sie bezahlt haben. Arbeiten Sie stundenlang, um eine Rohkost für Ihren Hund zu verarbeiten? Sie werden aufgrund dieser Zeitinvestition mehr Vorteile sehen, als tatsächlich gegeben sind. Das Heilmittel dafür ist Zeit, wirklich sorgfältige objektive Beobachtungen, Zeit, gut durchdachte Experimente und Zeit. Strengen Sie sich in der Zwischenzeit an und versuchen Sie, Ihre Freunde und Nachbarn nicht zu kränken.

In Fragen der Hundegesundheit wende ich mich an diejenigen, die ihr Leben der Gesundheit meiner Hunde gewidmet haben: An Tierärzte. Ich vertraue allerdings niemals nur einer Quelle. Ich schaue mir die Argumente und die Beweise an und ich setze mein Wissen ein, um zu erkennen, ob das, was sie sagen, basierend auf dem, was ich weiß, sinnvoll ist. Ein Grund für dieses Buch ist, Ihnen genügend grundlegende Biologie zu vermitteln, damit Sie die Flut an Informationen, mit der Sie überschwemmt werden, besser einschätzen können. Ich lese viel und nutze dafür mehrere Quellen. Gruß an Pet.WebMD, das Whole Dog Journal und das Tufts University Your Dog Journal. Ich lobe auch Dogwise, ein Herausgeber großartiger Hundebücher, auf den ich mich jahrelang verlassen habe. Doch nun sollten Sie den potentiellen Interessenkonflikt hier sehen, denn da wird diese Arbeit hier ja veröffentlicht.

Überfütterung

Fettleibigkeit und damit verbundene Probleme sind unter Hunden, die als Haustiere gehalten werden, weit verbreitet. Umfragen und Forschungen haben durchweg ergeben, dass über die Hälfte aller Hunde übergewichtig oder fettleibig ist. Das macht Fettleibigkeit bei Hunden zu einem größeren Problem (prozentual gesehen) als beim Menschen. Menschliche Begleiter von Hunden wählen oft ein Futter aus und füttern dieses immer weiter, selbst wenn ein Hund altert und dann auch weniger Kalorien und weniger Fett benötigt. Angenommen, Sie werden älter und hören auf, Marathons zu laufen. Dann brauchen Sie ja auch nicht mehr jeden Tag vier Power-Riegel zu essen, weil Sie nicht mehr so viel Energie verbrennen, wie das früher der Fall war. Übergewichtige Hunde haben eine schlechte Gesundheit. Möchten Sie wirklich, dass Ihr Tierarzt und Ihr Futtermittellieferant mehr von Ihrem Geld abbekommen als nötig? Und, was noch wichtiger ist: Möchten Sie wirklich, dass Ihr bester Freund in einem schlechten Gesundheitszustand ist?

Energie

Lassen Sie uns ein paar Seiten darauf verwenden, uns auf das Thema Energie zu konzentrieren. In der Natur hat Energie denselben Wert wie Geld. Je mehr Sie davon aufwenden müssen, desto mehr Auswahlmöglichkeiten stehen Ihnen zur Verfügung. Der größte Teil des Aufstands um die Verdauung hängt damit zusammen, wie sich aus der Nahrung Energie gewinnen lässt, sodass Ihr Hund diese nutzen kann. Im Grunde genommen – und dabei lasse ich es bestimmt nicht bewenden – frisst Ihr Hund Futter. Und er atmet Luft, die Sauerstoff enthält. Nun ist Sauerstoff ein ziemlich reaktiver Stoff. Er ist giftig. Er setzt freie Radikale frei. Er reagiert mit jeder Menge an Stoffen im Körper Ihres Hundes, lässt ihn altern und verursacht Probleme mit seiner DNA. Am Ende kann er tödlich sein. Natürlich wäre man auch nach ein paar Minuten ohne Sauerstoff genauso tot. In einem Lagerfeuer verbindet sich Sauerstoff mit dem Kohlenstoff im Holz und setzt Energie in Form von Wärme und Licht frei. Durch die Verdauung wird der Kohlenstoff im lebenden Körper so umgeformt, dass dieser unter Verwendung der Mitochondrien in den Zellen oxidieren kann. Man fügt dem Kohlenstoff also Sauerstoff hinzu, wodurch lebensnotwendige Energie freigesetzt wird. Dabei wird auch Hitze freigesetzt, die einen warm hält, sowie das Abfallprodukt Kohlendioxid. Dieses tritt über die Lunge aus. Übrigens, wie ich zuvor schon erwähnt habe, aber allein der Wirkung wegen nochmal wiederholen möchte: Wenn Sie Ihren übergewichtigen Hund auf die erforderliche Diät setzen, so verliert er nicht durch das Ausscheiden von Kot oder Urin an Gewicht, sondern über das aus der Lunge ausgeschiedene Kohlendioxid.

Bei wärmeren Körpertemperaturen laufen die chemischen Reaktionen zur Verdauung und Verstoffwechselung der Nahrung schneller und effizienter ab. Je heißer, desto besser. Wenn man einmal davon absieht, dass Proteine bei mehr als etwa 40° C zu denaturieren beginnen. Sie kochen. Gehirne bestehen aus temperaturempfindlichen Proteinen und bei hohem Fieber kochen sie. Gekochtes Gehirn mag lecker sein – ich möchte es nicht probieren – aber in Ihrem Hund wird es zum Lernen von Dogdance nicht mehr gut arbeiten. Diese proteinzerstörende Temperatur legt die Obergrenze für diejenige Wärme fest, die ein Körper für die Verdauung erzeugen darf. Wenn ein Säugetier seinen Körper konstant warm halten kann, hat das viele Vorteile. Nicht zuletzt erfriert es im Winter draußen nicht. Die höhere Betriebstemperatur bedeutet auch, dass Ihr Hund schneller und länger laufen kann. Vergleichen Sie Ihren Hund einmal mit einem großen Reptil wie zum Beispiel einem Alligator. Der Alligator hat einen niedrigeren Stoffwechsel und eine niedrigere Körpertemperatur. Er ist abhängig von der Sonne, damit er sich aufwärmen kann und hat gewissermaßen eine niedrigere Leerlaufdrehzahl. Er kann insgesamt zwar satte zehn oder zwanzig Meter sprinten. Dann muss er sich aber ausruhen und sein Stoffwechsel muss sich wieder aufbauen. Er schafft eine Höchstgeschwindigkeit von fünfzig Kilometer pro Stunde über ein paar Meter Entfernung hinweg. Ein Hund mit ähnlicher Masse könnte den ganzen Tag mit fünfzundzwanzig Kilometer pro Stunde laufen und in einem Sprint über 60 km/h erreichen. Im Schnee. Der Alligator wäre in dieser Kälte überhaupt nicht in der Lage zu laufen. Mit einem hohen Stoffwechsel gewinnt man also jede Menge an Geschwindigkeit und Flexibilität. Aber in Bezug auf Energie gesehen ist das sehr kostspielig. Energie ist genau wie Geld immer knapp.

Eine Kalorie (cal) ist ein Maß für die Energie, die benötigt wird, um ein Gramm Wasser um ein Grad Celsius zu erhöhen. Eine Kilokalorie (kcal) ist die Energie, um ein Kilogramm Wasser (etwa 2 Pfund oder etwa ein Liter Wasser) um ein Grad Celsius zu erhöhen. Die Kilokalorie ist diejenige, die wir zum Bewerten von Lebensmitteln verwenden. So könnte zum Beispiel die Energie aus einem Schokoriegel mit dreihundert kcal also dreihundert Liter Wasser um ein Grad erhöhen. Ein Mensch besteht aus etwa sechzig Litern Wasser, also können dreihundert Kilokalorien aus diesem Schokoriegel seine Körpertemperatur um etwa 5 Grad erhöhen. Oder anders ausgedrückt, wenn ein Mensch durchschnittlich 2.000–2.500 Kalorien pro Tag braucht, so dient beinahe alles dazu, seine Körpertemperatur aufrecht zu erhalten. Bei kälteren Temperaturen verbrennt ein Alligator weniger Kalorien, während der Mensch mehr verbrennt, um warm zu bleiben. Der Alligator wird bei kälteren Temperaturen langsamer, der Mensch wird schneller. Bei Temperaturen unter dem Gefrierpunkt kann ein Alligator nicht überleben. Wir machen Schneeengel.

Wenn man bei kalten Temperaturen am Leben bleiben möchte, so ist das energieaufwendig. Aber es ist sicher besser, als sterben zu müssen. Die Kälte draußen hat keinen wesentlichen Einfluss darauf, wie lange Ihr Hund mit einer festen Kalorienmenge überleben kann. Das liegt daran, dass die meiste Energie, die Ihr Hund zu sich nimmt, nur dafür verbraucht wird, Ihren Hund am Leben zu erhalten, also für den Grundstoffwechsel, den er die ganze Zeit aufrechterhalten muss. Und die meisten Hunde sind extrem gut gegen Hitze und Kälte isoliert.

Ein Hund benötigt eine Nahrungsenergiezufuhr von ungefähr 66 Kilokalorien pro Kilogramm seines Körpergewichts. Bei einem durchschnittlichen Hund lautet die Formel 110 Kilokalorien mal Kilogramm Körpergewicht, potenziert mit 0,75. Aktivere Hunde brauchen 125 Kilokalorien mal das Körpergewicht in Kilogramm hoch 0,75. 90 Kilokalorien ist die Basiszahl für inaktivere und ältere Hunde. Nach den offiziellen Berechnungen braucht mein knapp zwölf Kilogramm schwerer Border Collie ungefähr 800 Kalorien pro Tag. Sie erhalten das, wenn Sie wie folgt rechnen: 125 x 12 und dann hoch 0,75. Die Reihenfolge der Operationen ist wichtig. Rechnen Sie die Potenz mit 12 hoch Dreiviertel, das ergibt 6,447. Dann multiplizieren Sie das mit der Zahl 125 für einen aktiven Hund.

Diese Formel ist nicht hundespezifisch. Für Menschen, für den genauere Daten vorliegen, wird der führende Multiplikator in Kalorien nach Geschlecht, Alter und allgemeinem Aktivitätsniveau angepasst, um die Zahlen zu verfeinern. Die Formel zeigt jedoch einen interessanten biologischen Trend. Der Energiebedarf steigt nicht linear mit der Masse (Gewicht). Wäre dies der Fall, so würde ein 90 Kilogramm schwerer Organismus doppelt so viel Energie benötigen wie ein 45 Kilogramm schwerer Organismus. Dafür braucht es weniger. Größere Organismen sind pro Kilogramm Körpergewicht energieeffizienter als kleinere. Man kann einiges, aber nicht alles, auf das Verhältnis von Oberfläche zu Volumen zurückführen. Kleinere Kreaturen haben im Verhältnis zur körperwärmenden Masse in ihrem Inneren viel mehr Oberfläche als größere Kreaturen. Das Volumen nimmt kubisch (hoch der, also in der dritten Potenz) zu, während die Oberfläche nur quadratisch oder in zweiter Potenz zunimmt. Tut mir leid, das ist viel mehr Mathematik, als Sie wahrscheinlich haben wollten. Das zeigt also, dass ein Bernhardiner pro Kilogramm Hund weniger Energie benötigt als ein Beagle, und zwar egal für welche Aktivität.

Doch zurück zu Wish. Sie benötigt um die 800 Kilokalorien pro Tag, wie wir vorhin berechnet haben. Ihr Trockenfutter ist hochwertig und liefert 400 Kilokalorien pro Tasse (237 ml). Man könnte nun meinen, sie würde zwei Tassen (473 ml) pro Tag bekommen und die meisten Leute würden das aufgrund dieser Zahlen auch so füttern. Die „Bücher" behaupten, dass sie 800 Kilokalorien pro Tag braucht. Sie nimmt jedoch bei dieser Menge zu, sodass die Bücher nicht der Weisheit letzter Schluss sind, oder Wish liest diese Bücher eben nicht. Wish bekommt zwei abgemessene halbe Tassen ihres Futters (jede halbe Tasse hat 200 Kilokalorien), eine zu nachtschlafender Zeit um halb irgendwas, nachdem sie uns geweckt hat, und eine abends gegen siebzehn Uhr. Das ist nur die Hälfte ihres täglichen Kalorienbedarfs. Jeden Abend bekommt sie einen Hundekeks mit 60 Kilokalorien (derzeit Lachsgeschmack, schmeckt für mich nach Pappe). Sie ist aktiv und bekommt extra Leckerlis für das Training. Wir schätzen, dass es höchstens noch 200 Kalorien sind, meistens nur 100

Kalorien an Leckereien. Wish bekommt also 560–660 Kilokalorien pro Tag, obwohl die Formel 800 fordert. Wenn sie zunimmt, reduzieren wir das Trockenfutter. Wenn sie so aussieht, als könnte ein ordentlicher Windstoß sie umpusten, runden wir die Menge auf. Wenn wir sie ließen, würde sie den ganzen Tag fressen. Aber dafür würde sie dann aussehen wie eine Wurst und ihre Arthritis wäre viel schlimmer. Cricket ist ein bisschen schwerer als Wish, genauso aktiv, bekommt ungefähr das gleiche Futter und behält gleichermaßen eine schlanke Körperform bei, während sie sehr aktiv und gesund ist. Wir lernen also daraus, dass man seine Hausaufgaben schon machen, aber dann seinen Hund und nicht die mathematische Formel nähren sollte. Genau wie bei mir. Ich führe Buch über meine eigenen Lebensmittel. Ich bin ein Geek, Sie erinnern sich? Ich habe ein „Anrecht" auf 1950 Kilokalorien, mit denen ich mein Gewicht halten kann. Das ist nun der Energiehaushalt für einen sitzenden Menschen. Meine Aktivitäten schreibe ich nicht auf, obwohl ich meistens im aktiven bis normalen Bereich liege. Ich sollte dabei also abnehmen, zumal ich mich auch noch an 1700 Kilokalorien am Tag halte. Bei 1900 Kilokalorien nehme ich langsam zu, bei 1700 halte ich mein Gewicht. Der Stoffwechsel ist sehr variabel und stellt sich auf eine neue Normalität ein, weshalb Wish ihre Aktivität und ihr Gewicht mit weniger Kalorien als nach der Formel berechnet halten kann.

Wie vermeidet man Fettleibigkeit?

Heutzutage besteht ein ernsthaftes Fettleibigkeitsproblem. In diesem Fall spreche ich von Hunden. Die meisten Hunde, die ich und die meisten meiner befreundeten Tierarztfreunde sehen, sind übergewichtig. Um das von vorhin noch einmal zu wiederholen: Auch die Forschung beweist, dass die meisten Hunde, die als Haustiere gehalten werden, übergewichtig sind. Es gibt objektive Maßstäbe, die Sie anlegen können. Anderenfalls gewinnt Ihre Bestätigungsverzerrung mit Sicherheit die Oberhand und Sie werden erklären: „Sieht doch gut aus!" Sie werden argumentieren, Übergewicht mache Ihren Hund glücklich. Fressen bestimmt. Aber Übergewicht nicht. Wenn Ihr Hund bei Ihnen lebt, sind Sie es, der ihn füttert. Die wenigsten Hunde schlendern zum Kühlschrank, öffnen ihr eigenes Bier, schnappen sich Chips und Knabbereien und machen es sich gemütlich, um einen guten Film anzuschauen. Das sind Sie, der ihnen ihr Fressen gibt. Sie sind verantwortlich. Die meisten übergewichtigen Hunde haben menschliche Begleiter, denen es nicht auffällt. Unwissenheit ist kein Segen. Sofern Ihr Hund keine seltene Krankheit hat und übergewichtig ist, dann liegt das an Ihnen. Und es liegt an mir, wenn ich Sie hier nicht überzeugen kann.

Falls Sie unsicher sein sollten, dann sagen Sie Ihrem Tierarzt, er soll ehrlich mit Ihnen sein. Die meisten Mediziner möchten zwar ihre Kunden nicht verlieren, aber sie möchten auch nicht, dass Ihr Hund Pankreatitis, Gelenkprobleme, Diabetes, unnötige Muskel- oder Herzschäden, Atemprobleme oder Leberversagen bekommt und einem größeren Risiko ausgesetzt ist, falls einmal eine Operation und eine damit verbundene Anästhesie erforderlich wären. Lässt Sie das aufhorchen? Dann passen Sie gut auf. Wenn Sie wissen, dass es Ihrem eigenen Hund gut geht, können Sie aus diesem Wissen heraus vielleicht einem anderen Hund helfen. Ganz ohne Mobbing. Keine Beschämungen. Geben Sie nur hilfreiche Ratschläge für gesündere Hunde. Beachten Sie die folgenden Kriterien:

- **Zu dünn:** Rippen, Wirbelsäule und knöcherne Vorsprünge sind leicht zu sehen. Es geht viel Muskelmasse verloren. Kurz gesagt, ein knochiges und ausgehungertes Aussehen.

- **Untergewicht:** Rippen, Wirbelsäule und andere Knochen sind leicht zu spüren. Der Hund hat von oben gesehen eine deutliche Taille und von der Seite gesehen eine Bauchfalte.

- **Ideal:** Rippen und Wirbelsäule sind gut zu spüren, aber nicht unbedingt sichtbar. Der Hund hat von oben gesehen eine Taille und der Bauch ist angehoben und hängt, seitlich betrachtet, nicht durch.

- **Übergewicht:** Rippen und Wirbelsäule sind unter einer Fettschicht kaum zu spüren. Die Taille ist von oben gesehen aufgetrieben oder birnenförmig, der Bauch von der Seite betrachtet herabhängend.

- **Fettleibig:** Sie können große Fettablagerungen über Brust, Rücken und Hinterhand sehen und fühlen. Keine Taille von oben erkennbar. Hängender Bauch von der Seite.

Sportliche Hunde laufen mager oder untergewichtig, genau wie sportliche Menschen. Falls Ihr Hund verdammt dünn aussieht, aber aktiv ist, dann ist das großartig! Ich habe mit Schlittenhunden gearbeitet, deren Rippen hervortreten, schlank wie jeder Cross-Country-Läufer, knochig, aber mit klar definierter und robuster Muskelmasse, die den ganzen Tag beim Laufen einen Schlitten ziehen können. Insgesamt ist das Risiko, das von leichtem Untergewicht ausgeht, deutlich geringer als das von Übergewicht ausgehende. Ein landesweit bekannter Veterinärfreund von mir sagt, dass ein Hund, sofern er aktiv und verspielt ist, gar nicht zu dünn sein kann. Vergessen Sie nicht, das ist keine Hexerei. Die Kalorienzufuhr darf nicht mehr als der Kalorienverbrauch betragen, oder es erfolgt eine Gewichtszunahme in Form von Fetteinlagerungen. Die meisten Kalorien werden für den Stoffwechsel benötigt, sozusagen den Leerlauf, sodass man gar nicht so leicht vom Übergewicht weg kommen kann. Wenn ich mit meinen Hunden eine Stunde spazieren gehe, ergibt das nur eine Kalorienverbrennung von 60 Kalorien, das entspricht einem Betthupferl. Sie müssen sowohl die Kalorien reduzieren als auch die Bewegung steigern. Wenn Sie nicht trainieren, verlangsamt sich der Stoffwechsel, um die reduzierten Kalorien wieder auszugleichen. Tun Sie mir einen Gefallen. Machen Sie eine Lesepause und lassen Sie sich von Ihrem Hund spazieren führen. Ich warte hier, solange Sie laufen. Nein, es ist mir egal, ob es regnet. Aber falls es Ihnen zu spät ist oder Sie sich unsicher fühlen, dann gehen Sie eben morgen etwas länger.

Im Wesentlichen ist das Thema Futter für unsere Hunde doch nur eine lästige Pflicht. Wir geben Geld aus in einem Geschäft, um Trockenfutter oder andere Futterzutaten zu besorgen, geben das Futter in eine Schüssel, und wenn es dann schließlich auf der anderen Seite herauskommt, räumen wir das weg. Wenn wir die einzelnen Teile und Schritte dieses Prozesses kennen, so hilft uns das zu verstehen, wenn mal etwas schief geht. Ansonsten versuche ich, wie bei meinem Thanksgiving-Dinner, nicht zu viel darüber nachzudenken, wo das Essen herkommt und wo es landen wird. Ich weiß, dass Füttern einen so starken evolutionären Druck ausübt, dass ich es nutzen kann, um meine Hunde zu belohnen und ihnen beizubringen, verrückte Dinge zu tun, sie mit Energie zu versorgen, bei extremer Kälte oder Schnee zu spielen oder tropische Hitze zu überleben. Das Verdauungssystem wiegt bei einem etwa vierzehn Kilo schweren Hund nur ein knappes Kilo (leer), sodass Sie jede Menge für Ihr Geld bekommen.

Tour 5

Der Bewegungsapparat

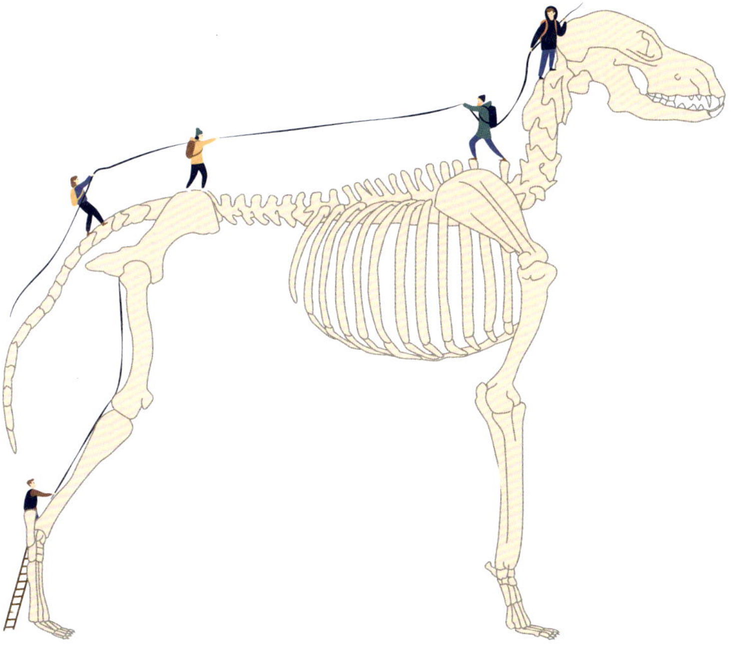

Außerhalb von Halloween haben wir ja nicht unbedingt so Sachen wie Skelette im Sinn. Und doch begegnen sie uns deutlich häufiger, als uns bewusst ist. Wobei dann eher weniger ersichtlich ist, dass wir ein Skelett vor uns haben. Es stimmt wohl, dass mein Hund, wenn ich ihn ansehe, ohne sein Skelett nicht wiederzuerkennen wäre und es ihm eine grundlegende Hundeform verleiht, aber das meine ich damit gar nicht. Zuerst müssen wir einmal prüfen, wozu Skelette überhaupt gut sind. Grundsätzlich bieten Skelette eine Befestigungsmöglichkeit für die Muskeln, sodass sich ein Organismus fortbewegen kann. Die einzigen Tiere, die sich auch ohne Muskeln noch fortbewegen können, sind entweder auf die Meeres- oder Luftströmung angewiesen. Oder sie sind so klein, dass ihr zellbasiertes Zytoskelett mit seinen Mikrotubuli die Arbeit von Muskeln und Knochen verrichten kann, weil es nur aus einer oder wenigen Zellen besteht.

Interessanterweise können sich Muskeln nur in eine Richtung zusammenziehen. Wenn sie sich zusammengezogen haben, dann brauchen sie einen anderen Muskel, der sie wieder in die entgegengesetzte Richtung zieht und dehnt, damit man sie wieder nutzen kann. Für diese Art der Mechanik braucht man das Skelett als etwas Robustes für den Gegenzug. Skelette erfüllen einen zweiten, wertvollen Zweck, und zwar haben sie eine Schutzfunktion, wie eine Rüstung. Im Grunde sind sie ja auch Rüstungen. Sie können zudem auch noch dritten Zwecken dienen, wie Blutbildung und Speichern von Mineralien.

Endo- und Exoskelette

Haben Sie sich jemals ein Insekt genau angesehen, ein riesiges gar, in einem Science-Fiction-Film? Wie steht's mit Austern- oder Muschelnessen? Diese äußere Hülle ist deren Skelett, das auch als Exoskelett bezeichnet wird. Anstatt nur das Gerüst zu bilden, an dem die Muskeln festgemacht werden können, hat es auch noch eine Schutzfunktion. Wie das Exoskelett eines Insekts schützen wir uns mit Schienbeinschonern, Polizeipanzern und sogar gehärteten Knieschützern. Sie bieten einen großartigen Schutz, so wie ein Schneckenhaus oder ein Schildkrötenpanzer. Aber sie schränken im Wachstum und der Mobilität ein – und sie wiegen eine ganze Menge. Viele große Tiere mit nur einem Exoskelett gibt es daher nicht. Da sind zwar ein paar Riesenkrabben und Garnelen, aber sie leben im Wasser, welches das Exoskelett unterstützt. Meeresschildkröten können ziemlich groß werden und ihr Panzer ist ein funktionelles Exoskelett, aber sie haben auch noch ein inneres oder Endoskelett wie wir. Ihr

Panzer besteht tatsächlich bloß aus ihren durch die Evolution umgewandelten Rippen. Bei einem Exoskelett können sich Muskeln an der Außenschale anlagern, um zu funktionieren.

Falls Mobilität und Geschwindigkeit angesagt sind, dann bringt‘s ein Exoskelett einfach nicht. Wenn Sie Ihren Hund eine halbe Minute lang beim Spielen beobachten, so werden Sie Verhaltensweisen und Positionen sehen, die mit einem Exoskelett unmöglich wären. Wenn Sie ein vergleichsweise großes Insekt wären, könnten Sie durch ein innenliegendes Skelett der Strafe, die das Gewicht einer großen und schweren Schale mit sich bringen würde, entgehen. Stattdessen können Sie die dadurch eingesparte Masse in Muskeln, die tatsächlich auch etwas tun, stecken. Bei einem Durchschnittshund sind in seinem Gewicht von 14 kg etwa 1,4 kg an Knochen- und 4,5 kg an Muskelmasse enthalten. Somit ist ein Endoskelett eine ziemlich effiziente Art und Weise einer Strukturierung. Und was ist jetzt das Bessere, ein Endoskelett oder ein Exoskelett? Das kommt drauf an, ganz offensichtlich. Für einen Hummer ist das Exoskelett ideal. Für die Lebensweise von Säugetieren ist ein Endoskelett ideal.

Lassen Sie mich kurz daran erinnern, dass auch die Evolutionsgeschichte eine Rolle spielt. Evolution funktioniert nur durch Modifikation bereits bestehender Strukturen. Je nach Geschwindigkeit und Beweglichkeit haben sich Säugetiere aus dem Grundskelett ihrer Reptilienvorfahren entwickelt, denen ebenfalls die Exoskelette fehlten. Wenn nun Ihre Eltern keine Eigenschaft wie ein Exoskelett besitzen, so werden auch Sie diese Eigenschaft nicht haben. Wir legen eine kurze Pause ein, um uns ein paar Dinge aus der Genetik ins Gedächtnis zu rufen. „Wenn Ihre Eltern eine Eigenschaft nicht haben“ bedeutet das nicht, dass Ihre Eltern die Eigenschaft zeigen müssen. Das hängt je nachdem davon ab, wie viele Kopien des Merkmals Sie erhalten und wie diese Merkmale durch die Umwelt oder andere Gene bestimmt werden. Die Evolution kann nur vorhandene Streifen der DNA mit kleinen Kopierfehlern oder anderen zufälligen Fehlern modifizieren, einschließlich DNA-Stücken, die versehentlich von einer Stelle zu einer anderen verschoben wurden. Da gibt es nicht Absichtliches, keinen generellen Riesensprung, nichts, das „aus dem Nichts“ kommen könnte. Solche neuen Merkmale entstehen nur durch winzige Veränderungen und über sehr lange geologische Zeiträume hinweg. Vielleicht kann man sich noch einen Meeressäuger vorstellen, vielleicht einen Wal, welcher von einem Exoskelett profitieren könnte. Aber genau wie Sie hat er auch Säugetier-Gene. Und für ein Exoskelett benötigt man Bündel aus Genen, wie sie in Gliederfüßern wie Spinnen, Insekten und Krabben vorkommen. In uns jedoch nicht. Evolutionär gesehen trennten sich unsere Wege vor sechshundert Millionen Jahren. Wir können uns nicht einfach deren Gene schnappen und uns so diese Eigenschaften aneignen. Jedenfalls noch nicht. Da ist es wieder, CRISPR, das richtige Stichwort für den Einsatz von dramatisch klingender Musik.

Aber nun zurück zu unserem Programm nach Plan.

Das Skelettgerüst

Hunde bestehen aus einem Skelettgerüst mit Muskeln, die über das Gerüst drapiert sind und aus Haut, die um all das herumgewickelt ist. Es lohnt sich, wenn man dieses Skelett zunächst einmal als eine technische Struktur betrachtet und die grundlegenden Teile kennen und verstehen lernt, was warum wohin hingehört. Ein Hund ist ein langer Stützbalken mit vier Anhängseln, zwei an jedem Ende, die den Balken vom Boden fernhalten. Das gilt auch für die meisten Säugetiere einschließlich des Menschen, ehe dieser aufrecht zu gehen begann. Am besten stellen Sie sich das wie eine Hängebrücke vor (eigentlich eine Schrägseilbrücke, aber geben Sie mir hier noch eine Minute), mit den Armen und Beinen als Pylonen oder Pfeiler, die die Straße tragen. Die Straße ist die Wirbelsäule. Brust und Bauch hängen am Wirbelsäulenbett. Brücken funktionieren, indem sie die Last über die Spannweite auf die Pfeiler verteilen, die auf dem Boden stehen. Spannungen zwischen den Pfeilern ziehen das Straßenbett nach unten. Hängebrücken wie zum Beispiel die Golden Gate Bridge, Mackinac Bridge oder Brooklyn Bridge haben ein Kabel, das über dem Straßenbett verläuft und von Säule zu Säule gespannt ist. Das Seil verteilt die Last des Bettes auf die Pfeiler. Diese verhindern ein Herunterfallen der Brücke. Das kommt der Funktionsweise eines Hundes ziemlich nahe, nur dass da kein Kabel von Säule (Arme) zu Säule (Beine) führt. Sie werden feststellen können, wenn Sie auch nur ein kleines Faible für Brücken haben, dass der Hund eine Schrägseilbrücke ist, wie die ... äh, hmm, naja ... deshalb habe ich mit bekannten Hängebrücken angefangen. Schrägseilbrücken sehen echt hübsch aus, aber sie sind seltener. Wir haben eine davon direkt über den St. Croix River, wo ich jede Woche fahre. Sie haben wahrscheinlich auch eine in Ihrer Nähe, doch diese Brücken sind eher regional bekannt.

(Anm. d. ÜS: Bekannte Beispiele bei uns sind etwa die Flößerbrücke in Frankfurt, die Autobahn-Rheinbrücke in Speyer, die Öresundbrücke zwischen Dänemark und Schweden oder die Pont de Normandie in Le Havre.)

Schrägseilbrücken haben Pfeiler, die über das Straßenbett hinausragen und Stahlseile führen direkt von den Pfeilern zu verschiedenen Teilen des Straßenbetts und halten die Last, anstatt zu einem Stahlseil, welches über die Länge der Brücke verläuft. Das kommt der Funktionsweise des Hundeskeletts ziemlich nahe.

Die Wirbelsäule

Stellen Sie sich die Wirbelsäule als flachen Stab vor, den Sie horizontal vor sich halten. Biegen Sie den Stab konkav nach unten (so: ∩), sodass ein kleiner Bogen entsteht, der in dieser Stellung strukturell stärker ist als ein gerader Stab. Legen Sie den Stab mit jedem Ende auf einen Stein. Der vordere Baustein ist der Brustgürtel (vordere Gliedmaßen und die Strukturen, die die Gliedmaßen mit der Wirbelsäule verbinden) und der hintere Baustein ist der Beckengürtel, der die Beine mit der Wirbelsäule verbindet. Platzieren Sie einen harten Ball an einem Ende, dem Kopf, der über die Vorderbeine hinausragt und strecken Sie die Stange ein wenig über die Hinterbeine hinaus, was das Gewicht des Kopfes ausgleicht – womit wir einen Schwanz haben. Nennen wir das Ganze Fido und schon haben wir einen Hund. Jedes Gewicht, das auf die Mitte der Stange einwirkt, wird dieselbe belasten. Bei Ihrem Hund wird diese Belastung größtenteils von seinem Körpergewicht ausgeübt.

Falls Ihr Hund Übergewicht hat, so befindet sich das zusätzliche Körperfett hauptsächlich im Abdomen oder Bauch. Ganz sicher hängt es jedoch zwischen den Vorder- und Hinterbeinen, was für die Wirbelsäule und die Gelenke eine zusätzliche Belastung nach unten bedeutet. Diese Brückenstruktur behalten Sie bitte im Hinterkopf. Der Unterschied besteht natürlich darin, dass Hunde sich bewegen und dass sich Brücken nicht in der Stadt herumtreiben sollten. Um sich bewegen und biegen zu können, benötigt man solche Knochenbauelemente. Eine feste, solide Wirbelsäule ließe kein echtes Springen und Sprinten und Verdrehen und Drehen zu. Man kann das nur dadurch erreichen, dass man die Wirbelsäule in kleinere Stücke zerlegt und diese zusammenbindet. Die Wirbelsäule ist kein langer fester Knochenstab. Sie besteht aus vielen Teilen, den Wirbeln, die mit Bändern, den Ligamenten, zusammengebunden sind, sowas in der Art wie Packband. Zwischen jedem Wirbel befindet sich eine glatte, gepolsterte Scheibe, wobei alle Chordatiere Überbleibsel dieser Chorda besitzen. Diese und die glatten Gelenkoberflächen, wo sich die Knochen treffen, ermöglichen es der Wirbelsäule, sich zu beugen und zu biegen, sodass der Kopf sich drehen und an einem Körperteil lecken kann, während sich die Wirbelsäule beim Gehen und Drehen beugt und der Schwanz schlagen und als Gegengewicht dienen kann.

Im Wesentlichen besitzt Ihr Hund das gleiche Skelett wie Sie – mit einigen interessanten Ausnahmen. Insgesamt sollen Menschen im Allgemeinen 206 Knochen und Hunde um die 320 herum haben.

Aber die Unterschiede treten an Stellen auf, die an unserer grundlegenden Geschichte nichts ändern. Es handelt sich hauptsächlich um Hilfsknochen, die nicht zu den 206 Knochen des Menschen gezählt werden, aber zu den 320 der Hunde schon. Tierärzte und Humanmediziner können die Dinge anders bewerten, denn sie studieren nicht an denselben medizinischen Fakultäten. Wir haben 32 Zähne, ein Hund hat 42. Unser Schwanz ist nur fünf Knochen lang (das Steißbein), beim Hund ist das je nach Rasse verschieden, aber die meisten haben 23 Schwanzknochen. Mit unseren Brustwirbeln und Rippensätzen im Brustbereich kommen wir auf 12, ein Hund hat 13. Wir haben Schlüsselbeine, Hunde nicht. Aber ich greife vor. Wir müssen nicht jeden einzelnen Knochen im Körper kennen, aber wenn Sie die Knochentypen kennen, können Sie Ihren Hund viel besser verstehen.

Der Schädel

Lassen Sie uns vom Kopf bis zum Schwanz gehen und dann die Gliedmaßen hinunter. Der Schädel besteht aus zwei funktionellen Teilen, dem Kranium oder Schädel, der das Gehirn wie ein Exoskelett bedeckt, und dem Rostrum (knöcherner Teil der Schnauze), das die Nasenbereiche sowie die Kiefer und Zähne umfasst. Die Formen der Knochen variieren, wie etwa die Nasenknochen bei Hunden mit langer Nase eben länger sind. Es genügt hier zu sagen, dass die Knochen, die das Gehirn schützen, stark sind. Die Knochen, die den Kiefer bewegen sowie der Kiefer selbst sind stark. Die Gesichtsknochen sind leicht und zart, weil ein schwerer Kopf eine schwere Last zu tragen wäre. Einige interessante Unterschiede: Der Schädel eines Hundes hat einen weit geöffneten Bogen (den Jochbogen), wohingegen wir geschlossene Wangenknochen haben. Das verschafft dem Hund eine große Oberfläche für seine großen Kiefermuskeln. Beim Menschen besteht die Augenhöhle vollständig aus Knochen, aber bei einem Hund bedeckt der Knochen nur drei Viertel des Augenkreises. Das letzte Stück ist mit Knorpel bedeckt, wodurch die Augen anfälliger werden, der Schädel jedoch leichter wird. Zähne haben wir schon zuvor im Teil mit der Verdauung ausführlich behandelt. Die Nasenmuscheln in der Nase werden in einem späteren Teil über die Sinne einschließlich des Geruchs behandelt.

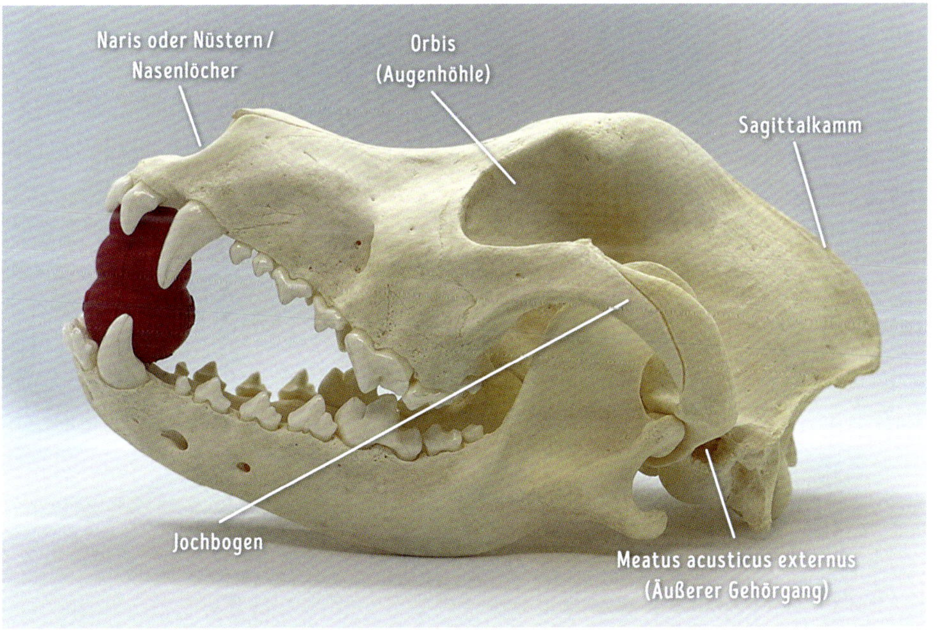

Wirbel

Jeder Blick auf einen Hund zeigt, dass die Entwicklung eines großen Kiefers und vieler scharfer Zähne die Form des Schädels im Vergleich zu dem eines Menschen verändert hat. Der Schädel ruht auf einem speziell geformten Wirbel namens Atlas, weil er wie der sagenumwobene Gott die Welt hält. Der Schädel ruht darauf und dieser Knochen schwenkt um den zweiten Halswirbel, die sogenannte Achse, wodurch der Kopf eine gute Bewegungsfreiheit erhält. Von den Wirbeln ragen Stacheln oder Laschen ab, an denen Muskeln über Sehnen und Bänder befestigt werden können. Sehnen sind das Klebe- oder Packband, das Muskeln an Knochen befestigt. Mit Bändern ist es ähnlich, sie verbinden Knochen mit Knochen. Wenn der Hund steht, spürt man, dass einige ziemlich markante Knochen über den Schultern nach oben ragen. An diesen sind Muskeln befestigt, die den Kopf halten. Stellen Sie sich vor, sie würden ein Gewicht von knapp zweieinhalb Kilogramm bei gerade ausgestrecktem Arm halten. Das wird ziemlich anstrengend. Der Kopf eines Hundes wird immer über die Vorderbeine hinaus gehalten, und um diese Aufgabe gut zu erledigen, bedarf es einer ziemlich guten Muskulatur. Ein Hund hat auch einige feste Bänder, die den Hinterkopf mit der Wirbelsäule verbinden, damit er seinen Kopf halten kann. Fortsätze oder Nasen, die sich von den Seiten hinein erstrecken, schützen die zwischen den meisten Wirbeln austretenden Nerven. Einige große Fortsätze, die man auch Rippen nennt, bieten einen gewissen Schutz für die lebenswichtigen Lungen und das Herz. Die wichtigere Funktion der Rippen besteht jedoch wohl darin, einen festen Raum zu gewähren, damit die Lungen sich leicht aufblähen und wieder entleert werden können.

Gliedmaßen

Von der Wirbelsäule aus gehen vier Gliedmaßen ab, zwei vorne und zwei hinten. Aus den gleichen Gründen, aus denen ein Auto vier Räder hat, gibt es auch vier Gliedmaßen. Es ist eine sehr stabile Anordnung. Sechs wäre zwar besser für die Stabilität, das würde aber den Hund verlangsamen und das Drehen behindern. Zwei Gliedmaßen funktionieren zwar bei manchen Formen der Fortbewegung, wie beim Menschen, aber diese Anpasssung ist noch ziemlich jung bei Primaten, nämlich sechs Millionen Jahre bezogen auf die menschliche Abstammungslinie. Die Gliedmaßen sind im Grunde alle gleich, vorne und hinten, soweit man sich die Einzelteile anschaut. Für jedes Glied, das dem Körper am nächsten ist und wo Kraft für wirklich große Muskeln benötigt wird, findet man einen großen einzelnen Knochen, den Oberarmknochen oder den Oberschenkelknochen. Der Himmel bewahre, nicht dass wir etwa für Vorder- und Hinterseite denselben Namen verwenden würden. Wir könnten sie Femur oder Humerus nennen, aber das tun wir nicht. Dann folgen zwei Knochen für den nächsten Satz der Säule. Zwei kleinere statt ein größerer Knochen ermöglichen etwas mehr Beweglichkeit, sie verdrehen und drehen sich einer um den anderen und sind an den hinteren Gliedmaßen fixiert. Vorne nennen wir diese bei allen Säugetieren Elle und Speiche, hinten nennen wir sie Schien- und Wadenbein. Das „rückwärtige Knie" oder Sprunggelenk bei einem Hund oder Pferd ist in Wirklichkeit der Fußknöchel. Wenn wir dann viel Flexibilität brauchen, bekommen wir viele Knochen. Tatsächlich befindet sich etwa die Hälfte der Körperknochen in den Händen und Füßen beziehungsweise den Pfoten. Von dem Knochenpaar ausgehend, aus dem das „Schienbein" oder der „Unterarm" bestehen (Radius/Ulna in den vorderen Gliedmaßen, Tibia/Fibula in den hinteren Gliedmaßen), folgt ein Knochenchaos in den Pfoten. Jeder Fuß beginnt mit einer Reihe von drei Knochen, die sich in vier weitere gliedern. Es befinden sich also sieben Knochen im Handgelenk oder Knöchel (acht beim Menschen), die vorne Handwurzelknochen (Karpal) und hinten Fußwurzelknochen (Tarsal) genannt werden. Die zahlreichen und variablen Sesambeinknochen, die akzessorischen Knochen, die ich zuvor erwähnt habe, lassen wir außen vor. Jeder Finger (Zehe, Kralle, was auch immer) wird für Vorder- und Hinterfüße (diese anatomischen Namens-Teufel) unterschiedlich benannt. Zum Beispiel wird der Daumen eigentlich Pollux und der große Zeh Hallux genannt, während sie doch tatsächlich dasselbe sind. Kein Wunder, dass so viele Schüler den Anatomieunterricht fürchten und die erstaunlichen Strukturen in einem Meer von Namen nicht erkennen. Jeder Finger (Zehe) beginnt mit einem langen Knochen, der mit vier anderen von den anderen Zehen zusammengebunden ist, um den Körper der Hand oder des Fußes zu bilden (Mittelhandknochen vorne, Mittelfußknochen hinten). Dann besteht jeder Finger oder Zeh aus drei kleinen Knochen, den sogenannten Phalangen, die aneinander gereiht sind. Dem Daumen oder dem großen Zeh fehlt das Mittelglied, daher gibt es für diese kürzeren Finger nur jeweils zwei.

Nur zu, Sie können das überprüfen. Einfacher wäre, Sie tun das bei sich selbst. Aber vielleicht kann ja auch Ihr Hund jetzt gerade etwas Aufmerksamkeit gebrauchen. Falls Sie über die Knochen Buch führen wollen: Es sind vier Knochen pro Zehe mal fünf Zehen, minus einen für den Daumen, macht 19 für jeden Fuß. Zählen Sie die sieben

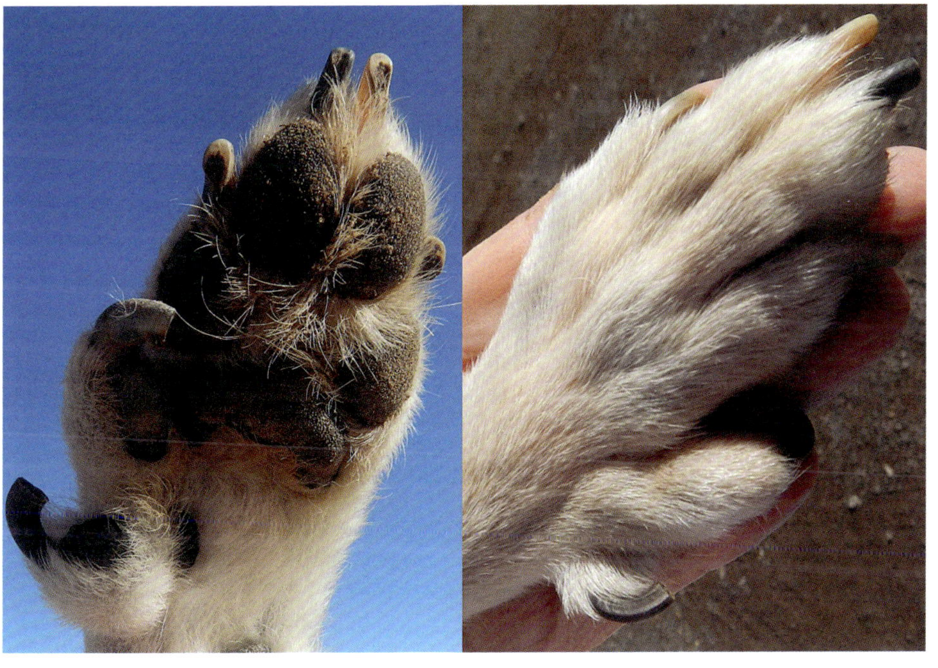

Handgelenks- oder Fußwurzelknochen hinzu (denn der Himmel bewahre, dass wir sie einfach nur vordere oder hintere Handwurzeln nennen würden) und Sie sind bei 26. Vier Pfoten haben also insgesamt 104 Knochen. Das ist jede Menge und erklärt, warum Pfotenprobleme bei Hunden so häufig sind. Sicher, der Pfotenabdruck Ihres Hundes zeigt nur vier Zehen. Der fünfte, wenn er nicht chirurgisch entfernt wurde (und Sie keinen Norwegischen Lundehund oder eine andere Polydaktyl-Mutation mit einem sechsten Zeh haben), befindet sich weiter hinten am Fuß, die Daumenkralle.

Schultern und Hüften

Schultern und Hüften sind dort, wo die Gliedmaßen auf die Körperachse oder Wirbelsäule treffen. Beim Hund ist die Hüfte ein festes Kugelgelenk, bei dem der große Oberschenkelknochen (Femur) eine Kugel hat, die fest in der Struktur der Hüfte verankert ist. Dadurch kann die Hüfte die enorme Kraft des Laufens, die beim Hund den gesamten Oberkörper beansprucht, durch die Hüfte und auf die Füße übertragen, wo der Reifen sozusagen auf die Straße trifft. Hundeschultern haben die gleiche Funktion, aber sie tun es ganz anders als die Hüften. Es gibt etwa 25 Muskeln, welche in der Schulter des Hundes angebunden sind und so eine große Freiheit in der Beweglichkeit bieten. Der Kopf des langen Armknochens, der Humerus, sitzt in einer flachen Pfanne im Schulterblatt. Dies ermöglicht eine große Bewegungsfreiheit. Das ist ein Segen für die über 25 Muskeln, die die Schulter stützen! Weil die Kapsel, die den Oberarmknochen hält, kleiner ist als beim entsprechenden Hüftgelenk, erhält man einen größeren Bewegungsbereich. Dafür ist das Gelenk, das mit Bändern und Muskeln anstelle von Knochen zusammengehalten wird, weniger stabil. Diese weichen Strukturen befestigen das Schulterblatt an der Wirbelsäule und am Brustbein (Vorderseite der Rippen über dem Herzen, auch Sternum genannt). Das gibt dem Hund die zusätzliche Bewegungsfreiheit, um sich auf der Fläche eines Handtellers drehen und all die anderen tollen sportlichen Aktionen vollführen zu können.

Stehend verlagert ein Hund etwa 60 % seines Gewichts auf die vorderen Gliedmaßen und 40 % nach hinten. Für die Frontlastigkeit beim Hund gibt es zwei Gründe. Natürlich erhöht der Kopf den vorderen Gewichtsanteil. Aber mit diesem weiter vorne liegenden Schwerpunkt erreicht man eine bessere Kurvenstabilität. Anzumerken ist hier, dass der Schwerpunkt des Hundes zugleich seinen Gleichgewichtspunkt darstellt. Wenn Sie Ihren Hund an seinem Gleichgewichtspunkt auf einen Stock legen würden, so würde er ganz gerade liegen bleiben anstatt sich einer Wippe gleich nach

vorne oder hinten zu neigen. Bleibt das Gleichgewichtszentrum auf dem Boden zwischen den vier Füßen, dann ist alles bestens. Wenn ein Hund sich beispielsweise in einer Kurve zu weit nach vorne lehnte, dann würde er frontlastig werden (wie Wish, die ständig schlingernd und stampfend unterwegs ist), das Gleichgewicht verlieren und hinfallen. Bei manchen Französischen Bulldoggen hatte ich die Befürchtung, dass sie vor lauter Frontlastigkeit auf die Nase kippen müssten, auch wenn das bisher in meiner Gegenwart nie passiert ist. Eine Freundin in Ohio sagte, das sei der Grund, warum sie ihre Frenchie-Rüden nicht kastriert habe: Hoden seien ihr einziges Gegengewicht. Aber ich schweife schon wieder ab.

Da ist also eine tolle Skelettanatomie, die man sich anschauen kann, bestehend aus vielen Teilen, besonders in den Füßen. Vergessen wir aber nicht, woraus das Skelett besteht. Es handelt sich um lebendige, kalziumreiche Zellen, die in den bekannten Strukturen verhärtet (ossifiziert, verknöchert) sind. Da Knochen lebendig sind, können sie heilen, wenn sie gebrochen sind. Knochen können sich verändern und Belastung kann in einigen Bereichen zu einem Gewebeauf- oder -abbau führen. Training dient der Stärkung und dem Wiederaufbau von Knochen. Gehen Sie also mit Ihrem Hund spazieren und bereichern Sie dieses Knochengerüst. Knochen können auch krank werden. Viele an anderer Stelle im Körper benötigte Mineralien werden in den Knochen eingelagert. Um bei geringem Verlust an baulicher Integrität Gewicht einzusparen, sind die größeren Knochen hohl. Dieser Raum ist mit gespeichertem Fett und den Zellen gefüllt, die das Blut, insbesondere die Blutbestandteile des Immunsystems, bilden. Skelette sind doch viel mehr als nur eine tolle Halloween-Deko, oder etwa nicht?

Muskeln

Knochen sind überwiegend dazu da, um den Muskeln etwas zu tun zu geben. Allerdings nimmt mir mein Freund der Knochenwissenschaftler diese Aussage übel. Muskeln funktionieren nur über Kontraktion. Sie sind zum Ziehen und nicht zum Drücken da. Man kann an einem Seil ziehen, um ein Gewicht zu ziehen, aber das Drücken auf das Seil ist nicht gerade sonderlich effektiv. Alle Skelettmuskeln arbeiten nach einem genial einfachen Mechanismus, der immer wieder wiederholt wird. Anstatt am Seil zu ziehen, um das Gewicht zu bewegen, sind Muskeln das Seil und das Seil zieht sich zusammen. Wenn mein Hund Blizzard sein rechtes Hinterbein anhebt, um zu pinkeln, ziehen sich die Muskeln an der Außenseite des oberen Hinterbeins, die den Oberschenkelknochen (großer einzelner oberer Hinterbeinknochen) mit dem Becken (Hüfte) verbinden, zusammen und ziehen das Bein nach oben. Wenn er das Bein senkt, hilft die Schwerkraft. Aber die Muskeln, die dem ersten Muskel gegenüberliegen, ziehen sich zusammen und dehnen den ersten wieder. Wir sprechen von der Stelle, an der ein Muskel als Ursprung beginnt und an der er als Insertion zieht. Der Muskel in seiner Hüfte zieht sich zusammen und zieht an beiden Enden, der Hüfte (Ursprung) und dem Unterschenkel (Insertion). Die Hüfte ist an den ganzen Rest des Körpers gebunden, der von drei anderen Beinen abgestützt wird. Die Hüfte bewegt sich nicht, also bewegt sich stattdessen der Unterschenkel und hebt sich. Beim Gehen ziehen verschiedene Muskeln das Bein nach vorne und ein entgegengesetzter Satz Muskeln zieht es zurück. Um es anschaulich darzustellen: Eine der Hauptmethoden, mit denen ein Wolf große Beutetiere bewegungsunfähig macht, ist das Durchbeißen der Oberschenkel. Das zertrennt die Muskeln, die das Bein nach hinten ziehen. Das verletzte Tier kann das betroffene Bein nach vorne ziehen, aber nicht wieder zurück. Es kann nicht mehr laufen oder rennen oder nach dem Wolf treten.

Das Muskelsystem ist nur eine Reihe von sich zusammenziehenden Seilen, die an beiden Enden mit einem dazwischenliegenden Scharnier (Gelenk) verankert sind. Im

Allgemeinen befinden sich die Muskeln, die einen Bereich bewegen, näher am Körper als der Teil, den sie bewegen. Die Füße werden durch gegenüberliegende Muskeln im Unterschenkel gebeugt und gestreckt. Der Unterschenkel wird durch Muskeln im Oberschenkel gebeugt und gestreckt.

Das obere Bein wird durch gepaarte Muskelgruppen gebeugt und gestreckt, die sich im Hauptkörper befinden und an den Brust- oder Beckengürteln und der Wirbelsäule ansetzen. Das Ganze steht und fällt mit der Stärke und Unversehrtheit der Wirbelsäule und des Bauches, dem Kernstück. Wenn Sie begriffen haben, dass Muskelgruppen gepaart sind und dass diese nur durch Kontraktion funktionieren, hilft Ihnen das zu verstehen, wie Ihr Hund geht. Und was noch wichtiger ist, es wird Ihnen helfen, Verletzungen zu verstehen, wie Muskeln sich paarweise von der Kraft her ausgleichen müssen und wie nützlich die Kraft ist, die aus dem Kernstück (Bauch und Rücken) kommt.

Andererseits wissen Sie dann auch, welche Muskeln viel genutzt werden und wie die großen Bein- und Armmuskeln im Vergleich zu den kleinen Muskeln innerhalb der Wirbelsäule funktionieren, die dabei helfen, sie nach innen zu krümmen. Sie werden auch über Steaks Bescheid wissen und warum die Preise dafür variieren. Stark beanspruchte Muskeln sorgen für zähe, aber billige Steaks oder Hamburger. Selten beanspruchte Muskeln, wie Filets, sind weniger zäh. Ernährungsphysiologisch sind sie alle ziemlich gleich. Wenn Sie mit dem richtigen Muskelnamen nach Fleischstücken beim Metzger fragen, wird dieser das hassen. Und Tierärzte hassen es, wenn Sie die Verletzung Ihres Hundes als „vielleicht eine Verletzung des Rumpsteaks" beschreiben. Aber probieren Sie es mal aus, es könnte lustig sein. Es könnte Sie auch daran erinnern, dass Sie, wenn Sie Fleisch essen, Teile eines echten Tieres essen, das gelaufen und gelaufen ist. Damit komme ich gut zurecht, ich habe da keine Probleme damit. Die Vegetarier aus meiner Familie und dem Freundeskreis sagen oft, dass dies ein Grund dafür ist, warum sie kein Fleisch essen. Falls Sie welches essen, wird Sie der nachfolgende Absatz vielleicht dazu bringen, sich Ihr nächstes Steak genauer anzuschauen.

Seile bestehen aus Fäden, die zu Schnüren zusammengedreht werden, die wiederum zu Seilen zusammengedreht werden. Mit Muskeln ist es genauso, nur dass sie nicht durch Verdrehen zusammengehalten werden. Im Kern bestehen Muskeln aus kleinen Protein-, Aktin- und Myosinsegmenten, die aneinander entlang steigen. Stellen Sie sich eines von ihnen als fest vor und ein anders klettert das fixierte Stück mit viel

ATP hinauf, das von den Mitochondrien gebildet wird. Sie erinnern sich noch an ATP, oder? Ich hatte Sie darum gebeten, es nicht zu vergessen. Dieses wirklich wichtige Molekül, das Energie in der Zelle speichert? So ähnlich wie die Seile, die wir als Kinder im Sportunterricht hochgeklettert sind. Gibt es das noch in der Schule? Jedes Segment, das klettert, oder der Kletterer, steigt am festen Stück vorbei. Diese Proteine sind mikroskopisch klein. Die Proteinstränge sind in kleine Einheiten gruppiert. Jede dieser Einheiten, Sarkomer genannt, hat einen Durchmesser von 0,00007 Zoll oder 0,002 Millimeter. Diese sind in Fasern gestapelt, von denen Hunderttausende wie geschlossene Güterwagen bei einem wirklich langen Zug aneinandergereiht sind.

Muskelbewegung

An dieser Stelle wird die Natur wirklich interessant. Falls der Muskel ein wirklich langes Sarkomer anstelle einer Schnur aus vielen Sarkomeren wäre, also nur ein langes Aktin- und ein langes Myosin-Molekül, die sich mit derselben Geschwindigkeit zusammenziehen, wie sich Aktin und Myosin mit etwa 0,02 Millimeter pro Sekunde aneinander vorbeibewegen, dann würde Ihr Hund buchstäblich den ganzen Tag (ca. sechzehn Stunden) brauchen, um mit dem Fuß einen einzigen Schritt zu schaffen. Aktin und Myosin sind wirklich langsam. Wer sich so langsam bewegen würde, würde in der großen Wildnis der Natur gefressen. Stattdessen sind die Aktin- und Myosinstücke sehr kurz. Sie sind gestapelt wie Legos oder Steine. Jedes Lego-Teil oder jeder Stein zieht sich langsam zusammen, aber sie tun es alle gleichzeitig und übereinander gestapelt. Stellen Sie sich diese Lego- oder Ziegelwand vor, bei der jedes Stück nur ein wenig zusammengedrückt wird. Anstatt 16 Stunden zu brauchen, um etwas so langes wie ein Bein zusammenzuziehen (wobei jedes Aktin- und Myosinseil und jeder Kletterer einen halben Meter lang in einem langen Muskel sind), geht es jetzt wirklich schnell. Jedes zusammenziehende Sarkomer (Lego oder Ziegel) führt dazu, dass sich die Muskelfaser mit zweieinhalb Meter pro Sekunde zusammenzieht. Jetzt könnte sich das Bein in nur einer zwölftel Sekunde nach vorne bewegen. Aber es geht noch schneller, weil der Muskel am nahen Ende des Beinknochens zieht und sich mit zweieinhalb Meter pro Sekunde bewegt und das entfernte Ende des Beinknochens zehnmal schneller schwingt. Stellen Sie sich vor, Sie würden einen Baseballschläger halten und auf einem Spielfeld schwingen. Den Schlägergriff drehen Sie dabei mit Ihren Handgelenken, indem Sie den Griff ein paar Zentimeter bewegen und dadurch bewegt sich das andere Ende des Schlägers sehr schnell über einen Bogen von etwas mehr als einem Meter. Gestapelte Sarkomere und der mechanische Vorteil der Hebelwirkung beschleunigen den Prozess der Muskelkontraktion von Stunden auf Sekundenbruchteile.

Die Hebelwirkung ist ein starker Kraftmultiplikator. Gehen Sie auf einen Spielplatz und stellen Sie sich eine Wippe oder eine Schaukel vor. (Ich vermute, diese wurden bei uns jetzt größtenteils entfernt, da sie in den Vereinigten Staaten dank der Sicherheitsvorschriften Mitte der 1980er Jahre und der vielen gebrochenen Kinderschädel als zu gefährlich angesehen und entfernt wurden.) Falls Sie eine finden können, probieren Sie es aus. Sie können auch ein Wackeln auf einem Tisch mit einem Bleistift oder einem Zollstock, einem Balancestück in der Mitte und Dingen zum Stapeln an den Enden wie Pokerchips oder Oreo-Keksen simulieren. Legen Sie zwei Personen (oder Gewichte) mit gleichem Gewicht darauf, eine an jedem Ende. Das Ganze wäre ausbalanciert und könnte den ganzen Tag mit wenig Kraftaufwand auf und ab wippen. Setzen Sie ein kleines Kind an ein Ende und einen Erwachsenen an das andere, und das Kind kann den schwereren Erwachsenen nicht bewegen. Bewegen Sie nun den Erwachsenen zur Mitte. Irgendwann in der Nähe des Zentrums kann das Kind nun den Erwachsenen beim Balancieren bewegen. Das Kind nutzt die Distanz, indem es viele Auf- oder Abbewegungen anwendet, um den Erwachsenen ein wenig in die entgegengesetzte Richtung zu bewegen. Das ist Hebelwirkung. Der Gleichgewichtspunkt wird als Drehpunkt bezeichnet. Sie können Distanz gegen Kraft eintauschen. Ein Gelenk im Skelett ist ein Drehpunkt mit Knochen als Hebelarmen. Muskeln können nahe am Gelenk oder weit entfernt ansetzen. Ein kleiner Muskel, der sich über eine große Distanz bewegt, kann eine sehr starke Kraft direkt hinter dem Gelenk ausüben. Oder umgekehrt kann ein sehr großer Muskel in der Nähe des Gelenks das andere Ende wirklich sehr schnell bewegen. Fortbewegung oder jede Muskelbewegung ist eine Kombination von mikroskopischen Bewegungen, die durch chemische Reaktionen unter Verwendung von Materialien aus der Verdauung ausgelöst werden, um sie anzutreiben. Sie werden über Entfernungen hinweg verstärkt, da sich diese winzigen Gruppen alle im Einklang zusammenziehen, und noch einmal durch die mechanischen Vorteile von Hebeln, sodass die Füße am anderen Ende der Beine sich sehr schnell bewegen. Sie werden angetrieben von großen Muskelgruppen, die näher am Körperkern sind. Nehmen Sie sich das letzte Stück noch einmal vor und zergliedern Sie es! Es enthält viele Schritte! Einige Muskelpaare sind ausgeglichener. Zum Beispiel werden die Muskeln, die die Augen Ihres Hundes nach links drehen, so ziemlich genau von denen ausgeglichen, die die Augen nach rechts drehen.

Das Skelett und das Muskelsystem arbeiten eng zusammen. Ihr Hund hat ungefähr 650, ungefähr so viel wie Sie auch. Es gibt ungefähr zwei Dutzend Muskeln pro Schulter, 17 pro Hüfte, also lassen Sie uns nicht alle einzeln durchgehen. Wenn sich etwas im Körper bewegt, ist irgendwo ein Muskel mit der Bewegung verbunden. Wird ein Zeh bewegt, dann sind Muskeln in der Pfote und den Vorderbeinen beteiligt. Wird ein Vorderbein bewegt, dann werden die Muskeln der oberen Gliedmaßen aktiv. Wird die ganze Gliedmaße bewegt, so ist der Rumpf beteiligt. Das Nervensystem koordiniert, das Kreislaufsystem versorgt, aber die Muskeln machen die Arbeit. Was bewegt das Blut? Das Herz, und das ist eine Pumpe aus Herzmuskeln, die nicht an Knochen haftet. Wie wird Nahrung durch den Darm transportiert? Das ist die Kontraktion der glatten Muskulatur, um die Schlauchquetschbewegung des Verdauungsapparates auszuführen.

Bewegung ist wirklich sehr kompliziert. Wenn eine dieser Aktionen nicht mehr synchron ist, treten unkoordinierte Krämpfe auf. Stellen Sie sich einen Anfall vor. Es macht mir wirklich nichts aus, wenn Sie die Details von Aktin und Myosin beschönigen. Ich hoffe, Sie verstehen, wie der Körper einen langsamen chemischen Prozess in eine blitzschnelle Aktion umwandelt. Meine Enttäuschung über Sie wird groß sein, falls Sie nicht erkennen, dass jede Bewegung im Bein die anderen Gliedmaßen und damit den Rumpf oder den Kern beeinflusst und dass fast jede einzelne Bewegung die Koordination von Hunderten von Muskeln erfordert, die Hunderte von Knochen gleichzeitig kontrollieren. Wenn Sie beobachten, wie Ihr Hund springt, rennt, läuft oder sogar aufsteht, dann staunen Sie. Seien Sie wirklich überrascht, dass es überhaupt funktioniert. Ich habe gerade beobachtet, wie Gromit zur Tür rannte, um zu bellen, als mein Nachbar in seinem Lastwagen vorbeifuhr. Gromit bewegte sich aus der Liegeposition neben mir auf seinem Bett hoch in den Stand, in Alarmbereitschaft und hinüber zur Tür. Seine Augen bewegten sich, die Ohren auf das Geräusch ausgerichtet, den Kopf nach oben. Er musste aufstehen, das Gleichgewicht herstellen und zur Tür trotten. Dies beinhaltete das Gleichgewicht des Schwanzes, Schritte, die Fortbewegung der Gliedmaßen und das Biegen um Türen. Nehmen Sie ein Zeitlupenvideo von jeder Aktivität Ihres Hundes auf und sehen Sie sich die ausgeklügelte, exquisite Abfolge an Bewegungen und Gegenbewegungen buchstäblich von der Nase bis zur Schwanzspitze an. Ich würde sagen, es macht mich sprachlos. Und doch investiere ich, um meine Ehrfurcht auszudrücken, über zweihundert Worte, ich bin also alles andere als still.

Außer mit Gliedmaßen herumzufuchteln und mit dem Schwanz zu wedeln machen Muskeln noch andere ziemlich interessante Dinge. Die Rippen bilden eine feste Kammer, in der sich Ihre Lunge befindet. Wir pressen keine Luft in unsere Lungen, wie es ein Frosch tut, indem er Luft „schluckt". Wir senken den Luftdruck in dieser Brustkammer und Luft wird durch ein relatives Vakuum angesaugt. Die Luft wird dann auch durch die Muskeln aktiv nach außen befördert. Das Zwerchfell ist ein großer Muskel, der die Brust- oder Brusthöhle von der Bauchhöhle trennt. Es ist um die Leber und das Verdauungssystem herum gewölbt. Wenn sich die Muskeln zwischen den Rippen zusammenziehen und das Zwerchfell sich von kuppelförmig zu ziemlich platt abflacht, so erhöht sich das Volumen des Bereichs, in dem sich die Lungenflügel bewegen. Da sie von Natur aus elastisch sind, dehnen sie sich aus und durch die Volumenvergrößerung wird Luft angesaugt. Das Ausatmen ist das Gegenteil: Entspannung des Zwerchfells und Kontraktion der Muskeln im Brustkorb.

Das Herz

Ein weiterer sehr interessanter Muskel ist das Herz. Wie ein Skelettmuskel zieht er sich ganz normal zusammen. Herzzellen sprechen jedoch besonders auf ein elektrisch ausgesendetes Signal an, durch das sie sich in einer Welle zusammenziehen, die Blut in das Herz drückt und es dann aktiv ausstößt, wodurch der Blutfluss zustande kommt. Dies geschieht regelmäßig und mit einem Rhythmus, der Tag für Tag an den Stoffwechselbedarf der Zellen im Körper gebunden ist. Mein ältester Hund, Gromit, hatte während der vergangenen 7.626.000 Minuten einen konstanten Ruhepuls von etwa 75 Schlägen pro Minute. Das sind über eine halbe Milliarde Schläge in seinem bisherigen Leben. Nur wenige Maschinen haben eine so hohe mittlere fehlerfreie Betriebszeit. Zum Glück schlägt es weiter.

Ist Ihnen aufgefallen, was ich gerade getan habe? Ich habe meinem Hund sehr viel Aufmerksamkeit geschenkt. Ich habe seine Atemzüge gezählt, seinen Puls überprüft, ihm ins Gesicht geschaut. Ich mache das häufig. Ich tue das, weil Gromit nicht so gut darin ist, mir zu sagen: „Tim, alter Junge, das Wetter schafft mich heute. Vielleicht bin ich etwas gestresst deswegen. Vielleicht ist heute nicht der beste Tag für unser Training." Da er das nicht direkt sagen kann und Schmerzen normalerweise verbirgt, muss ich nach anderen Methoden suchen. Ich muss unbedingt wissen, wie „normal" aussieht, damit ich Anomales erkennen kann. Beobachten Sie, wie Ihr Hund in Ruhe, nach dem Spielen oder im Schlaf atmet. Wie unterscheiden sich die Atemzüge? Sind sie tief oder flach? Schnell? Wie schnell? Beobachten Sie über kurze, mit der Uhr gestoppte 15-Sekunden-Intervalle. Multiplizieren Sie das Ergebnis mit vier, um die

Atemzüge pro Minute zu erhalten. Lernen Sie Ihrem Hund zuliebe, was normal ist. Machen Sie es genauso mit seinen Herzschlägen. Messen Sie immer an derselben Stelle, wo Sie auch bei sich messen würden, das ist normalerweise am Handgelenk (und bringen Sie in Erfahrung, wo sich das Handgelenk Ihres Hundes befindet!). Ist der Pulsschlag stark oder schwach? Schnell oder langsam? Wie fühlt es sich bei Ihrem Hund normalerweise an? Schreiben Sie die Zahlen in ein Notizbuch mit Datum, dem Ergebnis und einem Kommentar wie „ruht" oder „schien ängstlich" oder „gerade vom Spazierengehen gekommen". Das ist nicht schwer, es verhilft Ihnen zu einer physischen Verbindung zu Ihrem Hund, es führt zu einem seltsam zen-ähnlichen Entspannungsmoment und es hilft, wenn das sprichwörtliche Fäkalienmaterial auf die rotierenden Klingen eines elektrischen Ventilators trifft. Das ist übrigens einer meiner Schülerinnen passiert, als sie noch jünger war. Ihr Hund hatte Durchfall, direkt in einen Ventilator hinein und überzog sie mit braunen Tropfen. Sie wusste, dass das nicht normal war! Aber es ist eines meiner Lieblingsbilder für die Interaktion zwischen Hund und Schüler in meinem Kopfkino.

Ein vierzehn Kilogramm schwerer Hund besteht zu vollen fünf bis sieben Kilogramm aus Muskeln. Die ganze Geschwindigkeit, das Drehen und Wenden: Muskeln. Die ganze Kacke aus dem Hinterteil gedrückt: Muskeln. Haare stehen zu Berge? Muskeln. Herzschlag? Muskeln. Mit der Lunge atmen? Muskeln.

Muskeln und Knochen sind ein Team

Es lohnt sich aus zwei Gründen, all das zusammenzubringen: Einer ist, sich dessen bewusst zu sein, was alles schiefgehen kann und zu verstehen, wie alle Einzelteile zusammenpassen, um die nötige Arbeit zu tun. Im Allgemeinen läuft es nach folgendem Muster ab: Ein Muskelpaar liegt sich gegenüber. Denken Sie an den Bizeps, der die untere Vordergliedmaße beugt, während der Trizeps entgegengesetzt dazu da ist, um die Extremität nach hinten zu strecken. Vergessen Sie nicht: Muskeln können nicht drücken. Alle Säugetiere haben dieses Muskelpaar. Die relativen Größen und genauen Befestigungsstellen am Knochen variieren, aber die Körperteile und die Gene dafür sind alle so ziemlich gleich. Muskeln sind an beiden Enden mit harten Bindegewebsfasern an den Knochen befestigt, den Sehnen. Diese dehnen sich nicht viel, was gut ist, denn so können sie fast die gesamte Kraft des Muskels übertragen. Aber wenn die Kraft zu groß wird, neigen sie zum Reißen, nicht zum Überdehnen. Das ist schmerzhaft. Der Bizeps (technisch der Bizeps brachii: bi für zwei obere Enden am Muskel und brachii bedeutet Arm) entspringt oder hängt an zwei Stellen (das „bi“ im Bizeps) am Ende der Scapula, also des Schulterblatts. Das andere Ende geht über den Ellenbogen hinaus zum Radius (Speiche) beziehungsweise ist daran befestigt. Mit dem Muskel kann man die Handfläche drehen, indem er die Speiche dreht und man kann mit ihm den Unterarm im Verhältnis zum Oberarm beugen. Der Gegenspieler dazu ist der Trizeps (technisch der Trizeps brachii: drei Befestigungspunkte zum Bewegen des Arms). Der Trizeps hat seinen Ursprung am Humerus oder Oberarmknochen, dem langen Knochen, der dieses Muskelpaar trennt, und am Scapula oder Schulterblatt. Das andere Ende führt zum Ellenbogen an die Rückseite der Ulna (Elle), dem anderen Knochen des Unterarms beziehungsweise ist daran befestigt. Bei Ihrem Hund können sie dies ganz leicht mit der Hand nachfahren. Tun Sie das vorsichtig, ohne ihn zu kneifen. Wenn der Trizeps sich zusammenzieht, wird der Arm gestreckt und der Bizeps streckt sich. Zieht sich der Bizeps zusammen, streckt sich der Trizeps.

All dies dreht sich um zwei Gelenke. Die Gelenke werden durch Bänder zusammengehalten, die die Knochen befestigen. Zum Beispiel gibt es vier Hauptbänder im Ellenbogen und drei in der Schulter. In den Gelenken gibt es Knorpel, weil Knorpel glatter ist als Knochen, und alle werden von Synovialflüssigkeit geschmiert. Die Schulter hat sechs Schleimbeutel, der Ellbogen einen. Bursae sind mit Flüssigkeit gefüllte Säcke, die Muskeln und Sehnen beim Vorbeigleiten an den Knochen helfen, die Bewegung zu verbessern. Ein Hund hat etwa 350 Gelenke plus 320 Knochen und 600 Muskeln. Klingt kompliziert? Genau das ist es! Warum, glauben Sie, müssen Tierärzte so lange studieren? Allein um nur die Gliedmaßen zu lernen, müssen sie alle Teile davon kennen, wissen, wie sie zusammenpassen, was schiefgehen kann und wie es aussieht, wenn etwas schiefgeht. Lassen Sie mich Sie nicht zum ersten Mal daran erinnern, dass ich Ihnen all dies erzähle, damit Sie die Grundlagen verstehen und ein sinnvolles Gespräch mit einem Tierarzt führen können. Auf keinen Fall kann ein Buch oder das Internet das benötigte Wissen ersetzen, mit dem man all diese Teile zusammensetzen und mit einem gewissen Grad an Sicherheit eine Diagnose zu einem Problem stellen kann. Auf keinen Fall kann ein Tierarzt das wachsame Auge des menschlichen Begleiters eines Hundes ersetzen, der gut nach Veränderungen bei seinem Begleiter Ausschau hält. Gute Tierärzte hören auf die Hundehalter. Gute Hundehalter hören auf ihre Tierärzte oder andere Pflegekräfte. Gemeinsam können wir mit unseren Hunden einen viel besseren Job machen.

Oh ach ja, und der zweite Grund, das alles zusammenzubringen? Wegen des, wie ich schon früher im Buch gesagt habe, Aha-Effekts.

Hier kommt eine keineswegs erschöpfende Liste der Dinge, die allein in der eben beschriebenen Schultergliedmaße schiefgehen können: Es kann eine Unterernährung oder eine Stoffwechselstörung vorliegen, sodass die Muskelproteine nicht richtig arbeiten. Es kann ein Problem mit dem Nervensystem vorliegen, sodass die Muskeln sich unkoordiniert bewegen. Das Verdauungssystem kann möglicherweise den Zucker und die Proteine, die für die Arbeit der Muskeln benötigt werden, nicht zerlegen oder absorbieren. Das Kreislaufsystem kann die Rohstoffe wie Zucker und Sauerstoff möglicherweise nicht zu den Muskeln transportieren. Die Muskelfasern selbst können blaue Flecke haben (beschädigte Blutgefäße, die überallhin auslaufen), gedehnt oder gerissen sein. Die Sehnen könnten beschädigt werden. Der Schleimbeutel kann entzündet sein (Bursitis), der Knorpel im Gelenk kann beschädigt sein und das Gelenk beeinträchtigen. Die Knochen selbst könnten gebrochen sein oder Schaden durch Arthritis genommen haben. Jedes der lebenden Gewebe kann von Bakterien infiziert oder von Krebs befallen werden.

Woher soll man aber wissen, dass etwas nicht stimmt? Aus einem Tier, das unsere Sprache nicht spricht und aufgrund seiner Entwicklung im Angesicht des Todes keine Schmerzen zeigt, kann man nicht viel herausbringen. Man muss viel ausprobieren. Einige Tests sind einfach, wie zum Beispiel ein Gelenk abzuhorchen oder eine Gliedmaße abzutasten. Wir hatten einen Hund, dessen Arthritis so schlimm war, dass man es hören konnte, wenn man seinen Fuß beugte. Für einige Tests werden sehr teure Geräte wie MRT, Ultraschall oder Röntgenapparate eingesetzt. Wenn Ihr Tierarzt die Herausforderungen der Diagnose des Problems gemeistert hat, dann muss er auch die Behandlungsmöglichkeiten kennen. Das reicht von den Selbstheilungskräften über Physiotherapie bis hin zum Einsatz von Medikamenten und/oder zu Operationen. Wenn Sie nun den Eindruck gewonnen haben, dass ich Tierärzte bewundere, dann trifft das ins Schwarze. Tierärzte müssen genauso klug und gebildet sein wie die Humanmedizinstudenten. Sie müssen Biochemie, Physik und Biologie sowie Humanpsychologie und Betriebswirtschaft lernen. Im Gegensatz zu Humanmedizinern, die nur eine Spezies behandeln, lernen Veterinäre, Vögel, Schildkröten, Katzen und Hunde zu behandeln und sie müssen für jede einzelne Art wissen, was normal und was anormal ist. Hinzu kommt noch, dass sie dies normalerweise für weitaus weniger Geld tun. Ich liebe meine Tierärzte (wenn nicht, wechsle ich sofort!). Ich verbringe viel Zeit mit der Bewunderung der Tatsache, dass irgendetwas gut funktioniert, um nicht zu sagen das meiste gut funktioniert. Und ich bewundere meine Studenten, die Veterinärmedizin studieren, denn, na ja, wie viele Menschen beißen schon ihre Ärzte? Ich muss zugeben, mein Kinderarzt und meine Zahnarztfreunde meinen, ich würde staunen, wenn ich das wüsste.

Die beiden als nächstes beschriebenen Aktivitäten werden uns zeigen, dass alles noch sehr viel komplizierter ist beziehungswiese wie wunderbar koordiniert der Körper doch ist.

Fressen

Die Mandibula ist der Unterkiefer und beherbergt knapp die Hälfte der Zähne eines Hundes. Er wird im Wesentlichen von einem Muskel (dem lateralen Pterygoideus) geöffnet und dazu noch von einigen kleineren Muskeln, die vom Zungenbein unter der Zunge abgehen. Das Zungenbein ist einer der seltenen Knochen, der nicht direkt über ein Gelenk mit einem anderen Knochen verbunden ist und die meisten Menschen wissen nicht einmal, dass er existiert. Wie schade. Das Maul wird durch Hochziehen des Unterkiefers geschlossen. Diese Arbeit wird hauptsächlich vom Masseter erledigt, dem wirklich großen Muskel, der von der Oberseite des Schädels bis zur Unterseite des Unterkiefers reicht, plus ein oder zwei weiteren Hilfsmuskeln. Wenn Ihr Hund kaut, wird dies mit Zungenbewegungen koordiniert, um die Nahrung im Mund zu bewegen. Dann muss das Ganze mit den glatten Muskeln in der Speiseröhre koordiniert werden, um die Nahrung abzutransportieren sowie mit der Atmung, damit der Hund die Nahrung nicht durch diese Kreuzung zwischen Speiseröhre und Luftröhre einatmet. All dies kann ohne bewusste Kontrolle erfolgen, kann aber bei Bedarf auch unterbrochen werden. Sie können Ihren Hund zum Beispiel dazu bringen, mit dem Kauen aufzuhören, wenn Sie ihn beim Fressen ablenken. Während des Kauens halten die Nackenmuskeln den Kopf in Position über dem Futternapf, die Augenmuskeln bewegen die Augen, um nach Ablenkungen Ausschau zu halten und die Ohren könnten einem Geräusch folgen und sich drehen drehen. Und das alles ist lediglich „Fressen".

Gangart

Das Gehen wird *wirklich* kompliziert – mit vier herumzappelnden Gliedmaßen und dazu noch unebenem Gelände, auf dem man das Gleichgewicht halten muss. Es geht nicht, dass man den Pfoten rein zufällige Bewegungen erlaubt, das würde nirgendwohin führen. Das Gehen erfordert die Koordination von Hunderten von Muskeln, die sich über Hunderte Knochen (meist in den Pfoten) in präzisen Mustern bewegen, je nachdem, wie schnell der Hund geht. Zwei Arten zu gehen unterscheiden sich vom Trab, der sich wiederum von Galoppieren und Springen unterscheidet. Eine solche Fortbewegung erfolgt sicherlich nicht nur über die Beine. Auch die Rücken- und Bauchmuskulatur wird bei jedem Schritt Ihres Hundes beansprucht.

Ehe Sie die nächsten Seiten lesen, gehen Sie, falls möglich, mit Ihrem Hund Gassi. Beobachten Sie die Tritte, die Schritte, die Beinbewegungen. Dann erst lesen Sie den nächsten Teil. Dieser enthält Informationen, die Sie nicht sehen können, weil Ihre Augen und Ihr Gehirn nicht schnell genug dazu sind. Diesen Feinheiten ist es zu verdanken, dass Zeitlupenfilmtechnologie entdeckt worden ist, und zwar als erstes bei Pferden. Dann, nachdem Sie etwas über Gangarten gelesen haben, unternehmen Sie einen weiteren Spaziergang. Sie werden schon mehr erkennen, aber frustriert sein über das, was Sie immer noch nicht sehen können. Es gibt einige wirklich gute YouTube-Videos. Suchen Sie nach „Hundefortbewegung und Ganganalyse". Oder probieren Sie es mit Ihrer eigenen Kamera und der Slow-motion-Einstellung.

Vierbeinige Tiere werden auch Quadrupeden genannt, was wörtlich „Vierfüßler" bedeutet. Menschen sind Zweibeiner, weil sie auf zwei Beinen laufen. Aber wir haben uns als Vierbeiner entwickelt, deshalb haben wir die gleichen Muskeln und Knochen. Unsere Körperhaltung und Gangarten unterscheiden sich. Beginnen wir bei der Fußstellung. Der Mensch steht plattfüßig mit der Ferse auf dem Boden, das nennt man plantigrad oder Sohlengang. Beim Laufen bewegen wir uns auf die Zehenspitzen, was man digitigrad oder Zehengang nennt. Diese Technik verlängert die Gliedmaße und verleiht ihr einen etwas größeren mechanischen Vorteil und die Fähigkeit, sich schneller zu bewegen. Hunde und Katzen sind beide digitigrad. Wenn Sie so auf Ihren Zehennägeln laufen könnten, wie eine Ballerina tanzt, könnten Sie auf Kosten der Drehgeschwindigkeit noch ein bisschen schneller werden, da weniger Fläche den Boden berühren würde. Das nennt man unguligrade, und das tun Hirsche, Pferde und Rinder. Ihre Hufe sind nur Zehennägel. Die vielen Knochen in ihren „Pfoten" sind im Laufe der Evolution verschmolzen. Damit wurde ihr Fuß stark genug gemacht, um den Zehenspitzengang zu erhalten.

Der Fuß Ihres Hundes hinterlässt vier Zehenabdrücke auf dem Boden, jeder von dem Polster, das den Zeh stützt. Darüber hinaus sehen Sie, je nachdem, wie sorgfältig Sie die Krallen Ihres Hundes schneiden, auch Krallenabdrücke. Der fünfte Zeh ist weiter hinten am Fuß, und da der Hund ein Zehengänger ist, hebt er den Daumen oder den großen Zeh (Pollux oder Hallux!) vom Boden ab und hat außer bei extremen Manövern keine Bodenhaftung. Dieser fünfte Zeh dient noch der Stärkung des Fußes. Er ist kein Überbleibsel. Er erfüllt einen Zweck, sonst wäre die Evolution ihn schon vor langer Zeit losgeworden. Daher empfehle ich nicht, ihn loszuwerden.

Hundespuren sehen anders aus als Katzenspuren. Zuallererst ziehen Katzen, außer Geparden, ihre Krallen ein, um sie scharf zu halten, sodass sie nur bei engen Kurven Krallenabdrücke zeigen. Geparde kommen normalerweise nur in Afrika vor. Falls Sie also dort sind und der Fußabdruck ansonsten mit dem eines Hundes übereinstimmt und man Krallenspuren sieht, dann handelt es sich auch um einen Hund. Hunde zeigen fast immer Krallenabdrücke, da sie beim Abheben des Beins das Gewicht auf eine Pfote nach vorne verlagern. Alle die vermeintlichen Hundespuren, die einen Hauptfußballen und vier Zehenpolster zeigen, aber keine Krallen, sind in Wahrheit Katzenabdrücke. Bei Hunden sieht man die Krallen. Die wenigsten Leute mögen aber den Look von Pfotenabdrücken *mit* Krallen auf einer Jacke, einem Schmuckstück oder einem Tattoo. Manche finden das unordentlich, manche eher fast unheimlich. Über Geschmack lässt sich nicht streiten. Mir sagt man immer wieder, ich sollte es zu dem Thema gut sein lassen, aber ich kann einfach nicht! Zudem sind die meisten Hundeabdrücke länger als breit, während Katzenabdrücke breiter als lang sind. Sie brauchen sich aber mit dem, was Sie haben, nicht schlecht vorzukommen. Während meines Studiums der Wildtierökologie hatten die Nittany Lions von Penn State ein Fünf-Zehen-Logo für ihren Löwenfußabdruck verwendet. Wir alle wussten aus der Beobachtung in freier Wildbahn, dass nur Wiesel und Bären (von den üblichen Sportmaskottchen) alle fünf Zehen in einem Abdruck zeigen. Schließlich setzte sich die Biologie gegen das Urheberrecht durch (der wahre Grund, nicht Unwissenheit, dass der Nittany Lion fünf Zehen hatte). Aber es hat uns wirklich Spaß gemacht, die Wildtierbiologen von Penn State auf Konferenzen zu verspotten. Ja, ich weiß, Geek-Vergnügen. Sie haben ihr Logo im Jahr 2006 wieder auf vier Zehen umgestellt. Meine Schwägerin, die mich mal wieder darüber jammern gehört hatte, dass die Leute ständig Hunde- und Katzenspuren verwechseln, malte Hunderte von Krallenabdrücken auf ein wirklich cooles Sweatshirt aus gemischten „Hundepfoten", das sie meiner Frau, ihrer Schwester, gekauft hatte. Sie hat die Farben der Jacke damit perfekt getroffen und meine Frau muss jetzt immer erklären, warum sie ein Unikat hat. Eine meiner regelmäßigen Hundecamperinnen in Vermont hatte unwissentlich eine Spur von Katzenabdrücken über ihren Rücken tätowiert. Nachdem sie mich gehört hatte, ging sie zurück und ließ den Künstler Krallenabdrücke dazu tätowieren. Im nächsten Sommer zeigte sie mir stolz diese Verbesserung. Sah toll aus. Letztendlich habe ich einen Schüler dauerhaft geändert!

Schritt, Trab, Kanter, Galopp

Beim Gehen drehen Sie Ihre Hüften, die linke Seite mit dem linken Bein nach vorne. Die Hüfte hilft, das Bein zu bewegen. Ebenso beugt Ihr Hund sein Becken auf der linken Seite zum Kopf, wenn das hintere linke Bein nach vorne geht. Dadurch entsteht in der Wirbelsäule eine S-Kurve, die durch die gleichzeitig nach vorne gehende gegenüberliegende Schulter ausgeglichen wird. Linke Hüfte, rechte Schulter. Linker hinterer Fuß nach vorne, während der rechte vordere nach vorne geht. Die Pfoten setzen auf, dann eine Drehung um die Hüften und Schultern, sodass das rechte hintere Bein nach vorne geht, während der linke vordere Fuß nach vorne geht. Dies wird als diagonales Gehen bezeichnet, die häufigste Gangart bei Hunden. Aber man kann auch die linke Seite vorne und hinten und dann die rechte vorne und hinten gleichzeitig bewegen. Dies nennt man laterales Gehen oder Passgang und es wird oft bei Welpen beobachtet. Einem erwachsenen Hund muss man das im Allgemeinen beibringen, wenn man es bei Freestyle-Tanzbewegungen einsetzen möchte. Übergewichtige Hunde lernen den Passgang, um ihre Gelenke zu entlasten. Das Abnehmen bei Übergewicht ist aber der besserer Weg, um Druck von den Gelenken zu nehmen. Passgang hält die Wirbelsäule gerade, während sich erst eine und dann die andere Seite nach vorne bewegt. In beiden Gangarten haben bei Hunden immer mindestens zwei und im Allgemeinen drei Pfoten festen Bodenkontakt. Der Trab ist im Wesentlichen ein gut getimter diagonaler Schritt, bei dem zwei Füße gleichzeitig vom Boden weg sind.

Erhöhen Sie die Geschwindigkeit und der Hund wird in einen Kanter übergehen. Dies ist ein Dreitakt, bei dem ein Hinterfuß den Boden berührt, sagen wir der linke Hinterfuß (Schlag eins), gefolgt vom rechten Hinterfuß und dem linken Vorderfuß zusammen (Schlag zwei), gefolgt vom verbleibenden rechten Vorderfuß (Schlag drei), genannt der führende Fuß. Manche Hunde führen rechts, manche links. Kanter und Trab sind nicht sehr schnell. Trab ist ein beschleunigter Schritt, Kanter ist im Wesentlichen ein langsamer Lauf, der leicht zu einem vollen Lauf oder Galopp wechseln kann. Ich finde es amüsant, mit einem meiner Hunde spazieren zu gehen und langsam die Geschwindigkeit zu erhöhen, um herauszufinden, wo er vom Schritt in den Trab und den Trab in den Kanter wechselt. Wenn Sie dies auf ebenem Boden mit einer glatten Oberfläche wie einem gemähten Rasen oder einem ebenen Bürgersteig machen, sollten Sie ziemlich konsistente Ergebnisse erzielen.

Es gibt zwei Arten von Galopp. Bei einem kann der Rhythmus aus nur einem Fuß pro Schritt bestehen, also ein Viertakt, beim anderen ein Zweitakt mit zwei Füßen gleichzeitig pro Takt. Bei einem Zweitakt-Muster treffen beide Vorderfüße auf den Boden, gefolgt von den Hinterfüßen, die genau dort landen, wo die Vorderfüße gerade waren. Wenn also die hinteren Füße zur Landung eintreten, springen die vorderen Füße nach oben und aus dem Weg und greifen wieder nach vorne. Hier sehen die Abdrücke oft aus wie nur ein linker Fuß und ein rechter Fuß, da der hintere Fuß genau dort ist, wo der vordere Fuß war. Um die Geschwindigkeit wirklich zu erhöhen, können die Hinterbeine im selben Zwei- oder Viertaktmuster außerhalb der Vorderfüße vor den Vorderfüßen landen. Die Vorderfüße landen und durch den Schwung und gute Bauchmuskeln wird die Wirbelsäule in eine Kurvenbewegung gebracht. Die Vorderfüße bleiben eng beieinander auf dem Boden und die Hinterfüße landen außerhalb und vor den jetzt fest aufgestellten Vorderfüßen und gleichzeitig, sodass die Abdrücke der Hinterfüße direkt vor und außerhalb der Abdrücke der Vorderfüße liegen. Die geschwungene Wirbelsäule mit gedehnter Muskulatur wirkt wie eine Feder, die sich aufrichtet und die Vorderfüße für die nächsten Schritte nach vorne treibt. Wenn die Füße etwas versetzt zum Takt auftreffen, dann kann ein Vorderfuß vor dem anderen auftreffen und dann einen hinteren Fuß auf der gleichen Seite wie der vordere Fuß kurz vor dem anderen hinteren Fuß landen, wieder mit den hinteren Füßen außerhalb von und vor den Vorderfüßen. Die erste Art des Galopps kann über lange Zeiträume durchgehalten werden, die zweite Galoppart ist sehr schnell und nur für kurze Sprints.

Was ich hier wirklich gerne darstellen würde, ist eine richtig coole Tabelle mit Hunderassen in der linken Spalte und Durchschnittsgeschwindigkeiten für verschiedene Gangarten in der oberen Zeile. Leider gibt es aber im echten Leben zu viele Unterschiede. Im *Journal of Applied Animal Research* wurde 2016 ein komplexer, von Experten beachteter Artikel mit einem Titel veröffentlicht, den Sie einfach lieben müssen: „Biomechanische Merkmale des Gangs von vier Hunderassen mit unterschiedlichem Gebäude beim Gehen auf einem Laufband.“ (Vilar et al., 2016) Es überzeugt mich, dass es einfach zu viel zu beachten gibt, um die Tabelle zu erstellen, die mir vorschwebt. Zum Beispiel muss man Faktoren wie Körpermasse und Alter des Hundes sowie Halslänge und Beingröße und Kinetik berücksichtigen. Viele weitere Recherchen ergaben nur unglaubliche Details, aber nicht die Verallgemeinerungen, die ich wollte. Ich gehe hier also unwissenschaftlich vor und präsentiere Ihnen einige Erfahrungswerte mit Durchmischung und Gemisch mehrerer Rassen, weil ich denke, dass dies immer noch genau meinen Punkt unterstreicht: Wow. Beim Schritt wechseln meine Border Collies erst bei etwa sechs Kilometer pro Stunde in den Trab. Wölfe können an einem Tag 160 Kilometer zurücklegen, das meiste davon im Trab. Schlittenhunde schaffen durchschnittlich 11 bis 19 km im Trab den ganzen Tag über, mit Ruhepausen, wobei die Geschwindigkeit von den Schneebedingungen abhängt, und das über zehn Tage hinweg. Bei kürzeren ein- bis zweitägigen Rennen kann dieser Trab mit 24 Kilometer pro Stunde schneller sein. Greyhounds (die Hunde, nicht die Busse! Letztere können Durchschnittsgeschwindigkeiten nahe dem Tempolimit auf Highways haben, aber ihre Füße sind Räder, also wäre das jetzt kein fairer Vergleich) rasen mit 64 bis 72 Kilometer pro Stunde über 460 Meter. Also lehne ich mich hier aus dem Fenster und sage, dass ein Hund im Schritt durchschnittlich … vergessen Sie nicht, dass das von Hunderasse, Alter, Geometrie der Beine und einer Unmenge anderer Faktoren abhängt. Also werden Ihr Dackel und mein Border Collie bei völlig unterschiedlichen Geschwindigkeiten die Gangart wechseln. Aber im Allgemeinen, wenn auch mit Fußnoten und vielen Wenns und Abers sowie dem aufrichtigen Bedürfnis, dass mir jemand eine Tabelle zeigt, wie ich eine möchte, hier kommt sie: Hunde gehen im Schritt knapp sechs Kilometer pro Stunde, traben von sechs bis 19 Kilometer pro Stunde und galoppieren vielleicht 24 Kilometer pro Stunde mit Höchstgeschwindigkeit, bei Greyhounds sogar erstaunliche 72 Kilometer pro Stunde über einen Fünfhundert-Meter-Kurs. Denken Sie darüber einmal nach. Der Greyhound kann aus dem Stillstand in sechs Schritten auf diese 72 Kilometer pro Stunde beschleunigen oder dreißig Meter in eineinhalb Sekunden zurücklegen und dabei eine 1,4-g-Beschleunigung erfahren, wenn ich alles richtig gerechnet habe. Damit liegt er an zweiter Stelle hinter dem Gepard, was die Beschleunigung anbelangt. Der Gepard kann 110 Kilometer pro Stunde erreichen und das über 200 bis 300 Meter halten, ein Pferd etwas über 72 Kilometer pro Stunde auf einer Stecke bis zu 800 Metern. Der Greyhound kann mit einer Geschwindigkeit von 56 Kilometer pro Stunde über elf Kilometer weit laufen! Die Greyhound-Herzfrequenz in einem Sprint beträgt über 300 Schläge pro Minute oder fünf Schläge pro Sekunde oder einen Schlag alle 0,2 Sekunden. Das ist doch eine schöne Überleitung zum nächsten Abschnitt, in dem es um den Kreislauf geht. Wenn ich mich da einmal selbst loben darf.

Achten Sie beim nächsten Spaziergang einmal genau auf Ihren Hund. Sie können einiges von dem Gelesenen aufgreifen, wenn Sie sich Abdrücke im Sand oder Schnee oder nasse Füße auf trockenem Bürgersteig ansehen. Verwenden Sie Ihr Smartphone, um das Gehen und Laufen Ihres Hundes aufzuzeichnen und die Wiedergabe zu verlangsamen. Man hat die Gangarten wirklich nicht verstanden, bis die Fotografie aufkam und uns Zeitraffer bescherte, damit das langsame menschliche Gehirn den schnellen Lauf sehen konnte Die meisten Hunde leben nicht in den USA und wir müssen bedenken, dass unsere Erfahrung nicht ihre ist. Zum Beispiel müssen Hunde, weiß Gott, im Vereinigten Königreich tatsächlich auf der gegenüberliegenden Straßenseite gehen.

(Anm. d. ÜS: Deshalb hat Tim alles zusätzlich in metrischen Maßen angegeben. Bei der deutschen Übersetzung haben wir die amerikanischen Maße weggelassen.)

Tour 6

Das Kreislaufsystem: Blut, Lungen, Sauerstoff und Herz

Jede Zelle im Körper braucht eine ständige Zufuhr an Sauerstoff und Zucker, um ATP (ja, genau, dieses Molekül schon wieder) herzustellen, die Energiewährung von Lebewesen. Aufgabe des Kreislaufsystems ist es, Sauerstoff und Zucker in jede Zelle zu bringen, wo sie für die Herstellung von ATP benötigt werden. Müssen Aktin und Myosin aneinander vorbeigleiten und einen Muskel zusammenziehen? Dann muss ATP zu ADP umgewandelt werden. Müssen Verdauungsenzyme produziert werden? Dann liefert ATP die Energie dafür. Muss ein Protein aktiv durch eine Zellmembran bewegt werden? Das kostet ebenfalls ATP. Ist es kalt und der Körper muss warm bleiben, oder ist es warm und der Körper muss abgekühlt werden? Und wieder braucht das ATP. Sie möchten über das lustige Familientreffen, die neuen Kinofilme oder das Buch nachdenken, das Sie gerade lesen? ATP. Tatsächlich verbraucht und verwendet Ihr Körper an einem Tag ATP in ungefähr der Größenordnung Ihres eigenen Gewichts und wandelt es auf Kosten der Energie aus der Nahrung ständig von ADP in ATP um. Für all diese Aktivitäten kann man somit Energie ansammeln, indem man ATP in ADP umwandelt. Vorhin habe ich gesagt, dass Energie gleichzusetzen ist mit Geld, also ist ATP der Dollarschein (oder Euro, Pfund, Peso, Dinar oder Rupie, Sie verstehen sicher den Gedanken dahinter). Wollen Sie ATP herstellen? Sie brauchen dafür Zucker, hauptsächlich Glukose. Wenn Sie Zucker verbrannt haben, um ATP herzustellen, müssen Sie ein Abfallprodukt entsorgen, das Kohlendioxid. Sie wollen Proteine bauen, um neue zu bauen? Dafür stellen Sie Harnstoff her und wissen, dass Sie ihn loswerden müssen. Eine Zelle braucht Mineralien, woher sollen sie kommen? Wie soll jede der 10 Billionen Zellen alles bekommen, was sie braucht und wann sie es braucht? Und loswerden, was sie nicht mehr braucht? Blut ist wie Amazon Prime, Postdienstleister, Müllabfuhr, Telefongesellschaften, Werttransport und der örtliche Abwasserverband in einem. Ich möchte, dass Sie jetzt innehalten und nachdenken: Wann haben Sie das letzte Mal darüber nachgedacht, wie wunderbar das Kreislaufsystem Ihres Hundes ist? Es erreicht jede Zelle in seinem Körper – alle zehn Billionen.

Die Notwendigkeit eines Liefersystems

Auf eine Art ist das eine einfache Aufgabe. Wenn Sie Materialien in jede Zelle einbringen möchten, ertränken Sie sie einfach darin. Unser Modellhund mit 14 Kilogramm Gewicht besteht zu etwa acht Litern aus Flüssigkeit. Das heißt, etwa die Hälfte seines Körpergewichts ist Wasser, das sich in und um jede Zelle herum befindet. Wasser ist ein großartiges Lösungsmittel. Sauerstoff löst sich ebenso wie Kohlendioxid darin auf. Zucker und Proteine können in Wasser transportiert werden. Harnstoff löst sich darin auf. Mit ein wenig Zusatzaufwand kann man auch Fette dazu bringen, sich darin aufzulösen. Wasser ist so wichtig für das Leben, wie wir es kennen, dass wir uns ein Leben ohne es auf anderen Planeten nur schwer vorstellen können. Jede Zelle beinhaltet Wasser. Die Zellen werden in Wasser gebadet, das sich in den Räumen zwischen den Zellen befindet. Wir müssen auch Krankheiten bekämpfen und Wärme umverteilen. Wir haben ein unglaubliches Verteilungssystem, das dieses lebenserhaltende Wasser durch den Körper trägt. Diese Wasserstraße umfasst Kilometer an Arterien und Venen, mehrere wichtige Organe wie Nieren und Herzen (ja, mit der Pluralform wollte ich Sie bewusst auf den Arm nehmen, lesen Sie nur weiter). Diese Gefäße werden bei einem 14 Kilogramm schweren Hund mit etwas mehr als einem Liter Blut gefüllt. Die Gefäße enthalten kleine Pumpen, Ventile und ein Filtersystem einschließlich der Möglichkeit, Abfallprodukte loszuwerden. Der Körper muss in der Lage sein, Leckagen (Schnitte, Schnittwunden und Prellungen) zu reparieren und mehr Blut zu produzieren, da es verbraucht wird, auch wenn es nicht gerade auf den Boden tropft. Beginnen wir unsere Tour durch das Kreislaufsystem mit dem Stoff der Vampire, dem Blut.

Das Blut

Blut ist eine ganz wunderbare Flüssigkeit, der viel zu wenig Anerkennung entgegengebracht wird. Ich höre, wie die Leute damit prahlen, wie muskulös ihr Hund ist, wie schön das Fell des Hundes ist oder welche großartigen Gene und Abstammung er hat. Wie wäre es damit, die Flüssigkeit, die alles möglich macht, nämlich das Blut, ein wenig ins Rampenlicht zu stellen? Ich möchte Sie sagen hören: „Oh mein Gott, dieser Hund muss ein mächtig feines Blut haben, um so ein Fell zu bekommen." Blut besteht ganz sicher nicht nur aus Wasser oder Plasma. Plasma ist die Basisflüssigkeit, eine Mischung aus Wasser und Salzen mit Proteinen, Abfallprodukten, Zuckern, Fetten, Nährstoffen, Antikörpern und Hormonen. Ein echtes Hexengebräu. Eine wahre Fundgrube, die für den Körper das leistet, was all die LKWs auf der Autobahn für die Städte leisten: Absolut alles liefern, was eine Zelle braucht und dann alles fortschaffen, was sie nicht braucht.

Die roten Blutkörperchen machen mit etwa der Hälfte einen Hauptbestandteil des Blutes aus. Diese verleihen dem Blut auch seine leuchtend rote Farbe. Das Rot stammt von Eisen, einem Teil des Hämoglobins, das aktiv Sauerstoff (O_2) zu den Zellen und

Kohlendioxid (CO_2) von ihnen wegtransportiert. Jedes Hämoglobinmolekül trägt vier Sauerstoffmoleküle und in den Zellen tauscht Hämoglobin diese vier Sauerstoffmoleküle gegen vier Kohlendioxidmoleküle. Jedes rote Blutkörperchen enthält etwa 250 Millionen Hämoglobinmoleküle mit jeweils vier O_2 oder CO_2. Jedes rote Blutkörperchen trägt also etwa eine Milliarde Sauerstoff- oder Kohlendioxidmoleküle. Damit enthält also der Liter Blut eines Hundes etwa fünf Billionen an roten Blutkörperchen: Fünf Billionen mal eine Milliarde Sauerstoff- oder Kohlendioxidmoleküle sind eine echt große Zahl (fünf Mal zehn hoch einundzwanzig, oder eine Fünf mit einundzwanzig Nullen dahinter). Ein durchschnittlicher Hund, wenn Sie einen finden können, besitzt ungefähr 250 Gramm Hämoglobin in eineinhalb Liter Blut. Nur um einmal zu schauen, ob Sie mir auch folgen können: Das bedeutet, dass siebeneinhalb Billionen der zehn Billionen Zellen in Ihrem durchschnittlichen Hund rote Blutkörperchen ausmachen! Bei Hunden überleben rote Blutkörperchen durchschnittlich 133 Tage, sodass täglich etwa siebeneinhalb Promille oder neun Milliarden an neuen roten Blutkörperchen täglich ersetzt werden müssen.

Blut wird in den größeren Knochen gebildet. Das mag einem als ein seltsamer Ort erscheinen, bis man feststellt, dass das Innere der Knochen sowieso nicht viel anderes tut. Ok, das ist eine ziemlich dürftige Erklärung. Bei manchen Tieren, beispielsweise Fischen, wird das Blut in den Nieren gebildet. Die Blutbildung hat sich in die Knochen verlagert, nachdem sich Tiere vor 360 bis 390 Millionen Jahren an Land gewagt hatten. Die derzeit beste Hypothese besagt, dass es darum ging, Blutstammzellen vor Sonneneinstrahlung zu schützen. Jedenfalls bekommen die Knochen von den Nieren einen chemischen Botenstoff, ein Hormon, von den Nieren, der ihnen übermittelt: „mehr Blut bilden". Und das Knochenmark tut genau das. Rote Blutkörperchen von Säugetieren sind komische Vögel (keine Säugetiere), da sie im Gegensatz zu anderen Zellen ihren Zellkern verlieren und ihren Geschäften ohne die Anleitung einer DNA nachgehen. Dadurch können sich die roten Blutkörperchen in Räume quetschen, in die sie sonst nicht passen würden, mehr Sauerstoff transportieren und eine Form annehmen, die die Oberfläche vergrößert, um den Sauerstofftransport zu verbessern. Das ist ungefähr wie bei einem mit Gelee gefüllten Donut, bei dem die Füllung herausgesaugt wurde und mittendrin eine Vertiefung hinterlassen hat. Kein Zellkern heißt somit auch: keine Anleitung zur Zellreparatur. Ein Blutkörperchen lebt daher nur wenige Monate und muss dann ersetzt werden. Tierärzte messen den Hämatokritwert oder den Prozentsatz des Blutvolumens, der aus roten Blutkörperchen besteht, der bei einem gesunden Hund zwischen einem Drittel und der Hälfte (35 – 55 %) liegt.

Das Blut dient auch dem Transport von Leukozyten oder weißen Blutkörperchen, die ein wichtiger Bestandteil des Immun- oder Krankheitsbekämpfungssystems sind. Diese Werte überprüfen Tierärzte ebenfalls. Bei Gromit waren es bei seiner letzten Untersuchung 5,2 Milliarden; normal wären 6 bis 17 Milliarden, und zwar in Mikrolitern Blut gemessen. Da es eine Million Mikroliter pro Liter und einen Liter Blut gibt, ist die Berechnung ziemlich einfach. Ein Anstieg der weißen Blutkörperchen bedeutet im Allgemeinen, dass ein Krankheitsproblem vorliegt, während zu wenige bedeuten, dass Ihr Hund die Krankheit nicht gut genug bekämpft. Die meisten weißen Blutkörperchen gehören zu den sogenannten Neutrophilen (Granulozyten) und sind wichtige Ersthelfer bei Krankheiten. Sie leben ungefähr einen Tag, somit produziert Ihr Hund diese ständig, was ebenfalls im Knochenmark des Skeletts geschieht. Es gibt auch T- und B-Lymphozyten, auch T-Zellen und B-Zellen genannt. B-Zellen produzieren Antikörper gegen Bakterien und Viren und T-Zellen bekämpfen infizierte Zellen des Wirts sowie außer Kontrolle geratene Wachstumszellen, sogenannte Tumore. Wenn Sie 14 Kilogramm rohes Rindfleisch auf Ihren Boden legen und es dort lassen, würde es am Ende eines Tages übel riechen und eine Woche später wären Sie ausgezogen. Aber für die Bakterien, Pilze und Viren um uns herum ist Ihr Hund eine warme Masse aus sehr verlockendem Fleisch. Die Immunfunktion des Blutes hält das alles in Schach.

Schließlich transportiert Blut die Blutplättchen, dieses ausgeklügelte Leckreparatursystem, eine Art Klempner des Kreislaufsystems. Blutplättchen, Thrombozyten genannt, sind Fragmente großer Zellen, die Megakaryozyten genannt werden. Sie leben im Knochenmark, sind also keine eigenständigen Zellen. Sie blättern quasi ab von dem Klumpen und werden freigesetzt, um im Blut herumzuschwimmen. In einem Durchschnitthund sind davon stets etwa 200 Milliarden vorhanden. Die meiste Zeit sind sie inaktiviert. Durch chemische Signale aufgrund von Verletzungen werden sie aktiviert, kleben dann zusammen und bilden Klumpen. Diese Klumpen bewirken zwei Dinge: Sie stoppen den Blutfluss, was ziemlich wichtig ist, und sie aktivieren das Immunsystem, einschließlich der B- und T-Lymphozyten und sie hemmen aktiv Bakterien. Es überrascht daher nicht, dass Tierärzte auch die Anzahl der Thrombozyten überprüfen. Bei Gromit waren es bei seiner letzten Untersuchung 322 Milliarden, das ist mehr als der Durchschnitt, aber die Spanne ist ziemlich breit. Bei zu wenigen davon funktioniert die Blutgerinnung nicht. Bei zu vielen entstehen dort Blutgerinnsel dort, wo man sie nicht haben möchte, wie zum Beispiel Gehirn und Lunge.

Die Blutverteilung

Diese Wunderflüssigkeit zu verteilen ist keine leichte Aufgabe. Wie beim Wasserversorgungssystem in Ihrem Haus gibt es eine Reihe von Rohren, die den Blutfluss steuern. Von diesen Gefäßen gibt es funktionsbedingt drei verschiedene Arten: Arterien, Venen und Kapillaren. Das alles wird über zwei Hauptpumpen im Herzen und einer Reihe von Nebenpumpen im Körper verbunden. Moment, müssen wir von zwei Herzen sprechen? Die linke Hälfte des Säugetierherzens hat die Funktion, Blut in den ganzen Körper zu pumpen, die rechte Hälfte pumpt es in die Lunge. Sie schlagen wie eins im selben Rhythmus, sind aber funktional voneinander getrennt. In den Venen gibt es unzählige oder zumindest ungezählte Einwegventile. Oft muss das Blut in den Venen gegen die Schwerkraft ankämpfen, um zum Herzen zurückzukehren und ist zu weit stromabwärts, als dass es für eine Weiterbewegung noch wesentlich vom Blutdruck profitieren könnte. Venen sind mit solchen Klappen ausgestattet, durch die das Blut in ein Venensegment eindringt und sich die Klappe dahinter schließt. Dann zieht sich ein Muskel in der Nähe, wie der Bizeps im Arm und auch die anderen der 600 Muskeln, die das Skelett bewegen, zusammen. Das Blut in der Vene wird zusammengepresst und lässt sich so auf die einzig mögliche Weise zum nächsten Ventil in Richtung Herz transportieren. Und so geht es bis ins Herz zurück. In unserem Durchschnittshund befinden sich ungefähr 80.000 Kilometer an Blutgefäßen. Das entspricht beinahe der Länge des Interstate Highway Systems der Vereinigten Staaten.

Ganz klassisch können wir das System folgendermaßen beschreiben: Das Blut holt sich Sauerstoff aus der Lunge. Dann wird es durch den Körper gepumpt, gibt den Sauerstoff ab, nimmt Kohlendioxid auf, geht zurück in die Lunge und das Ganze beginnt wieder von vorne.

Inzwischen wissen Sie, dass ich ein großer ATP-Fan bin. Wobei, also ehrlich gesagt, hatte ich das bis gerade noch gar nicht gemerkt. Die Energie wird vom Verdauungssystem größtenteils in Form von Zucker zu den Zellen transportiert, daher beginnen wir auch mit unserem Blick aufs Kreislaufsystem genau dort. In idealer Umgebung kann ein Glukosemolekül im komplexen Zellatmungszyklus bis zu 38 ATP ergeben. Diese molekulare Buchhaltung trichtern wir so gut wie jedem Studenten der „Einführung in die Biologie“ ein. Dann es ist aber ziemlich verblüffend, dass man in der Praxis etwa 30 ATP aus einem Zuckermolekül gewinnt (die idealen 38 werden im wahren Leben selten erreicht). Das ist reichlich Zellenergie aus jedem Zuckermolekül. Jede Zelle der zehn Billionen Hundezellen produziert 68 Millionen ATPs pro Sekunde. Jedes ATP wird etwa sechshundert Mal am Tag oder etwa alle zwei Minuten zu ADP umgewandelt, wodurch Energie in der Zelle freigesetzt wird, und wieder zurück zu ATP. Wie bereits erwähnt, entspricht dies etwa dem Körpergewicht des Hundes in ATP pro Tag, aber es ist nur ein Bruchteil des Gewichts des Hundes (ungefähr 23 Gramm ATP bei dauerndem Recycling). Denken Sie darüber einmal einen Moment nach. Im Wesentlichen wird der gesamte Energiebedarf des Hundes, der durch diese tägliche Futterdosis gedeckt wird, in den Zellen von weniger als 23 Gramm ATP-Molekülen gedeckt. Zucker und all die anderen verdauten Nahrungsmittel, die wir als Speisebrei in den Darm hinuntergeschluckt haben, werden durch die Zellmembranen des Darms transportiert, wo sie in den Blutkreislauf gelangen. Das Blut fließt von hier zur Leber, wo eine gewisse Verarbeitung und Entgiftung stattfindet, und dann in immer größere Gefäße, die zum Herzen führen.

Lungen und Atmung

Die Lungen sind leichte, schaumig aussehende Beutel mit winzigen Luftsäcken, die Alveolen genannt werden. Ein durchschnittlicher Hund atmet zwanzig Mal pro Minute. Mein fünfzehnjähriger, vierzehn Kilo schwerer Border Collie hat in seinem Leben etwa 160 Millionen Atemzüge gemacht und dabei 24 Millionen Liter Luft bewegt. Das scheint viel zu sein, und das ist es auch. Er hätte zehn durchschnittliche Heißluftballons vollständig füllen können, wenn er es versucht hätte, und mit seinem heißen Atem wären diese hoch gesegelt. Durch den kuppelförmigen Zwerchfellmuskel, der die Leber und andere Eingeweide von Herz und Lunge trennt, wird Luft in die Lunge gesaugt. Dieser Muskel zieht sich zusammen, wird abgeflacht und erhöht das Volumen im Brustkorb. Gleichzeitig ziehen sich die Muskeln zwischen den Rippen zusammen und ziehen die Brust heraus. Luft wird buchstäblich in die Lunge gesaugt.

Heben Sie Ihre Hand, wenn Sie atmen möchten. Sie sind von diesem Solidaritätsbeweis ausgenommen, falls dadurch Ihre Tasse Kaffee oder Ihr Trinkglas gefährdet wird. Ich bin ein großer Fan des Atmens. Ich würde so ein T-Shirt tragen, wenn ich eines fände. Ich hasse Husten, da es die Atmung stört. Ebenso hasse ich Staus. Ich hasse Erkältungen, Grippe und im Moment hasse ich das Coronavirus namens SARS-CoV-2, das COVID-19 verursacht. Ich schreibe viel, weil wir uns in Minnesota, wo ich arbeite, und Wisconsin, wo ich lebe, in einem sogenannten „Lockdown“ befinden. Gefängnisse machen Lockdown. Unserer ist wirklich nur ein „Bleib zu Hause mit unseren Spielzeugen und Zerstreuungen, es sei denn, Du musst wirklich raus". Ich hasse das Coronavirus und die Krankheit aus zwei Gründen. In erster Linie raubt es den Menschen den Atem – und das freie Atmen nehme ich nicht für selbstverständlich, obwohl ich eine gesunde Lunge habe. Ich liebe es, tief zu atmen und meine Lungen mit nach Kiefern duftender Luft zu füllen oder auch mit Meeresluft, die mit einer Prise Salz versetzt ist. Ich lebe größtenteils außerhalb der Stadt, damit ich frische Luft zum Atmen habe. Vor ein paar Monaten hatte ich die Grippe (ohne dass damals ein Test verfügbar war. Wir gehen also davon aus, dass es die Grippe war). Ich bekomme jedes Jahr eine Erkältung. Die Arbeit mit niesenden, hustenden Studenten tut einem das an. Wenn ich an einer dieser Krankheiten leide, sehne ich mich nach einem ungehemmten Atemzug. Wenn ich frei von Krankheiten bin, genieße ich wirklich leichtes Atmen. Aber nicht jeden Atemzug. Das würde mich doch ziemlich ablenken.

Im Ruhezustand atme ich über ein Dutzend Mal pro Minute. Ich muss diesen köstlichen Sauerstoff in meine Lungen bekommen und dieses eklige Kohlendioxid ablassen, der letzte Durchlauf meiner Mahlzeiten, der seit langem in meinem Körper gespeichert ist. Ich kann auch den Atem anhalten. In den Zeiten, als ich noch getaucht bin, sind mir da zwei Minuten nicht so schwer gefallen. Wie lange kann ein Hund den Atem anhalten? Da ist die Wissenschaft etwas vage, denn es ist schwierig, das freiwillige Anhalten des Atems bei jemandem zu untersuchen, der nicht weiß, was freiwillig ist. Es gibt Anekdoten von Hunden, die zwei bis drei Minuten unter Wasser tauchen. Das klingt plausibel, da ihre Physiologie der unseren ähnlich ist. Wie lange kann eine Schildkröte den Atem anhalten? Deutlich über zwei Minuten lang. Vielleicht fünf? Zehn? Diejenigen meiner Leser, die äquatorialer leben als wir in der nördlichen Hälfte der Nordhalbkugel, sind hier im Nachteil. Wir in den kalten Regionen wissen, dass Schildkröten sich den ganzen Winter in Seen aufhalten können. Und unsere Seen frieren zu, mit einer Eisschicht von einem halben Meter Dicke. Keine Schildkröte kann da einen Tunnel durch schaffen und Schildkröten haben auch keine Tauchausrüstung. Sechs Monate lang halten sie den Atem an. Okay, sie schummeln ein wenig. Ihr Sauerstoffverbrauch als wechselwarmes Lebewesen (Ektotherme) in Wasser nahe dem Gefrierpunkt ist so gering, dass sie ihren Sauerstoffbedarf dadurch ergänzen können, indem sie Wasser in ihren Mund und ihre Kloake (es ist ähnlich genug, um es ihren Hintern zu nennen) aufnehmen und Sauerstoff in das Blut und Kohlendioxid diffundieren lassen können. Das ist ein bisschen wie mit Kiemen. Ich erzähle Kindern, dass Schildkröten durch ihren Hintern atmen, was zwar blumig dargestellt ist, aber ein wenig gelogen. Das ist die Differenz, die man in Energie (auch bekannt als Währung des Lebens) bezahlen muss, wenn man ein gleichwarmes Lebewesen ist. Wir müssen alle paar Minuten atmen. Schildkröten können Monate ohne einen tiefen Atemzug nach Kiefernduft in ihre Lungen auskommen. Ganz nebenbei zu diesem Berührungspunkt mit meiner Liebe zum Atmen verweise ich hier mit voller Absicht auf meinen Lieblingslyriker Billy Collins und sein Gedicht „Litany". Geben Sie sich mirzuliebe ein wenig intellektuell und künstlerisch interessiert und schlagen Sie es nach. So oder so – füttern Sie Ihren Hund auf jeden Fall jeden Tag. Säugetiere sind Energiefresser und deshalb atmen wir so viel. Während Sie das Füttern einer Schildkröte am Grund eines Sees ein Jahr lang auslassen können.

Der zweite Grund, warum ich SARS-CoV-2 hasse… Sie haben bereits vergessen, dass ich auf und dabei war, eine Anti-COVID-19-Kampagne zu starten, und das aus zwei Gründen. Der erste war, dass es eine meiner Lieblingsbeschäftigungen stört, nämlich das Atmen. Darum ging es im letzten Abschnitt. Ich bin kein Idiot, ich hasse es, dass Leute an COVID-19 sterben. Es hat einen Freund von mir aus der Hundeclique umgebracht, der den Bruder unseres Wish hatte. Ich liebe es zu atmen, hasse diese Formen des Todes, aber das ist nicht der zweite Grund, warum ich COVID-19 hasse, weil ich denke, dass das schon mit dem ersten Grund abgedeckt ist.

Mein zweiter Grund hat mit Hunden zu tun, also haben Sie noch etwas Geduld mit mir. Zumindest ist das der Grund für dieses Hundebuch. Sie müssen ein wenig Ahnung von Wissenschaft haben, ansonsten kommen Sie in der Welt nicht zurecht. Man wird von Scharlatanen und schlecht informierten Eiferern hereingelegt. Diese Krankheit jetzt zeigt uns, was passiert, wenn man die Wissenschaft ignoriert. Die Menschen in der Regierung und in der Öffentlichkeit haben gezeigt, dass sie Wissenschaft und Mediziner fast auf jeder Ebene ignorieren. Wir wissen viel über diese Familie von Viren, die Coronaviren genannt werden sowie andere Atemwegsinfektionen, die durch andere Arten von Viren verursacht werden. Wir wissen, wie sie töten und übertragen werden und wie schnell man handeln muss, um eine Infektionskrankheit zu stoppen. Trotzdem strömte die breite Öffentlichkeit zu bizarren „Heilmitteln", die viele Menschen das Leben kosteten, behauptete alle möglichen Dinge, die wissenschaftlich unmöglich waren, ignorierte die Richtlinien zur sozialen Distanzierung, die darauf beruhten, wie weit diese Viruströpfchen schweben können (zwei Meter sind keine absolut, sondern nur eine relativ sichere Distanz) und investierte Ressourcen (alias Geld) an den falschen Stellen. Seit Jahren forderten Wissenschaftler, vorausschauend zu planen und Vorräte zu lagern. Das ist keine Hexerei! Aber selbst wenn es so wäre, hören Sie auf Ihre Wissenschaftler. Noch wichtiger ist, dass

Sie sich selbst wissenschaftlich bilden. Bewaffnen Sie sich mit etwas Wissen, damit Sie bessere, gut informierte Entscheidungen treffen können. Nicht nur in Bezug auf Pandemien, die glücklicherweise selten sind und jedes Jahr sonst nur in jeder Grippesaison auftreten, sondern auch in Fragen der Gesundheit und des Wohlbefindens von Hunden. Es gibt so viele Spinner und so viele Fehlinformationen über die Gesundheit von Hunden. Es gibt viele Meinungen mit wenigen Fakten oder Wissenschaft. Lernen Sie etwas zur Biologie und Sie werden lernen, Behauptungen skeptisch gegenüberzustehen, ohne zu fragen: „Was sind Ihre Beweise?“, „Wie haben sie das gegen eine alternative Erklärung getestet?“, „Klingt das vernünftig?“

Atmen Sie also tief durch, entspannen Sie sich und versorgen Sie sich mit Ihrer Portion der Wissenschaft über Hunde. Was auch bedeutet, dass ich gerade diejenigen, die bereits in wissenschaftliche Bildung investieren, belehrt habe, dass Sie das tun sollten, was Sie tatsächlich tun. Entschuldigen Sie. Ernsthaft. Fortfahren. Zurück zu unseren regelmäßig stattfindenden Atemübungen. Einatmen, innehalten, ausatmen. Wiederholen.

Die Luft

Auch wenn ich nun riskiere, das Offensichtliche darzustellen: Luft ist ein Gas, Blut ist eine Flüssigkeit. Eine Flüssigkeit, genau wie der Kaffee in der Tasse auf meinem Schreibtisch, hat ein festes Volumen, nimmt aber die Form des Behälters an, in dem sie sich befindet, wie Blutgefäße, Herzen und Lungen. Aber wenn Ihr Hund auf dem Boden herumrollt und die Tasse Kaffee sozusagen auf den Kopf stellt, läuft nichts aus. Das liegt daran, dass die Lunge einen wasserdichten Ort bietet, an dem sich Luft und Blut vermischen können. Luft als Gas füllt jedes verfügbare Raumvolumen aus. In einem riesigen Raum, wie etwa außerhalb der Atmosphäre, breitet sich das Gas aus und der Druck ist sehr gering. Wenn Sie die Luft in eine Flasche, wie zum Beispiel eine Tauchflasche oder einen Feuerlöscher oder einen Partyballon, pumpen, dann steigt der Druck.

Die Luft auf der Erde, auf der wir die meiste Zeit unseres Lebens verbringen, besteht hauptsächlich aus Stickstoff, und zwar zu 78 %. Dabei handelt es sich um eine inerte Form von Stickstoff, die dreifach an sich selbst gebunden ist und nichts für uns tut außer Platz einzunehmen. Der zweithäufigste Inhaltsstoff in der Luft ist der, den wir am häufigsten brauchen. Nämlich eine hochreaktive und giftige Substanz namens Sauerstoff mit einem Anteil von 21 %. Ja, ich habe „giftig" gesagt. Wie bei anderen giftigen Inhaltsstoffen macht auch hier die Dosis das Gift. Bei normalem Luftdruck können wir reinen Sauerstoff einatmen und es geht uns gut. Atmen wir ihn unter etwas höherem Druck ein, wie beim Tauchen, könnten wir daran sterben. Sauerstoff lässt Metall rosten. Er oxidiert und ermöglicht Feuer. Wir brauchen den Sauerstoff, um Kohlenstoffketten aus unserer Nahrung zu oxidieren. Freie Sauerstoffradikale tragen zur Zellalterung und zum Zelltod bei. Während er uns also töten kann, wären wir ein paar Minuten ohne ihn genauso tot. Vielleicht haben Sie ein bisschen mitgerechnet, und wenn Sie Sauerstoff und Stickstoff zusammengezählt haben, dann haben Sie gesehen, dass diese zusammen 99 % der Luft ausmachen, die wir atmen. Argon, ein weiteres Inertgas, ist mit etwa 0,93 % (knapp unter einem Prozent) enthalten. Und was ist mit dem Kohlendioxid, von dem wir im Zusammenhang mit dem Klimawandel so viel hören? Das macht nur 0,04 % aus, ein Spurengas, weshalb es so empfindlich auf menschliche Aktivitäten reagiert. Im Laufe meines Lebens ist der Wert von 0,03 % auf 0,04 % gestiegen – und diese kleine Veränderung macht den Unterschied auf der Erde aus. Der Rest der Atmosphäre besteht, prozentual gesehen, aus wirklich ungewöhnlichen Sachen, einschließlich, aber nicht abschließend genannt, aus Krypton, Neon und Helium. Diese alle sehr inerten Gase finden wir, zusammen mit Argon, in der ganz rechten Spalte des Periodensystems (welches meiner bescheidenen Meinung nach eine der unglaublichsten menschlichen Erfindungen ist). Außerdem liegt Wasserdampf in der Luft, der für die feuchten Sommertage sorgt. Wolken sind anders: Sie sind Wasser in flüssiger Form; Luft ist gasförmig. Der entscheidende Punkt dabei ist, dass Luft nicht überwiegend aus Sauerstoff besteht. Wir atmen Luft ein, um Sauerstoff zu bekommen.

Über die Luftröhre strömt die Luft in die Lunge. Die Luftröhre ist ein mit Knorpel ausgekleideter Schlauch, der von der Lunge bis zur Nase und zum Mund führt. Die Knorpelringe halten den Schlauch offen, damit er nicht zusammenfällt wie die Öffnung eines Spielzeugballons. Unter dem Kopf Ihres Hundes können Sie die Luftröhre und ihre Ringe oben am Hals erfühlen. Richtig, der Adamsapfel ist das Beste an der Luftröhre. Am Ende des Weges trifft die Atemluft auf die Lungenbläschen. Diese dienen dazu, die Lungenoberfläche stark zu vergrößern. Dort enthält die Luft bei einem frisch eingeatmeten Atemzug 21 % Sauerstoffanteil und vier Hundertstel Prozent Kohlendioxid. Die ausgeatmete Luft enthält 16 % Sauerstoff und 4 % Kohlendioxid. Der Unterschied ergibt sich ausschließlich aus der zellulären Verbrennung von Kohlenstoff, der in der Nahrung enthalten ist, die Sie Ihrem Hund füttern.

Die Lunge ist reich an Blutgefäßen. In der Lunge fließt das Blut von Arteriolen in immer kleinere Gefäße, bis es sich in Kapillaren befindet. Diese sind so eng, dass sich diese roten Blutkörperchen in einer Reihe aneinanderreihen müssen. Hier bewegt sich das Blut entlang der Luftsäcke. Sauerstoff diffundiert ein, Kohlendioxid diffundiert aus. Das Blut färbt sich von einem dunklen zu einem leuchtenden Rot, wenn sich der Sauerstoff mit dem Hämoglobin verbindet.

Wir bringen Atmung und Kreislauf zusammen

Dann muss Sauerstoffmangel das sein, was Atmung auslöst, oder? Nö. Wie sich zeigt, ist Sauerstoff schwierig zu messen. Das Nebenprodukt des Stoffwechsels, das Kohlendioxid aus den Mitochondrien, die dieses großartige ATP herstellen, erhöht den Kohlendioxidanteil der einströmenden Luft von vier Zehntel Prozent auf beinahe vier Prozent. Im Blut, das aus den Zellen kommt, wird ein Großteil davon in Kohlensäure umgewandelt, was den pH-Wert des Blutes senkt. Der Körper spürt die Ansammlung von Kohlendioxid, indem er den pH-Wert des Blutes misst (wie sauer es ist), nicht den Sauerstoffmangel. Und das nun mit Sauerstoff angereicherte Blut fließt zurück zum Herzen.

Ein strategischer Fahrplan

Ein kurzer Blick auf den Straßenatlas, wohin es gehen soll, sollte helfen. Blut, Lunge und Herz sind alle so miteinander verflochten. Anstelle einer organbasierten Beschreibung werden wir zunächst einen Ausflug unternehmen, eine Runde durch den Körper, als wären wir ein sauerstofftransportierendes Blutkörperchen. Dieses rote Blutkörperchen wird unser Auto sein, die Blutgefäße die Straße, Sauerstoff und Kohlendioxid die Taschen in unserem Koffer- oder Gepäckraum. Es gibt ein paar Städte, in denen wir Halt machen könnten (Organe) und bei zweien davon müssen wir anhalten. Bevor wir also die Teile und ihre Funktion kennenlernen, lassen Sie uns einen Ausflug machen. Da es sich um eine Rundfahrt handelt, ist es egal, wo wir losfahren. Wir beginnen in der idyllischen Landschaft, wo der Verkehr langsam auf kleinen, kurvenreichen Landstraßen fließt. Wir befinden uns im Bizeps einer linken Vordergliedmaße in einem winzigen Blutgefäß, das Kapillare genannt wird. Wir halten an einem netten Landgasthof, machen ein oder zwei Selfies, geben unsere Geschenktüten mit Sauerstoff, Essen und Post (in Form von chemischen Botenstoffen) ab und holen einige mit Kohlendioxid gefüllte Müllsäcke ab. Ammoniak, einige Salze und Harnstoff, legen diese in den Kofferraum und fahren wieder weiter. Auch mit Wasser gefüllte Krüge holen wir nach Bedarf in der Umgebung ab oder geben diese ab.

Wir folgen dieser Landstraße eine Weile, die zu Schnellstraßen über Land führt und sind im Nu auf einer Autobahn, die wir ganz ordentlich entlangjagen. Die letzte Autobahn, auf die wir stoßen, ist die Vena Cava, die das Blut aus dem ganzen Körper sammelt und uns in die große Stadt bringt, die vor Leben pulsiert. Das Herz. Wir betreten eine Region dieser Großstadt, Atrium genannt, und werden an einer großen Klappe vorbei in die rechte Herzkammer gepumpt (nur eine andere Region der Großstadt). Diese komprimiert uns und schickt uns sehr schnell über eine Arterie in die Lunge. Dort geben wir die Säcke mit Kohlendioxid ab und holen Sauerstoffsäcke ab. Für die Träger, die helfen, gibt es kein Trinkgeld. Vielleicht machen wir noch ein Selfie. Andere in der Warteschlange ziehen uns weiter und bald fahren wir wieder eine große Ader zum Herzen hinunter, aber diesmal bleiben wir auf der linken Seite der Stadt. Wir betreten einen weiteren Vorhof und dieser pumpt uns in die größte und stärkste Kammer des Herzens, die linke Herzkammer. Dieses gute Stück presst sich fest zusammen (die gute alte Muskelkontraktion) und das schießt uns auf die größte Autobahn von allen, wo die schnellste Geschwindigkeit überhaupt gefahren werden darf, in die Aorta. Es gibt viele Ausfahrten von dieser Autobahn herunter. Wenn wir einen frühe Ausfahrt nehmen, dann könnten wir womöglich im Kopf landen, etwas später in der Niere oder der Kniesehne des linken Beins. Dort beenden wir die Ausfahrt diesmal, jetzt auf kleineren Landstraßen und schließlich in einer kleinen Nebenstraße. Wir geben unseren Sauerstoff ab, nehmen ein paar Tüten Kohlendioxid auf, überspringen die Selfies und beginnen unsere gemütliche Reise zurück zum Herzen.

Das Herz

Nun zu einigen Details. Wir beginnen hier am Ort des höchsten Blutdrucks, der linken Seite des Herzens, die die dickere, stärkere Seite des Herzens ist. Wenn das Herz komprimiert wird, wird Blut unter großem Druck in die größte Arterie, die Aorta, und in den Körper getrieben. Dies ist der Pulsschlag, den wir zählen. Eine kleine Randbemerkung zum Flüssigkeitsdruck in Schläuchen, was Ihnen bei Schwierigkeiten helfen wird. Wären die Blutgefäße unelastisch wie die Wasserleitungen bei Ihnen zu Hause, wäre der Blutdruck an der Pumpe (dem Herzen) derselbe wie im gesamten Kreislaufsystem, auch in den Venen auf dem Weg zurück zum Herzen. Weil die Blutgefäße elastisch (dehnbar) sein müssen, damit sich die Gliedmaßen bewegen können, ist das nicht der Fall. Bei Hunden und anderen Säugetieren fällt der Blutdruck ab, sodass die Venen im Verhältnis zu den Arterien einen sehr niedrigen Druck haben. Wenn Arterien bluten, sehen Sie, wie das Blut mit jedem Herzschlag pumpt. Das ist außerordentlich bedenklich und muss umgehend gestoppt werden. Aus den Venen sickert Blut, was trotz der ganzen Sauerei viel weniger besorgniserregend ist.

Wenn ein Tierarzt den Blutdruck eines Hundes misst, ist der Druckanstieg, wenn sich die Herzkammern zusammenziehen, der systolische Druck. Wir messen auch den Ruhedruck zwischen den Schlägen, den diastolischen. Der Blutdruck bei Hunden ist etwas höher als beim Menschen. Die Nieren helfen bei der Regulierung des Blutdrucks. Das Blut, das jetzt unter Druck steht, bewegt sich zum Körper. Einiges davon fließt auf Wegen in den Darm, um mehr Nährstoffe zu erhalten, einiges zum Gehirn, um dieses hungrige Organ zu ernähren, einiges zu den Nieren, um Abfallprodukte herauszufiltern. Überall im Körper bewegt sich das Blut. Wenn ein Bereich mehr Blut benötigt, wie nach einer Mahlzeit, wenn der Darm ruft, erweitern oder entspannen sich die Blutgefäße und mehr Blut fließt dorthin. Wenn weniger benötigt wird, verengen sich die Blutgefäße und das Blut fließt woanders hin.

Jeder Körperteil wird ständig mit Blut versorgt, aber nicht das gesamte Blutvolumen zirkuliert mit jedem Herzschlag. Die Leber, das Gehirn und die Nieren können jede Minute bis zu zwanzig Prozent des Blutes erhalten. Im Durchschnitt fließt alle fünf Minuten ein Tropfen Blut durch die Leber, etwas weniger häufig durch das Gehirn und die Nieren. Aber derselbe Blutstropfen kommt nicht öfter als alle fünfzehn Minuten bis zu einer Pfote. Er kommt durchschnittlich tausend Mal am Tag oder alle ein bis zwei Minuten durch das Herz. Das wird durch Zufall und Bedarf vorgegeben.

Das Blut ist ein Fenster zur Gesundheit Ihres Hundes, da es jeden Teil des Körpers berührt. Unser Hund Gromit hatte im Alter von etwa zweieinhalb Jahren ein erfolgreiches Agility-Wochenende mit vier ersten Plätzen hinter sich. Er sah toll aus und lief gut. Meine Frau bestand aber auf ihrer Ansicht, dass etwas nicht stimmte. Sie meinte, er pinkle zu oft und „er scheint einfach nicht in Ordnung zu sein." Also brachten wir ihn zum Tierarzt, unserem Freund Brian. Er machte einen kurzen Check und sagte, auf das Naheliegendste, eine Blasenentzündung, gäbe es keine Hinweise und typische Symptome von Diabetes seien ebenfalls keine vorhanden. Das übermäßige Pinkeln sei wahrscheinlich darauf zurückzuführen, dass zu viel Wasser getrunken wurde. Brian tätschelte uns im übertragenen Sinne den Kopf und sagte höflich, dass es unserem Hund gut gehe. Ich fühlte mich bestätigt. Meine Frau war nicht zufrieden, sah mich an und sagte leise: „Da stimmt etwas nicht. Tu etwas." Lassen Sie im Zweifelsfall ein Blutbild machen. Ich bat den Tierarzt, eines durchzuführen, und er sagte: „Hören Sie, es ist Ihr Geld. Gromit ist in Ordnung." Früh am nächsten Tag rief mich Brian an. Man möchte, dass solche Anrufe von einem Techniker kommen, weil das bedeutet, dass alles so ziemlich in Ordnung ist. Die wichtigen rufen nur an, wenn es schlecht steht. Brian sagte, wir sollten Gromit bitte sofort herbringen. Das taten wir. Er machte einen Ultraschall und fand vergrößerte Nieren. Das Blutbild zeigte erhöhte Kreatininwerte, ein Protein, das normalerweise von den Nieren gefiltert wird. Nierenversagen. Weitere Tests zeigten, dass Gromit Leptospirose hatte, eine relativ seltene bakterielle Infektion. Der erhöhte Kreatininspiegel war ein Zeichen für ein Nierenproblem. Vergrößerte Nieren bestätigten das Nierenversagen. Was folgte, war eine Woche Isolation, intravenöse Gaben von Antibiotika und die Unsicherheit, ob die Nieren ihre normale Funktion wieder aufnehmen würden. Eine schreckliche und qualvolle Zeit. Gromit ist jetzt fünfzehn und es geht ihm für einen geriatrischen Hund ganz gut, danke. Zu verdanken hat er das einigen verdächtigen Aktivitäten, einer hartnäckigen Frau, einem aufmerksamen Tierarzt und dem Wunder moderner Bluttests.

Möchten Sie wissen, wie gut die Lunge funktioniert? Schauen Sie sich den Sauerstoff- und Kohlendioxidspiegel im Blut an. Wie gut arbeiten die Nieren? Schauen Sie sich einige Blutproteine wie Kreatinin an. Leber, Schilddrüse, Hypophyse und so viele Organe können durch Blut überprüft werden. Ein typisches Hunde-Blutscreening umfasst, ist aber nicht beschränkt auf, Zählungen und Messungen von roten Blutkörperchen, um die Menge, den Hämatokritwert, zu überprüfen. Die weißen Blutkörperchen werden gezählt, um sicherzustellen, dass keine Anzeichen einer Infektion oder Krebs vorliegen und ob genug vorhanden sind, um dem Immunsystem gerecht zu werden. Glukose wird gemessen, weil Zucker für die Zellen so wichtig ist, aber zu viel kann Diabetes bedeuten. Andere Proteine werden gemessen, um auf Stoffwechselprobleme und die Leber- und Nierenfunktionen zu überprüfen. Der Kalziumspiegel kann auf Tumore oder Nieren- oder Schilddrüsenerkrankungen hinweisen. Man hat buchstäblich Dutzende von Tests zur Verfügung. Manchmal werden spezielle Tests angeordnet, um besondere Befürchtungen zu überprüfen. Die Kreatininwerte in Gromit veranlassten den Tierarzt, die Größe der Nieren überprüfen zu wollen. Wenn rote Blutkörperchen sterben, werden sie in der Milz recycelt oder, wenn die Studie des Massachusetts General Hospital in Nature Medicine aus dem Jahr 2016 stimmt, in der Leber (Theurl et al., 2016). Wahrscheinlich stimmt beides.

Das Hämoglobin wird aufgebrochen, um das Eisen zu recyceln und der Rest wird zu Bilirubin, das keine weitere Funktion erfüllt und giftig ist. Die Leber produziert Gallenflüssigkeit und gibt sie in die Galle ab, und diese wiederum in den Dünndarm. Bakterien im Darm verstoffwechseln dies und hinterlassen Stercobilin, das dem Kot die charakteristische braune Farbe verleiht.

Als Hauptinfrastruktursystem eines Hundekörpers ist das Kreislaufsystem verdammt wichtig. Bei Infrastruktur denken wir an Autobahnen, Kanalisation, Stromverteilung und Notrufsäulen, an all die Dinge, die eine Gemeinschaft am Laufen halten. Wir tun unser Bestes, um Defekte darin zu reparieren und es gesund zu halten. Und nun geht unsere Tour außerhalb des Körpers weiter, wo wir die Schutzsysteme betrachten, die dabei helfen, das Innere innen und das Äußere draußen zu halten.

Tour 7

Eine Tour rund um die Außenverteidigungsanlagen

Wäre es nicht einfacher, wenn wir diese ganze DNA, all die Knochen und Muskeln an einem schönen, sicheren Ort gut verstecken könnten? An einem Ort, wo sie nicht durch all die Miseren der Welt beschädigt würden? Das wäre schön, doch in den Genuss kommt man nur, solange man noch ein sich entwickelnder Embryo ist. Danach ist es an der Zeit, die grausame Welt kennenzulernen, und es geht los. Denken Sie einen Moment darüber nach. Die Vorfahren meines Hundes, Alpha-Wolf-Männchen und Beta-Wolf-Weibchen in irgendeinem Rudel, mussten, um zu überleben, ihre Beute töten. Nun fassen das die meisten Beutetiere aber nicht ganz so begeistert auf, also arbeitet die Umwelt für jede einzelne Mahlzeit gegen Sie. Und auch wenn Sie die meisten anderen Tiere als Beute betrachten, gibt es doch einige andere (entweder aus der eigenen Art oder andere große Räuber), für die *Sie* die Beute sind. Mücken, Flöhe und Fliegen greifen Sie wegen Ihres Blutes an. Die Außentemperaturen variieren von unter minus 40 Grad (ob Celsius oder Fahrenheit, bei minus 40 ist das egal) bis über 40 Grad Celsius. Regen prasselt auf Sie nieder. Schnee fällt auf Sie herab. Sie knallen gegen Bäume und Felsen, verdrehen sich den Knöchel, wenn Sie zu scharf um die Ecke daherkommen. Früher gab es kein Ibuprofen, um die Entzündung zu lindern, kein Morphin gegen die Schmerzen, kein Benadryl gegen den Juckreiz, keine Antibiotika, um diese kleinen Infektionen zu verhindern, systemisch zu behandeln, nicht einmal einen doppelten Schnaps zur Stresslinderung. Wie hat irgendjemand, irgendein Körper, irgendein Hund das jemals überlebt? Wie sich zeigt, sind Hunde gut gerüstet, um Kriegsführung zu betreiben und sich einer Welt des Fressens oder Gefressenwerdens zu stellen, die jeden Tag und jede Stunde für jeden nicht domestizierten Organismus bestimmt. Ihr Körper ähnelt einer Festung mit dem Äquivalent von Wassergräben, Türmen und Bollwerken.

Haar

Hunde haaren. Manche viel, manche ein wenig. An unserem Kühlschrank klebt ein Magnet mit der Aufschrift „Unsere Hunde leben hier. Wenn du keine Hundehaare auf deiner Kleidung haben willst, bleib weg von unserem Haus." Unsere bevorzugte Rasse ist der Border Collie mit seinen schwarz-weißen Haaren. Auf diese Weise findet wir immer einige der Hundehaare, egal, welche Kleidungsfarbe wir tragen. Wenn wir nicht jeden Tag staubsaugen, sammeln sich Hundehaare in den Ecken von Räumen. Und , um ganz ehrlich zu sein: Wir saugen nicht täglich. Das fällt uns gar nicht ein. Nach ein paar Tagen mit drei Hunden werden die „Staub"-Kätzchen aus Hundehaaren neugieriger. Wir stellen fest, dass diese sich in die Mitte von Räumen wagen.

Nach einer Woche werden die Staubkätzchen so groß wie Raubkatzen und wir beginnen um unser Leben zu fürchten. Dann, und nur dann, schlagen wir zurück. Viele von uns baden ihre Hunde und kaufen Shampoo mit besseren Inhaltsstoffen, als wir für uns selbst verwenden. Wir hingegen kämmen, ziehen Kletten heraus, filzen das Fell nach Zecken, streicheln es zur Entspannung. Und wir untersuchen auch das Fell anderer Hunde, wobei wir den Vergleich immer zu unseren Gunsten ziehen. Außer auf einer Hundeausstellung. Da ist es eher so etwas wie „Wie haben Sie das Haar so flauschig und weiß mit genau der richtigen Lage hinbekommen?“ Natürlich decken wir all diese Schönheit mit Hundemänteln ab, um das Fell zu bedecken, damit es sauber und gekämmt bleibt. Das heißt, manche Leute tun das. Wir nicht. Wir bevorzugen den lebendigeren Look, was das haarige Fell unseres Hundes angeht.

Hunde haben aus mehreren Gründen Haare. Diese haben alle den Zweck, sie vor den harten Fakten dieser Welt zu schützen. Haare helfen bei der Thermoregulation. Nur zwei Gruppen von Tieren haben sich entwickelt, die ihre Innentemperatur konstant und auf einer anderen Temperatur als die Umgebung halten können. Das war eine kleine Gruppe von Dinosauriern, die wir Vögel nennen und eine Cousine der Reptilien, die wir Säugetiere nennen. Das Haar schützt uns bei Bewegung in der Umwelt vor Unebenheiten und Kratzern. In freier Wildbahn soll es Gefahr anzeigen – denken Sie an Stinktiere – oder ist zur Tarnung gefärbt. Es bleibt nicht ewig und wird daher stetig ausgetauscht. Jetzt, während bei mir der Broadway-Song „Hair“ aus den 1960er Jahren aus dem gleichnamigen Musical im Hintergrund läuft, werden wir uns an die Erkundung der Haare unserer Hunde machen.

Die Form folgt der Funktion. Haare gibt es in vielen Formen, Farben und gewachsenen Mustern. Das wird von einer Reihe von Genen gesteuert. Der Ursprung von Haaren, und im Übrigen auch von Federn, ist etwas schwer auszumachen. Sie versteinern nicht so gut. Wahrscheinlich unterstützten Federn den Flug, bevor sie Dinosauriern (Vögeln) beim Isolieren des Körpers behilflich waren. Ein Kaltblütler wie beispielsweise eine Schildkröte ist auf einen einfachen Wärmeaustausch mit ihrer Umgebung angewiesen. Ihre Hautschuppen schützen sie vor Verschleiß und blockieren nicht den Wärmeaustausch mit der Umgebung. Der originäre Anpassungswert von Haaren hängt womöglich mit regional bedingten Notwendigkeiten zur Isolation zusammen, etwa an den Fußsohlen in heißen oder kalten Klimazonen. Egal an welcher Stelle, es isoliert jedenfalls. Im Kern hat das Haar viele Lufträume, die in einer Matrix aus toten Zellen und einem Protein namens Keratin eingeschlossen sind. Keratin ist ein doppelsträngiges, verdrilltes Protein, das Abrieb gut verkraftet und nicht leicht bricht.

Es ist eines der härtesten Proteine überhaupt und trotz des Säurebades im Verdauungssystem schwer zu verdauen. Aus diesem Grund würgen Katzen es heraus, Wolfskot ist voller intakter Haare und Kadaver aus Wildunfällen werden außer den Haaren vollständig gefressen. Die eingeschlossenen Lufträume der Haare isolieren wie ein Schlafsack oder wie die Glasfaser- und Schaumisolierungen bei den meisten Häusern. Um diesen Kern ist eine Schicht abgestorbener Zellen gewickelt, die dicht zusammengepackt sind und dem Haar seine Stärke und die Fähigkeit verleihen, nicht zu brechen. Dazu ist das gesamte Haar noch mit einer dünnen Keratinschicht überzogen.

Ein Haar ist nicht nur ein Schaft aus Proteinen und toten Zellen. An jedem Haar ist ein kleiner Muskel befestigt, mit dem seine Position verändert werden kann. Damit stellen sich die Haare am Kragen eines Hundes auf, wenn er versucht, größer auszusehen, und so lassen sich Tasthaare bewegen. Jeder Haarschaft hat auch ein Nervenende, das Signale an das Gehirn weiterleitet, wenn das Haar unwillkürlich bewegt wird. Probieren Sie es ruhig an Ihrem Arm oder Kopf aus. Streichen Sie sich einmal über ein Haar. Sie können das fühlen. Das Haar selbst spürt man nicht, da es tot ist. Die Schaftbewegung wird von den Nerven an der Basis festgestellt. Die Haarbasis ist gut durchblutet und versorgt eine Ansammlung von Zellen, die aktiv die Haarsträhne produzieren. Jedes Haar hat auch eine damit verbundene Talgdrüse, die ein wachsartiges Öl absondert, um den Haarschaft zu schmieren. Wir waschen das Haar, um es zu entfetten oder um den Talg zu entfernen, den die Drüse in erster Linie produziert hat, weil wir denken, dass es besser aussieht und besser riecht. Beim Shampoonieren werden auch positiv geladene Wasserstoffionen entfernt, wodurch das Haar statisch aufgeladen wird. Um dem Haar wieder zu einer negativeren Ladung zu verhelfen, wenden wir eine Spülung an, die es chemisch rückfettet und etwas weicher macht. Also genau das, was die natürlichen Öle, die wir weggewaschen haben, bewirkt haben. Im Durchschnitt hat wildes Fell bei einem Wolf oder Kojoten eine gute Balance an Ölen und fühlt sich nicht zu fettig an. Allerdings riecht es meiner Erfahrung nach vor allem im Sommer etwas würzig. Bei domestizierten Lebewesen wie Hunden und Menschen werden die Haarmerkmale, die im Gleichgewicht zu den ölproduzierenden Genen stehen, nicht immer auch selektiert. Ihrem Hund würde es gut gehen, ohne gebadet zu werden, aber sein Fell würde sich rauer und wahrscheinlich zu trocken oder zu fettig anfühlen. Wie oft Sie Ihren Hund baden, hat wahrscheinlich viel mehr damit zu tun, wie die Haare aussehen, sich anfühlen oder riechen als mit der Gesundheit des Hundes. Wenn es Ihrem Hund mit einem Stinktier zu gemütlich wird oder er sich in Vogelkot wälzt, wie es Wish vor ein paar Minuten getan hat, so stellt ein gutes Bad natürlich die einzige gute Lösung dar. Außer, Sie wollten gerne warten, bis sich alle Haare von selbst erneuert haben.

Fell-Arten

Die Vielfalt der Haar-„Auswahl" bei Hunderassen ist überwältigend. Es gibt Hunde mit langen Haaren wie zum Beispiel Afghanische Windhunde oder Old English Sheepdogs. Einige Rassen haben mittellanges Fell, so wie Golden Retriever oder Deutsche Schäferhunde. Dann haben wir noch kurzhaarige Rassen wie den Boxer und den Dobermann. Und sogar haarlose Hunde wie den American Hairless Terrier oder den Xoloitzcuintli. Bei Hunden gibt es Wildtypen mit einem Doppelfell, was bei Collies und Sibirischen Huskies leicht zu sehen ist, mit einlagigen kurzhaarigen Fellmänteln wie bei Whippets, Boxern und Bulldoggen oder mit einlagigen Langhaarfellmänteln wie beim Afghanischen Windhund. Mögen Sie am liebsten enge, raue Locken? Dann probieren Sie es mit einem Standardpudel oder einem Portugiesischen Wasserhund. Weiches, welliges Haar ist Ihr Ding? Dann vielleicht ein Bichon Frisé. Bevorzugen Sie diesen rauen, getragenen Look? Vielleicht wäre dann ein Kurzhaarcollie etwas für Sie. Zu den drahthaarigen Felltypen gehören, wie der Name schon sagt, der Deutsch Drahthaar und der Airedale Terrier. Zu den glatthaarigen Rassen gehören Deutsche Doggen und Bloodhounds. Und da ging es jetzt nur um die Textur! Schauen Sie sich einmal die einfarbigen Rassen wie die Labrador Retriever oder einen Scotchterrier an. Einige Rassen tragen das Fell zweifarbig, wie Dalmatiner und Pointer. Basset Hounds und Berner Sennenhunde haben drei Haarfarben, genannt Tricolor.

Einige Rassen, wie etwa der Border Collie oder der Australian Shepherd, kommen in lang- oder kurzhaarig daher und es gibt sie sowohl zwei- als auch dreifarbig. Es herrscht eine enorme Vielfalt. Der American Kennel Club in den Vereinigten Staaten (AKC) und der British Kennel Club (KC) erkennen um die zweihundert Rassen an. Der United Kennel Club, ebenfalls in den Vereinigten Staaten (UKC) und die Fédération Cynologique Internationale (FCI, auch bekannt als Weltorganisation der Hundezucht) in Belgien erkennen beide über dreihundert an. Das ist eine Menge Vielfalt bei einer Tierart. Erinnern Sie sich noch an die Abschnitte zur Genetik und an die Frage, was einen Hund und was eine Rasse ausmacht? Angesichts der Tatsache, dass „Rassen" vom Menschen und nicht von der Natur definiert werden, ist es nicht verwunderlich, dass sich die Verbände nicht einig sind, wie viele Rassen es gibt. Ich habe überhaupt kein Problem damit, dass wir versuchen, eine Rasse zu definieren, ich möchte nur nochmals wiederholen, dass es sich um einen vom Menschen definierten und segregierten Genpool handelt. Nicht mehr und nicht weniger. Ich liebe meine Border Collies, aber ich liebe auch Dutzende anderer Rassen und jede Menge Mischlinge (die meisten unserer Hunde waren Mischungen ungewisser Abstammung, bei einer starken Präsenz von schwarzen und weißen Haaren). Ich glaube, die Unmengen an Hunden in der Welt bilden ein wunderbares Füllhorn der Spielarten. Dies bildet auch die Basis für eine elitäre, hundezentrierte Art, à la „Meine Rasse ist besser als deine". Wie wäre es, wenn wir es einmal mit „Mein Hund unterscheidet sich von Ihrem, also liebe ich meinen am allermeisten" versuchten?

Haare wachsen. Es gibt verschiedene Wachstumsmuster bei Haaren. Das scheint offensichtlich zu sein. Einige Haare wachsen bis zu einer vorgegebenen Länge und hören dann auf zu wachsen. Das nennt man definitives Haar. Das ist nicht dasselbe wie Haare, die ein ganzes Leben lang wachsen, was Angora genannt wird. Wenn das Haar 2,5 cm pro Monat wachsen und durchschnittlich drei Monate lang bleiben würde, so würde es im Durchschnitt immer acht Zentimeter lang aussehen. Das ist kein definitives Wachstum, denn jedes Haar ist weiter gewachsen, bis es ausgefallen ist. Also betrug die Länge aller Haare zusammen nur durchschnittlich acht Zentimeter, wobei einige Strähnen länger und einige kürzer waren. Beim definitiven Haar haben alle Haare die gleiche Länge, es sei denn, es ist neu und wächst gerade los. Beim Menschen sind die meisten Haare definitiv, mit Ausnahme der Haare auf dem Kopf. Das ist Angora. Bei Hunden sind die meisten Haare der meisten Rassen definitiv.

Die meisten Hundehaarkleider bestehen aus zwei offensichtlichen Schichten. Das, was Sie sehen, ist ein farbiges, grobes Haar, das als Deckhaar bezeichnet wird und dem Schutz des Haupthaares dient. Diese Haare sind in der Regel lang, dick, im Querschnitt flach, stark und grob. Sie wachsen mit „dem Strich", sprich sie liegen in einer Richtung. Wenn man den Durchschnittshund von Kopf bis zum Schwanz streichelt, fühlt sich das leicht an. Fährt man aber gegen den Strich, reiben man das Fell buchstäblich in die falsche Richtung und es ist schwierig. In freier Wildbahn erleichtert dies das Abweisen von Regen und den Sonnenschutz. Das Deckhaar verleiht den meisten Hunden ihre Fellfarbe und -form, was etwa auf Wölfe sicher zutrifft.

Das Deckhaar liegt über einer kürzeren, viel dichteren und isolierenden Schicht, die als Unterwolle bezeichnet wird. Wie das Deckhaar ist auch dieses Innenhaar definitives Haar. Die Unterwolle ist weich, oft zehnmal so dicht wie die im Fell verstreuten Deckhaare. Jedes Haar der Unterwolle ist superisolierend und relativ leicht zu beschädigen. Die Unterwolle ist oft einfarbig. Während Deckhaare weitaus weniger zahlreich sind als die Haare der Unterwolle, machen sie den größten Teil des sichtbaren Fells der meisten Hunde aus. Deckhaar ist in der Regel glatt und stark. Die meisten Haare der Unterwolle sind ebenfalls glatt, können aber in freier Wildbahn manchmal lockig sein. Die Haarfärbung kommt von ein paar Pigmenten – einem mit Rot- und Gelbtönen und einem mit Schwarz- und Brauntönen. Weiße und graue Haare fehlen in der Unterwolle einfach, weisen weniger Farbpigmente auf oder haben eine unterschiedliche Struktur und Dichte der Lufteinschlüsse. Übrigens kann ein grau aussehender Hund entweder graues Fell haben oder seine Haare sind eine Kombination aus schwarz und weiß. Unser grauer Border Collie Wish besteht eigentlich aus gut gemischten schwarzen und weißen Haaren, obwohl es hauptsächlich grau aussieht. Das nennt man merlefarben. Die Haarstruktur ist ebenfalls genetisch bedingt und variiert je nachdem, wie das Keratin beim Bau des Haares eingesetzt ist. So hat jede Rasse am Ende eigene Standards für ihre Behaarung und jeder Hund ist in seiner genauen genetischen Ausstattung ziemlich einzigartig.

Haarmuster

Alle Variationen wie Wachstumsmuster oder Farbe, die wir bei Haaren unserer Haushunde sehen, sind einfache genetische Variationen von Merkmalen. Es würde Ihnen nicht schaden, wenn Sie Ihr Wissen über Genetik aus dem ersten Teil auffrischen würden, aber Sie müssen nicht. Es ist ja nicht so, dass ich bei Ihnen vorbeikomme und Sie abfrage. Wahrscheinlich.

Im Laufe der Domestikationsgeschichte haben wir Kombinationen ausgewählt, die uns gefallen haben oder einem funktionalen Zweck dienten. Wenn wir beispielsweise die Unterwolle wegzüchten, erhalten wir einen Hund mit einlagigem Fell wie einen Pudel mit gröberem, härterem Deckhaar. Züchten wir das Deckhaar weg, so bekommen wir eine einzelne Schicht weiches Unterhaar. Für die Puristen bezieht sich „Fell" auf dieses weichere Unterhaar. Rasierte man einem Biberpelzmantel die Schutzhaare sogar bis zum Unterfell hin weg, so bliebe die meist weiche Unterwolle. Die Stiele der Deckhaare wären noch vereinzelt zu finden, aber sie ragen nicht mehr über das Fell heraus, weil sie getrimmt wurden. Wasserhunde brauchen eine ausgezeichnete Isolierung, um in kaltes Wasser zu tauchen und wurden mit dicker Unterwolle gezüchtet. Denken Sie doch einmal an einen Neufundländer.

Ich finde es sehr beruhigend, meine Hunde zu streicheln. Also für mich und vermutlich auch für sie. Ich fahre mit der Hand über ihren Rücken und kann gar nicht anders, als sie unter dem Kinn und hinter dem Ohr zu kraulen. Meine Finger sind in ihrem Fell, fahren durch ihre Haare und unbewusst taste ich nach dem, was sich vertraut anfühlt. Meine Hunde haben andere Haarkleider als Ihre und jeder fühlt sich ein bisschen anders an. Mit verbundenen Augen könnte ich Beaker von Tattoo von Gromit von Blizzard von Wish von Cricket ohne Schwierigkeiten unterscheiden. Würde man einen Standardpudel in diese Mischung hineinmogeln, würde es sich anfühlen, als lägen Welten dazwischen. Oder einen Afghanen. Hundefelle gibt es in vielen Ausführungen. Das Haar hat Texturen, unterschiedliche Längen und Farben. Lassen Sie uns den Teil der Biologie anschauen, der dafür verantwortlich ist – denn es hängt sicher nicht alles von Ihrer Wahl des Shampoos ab.

Haarstruktur

Die Struktur der Haare ist genetisch vorherbestimmt. Es liegt also je Rasse eine gemeinsame Haarstruktur vor. Beispielsweise können die Haare glatt oder gelockt, drahtig oder nicht drahtig, kurz oder lang sein. Drahtiges Fell besteht aus dichterem Deckhaar, bei dem die Haare in sich verdreht sind und ein raues Gefühl vermitteln. Dies wurde ursprünglich gezüchtet, um den Hund vor rauen Umgebungen zu schützen. Viele Leute mögen Drahthaarhunde, weil diese nicht haaren. Allerdings verlieren alle Hunde Haare. Bei drahtigem Fell werden die losen Haare nur eher an Ort und Stelle gehalten und müssen daher ausgebürstet werden. Hunde mit einlagigem Fell aus Deckhaar haben tatsächlich noch eine zweite Lage Unterwolle. Diese ist nur sehr dünn und reduziert, also ist ihr Fell gar nicht wirklich einlagig. Textur und Haarlänge können je nach Stelle am Körper variieren, sodass Büschel oder Bärte entstehen. Zu den klassischen Drahthaarhunden gehören Foxterrier. Das Deckhaar in multiplen Längen beim Border Collies ergibt „Hosen" an den Hinterbeinen und eine klassische Halskrause. Wenn man anders züchtet, erhält man einen Border Collie mit einem glatten Fell aus kürzeren Deckhaaren.

Haarfarbe

Ursprünglich diente die Farbe beim Wildhund der Erfüllung eines Tarnzwecks. Die meisten Haushunde zeigen immer noch hellere Bauchhaare. In der Natur nennen wir das Gegenschattierung. Es dient dem Ausgleich des Körperschattens, was es schwieriger macht, ein Tier im Sonnenlicht oder hellem Mondlicht zu erkennen.

Gene bestimmen die Farbe. Es gibt ein Gen dafür, wie braun das Haar sein wird. Schattierungen ergeben sich jenachdem, wie verdünnt das braune Pigment ist und wie viel Luft sich im Haarschaft befindet. So kann man Schokoladenbraun, Schilf, Mahagoni, Leberfarben usw. erhalten. Ein Gen bestimmt die Rot- bis Gelbtöne, wobei Gelb ein vollständig rezessives Merkmal ist (was nur bedeutet, dass Sie, wenn Sie auch nur eine rote Kopie von einem der Elternteile erhalten, kein Gelb bekommen). Mischt man Rot- oder Gelbtöne mit Brauntönen und verändert die Lufteinschlüsse und die Menge an Pigmenten, so kann man eine enorme Palette an Fellfarben erhalten. Ein anderes Gen macht alle Pigmente schwarz. Damit kann man jeden Grauton hinzufügen, indem man das Schwarz verdünnt. Wenn man das Farbmuster im Haarschaft selbst verändert, so erhält man Zobelhaar, das eine schwarze Spitze hat. Haare können als unterschiedlich gefärbte Flecken auf dem Körper auftreten. Denken Sie nur einmal an die braunen und schwarzen Absetzungen bei Rottweilern, Dobermännern und Dackeln. Nur wenn es weiße Flecken gibt, bezeichnet man das beim Hund normalerweise als zweifarbig. Obwohl Braun mit Schwarz in Wirklichkeit ja auch zweifarbig ist. Zu den Schwarz-Weißen zählen Border Collies, aber auch Dalmatiner. Zu den Braun-Weißen gehören Cavalier King Charles Spaniels. Wenn man drei Farben mischt, erhält man natürlich eine Dreifachfarbe, wie sie bei Collies, Shelties oder Papillons zu finden ist. Brindles zeigen Farbvariationen in wellenförmigen Mustern. Dann gibt es Sattelmuster mit einem schwarzen Fleck über dem Rücken, wie es bei vielen Terriern und Deutschen Schäferhunden üblich ist. Wenn man die Haare ganz weg lässt, so erhält man eine Nackthunderasse wie die Alunku oder meistens haarlose wie den Chinesischen Schopfhund. Die Spielarten scheinen endlos zu sein.

In diesem Buch soll es nicht um eine ausführliche genetische Abhandlung dazu gehen, welche Farbe man durch Kreuzung welcher Farballele mit welchen anderen Allelen erhält. Zu diesem einzigartigen Thema gibt es bereits ganze Bücher und lange College-Kurse gehen darauf ein. Für manche Menschen ist das unendlich faszinierend. Wir nun können uns zumindest die acht bekannten Gene ansehen, um zu sehen, was der Werkzeugkasten so bietet. Das Agouti-Gen mit etwa fünf Allelen oder Variationen deckt die Farbstreifen in den Haaren ab, und ebenso, wie sich die Pigmentierung bei den gelben und braunen Varianten beziehungsweise bei einem der Allele auch ganz schwarz, zeigt. Ein weiteres Gen, der B-Locus oder das Braun/Schwarz-Gen, steuert die Produktion eines Enzyms, das die Herstellung von Melanin kontrolliert. Dadurch ergeben sich einige der braunen bis schwarzen Muster und Schattierungen. Ein drittes Gen legt fest, wie schwach ausgeprägt das von anderen Genen produzierte Pigment sein wird. Ein anderes Gen deckt Farbmuster im Gesicht ab, ähnlich wie das Agouti-Gen für den Körper und ergibt bei einigen Hunden Masken im Gesicht. Ein fünftes Gen bestimmt, wie dunkel schwarzes Haar ist und wo im Fell Schwarz zu sehen ist. Dies führt zu ganz schwarzen Hunden oder Hunden mit schwarzen Mustern. Noch ein anderes Gen bestimmt, ob das Fell normal oder merlefarben ist. Merle sind Flecken von reduzierter Farbe in einem Fell. Unser Merle Border Collie hat schwarze Flecken und auch graue Flecken, die im Grunde aus schwarzen Flecken bestehen, welche mit weißen Haaren verdünnt sind. Interessanterweise beeinflusst dieses Gen auch die Augenpigmentierung. Die Leute sehen unsere merlefarbene Wish und denken, sie sei blind, weil sie Farbmuster in ihren Augen hat. Wir nennen Merles Augen Achataugen. Sie sehen so aus wie die wunderschönen Halbedelsteine, die wir am Ufer des Lake Superior sammeln, während Wish beharrlich den Wellen nachjagt. Andererseits hat die Augenfarbe wie bei meinem ersten Hund, einem Husky, nichts mit der Haarfarbe zu tun. Und dann gibt es eine Variation eines anderen Gens, die das Merle-Gen beeinflussen kann. Diese Variation findet sich nur bei Deutschen Doggen, was zu einem Harlekin-Muster führt, also einer weißen Basis mit schwarzen Spritzern. Schließlich verantwortet ein achtes Gen die weißen Flecken bei Hunden, die von mehreren verschiedenen Allelen gebildet werden. So führen acht Gene, die jeweils getrennt voneinander über acht der 39 Chromosomen verstreut liegen, jedes Gen mit mehreren Allelen oder Variationen am Gen, zu diesem Füllhorn an Farbmustern bei Haushunden. Wenn die Färbung mit einer ungewöhnlichen Körperform wie einem geschwungenen Schwanz verbunden ist, liegt dies daran, dass sich das eine Gen auf demselben Chromosom wie das andere befindet. Sie reisen nur zusammen und trennen sich nur selten bei der Kreuzung der DNA in der Meiose.

Ernährung beeinflusst das Haar. Eine bessere Ernährung ergibt ein glänzenderes und weicheres Fell. Genau wie Sie haaren alle Hunde. Ihre wenigen Haare im Duschabfluss sind Ihr täglicher Umsatz an Kopfhaaren. Sie verlieren auch Körperbehaarung. Geben Sie Ihrem Hund nicht die Schuld für all die Haare, die Sie auf dem Boden finden! Hormone können den Haarausfall beeinflussen, sodass viele Hunde im Austausch für ein dickeres Winterfell ein dünneres Unterfell im Sommer bekommen. Der Haarausfall ist zwar meist genetisch kontrolliert, aber wenn ungewöhnlicher Haarausfall bei einem bekannten Hund auftritt, kann das oft auf eine Krankheit hinweisen. Hunde, die weniger haaren, werden oft als hypoallergen bezeichnet, da sie angeblich allergische Reaktionen reduzieren. Tatsächlich werden die meisten Hundeallergien bei Menschen durch Hundespeichel und -schuppen oder abgestorbene Haut verursacht. Die meisten allergischen Reaktionen sind individueller Natur beim Hund und nicht rasse- oder geschlechtsspezifisch.

Man kann ganz klar sehen, dass selbst bei einer Rasse wie meinen Border Collies viele Variationen möglich sind. Es gibt glattes und raues Fell, Variationen bei den Farbmustern, zweifarbiges Braun und Weiß oder Schwarz und Weiß, das auch als Grau dargestellt werden kann und Tricolor. Das Muster der Tupfen und Flecken variiert. Ich kann jeden meiner Hunde leicht unterscheiden und ich kann deutlich erkennen, dass sie alle oder größtenteils Border Collies sind und sich von anderen Rassen unterscheiden. Bei so vielen Variationen müssen Hunderte von Genen am Werk sein, vielleicht Tausende, oder? Nö. Acht bekannte und lokalisierte Gene verantworten die Fellfarbe. Vielleicht gibt es da noch sechs weitere zu entdecken, also bestenfalls vierzehn. Vergessen Sie nicht, das bezeichnet zwar acht Stellen auf der DNA, doch jede Stelle kann gleichzeitig eine Reihe von Merkmalen aufweisen, die Allele genannt werden. Das Thema Farbe wird schnell sehr knifflig, weil so viele Gene dabei involviert sind.

Haarlänge und -textur

Die Merkmale für Struktur und Länge sitzen auf weiteren vier Genen. Die Haarlänge wird durch ein Gen mit zwei Allelen, kurz und lang, bestimmt. Wenn sowohl von Mama als auch von Papa ein Gen für kurze Haare kommt, sind die Haare kurz. Bei Erhalt von Genen für Langhaar von beiden Eltern wird das Haar lang. Wenn Sie von jedem ein Allel erhalten, ist das Haar mittellang. Lang bei einer Rasse ist nicht gleich lang bei einer anderen Rasse. Somit deckt dies nur die Haarlänge im Verhältnis zur Haarlänge der Eltern ab. Dieses Gen wirkt sich auf den ganzen Körper oder unterschiedlich in verschiedenen Körperteilen aus. Ein weiteres Gen legt fest, wie drahtig das Haar ist und ob es sich auf den Gesichtsausdruck auswirkt. Wenn das Drahthaar-Gen sowohl von der Mutter als auch vom Vater des Welpen kommt, erhält man raues, drahtiges Haar und markante Haarbüschel im Gesicht wie Bärte und Augenbrauen; kommt es von keinem, erhält man glattes Haar ohne Haargesichtsmerkmale. Ein Allel von einem Elternteil und vom anderen keines ergibt etwas dazwischen, aber immer noch drahthaarig. Ein drittes Gen bestimmt, wie lockig das Haar ist. Kommt von jedem Elternteil eine Kopie von lockig, so ergibt sich sehr lockiges Haar. Zwei Kopien von geradem Haar, und es wird gerade. Eine lockige und eine glatte Kopie ergibt welliges Haar. Sie könnten eine Matrix aus Haarlänge (drei Variationen), Drahthaarigkeit (drei Variationen) und Locken (drei Variationen) erstellen und Sie erhalten 27 Muster nur für die Haarstruktur. Nur die Struktur. Bloß drei der vier Gene für Struktur.

Das vierte Gen für die Haarbeschaffenheit ist zuständig für Haarausfall, gar nicht für die eigentliche Haarstruktur. In freier Wildbahn zeigen Welpen eine einzige Unterwolle aus glattem Haar, die weder hormonell noch saisonal ausfällt. Das Gen bestimmt nun, ob dieses Welpenmerkmal beim Erwachsenen beibehalten wird (erinnern Sie sich an die längere Diskussion über Neotenie im ersten Teil). Weiterhin interagiert es mit den Merkmalen für Länge und Struktur der Haare, was diese 27-Zellen-Matrix der Möglichkeiten noch komplexer macht. Bei einigen Rassen gibt es ein paar andere zusätzliche Gene wie Haarlosigkeit oder einen Ridgeback.

Wilde Hunde waren kurzhaarig, glatt, nicht drahthaarig, mit einer Vielzahl von Fell-Farbmustern, angepasst an ihren Lebensraum, damit das Raubtier Wolf von seiner Beute nicht gesehen werden konnte. Bei Variationen davon handelt es sich durchweg um Mutationen. In freier Wildbahn werden diese Mutationen eher selektiv aus der Population entfernt. Entweder, weil das Individuum mit der Mutation weniger erfolgreich im Überleben ist oder es weniger wahrscheinlich ist, dass es sich paart. Wildhunde in kälteren Klimazonen selektierten sich auf dickere Unterwolle. Dies erklärt, warum Pelze von arktischen Wölfen historisch so viel mehr wert waren als von Wölfen in den wärmeren südlichen Gebieten. Haare schützten den Hund vor Verletzungen durch Bäume und Steine, aber auch vor beißenden Insekten. Ein dickes Haarkleid kann vor vielen Bissen durch andere Caniden schützen, indem diese Bisse nicht bis zur Haut der Opfer durchkommen. Domestizierte Tiere, einschließlich der Hunde, zeigen große Variationen, wenn wir die verschiedenen Kombinationen auswählen, mischen und anpassen. Das hält Züchter im Geschäft und ist gleichzeitig der Fluch ihrer Existenz. Sie können einige konsistente Haarkleider mit interessanten Mustern erzielen, während einige unbekannte rezessive Merkmale im Genpool lauern. Dieses Merkmal wird möglicherweise nicht ausgedrückt, bis eine andere Blutlinie mit demselben seltenen rezessiven Merkmal, die im Genpool lauert, gekreuzt wird, zusammenkommt und ausgedrückt wird. Das lässt einige Züchter sich dann ungläubig am Kopf kratzen. Die Guten gehen auf die Suche, um herauszufinden, was passiert ist und tragen so zum endlosen Wissensvorrat bei, der über Generationen mittels Versuch und Irrtum gewonnen wurde.

Die Haut

Im Grunde hält die Haut das Äußere nach außen und das Innere nach innen. An ihr sind die Haare befestigt. Damit also genau die von uns eben untersuchte Schicht, die Hautabschürfungen im Rahmen hält, vor Regen und Schnee schützt, die Sonne davon abhält, die Haut zu verbrennen und beißende Parasiten und Raubtiere ihrem Ziel ferner hält. Das Haar verhilft zu der beim Jagen dienlichen (Tarn-)Färbung. Haut ist viel mehr als nur eine Basis für Haare. In ihr verlaufen die Kapillaren und größeren Blutgefäße, die den Wärmegewinn und -verlust regulieren und sie transportiert Immunstoffe, um Krankheiten zu bekämpfen und Wunden zu heilen. Sicher, sie verhindert auch, dass die Eingeweide auf dem Boden schleifen – doch in der Tat erledigen den größten Teil davon doch die Muskeln. Die Haut schützt die Muskeln vor all diesen Umweltschäden.

Natürlich müssen wir zunächst die Haut selbst betrachten. Bei unserem 14 Kilogramm schweren Durchschnitts-Musterhund bedeckt die Haut etwas mehr als einen halben Quadratmeter und wiegt etwa 1,4 Kilogramm. Bei einem Mastiff mehr, bei einem Papillon weniger. Sie muss flexibel genug sein, um Bewegung zu ermöglichen, aber stark genug, damit sie ihre Form behält. Wenn Schönheit nur oberflächlich wäre, so wäre sie im Falle der Haut nur einenhalben bis vier Millimetern dick. Trotz ihrer geringen Dicke spielt sie eine entscheidende und lebensrettende Rolle.

Die Haut besteht aus zwei Lagen, der Dermis und der Epidermis. Nehmen wir an, Sie wären ein tierischer Parasit, der Ihren Hund von außen angreift und sich weiter einfrisst, als eine Zecke das tut. Zuerst müssten Sie an den Haaren vorbeikommen. Vergessen Sie nicht, dass jedes Haar innerviert ist. Ihr Gastgeber wird spüren, wie Sie sich hineinbewegen und versuchen, Sie mit einem Kratzen seiner Krallen oder durch Knabbern mit seinen Schneidezähnen zu stoppen. Sofern Sie diese aktive Verhaltensabwehr überwinden, erreichen Sie die äußere Schicht der Epidermis. Diese besteht aus abgestorbenen Hautzellen, die stark mit Keratin angereichert sind, was das Ganze zäh und wasserdicht macht. Die Haut ist im Wesentlichen nichts anderes als eine wasserdichte Tasche. Um Wasser daraus auszuscheiden, muss man es durch spezielle Drüsen ausschwitzen; ansonsten wird es ausgepinkelt oder -geatmet. Die Zellschicht der Epidermis erneuert sich permanent, mit einem Zyklus der einzelnen Zellen von etwa drei Wochen. Ihr Hund verliert also täglich Millionen von Hautzellen. Diese rieseln von ihm herunter in Ihren Teppich und ernähren ein ganzes Ökosystem von mikroskopisch kleinen Lebewesen, an die Sie nicht einmal denken möchten. Es ist

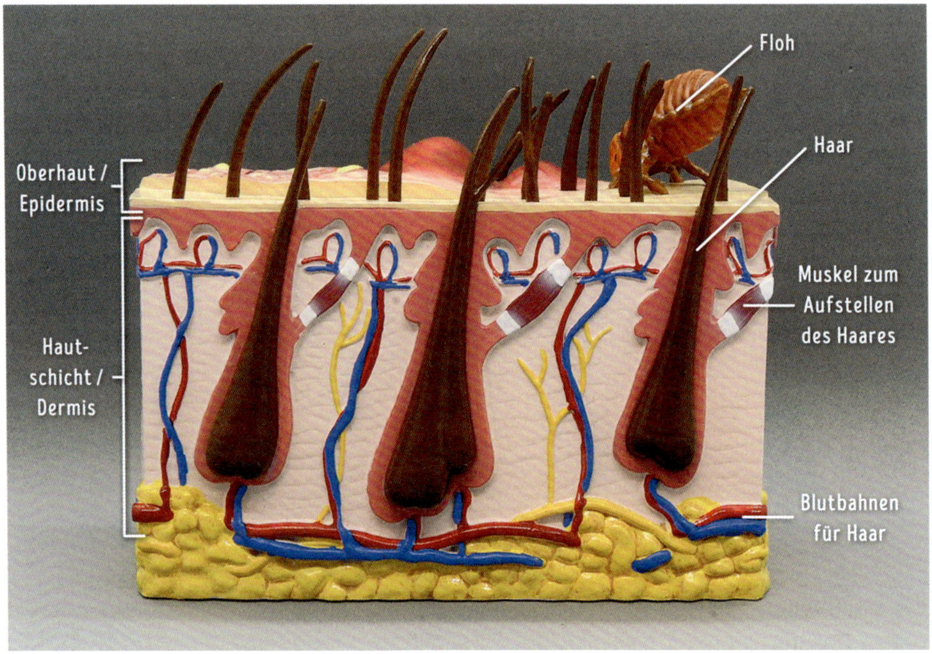

dieser Zellregen, den Bluthunde so gut verfolgen und aufspüren können. Wo die Haut dick ist, wie an den Fußballen, bildet sie so etwas wie einen recht guten Schuh. Wo sie dünn ist, etwa an den Augenlidern, ist sie bloße drei bis fünf Zellschichten dick. In den unteren Schichten der Epidermis befinden sich dann zunehmend mehr lebende Zellen bei gleichzeitig abnehmender Keratinmenge. Die Epidermis besitzt keine Blutgefäße. Sie bekommt Nährstoffe und Sauerstoff mittels Diffusion aus der darunter liegenden Dermis.

Die Epidermis bedeckt die Dermis, die Schicht aus blutdurchtränkten, von Nerven durchsetzten Zellen. Da schneidet man sich nicht gern, weil es wehtut. Die Dermis besitzt an der äußeren Schicht Pigmentzellen, die für die farbigen Flecken auf der Hundehaut verantwortlich sind. (Sie können diese sehen, wenn Sie die Haare teilen und die Haut betrachten.) Menschen bekommen durch diese Pigmentzellen ihren Hautton. Dunklere Haut bietet mehr Sonnenschutz, aber beim gut behaarten Hund ist dies hauptsächlich an der Nase wichtig. Die Dermis besitzt ein Bindegewebe, hauptsächlich das Protein Kollagen. Das verleiht der Haut ihre elastische, aber starke Form. Sie beherbergt jene Zellen, die Haaren ihre Färbung verleihen und für das Wachstum verantwortlich sind sowie die Nerven für Berührung, Schmerz, Juckreiz und Temperatur. Darin und überall ist ein Blutnetzwerk eingebettet, das durch Muskeln in den kleinen Arterien, den Arteriolen, geöffnet oder geschlossen wird und die Wärmeableitung oder -speicherung möglich macht. Variationen in den winzigen Muskeln an der Basis jedes Haares lassen es sich aufrichten, womit das Fell dicker und damit isolierender wird. Bei Kälte sorgen sie für „Gänsehaut". Wie wir sehen, bemüht sich Ihr Haar, Sie gut zu isolieren. Sie haben nur die meisten Haare, die Sie gebraucht hätten, verloren, weil Sie aus der brütenden Hitze des Rift Valley in Ostafrika stammen. Ihr Hund hingegen hat arktische Wölfe im Blut. An der Basis der Haut befindet sich eine Bindegewebsschicht, die die Haut mit den Schichten verklebt, die die darunter liegenden großen Muskeln umgeben. Oft befindet sich unter der Haut auch eine Fettschicht, die Isolierung, Polsterung und Schutz bietet.

Die Haut hat zwei Arten von Drüsen. Die Öl- oder Talgdrüsen produzieren Talg. Dieses wachsartige, ölige Material schmiert und schützt Haut und Haare und hat antibiotische Eigenschaften. Außerdem hat die Haut noch Schweißdrüsen, die eine wässrige Substanz freisetzen: Schweiß. Beim Schwitzen. Tropfender Schweiß wäre Wasserverschwendung. Am besten wird eine Kühlung bei der Verdunstung von Schweiß bewirkt. Schweiß enthält auch Pheromone, die einzigartige Duftstoffe abgeben. Diese geben anderen Vertretern derselben Spezies Signale und dienen oft als eindeutiges Zuordnungsmerkmal. Bei Hunden befinden sich Schweißdrüsen hauptsächlich an den Pfoten, da dies die einzige haarlose Stelle ist. Das ermöglicht es ihnen, eine Pheromon-Duftspur zu hinterlassen. Für die Kühlung spielt das kaum bis gar keine Rolle. Ich habe vor, mich noch eingehend damit zu befassen. Also lassen Sie mich zunächst wiederholen, dass Hunde durch Schwitzen nicht abkühlen. Sie als Mensch tun das, Hunde jedoch nicht. Sie sind kein Hund und Hunde sind keine Menschen. Der entscheidende Unterschied ist, dass Hunde im Sommer wie im Winter den ganzen Tag im Pelzmantel herumlaufen. Sie selbst werden das wohl kaum tun. Vergessen Sie nicht, dass unsere dünnhaarigeren Hunde noch immer die Haut ihrer dicker bepelzten Vorfahren haben und außer an den Pfoten keine Schweißdrüsen besitzen, aber eben auch kein warmen Schutz an kälteren Tagen.

Temperaturkontrolle

Angesichts der zunehmenden Verbreitung von Ventilatoren zur Luftzirkulation, die ich auf Sommerhundeausstellungen in den Boxen beobachte, möchte ich mich eingehender mit der isolierenden Rolle von Haut, Haaren und dem guten Körperbau des Hundes beschäftigen. Ventilatoren bewegen Luft, was bei der Verdunstung von Wasser hilft. Wir Menschen schwitzen vor allem am ganzen Körper, um Wärme abzugeben. An einem heißen Tag fühlt sich da sogar ein laues Lüftchen herrlich an. Für uns Menschen jedenfalls. Hunde hingegen sind, genau wie ein Kühlschrank, gut isoliert. Ihre Haut und die Haare isolieren gegen extreme Hitze und Kälte. Hunde sind endotherm. Sie produzieren viel Wärme beim Verbrennen von Zucker, damit das ATP überleben kann. Rufen Sie sich kurz ins Gedächtnis, dass die meisten der Kalorien (Kilokalorien, falls Sie die diätetische Maßeinheit bevorzugen), die Sie zu sich nehmen, zur Aufrechterhaltung Ihres Stoffwechsels verwendet werden. Für Hunde, die gut isoliert sind, kann die Wärmeableitung hingegen zu einem echten Problem werden. Sie müssen Energie aufwenden, um sich bei Temperaturen über dreißig Grad Celsius abzukühlen und um sich bei Temperaturen unter zwanzig Grad Celsius aufzuwärmen. Dies unterscheidet sich stark von Rasse zu Rasse, also nehmen Sie diesen Wert als Ausgangspunkt für die thermisch neutrale Zone Ihres Hundes.

Jeder Organismus gibt auf drei Arten Wärme ab: Strahlung, Konvektion und Wärmeableitung. Wärme geht ständig durch Strahlung verloren, daher geben die Sonnenschutzreflektoren für Autos, die die Sonneneinstrahlung blockieren, auch die Wärmeeinstrahlung weiter zum Hund im Inneren. Das ist aber um einiges geringer als die Sonnenwärme selbst, also verwenden Sie sie in sonnigen Umgebungen ruhig weiter. Reflektierende Folienjacken und Überlebensdecken funktionieren auf die gleiche Weise, indem sie den Strahlungswärmeverlust abblocken. Sie (Sie der Mensch, nicht Sie der Hund, falls Ihr Hund mit uns liest) geben bevorzugt auf dem Wege der Konvektion Wärme ab. Dieses laue Lüftchen, das über Ihre Haut streicht und dabei Wasser direkt von Ihrer Haut verdunsten lässt. Wenn der flüssige Schweiß verdunstet – also nicht wenn er tropft, sondern wenn er auf Ihrer Haut direkt von flüssig zu gasförmig wird –, dann entzieht er Ihrem Körper viel Wärme. Wärme kann direkt durch das Entsorgen heißer Flüssigkeiten wie tropfendem Schweiß, Sabbern und Pipimachen verloren gehen. Doch das ist nicht viel und deckt den Bedarf bei weitem nicht. Während des Verdampfungprozesses von Wasser, bei dem Wassermoleküle vom flüssigen in einen gasförmigen Zustand übergehen, wird deutlich mehr Wärme abgeleitet, als es tropfendes oder in Form von Sabber abgegebenes warmes Wasser jemals kann – und es ist gleichzeitig auch noch wassersparend. Aktive Verdunstung ist eine großartige, effiziente Methode zur Kühlung. Deshalb sind Sie mit Schweißdrüsen übersät und können auch an kühlen Tagen einen halben Liter Wasser ausschwitzen. Nackte Haut ohne Haare bedeutet viel Oberfläche zum Zwecke der Verdunstung. Ja, Sie meine ich. Diese große Oberfläche hat den Menschen wahrscheinlich ermöglicht, die zusätzliche Wärme abzugeben, die große Gehirne erzeugen bzw. die Wärme, die auf den kilometerlangen Beutezügen durch die Savannen produziert wurde.

Denken Sie daran, dass Ihr Hund nur in den Regionen schwitzt, die bei seinen Wolfsahnen nicht von Fell bedeckt waren. Haare blockieren die Verdunstung effektiv, weshalb Hunde nur über die Pfoten schwitzen. Das sorgt für einen nur geringen Wärmeverlust. Bei haarlosen Rassen verhält es sich nicht anders. Unsere künstliche Selektion auf unterschiedliche Fellstruktur, -länge und -dichte hat eine Selektion auf andere Lokalisierung der Schweißdrüsen nicht mit eingeschlossen. Sei es nun mit oder ohne Fell – Hunde schwitzen nur über ihre Pfoten. Sabbern bringt zwar einen gewissen Wärmeverlust, weil warmer Speichel aus dem Körper tropft. Aber meist kühlen sich Hunde durch Verdunstung in ihren Lungen. Nennen Sie das getrost innerliches Schwitzen. Der Wärmeverlust durch Verdunstung tritt dort tief in der Lunge auf. Erinnern Sie sich an die Hundeboxen mit Ventilatoren? Diese Ventilatoren können normalerweise bemerkenswert wenig für Ihren Hund tun. Allerdings geben Sie den Leuten das Gefühl, sie würden helfen. Es geht doch nichts über ein gutes Placebo. Wenn Sie dies jedoch erst einmal verstanden haben, können Sie Ihren Hunden mit den bereits gekauften Ventilatoren tatsächlich helfen, überschüssige Wärme zu verlieren. Ventilatoren kühlen keine Luft, sie bewegen die Luft um sie herum. Sprechen Sie mir nach: Ventilatoren kühlen keine Luft, sie bewegen sie nur. Das Einblasen von Luft fühlt sich für Sie kühl an, weil bei Ihnen Schweiß von Ihrer Haut verdunstet. Nicht so für Ihren Hund. Damit ein Umluftventilator den Kühlprozess eines Hundes stark unterstützt, müsste er tief in der Lunge sitzen. Das täte weh, wenn die rotierenden Klingen in die Lungenbläschen schlagen würden. Ihr Hund hat das bereits über sein eigenes Luftzirkulationssystem abgedeckt. Es wird Hecheln genannt, dieses schnelle Ein- und Ausatmen, das nicht mit der Atmung verbunden ist. So schnell wie bei mehreren hundert flachen Atemzügen pro Minute. Ventilatoren außerhalb des Hundes, die heiße Luft auf den Hund blasen, unterstützen die Wärmeableitungsfähigkeiten nur minimal, da die Verdunstung tief in der Lunge stattfindet. Sie selbst fühlen sich besser, aber die auf den Hund treffende Brise ist nur geringfügig hilfreich.

Wir wollen uns hier ein wenig die Wissenschaft zunutze machen und einen Weg finden, wie wir unsere Hunde mit Ventilatoren tatsächlich kühlen können. Hören Sie auf, Ihrem Hund heiße Luft zuzublasen und blasen Sie ihm kalte Luft zu, denn das kann schon einiges helfen. Dadurch gelangt kältere Luft in die Lunge, wo die Verdunstung auftritt, und das hilft den Hunden, Wärme abzugeben. Nehmen Sie den schönen Ventilator, den Sie für Ihren Hund gekauft haben und stellen Sie sicher, dass er über etwas Kühles wie eine gekühlte Zweiliterflasche Wasser oder ein nasses Handtuch bläst, das durch Verdunstung abkühlt und kühlere Luft in die warme Lunge Ihres Hundes eindringen lässt.

Es gibt andere Möglichkeiten, den Wärmeverlust durch Verdunstung zu erhöhen. Zum Beispiel hilft es, den Hund bis auf die Haut zu durchnässen. Wenn man ihn dann einem Ventilator aussetzt, solange er nass ist, zieht die Verdunstung an der Oberfläche heißes Wasser von der Haut an die Oberfläche des Fells, wo es beim Verdunsten kühlt. Das ist ein bisschen so, als würde man seinem Hund das Schwitzen abnehmen, oder? Aber sobald Ihr Hund getrocknet ist, ist der Ventilator nicht mehr wirklich wohltuend. Das isolierende Fell blockiert sowohl Hitze als auch Kälte, sodass auch das Scheren nicht dabei hilft, ihn zu kühlen. Es sei denn, Sie sorgen für einen Wärmeverlust durch Konduktion. Zum Beispiel mittels eines kühlbaren Geljäckchens oder eines kühlen, nassen Handtuches. Mehr dazu folgt noch in Kürze. Einen Hund zu scheren bewirkt eine faktisch weniger effektive Verdunstung über die Lunge, da die Körperisolierung gegen die warme Umgebung wegfällt. Der Hund gewinnt so noch Wärme aus der warmen Umgebungsluft. Schauen Sie – sobald Sie verstanden haben, wie Wärme verloren geht, sind Sie in der Lage, eine Strategie zu wählen, die Ihrem Hund hilft.

Es spielt auch eine Rolle, dass Hunde längere Nasen haben als wir. Das trifft auf die meisten zu. Ich versuche hier nicht wirklich, einen Kommentar über Ihre Nase abzulassen, denn ich habe diese ja noch gar nicht gesehen. Hier geht es nur um die Nase des Hundes. Falls Ihr Hund keine längere Nase hat, wie etwa ein Mops oder eine Bulldogge, dann hören Sie nur zu. Die langen Nasen sind mit einem Labyrinth aus Knochen gefüllt, die als Nasenmuscheln bezeichnet werden. Luft, die in die Lunge ein- oder austritt, strömt durch dieses Labyrinth an Knochen, die mit Schleimhäuten bedeckt sind. Nasen helfen, als Klimaanlage zu fungieren, denn sie wärmen die Luft an kalten Tagen und kühlen sie an warmen. Bei kalter Winterluft ist es einfacher, sich das vorzustellen. Kalte Luft kann nicht viel Wasser aufnehmen, daher ist sie trocken. Die Luft, die an einem kalten, trockenen Tag eindringt, wird von den Nasenmuscheln befeuchtet und erwärmt, bevor sie in die Lunge gelangt. Auf dem Rückweg werden Wärme und Wasser aktiv resorbiert. In ähnlicher Weise wird an heißen Tagen die einströmende heiße Luft auf Körpertemperatur abgekühlt und dann beim Ausatmen durch den Hund zusätzliche Wärme aus dem Körper abgegeben. Grundsätzlich bewältigt die Nase über die Nasenmuscheln die extremen Schwankungen der Außenluft und bringt sie auf die Temperatur und Luftfeuchtigkeit des Körpers. Beim Austritt der Luft wird der Prozess umgekehrt. Dadurch kann sie den nächsten Atemzug klimatisieren. All dies verhindert, dass die Lunge an kalten Tagen austrocknet und bei jedem Atemzug von einem kalten Luftstoß getroffen wird und hilft an heißen Tagen ein wenig bei der Abkühlung. Hunde mit reduziertem Rostrum, also kurzen Nasen, können dies nicht so gut. Seien Sie also an wirklich kalten und wirklich heißen Tagen vorsichtiger.

Sie möchten vielleicht darauf hinweisen, dass Hunde eine Brise im Gesicht zu genießen scheinen und versuchen, dies als Beweis dafür herzunehmen, dass eine Brise schon eine Rolle spielt. Hunde scheinen genüsslich vor Ventilatoren zu liegen oder ihre Köpfe aus sich bewegenden Autofenstern zu strecken. Luftzüge spielen wohl eine Rolle, doch nicht in Bezug auf Wärmeableitung, dessen können wir sicher sein. Das geht wahrscheinlich auf die Tatsache zurück, dass ein leichter Wind in der Lage ist, fliegende und beißende Insekten abzuwehren. Wilde Tiere unternehmen große Anstrengungen, um Wolken von Moskitos loszuwerden oder zur Vermeidung lästiger und beißender Fliegen. Nur weil Ihr Hund gerne den Kopf aus dem Autofenster streckt, auch um Fliegen zu vermeiden, ist das noch keine gute Idee. Dazu sage ich nur eins: Ein Insekt im Auge bei einhundertzehn Kilometern pro Stunde, und Ihr Hund kann sein Sehvermögen verlieren. Es wird zumindest die Hornhaut verletzen. Dieser Wind trocknet zudem die Augen durch Kälte und Dehydrierung aus und Sand kommt in die Augen. Falls Sie Ihrem Hund das erlauben möchten, dann müssen Sie sich ernsthaft Gedanken über eine Hundebrille machen. Sollten Sie dies zulassen wollen, dann ignorieren Sie meiner Meinung nach zudem auch die grundlegende Physik bezüglich Fahrzeugunfällen. Sie setzen Ihren Hund einem großen Schleuderrisiko aus, und das ist im wirklichen Leben nicht so schmerzlos wie bei einem James-Bond-Schleudersitz. Jedes Mal, wenn ich einen Hund sehe, dessen Kopf aus einem fahrenden Auto oder Lastwagen ragt, wünschte ich, ich könnte dem Fahrer sagen, dass er jetzt damit aufhören soll. Man muss sich fragen, warum denn Ihnen wohl gesagt worden ist, man soll seine Hände und Füße nicht aus einem sich schnell bewegenden Fahrzeug strecken? Denken Sie dann, dass es für einen Hund in Ordnung wäre?

Ein Ventilator, der heiße Luft aus einem Auto bläst, trägt dazu bei, Hunde kühl zu halten, indem er die Innentemperatur des Autos senkt. Das ist gut. Aber Achtung: Autos schwitzen nicht. Selbst bei einer kühlen Brise wird das Innere eines geschlossenen Autos heiß. Da Autos nicht schwitzen, spielt die Brise tatsächlich keine Rolle. Außer sie dient dazu, heiße Luft aus offenen Fenstern zu befördern. Wenn Sie die Fenster schließen, dann kühlt die Brise, die sich für Sie kühl anfühlt, das Auto gar nicht herunter. Nichts. Nada. Autos sind wie kleine Gewächshäuser. Bei geschlossenen Fenstern und direkter Sonneneinstrahlung steigt die Temperatur sogar an kühlen, luftigen Tagen (nicht vergessen: Die Brise spielt keine kühlende Rolle beim Auto). Hecheln funktioniert in keinem Auto, dessen Temperatur weit über der Körpertemperatur des Hundes liegt. Die Innentemperatur eines geschlossenen Autos an einem sonnigen Tag steigt in 30 Minuten um 19 Grad Celsius, in einer Stunde um 24 Grad Celsius. An einem Sommertag bei 21 Grad Celsius (wenn die Sonne hoch am Himmel steht – dies funktioniert an Herbst- und Frühlingstagen weniger effektiv, da die Sonne näher am Horizont steht), wenn Fenster und Türen geschlossen sind, steigt die Innentemperatur des Fahrzeugs von 21 auf 45 Grad Celsius. Bei Außentemperaturen, die in den USA im Bereich von 38 Grad Celsius beginnen, kann ein Auto in nur sechs Minuten für einen Hund tödlich werden. Geöffnete Fahrzeugfenster lassen Wärme entweichen; wenn Sie jedoch eine Scheibe einschlagen, um einem Hund zu helfen, der nicht unter Hitzestress steht, dann setzen Sie den Hund herumfliegenden Splittern aus gehärtetem Glas aus – und sich einer Anzeige. Es fragt sich, ob der Hund gemütlich schläft oder durch einen Hitzschlag ohnmächtig geworden ist. Holen Sie sich einen Fachmann, rufen Sie die Polizei, bevor Sie sich entscheiden zu handeln. Wenn Sie am Hoover-Staudamm geparkt haben, alle Warnzeichen für heiße Wüstensonne ignorieren und Ihren Hund in Ihrem Fahrzeug einschließen, dann wird wahrscheinlich jemand selbständig etwas unternehmen, um den Hund zu schützen. Es kommt dabei auf Minuten an. Handeln Sie vorausschauend, schützen Sie Ihren Hund durch geöffnete Fenster, damit die Wärme entweichen kann und mit einem Sonnenschutz, der die Sonneneinstrahlung abblockt. Zumindest können Sie ein klares Zeichen dafür hinterlassen, dass Ihnen das Hitzerisiko für Ihren Hund bewusst ist, indem Sie ein Schild auf dem Armaturenbrett platzieren, auf dem die Uhrzeit zu lesen ist, zu der Sie das Auto verlassen haben. Die Leute wissen dann, ob Ihr Hund sehr lange dort war. Die meisten von uns denken an einen Hund, der in einem heißen Auto eingesperrt ist, als wäre er ein menschliches Baby. Das Gesetz stellt den Hund jedoch nur knapp über eine Tüte voller Lebensmittel. Solange Gesetze und menschliche Werte nicht übereinstimmen und die ethischen Werte der Menschen durcheinander geraten, braucht man sich nicht zu wundern, wenn Menschen selbst handeln. Ich fordere ganz sicher nicht zivilen Ungehorsam und das Einschlagen von Autoscheiben ein. Auch das kann einen Hund mit all dem umherfliegenden Sicherheitsglas gefährden. Ich fordere Hundemenschen auf, ihre Hunde in erster Linie vorausschauend zu schützen. Vielleicht bringen Sie Ihren Hund einfach vorher nach Hause, ehe Sie an einem solchen heißen, sonnigen Tag in einen Laden gehen.

Wie viele Hunde sterben wohl auf diese Weise? Laut PETA (People for the Ethical Treatment of Animals) sind das in den USA jedes Jahr einhundert Hunde und laut der American Veterinary Medical Association sind es womöglich sogar mehrere Hundert. Angesichts der vielen Hunde, die im Sommer in Autos zurückgelassen werden, erscheint uns dies unglaublich unwahrscheinlich zu sein. Andererseits, wenn ich es auf meine Hunde beziehe, dann ist jeder einzelne Todesfall einer zu viel. Tun Sie dies nicht!

Halten Sie Ihren Hund im Sommer kühl, im Winter warm und lassen Sie der Natur für die Wärmeregulierung ihren Lauf. Das heißt, dass Ihr Hund eine gute Ernährung mit nahrhaftem Futter und viel frisches, sauberes Wasser benötigt. Wasser lässt Hunde effektiv hecheln und Hitze über die Lungenverdunstung loswerden, sowie auch ein wenig durch Sabbern. Ein gut getränkter Hund kann mehr Hitze vertragen, ehe seine Kerntemperatur steigt. Nur weil Ihr Hund hechelt, bedeutet das nicht, dass er unter großem Hitzestress steht. Normalerweise bedeutet es das Gegenteil: Alles ist gut und die normale Verdunstungskühlung der Lunge ist im Gange. Ein sabbernder, keuchender Hund mit einer verlängerten und spatenförmigen Zunge hingegen leidet unter Hitzestress.

Zusätzlich zum Strahlungswärmegewinn und -verlust und dem konvektiven Wärmegewinn und -verlust erhalten und verlieren alle Dinge Wärme aufgrund von Wärmeableitung. Ein konduktiver Wärmegewinn oder -verlust liegt vor, wenn eine kältere Substanz direkt Wärme von einer wärmeren Oberfläche aufnimmt, mit der sie in direktem Kontakt steht. Kälte ist keine Sache. Kälte ist definiert durch das Fehlen von Wärme. Kälte bewegt sich also nicht, Hitze aber schon. Wenn Sie sich auf einen kühlen Boden legen, dann dringt nicht die Kälte in Sie hinein, sondern etwas Wärme geht heraus. Das ist leitfähiger Wärmeverlust. Legen Sie dort, wo weniger Haare sind, ein Kühlkissen auf den Bauch Ihres Hundes. Das kühlt den Hund direkt durch Wärmeableitung. Wenn Sie Ihren Hund bei schlanker Figur halten, verringert sich die isolierende Fettschicht. Das hilft Hunden vor allem, weil ihr Fell bei Minustemperaturen besser isoliert. Hören Sie gleich wieder auf, falls Sie etwas sagen wollten wie: „Siehst du, ich lasse meinem Hund das zusätzliche Fett, weil sein Fell so dünn ist und er die zusätzliche Isolierung braucht, um mit Hitze und Kälte fertig zu werden." Ihre Logik ist bewundernswert, aber fehl am Platz. Damit ignorieren Sie alle negativen Auswirkungen, die Übergewicht mit sich bringt, von Herzerkrankungen bis hin zu Arthritis. Wenn Ihr Hund dünnes Fell hat, dann gleichen Sie es nicht mit einer Fettschicht aus. Besorgen Sie sich einen isolierenden Hundemantel. Hunde mit verkürztem Rostrum oder kurzer Nase, wie Möpse und Bulldoggen, hecheln nicht so effektiv und können daher Hitze nicht so gut abgeben. Seien Sie mit diesen besonders vorsichtig.

Extremtemperaturen

Ein Hinweis zu Kälte und Windkälte, dem so genannten Windchill. Während des Winters erwähnt jeder Wetterbericht für uns Nordländer den Windchill-Faktor. Man könnte sagen, sie friert alles ein. Mit zusätzlichem Wind fühlt sich die Luft noch kälter an, als sie ist. Aber nur für diejenigen von uns, die durch Hautverdunstung Wärme verlieren. Windkälte beeinflusst uns. Trockene Luft auf unserer Haut sorgt für eine Verdunstung von feuchtigkeitsanziehender Wärme auf unserer Haut und es ist für uns gefühlt kälter als die Umgebungstemperatur. Windkälte hat keinen Einfluss auf Ihr Auto oder die Fähigkeit, bei Kälte zu starten. Ihr Auto schwitzt nicht. Ihr Hund schwitzt nicht. Windkälte ist für Ihren Hund weitgehend unerheblich. Wie Sie sehen, hat sich Ihr Hund tatsächlich so entwickelt, dass er bei Hitze und Kälte recht gut überlebt. Ich sage „weitgehend", weil die Nase Ihres Hundes durch die ausgeatmete Luft feucht ist, was die Hundenase empfindlich gegen Windkälte macht.

Hunde vertragen eine Körpertemperatur, die einige Grad über der des Menschen liegt. Aber wenn sie so warm werden, dass ihre Fähigkeit, Wärme durch Hecheln zu verlieren, überstiegen wird, beginnt die Kerntemperatur zu steigen. Anzeichen dafür können subtil sein, umfassen jedoch übermäßiges Sabbern und eine sehr lang und breit heraushängende Zunge, wodurch die Oberfläche für die Verdunstung der Zunge maximiert ist. Wenn es draußen heiß ist, machen Sie langsam. Geben Sie Ihrem Hund viel Wasser. Halten Sie ihn von heißen Orten wie heißen Autos fern. Fühlen Sie den Asphalt oder das Pflaster: Wenn Sie sich die Finger verbrennen, wird es wahrscheinlich die Pfoten Ihres Hundes ebenso verbrennen. Benässen Sie Ihren Hund mit kühlem (nicht kaltem) Wasser. Legen Sie kühlende Gelpads oder nasse Handtücher auf den Bauch zwischen die Hinterbeine. Genauso, nur umgekehrt, machen Sie es im Winter. Hat Ihr Hund dicke Ballen an den Pfoten? Wenn nicht, können seine Ballen erfrieren. Hundeschuhe können helfen, aber bei den meisten Hunden bedarf es viel Übung, damit diese am Fuß bleiben. Sind Hundemäntel im Winter hilfreich? Bestimmt. Die meisten mit normalem Fell ausgestatteten Hunde sind bei Temperaturen bis weit unter den Gefrierpunkt vollkommen in Ordnung. Hunde mit dünner oder fehlender Unterwolle benötigen eine zusätzliche Isolierung.

Zähne und Klauen

Zähne und Klauen, sprich Krallen, sind bei Hunden zwei Bestandteile der aktiven Abwehr. Bei unserer Erörterung der Verdauung haben wir zuvor schon gesehen, welche wichtige Rolle die Zähne bei der Verarbeitung von Nahrungsmitteln spielen. Sie stellen sogar eine Art Grundausstattung an Werkzeug für Hunde dar. Auf meinem Schreibtisch, neben meinem Monitor, steht ein Hundeschädel. Ich besitze tatsächlich Hunderte von Tierschädeln, die ich für den Unterricht verwende und ich habe einen Hundeschädel auf meinem Schreibtisch. Und zwar aus dem gleichen Grund, warum die Philosophen des Mittelalters einen menschlichen Schädel auf ihrem stehen hatten. Es wird Memento Mori genannt oder auch Erinnerung an die Unausweichlichkeit des Todes. Diese Philosophen und Gelehrten wollten an die Kürze ihres eigenen Lebens erinnert werden. Ich möchte daran erinnert werden, dass meine Hunde zu früh sterben werden und dass jeder Tag daher unbezahlbar und kostbar ist. Ich kann nicht nachvollziehen, wie oft ich diesen Schädel sehe, der mich anstarrt und ich dabei an Beaker, Tattoo oder Blizzard denke. Dann lege ich meine Arbeit nieder, um mit einem meiner lebenden Hunde spazieren zu gehen. Nur mal fürs Protokoll: Ich habe diesen Schädel für den Einsatz für meine Hunde-Lehrstunden gekauft. Ich konnte mich nicht dazu durchringen, einen meiner eigenen Liebsten als Totenkopf auf meinem Schreibtisch zu haben. Und jetzt muss ich kurz stoppen und mit Gromit nach draußen gehen. Er ist fast fünfzehn Jahre alt und seine Nieren beginnen zu versagen. Dieser Absatz hier erinnert mich daran, dass er wichtiger ist als dieses Buch. Das Buch kann warten. Gromit nicht.

Das ist nicht der Grund, warum ich hier den Schädel hochhalte. Bei fast jeder Rasse oder jedem Mischling fallen beim Betrachten des Schädels die großen Kiefer auf, die mit vielen scharfen Zähnen bestückt sind, die hervorstehen – insbesondere die Canini (Eckzähne), denen Hunde im Allgemeinen den Gattungsnamen *Canis* und den Familiennamen Canidae für alle Hunde zu verdanken haben. *Canis* kommt aus dem Lateinischen für Hund und es ist sehr sinnvoll, die am meisten hervorstehenden

Hundezähne nach dem Hund zu benennen. Es gibt vier davon, zwei obere und zwei untere, einen auf jeder Seite des Mauls. Wenn ein Canide Beute erlegt, helfen die anderen Zähne beim Festhalten, während die Eckzähne tief einstechen. Ein Biss mit den vorderen Schneidezähnen kann nur Haare packen oder die Haut quetschen. Normalerweise dringen die Eckzähne tief ein, um die Haut von allem zu durchbohren, was der Hund angreift. In freier Wildbahn werden Muskeln verletzt und Blutgefäße von den Eckzähnen verletzt. Nimmt man die hin und her schüttelnde Kopfbewegung eines Hundes hinzu, die von großen und starken Nackenmuskeln ausgehen und von riesigen Kiefermuskeln festgeklemmt werden, dann bekommt man einen Angreifer, der nicht ablassen wird. Hunde haben sich als Rudeltiere entwickelt. Nehmen wir an, Sie wären ein 90 Kilogramm schweres Reh. Ein Rudel Wölfe griffe Sie an. Ein oder zwei der Wölfe klammerten sich an Sie. Sie wären nun nicht mehr beweglich genug, um die anderen abzuwehren, weil Sie jetzt 45 Kilogramm schwere Gewichte auf Ihrem Rücken hätten. Es fällt überhaupt nicht schwer, den Wert der Eckzähne sowohl bei der Nahrungsbeschaffung als auch bei der Abwehr von Angriffen zu erkennen. Bei Wölfen reichen die Wurzeln der oberen Eckzähne bis in den Schädel, die halbe Strecke zu den Augenhöhlen, innen länger als die freiliegenden Teile des Zahnes. Sofern dieser Zahn nicht abbricht, wird er auch nicht weichen. Er besteht aus Knochen und ist mit Zahnschmelz überzogen. Das ist die härteste Substanz, die ein Säugetier bilden kann. Der leichte Kern besteht aus Keratin und der Knochenart namens Dentin.

Krallen bei Hunden dienen überwiegend der Bodenhaftung. Entsinnen Sie sich daran, dass im Gegensatz zu Katzenkrallen die Hundekrallen nicht eingezogen werden können. Falls Ihr Hund nur wenig auf hartem Untergrund läuft, dann wissen Sie genau, wie schnell Krallen wachsen. Ein kurzer Blick auf deren Struktur zeigt, dass auch gut genutzte Krallen scharf sein können und dem Hund als eine gute letzte Verteidigung dienen. Warum die letzte? Wenn ein Hund auf den Rücken gedreht wird und sein Bauch freiliegt, kann er einen Angreifer nur noch mit den Krallen abwehren. Und das wird er dann wohl auch tun. Tierische Angreifer müssen ihre Zähne benutzen und haben damit ihr Gesicht direkt neben den Krallen des Verteidigers. Die Krallen befinden sich an den äußersten Enden gut bemuskelter Gliedmaßen, sodass sie mit großer Geschwindigkeit und Kraft auftreffen können.

Die Struktur von Krallen ist ziemlich interessant. Erstens bestehen sie hauptsächlich aus nicht lebendem Keratin, dem gleichen superstarken Protein, aus dem das Haar besteht. Für mich gibt es eine allgemeine Regel, die von derjenigen im Haus, die unsere Hunde auswählt, mehr ignoriert als befolgt wird: keine schwarzen Krallen. Es ist so schwer zu erkennen, wo man trimmen muss! Wenn Ihr Hund durchsichtige Krallen hat oder Sie den Hund eines Freundes bei sich haben, nehmen Sie sich ein paar Minuten Zeit, um die Kralle genau zu untersuchen. Die Kralle wächst gekrümmt. Ihre oberste Schicht wird als Nagelkörper (Unguis) bezeichnet und ist der härteste Teil des Nagels, der sich normalerweise sehr von der nächsten Schicht, genannt Subunguis, unterscheidet. Das besteht aus einer weicheren Form von Keratinprotein. Die Kombination einer sehr harten Schicht mit einer weicheren Schicht bedeutet, dass der weichere Teil schneller verschleißt als die härtere Schicht – und das hinterlässt eine scharfe Kante, wo die beiden aufeinandertreffen. Diese Kante verleiht den Nägeln ihren Halt und ihren Wert. Beide Teile sind tot und ohne Nerven. Der innere Teil, das sogenannte Leben, ist gut durchblutet. Sie können die toten Teile nach Herzenslust trimmen, außer dass sich bei den meisten Hunden der Rest des Zehs anfühlt, als würde er angefasst und viele Hunde wehren sich dagegen.

Ha. Ich habe es gerade noch einmal gelesen: „... viele Hunde wehren sich dagegen." Unsere Hunde haben früher einen Wachposten auf die Krallenzange angesetzt. Viel leicht haben sie auch einen Wecker gestellt. Man konnte bedenkenlos an der Krallenzange vorbeigehen. Kaum berührte man sie aber, waren die Hunde verschwunden. Puff. Sie waren höchstens noch in den dunkelsten Ecken des Hauses zu finden. Danach waren wir gezwungen, zwei Linienrichter des örtlichen Highschool-Footballteams anzurufen, die sie festhielten. Man hätte meinen können, wir würden sie foltern. Die Hunde jedenfalls haben das bestimmt geglaubt.

Wir brauchen keinen Experten, um das Problem zu erkennen, das sich so entwickelt. Wir möchten, dass unsere Hunde etwas tun, zum Beispiel akzeptieren, dass ihre Krallen geschnitten werden. Das stellt von Natur aus eine Herausforderung dar, da die Zehen empfindlich sind und zugleich notwendig, damit sie sich in guten alten Wolfstagen effektiv durch den Wald bewegen und das Reh erlegen konnten. Wir beginnen mit einer schwierigen Situation. Sie lernen, was dies bedeutet und tun dann, was wir tun würden: Widerstand leisten. Wir wenden Gewalt an und sie widersetzen sich noch mehr. Das alles gerät außer Kontrolle. Es gibt normalerweise einen besseren Weg, der, wenn wir darauf kommen, alles verändern kann: Bestechung. Ich meine viel Übung. Aber das ist sich ziemlich ähnlich. Wir haben aus dem Krallenschneiden ein spaßiges Event gemacht, mit viel Kuschelzeit und Leckereien (ich zahle nach wie vor pro Pfote ab und die Hunde sorgen dafür, dass ich das nicht vergesse). Im Laufe der Zeit führte das bei Blizzard dazu, dass er, sobald man die Folterwerkzeuge auch nur ergriff, einem schon folgte. Und wenn man sich dann hingesetzt hatte, kam er einem sofort auf den Schoß gekrochen. Man trimmte seine Krallen und begann dann, an einem der anderen Hunde zu arbeiten. Blizzard versuchte, einem wieder auf den Schoß zu klettern, um sich eine extra Runde Krallentrimmen zu ergattern. So sieht Erfolg aus.

Das Innere des Nagels ist, von der Seite betrachtet, rosa. Das heißt, wenn Sie die No-Black-Nails-Regel von Lewis befolgen. An der Basis wird der Nagel dicker, und zwar in der Regel von oben nach unten. Diese ist voll von den Zellen, die den Nagel wachsen lassen, also hat es Blut und Nerven. Wenn man da hinein schneidet, gibt das Blutungen und eine sehr wunde Kralle. Bei einer durchsichtigen Kralle kann man das normalerweise vermeiden, wenn der Hund still hält, und das kann ein großes „Wenn" sein! Bei schwarzen Nägeln muss man suchen, wo sich der Nagel von oben nach unten erweitert. Am besten schaut man unter den Nagel (wo die Unguis auf die Subunguis trifft) und vermeidet es, zu weit hineinzuschneiden. Sie fragen sich vielleicht, warum die Krallen so innerviert sind. Wie bei unseren Fingern hilft es dem Hund zu wissen, wo sich seine Zehen befinden und wie sich die Oberfläche anfühlt, auf der er sich befindet. Manche Hunde, wie mein Hund Blizzard, lieben es, sich die Krallen kürzen zu lassen und kommen angerannt, um gehalten zu werden und im Mittelpunkt der Aufmerksamkeit zu stehen. Einige, wie Wish oder Gromit, haben Erlebnisse gemacht, die die Erfahrung trüben. Gromit hat sehr arthritische Füße und Wish hat sich mehrmals einen Zeh gebrochen. Zehenschmerzen haben bei ihnen einen nachhaltigen Eindruck hinterlassen. Sie würden sich kaum ohne viel zusätzliches Üben dafür entscheiden, uns ihre Krallen schneiden zu lassen, oder handelte es sich dabei um eine Verhaltensänderung? Sie scheinen nicht zu begreifen, dass auch lange Krallen für sie schmerzhaft sind und auf Dauer Zehen und Beinsehnen schädigen können. Logik und Argumentation funktionieren nicht immer und besonders schmerzhafte Episoden hinterlassen bleibende Eindrücke.

Tour 8

Innenverteidigung: Das Immunsystem

Hilfe, mein Hund wird angegriffen! Da sind überall Keime. Buchstäblich überall. Was tun? Zunächst einmal Vorsorge betreiben, dann großflächiger Gegenschlag und letztendlich Spezialisten auf den Plan rufen. Machen Sie sich Gedanken dazu, wie Sie sich um einen Hund kümmern wollen. Sie unternehmen alles zur Vermeidung von Problemen, wie zum Beispiel Verletzungen oder Krankheiten. Falls diese doch eintreten, greifen Sie zunächst zu einer allgemeinen Gegenstrategie. Sobald Sie die Details kennen, wenden Sie sich bei Bedarf an einen Spezialisten wie einen Tierarzt. Sie versuchen, eine Schnittwunde zu verhindern, und falls es doch zu einer kommt, stoppen Sie den Blutfluss.

Wozu ist ein Immunsystem gut?

Ich darf wohl annehmen, dass Sie sich gerade an einem warmen Plätzchen und nicht in einem Kühl- oder Gefrierschrank befinden. Wenn Sie nun ein ordentliches Steak oder rohes Hühnchen bei Raumtemperatur liegen ließen, wie lange würde es dann wohl dauern, bis dieses zu verrotten und zu verfaulen beginnt? Das lässt sich in Stunden abbilden. Der Geruch würde nach einem Tag wahrnehmbar sein und das Fleisch würde innerhalb einer Woche unkenntlich werden. Haben Sie sich schon einmal gefragt, warum Ihnen, Ihrem Hund oder einem lebenden Baum über einen längeren Zeitraum nicht dasselbe widerfährt? Schließlich kann ein Baum Hunderte von Jahre alt werden. Aber sobald er stirbt, fängt er an zu faulen. Ganz schnell. Lebendig zu sein bedeutet also in gewisser Weise, ein funktionierendes Immunsystem zu haben. Ohne dieses ist man wirklich nur ein Stück totes Fleisch.

Das Immunsystem bei Säugetieren ist das Ergebnis von beinahe vier Milliarden Jahren evolutionärer Kriegsführung. Schon die ersten Lebensformen, einfache Bakterien, mussten Viren und andere Bakterien abwehren. Alle lebenden Organismen haben zumindest die ersten beiden Teile eines Immunsystems: Eine Schicht zur Prävention gekoppelt mit einer unspezifischen Abwehr als Erstreaktion. Im Laufe der Zeit wurden die Angriffe von Möchtegern-Parasiten komplexer – und die Abwehrkräfte ebenso. Über Milliarden von Jahren entwickelten sich immer raffiniertere Angriffe und Verteidigungen – ein ungebremstes Wettrüsten. Säugetiere sind eine ziemlich junge Erfindung. Sie teilen sich viele Merkmale mit Reptilien und sogar Fischen. Unser Durchschnittshund hat jeden Tag einige ausgeklügelte Werkzeuge im Einsatz, um sich gegen eine weitgehend unsichtbare Welt von Viren, Bakterien, Pilzen und noch größeren Angreifern wie parasitären Würmern, Zecken und Flöhen zu wehren. Und damit nicht genug: Sein Immunsystem muss erkennen, falls körpereigene Zellen zum Verräter geworden sind.

Was auf molekularer Ebene geschieht, ist komplex und gut untersucht, doch auf dem Gebiet gibt es noch viel zu lernen. Damit wir die grundlegenden Verteidigungsmechanismen verstehen, brauchen wir nicht alle Details zu kennen. Verständnis darüber, was ständig (ein)wirkt, warum eine gute Ernährung wichtig ist und worauf man achten muss, wenn etwas schiefgeht, wird schon helfen.

Überall Bakterien!

Lassen Sie uns die Bühne bereiten beziehungsweise den Kriegsschauplatz begutachten. Zunächst möchte ich Ihnen klar machen, dass Bakterien etwas ganz Normales sind und dass es wenig sinnvoll ist, wenn man sich im täglichen Leben darum Gedanken macht. Auch bin ich nicht so einfältig, dass ich alle Sorgen der Menschen bezüglich Bakterien für rationalen Ursprungs hielte oder glaubte, dass diese einen Sinn haben müssten. Bereits drei Milliarden Jahre vor den Wirbeltieren haben sich Bakterien entwickelt. Sie bevölkerten den ganzen Planeten, von heißen Quellen mit kochendem Wasser über die Tiefen des Urgesteins und bestimmt jede Oberfläche der Erde bis hin zur Atmosphäre. Der Rest des Lebens entwickelte sich in diesem Bakterienteppich eingebettet und hätte nicht existieren können, wenn es sich nicht selbst hätte zur Wehr setzen können. Buchstäblich alles, was Sie berühren, ist mit Bakterien übersät. Auf und in Ihnen befinden sich ungefähr drei Kilogramm an Bakterien. Offen gesagt sind alle bis auf etwa 0,1 Prozent für Sie, Ihren Hund und den größten Teil aller Lebensformen harmlos. Sie ziehen einfach ihr eigenes Ding durch und hoffen (sofern sie hoffen können), nicht von einem Urtierchen oder einem Schleimpilz gefressen zu werden. Tatsächlich belegen diese harmlosen Bakterien Platz und Ressourcen der schädlichen Bakterien. Sie helfen somit dabei, die Zahl der Bösewichte in Schach zu halten.

Stellen Sie sich einmal einen durchschnittlichen Rasen mit ein paar Unkräutern vor. Wenn Sie ein breitenwirksames Herbizid darauf sprühen, stirbt das Gras ab und es bleibt jede Menge Platz für Unkraut. Meistens, wenn Sie etwas mit einem antibakteriellen Tuch abwischen, wie zum Beispiel mit einem der jetzt allgegenwärtigen Tüchern für Einkaufswagengriffe in Lebensmittelgeschäften, dann töten Sie die bakterielle Variante des gesunden Grases, das das Unkraut verdrängt. Die antiviralen Eigenschaften sind natürlich schön, besonders wenn COVID-19 herumlungert. Aber die Anzahl der Bakterien kann sich in nur 20 Minuten verdoppeln. Wenn Sie also Ihren „sauberen“ Einkaufswagen wieder abgeben, haben sich die Bakterien dort ein paar Mal verdoppelt. Und jetzt raten Sie mal, welche am Schnellsten wachsen? Die pathogenen. Sie müssen den Tatsachen ins Gesicht sehen: Die Welt gehört den Bakterien und die meisten davon sind gutartig oder zumindest bedeutungslos für uns.

Auf einer durchschnittlichen Oberfläche befinden sich etwa 150 Bakterien pro Quadratzentimeter. Das gilt auch für Ihre frisch gewaschenen Hände und die Innenseite eines normalen Wasserhahns, trotz gechlorten Wassers. In Küchen ist es das Doppelte. Auf Ihrem Telefon befinden sich etwa 4000 Bakterien pro Quadratzentimeter. Und um das einmal klarzustellen, auf dem Toilettensitz, um den Sie sich Gedanken machen, befinden sich nur etwa 75 Bakterien pro Quadratzentimeter. Es ist jedoch nicht die Anzahl der Bakterien pro Bereich, über die Sie sich Sorgen machen sollten, denn Sie atmen ja auch schon während wir diese Zeit miteinander verbringen, buchstäblich Bakterien ein. Sie sollten sich dringend über die Arten der Bakterien Gedanken machen und darum, wo die schlechten am wahrscheinlichsten vorkommen. Vergessen Sie nicht, die meisten Bakterien sind gut, gutartig und besetzen den Platz, den die schlechten Bakterien sonst einnehmen könnten. Bakterien kommen häufig in Ihrer Nahrung, in der Nahrung Ihres Hundes oder bei aktiven Infektionen wie Wunden vor. Oder sie stammen von anderen, kranken Hunden (oder Menschen), wenn etwa ein aktiver Zwingerhusten besteht. Wenn Sie gesund sind und ein normales Immunsystem haben, könnten Sie die meisten Oberflächen buchstäblich ablecken und es wird Ihnen gut gehen. Ihr Hund leckt sicherlich fast alles ab und sein Immunsystem ist nicht besser als das Ihre. Das Immunsystem wehrt sich täglich und den ganzen Tag über gegen Angriffe und überwältigt die zufällig vorkommenden Krankheitserreger ganz leicht. Aufzupassen gilt es da, wo sich Krankheitserreger konzentrieren und in höherer Anzahl vorkommen.

Zum Beispiel sollten Sie Ihre Küche nach dem Zerlegen von rohem Fleisch für Ihren Hund reinigen, da sich die angreifenden Krankheitserreger auf das hier abgestorbene Fleisch konzentrieren, welchem ein Immunsystem abgeht. Sie müssen sich nach dem Saubermachen einer Infektion am Bein Ihres Hundes waschen, da das Bein mit pathogenen Bakterien voll ist. Um ein einzelnes Bandwurmei (eigentlich ein Eiersack namens Proglottide), das irgendwo herumliegt und vertrocknet ist, wenn es Ihnen auf Ihrem Spaziergang begegnet, brauchen Sie sich wirklich keine Sorgen zu machen. Vielmehr sollten Sie auf die konzentrierte frische Masse in einem Kothaufen achten, der von einem infizierten Wirt stammt. Überlegen Sie gut, welche Schlachten Sie schlagen wollen und sehen Sie ein, dass die meisten Angriffe auf Ihren Hund ganz gut ohne Sie gemanagt werden. Wir greifen bei den meisten von uns entdeckten Krankheitserregern ein, weil sie nur zu einem geringen Prozentsatz großen Schaden anrichten. Die meisten Ärzte und Tierärzte werden Ihnen sagen, dass sich der Körper, wenn man ihn machen lässt, im Allgemeinen ziemlich gut von selbst heilt. Allerdings nicht immer schnell oder schmerzfrei. Um die paar Male das Leiden zu mindern, greifen wir ein.

Wie das Immunsystem funktioniert

Prävention, Ersthelfer, Spezialisten. Die Vorbeugung gegen Infektion beginnt bei den Haaren überall an Ihrem Hund. Dort landen Bakterien und Viren aus der Umgebung zuerst. Haare selbst sind mit dem natürlichen Talg der Haardrüsen bedeckt und reduzieren die Bakterienzahl. Sonnenlicht ist ein großartiger Sterilisator. Das Fell dient also auch dem Zweck, einen Bakterienkontakt mit der Haut zu verzögern und verschafft dem Sonnenlicht solange die Gelegenheit, die Bakterienpopulation zu reduzieren. Der Schutz erstreckt sich auf die wasserdichte, bakterienresistente und verhornte Haut, die den größten Teil Ihres Hundes bedeckt. Die meisten Bakterien können nicht eindringen, es sei denn, die Haut ist verletzt. Schnitte und Insektenstiche sind oft die Ursache für Löcher in der Haut.

Und was ist mit all den anderen, den natürlichen Öffnungen in der Haut? Einige von ihnen bewachen den Körper durch physische Vertreibung der Eindringlinge. Urin fließt nur in eine Richtung, der eindringende Bakterien aus den Harnwegen ausstößt. Solange keine Harnwegsinfektion vorliegt, ist der Urin ziemlich sauber. Der Darm ist mit Schleimdrüsen ausgekleidet, die ihn davor schützen, in seinen eigenen Säften verdaut zu werden. Aber er fängt auch Bakterien ab und scheidet sie über die Einbahnstraße vom Mund zum Anus aus. Wilde Hunde haben sich so entwickelt, dass sie nicht nur lebende Beute, sondern auch Kadaver fressen können. Tote Lebensmittel bekommen schnell Bakterien. Hunde entwickelten ein besonders empfindliches Verdauungssystem, mit dem sie Bakterien entweder durch Reurgutation, sprich Hochwürgen, oder schnelles Ausscheiden aus dem anderen Ende des Verdauungstrakts loswerden. Weibliche Säugetiere haben in der Tat eine Öffnung, die nicht ständig gespült wird, und dort treten häufiger Infektionen auf als bei anderen Körperöffnungen. Der Körper nutzt hier zwei Abwehrmechanismen, die denen im Mund ähnlich sind. Erstens gedeihen in diesen warmen, feuchten Gebieten eine Vielzahl harmloser Bakterien. Diese symbiotischen Bakterien nehmen den Platz ein, den sonst andere Eindringlinge beanspruchen würden. Üblicherweise wird diese Bakterienkolonie mit dem Ablecken des Neugeborenen durch die Mutter gebildet – das heißt es wird infiziert, da die Wirtsbakterien der Vagina und des Mundes so ziemlich gleich sind. Die andere Abwehr besteht darin, den äußeren Teil des Bereichs trockenzuhalten, da Bakterien und Pilze Feuchtigkeit zum Wachsen benötigen. Die meisten Krankheitserreger, die in den Körper gelangen, müssen tiefer als an diese Öffnungen vordringen, um einen Ort zur Verbreitung zu finden. Geschlechtskrankheiten bei Tieren werden über externe Quellen tief in den Wirtskörper eingebracht. Über das Maul eingebracht, werden die meisten Krankheitserreger durch Speichel oder Magensäure abgetötet oder im Rachen vom Immunsystem in den Mandeln oder in den Atemwegen in den Polypen im Nasenrücken angegriffen. Die beste Abwehr ist eine gesunde Haut, die auf gute Ernährung und Bewegung zurückzuführen ist. Was können wir darüber hinaus tun, um das Immunsystem unserer Hunde zu unterstützen? Man sollte Bereiche mit konzentriert auftretenden Krankheitserregern wie infizierten Oberflächen und Kothaufen meiden. Verhindern Sie einen Floh- und Zeckenbefall mit geeigneten insektiziden Halsbändern, Behandlung von Oberflächen und oralen Prophylaktika. Während Impfstoffe eine vorbeugende Maßnahme darstellen und wirken, indem sie den dritten Abwehrmechanismus des Immunsystems aktivieren. Daher werde ich in Kürze darauf zurückkommen.

Die meisten Immunologen unterteilen das Immunsystem in die zellvermittelte Reaktion, zum Beispiel weiße Blutkörperchen und die humorale oder Körperflüssigkeitsreaktion, die Blut und frei schwebende Antikörper leisten. Wenn Sie die Details bei der Entstehung der körperlichen Abwehrkräfte verstehen möchten, ist das sinnvoll. Ich werde die beiden allerdings vermischen und das Ganze in Bezug auf Erstreaktionen und spezialisierte Verlaufskontrollen erklären, indem ich diese beiden biologischen Grundbereiche zusammen betrachte.

In gewisser Weise stellt das Kreislaufsystem den Schlüssel für die Erstreaktionen im Körper dar. Wie bei einem Straßennetz kommt nichts wirklich ans Ziel, was nicht mit dem Blut entlang geflossen ist. Generalisten wie Blutplättchen, weiße Blutkörperchen und Signalmoleküle sind stets vorhanden und immer wachsam. Falls Zellen durch ein eindringendes Virus oder Bakterium beschädigt werden oder falls eine durch physische Gewalteinwirkung hervorgerufene Ruptur entsteht, setzen diese Zellen Moleküle frei, die die Eindringlinge weitermelden. Kapillaren in der Umgebung erweitern sich und erhöhen den Blutfluss, während spezielle weiße Blutkörperchen, die Neutrophile genannt werden, aus den Blutgefäßen gepresst werden und die Eindringlinge angreifen. Der Angriff kann auf verschiedene Weise vorgenommen werden. So könnte es sein, dass die weißen Blutkörperchen die Eindringlinge umhüllen oder fressen. Bitte vergessen Sie nicht, dass Viren und Bakterien viele tausend Mal kleiner sind als eine Blutzelle: Sie können die infizierte Wirtszelle angreifen und abtöten. Die Reaktion auf die Angriffssignale erfolgt unmittelbar und nachhaltig, wobei es Ersthelfer zum Bereich der Verletzung oder des Angriffs hinzieht. Zusätzlich zu diesen zellulären Reaktionen schwimmen Chemikalien im Blutkreislauf, die an die Eindringlinge andocken. Diese werden damit für einen Angriff markiert. Dann gibt es Moleküle, die die Fähigkeit eines Virus‘ zur Übernahme von Wirtszellen behindern. Falls ein Eindringling nicht als Wirt zu identifizieren ist, wird er von diesen Generalisten grundsätzlich angegriffen. Bei Hautinfektionen wird das deutlich sichtbar. Bei solchen Infektionen wird die Haut aufgrund erhöhter Durchblutung und einer allgemeinen Entzündungsreaktion rot und schwillt an. Eiter bildet sich aus abgestorbenen Abwehrzellen und den angegriffenen Bakterien. Bakterien, die sich aus der Angriffszone entfernen, wobei sie häufig über Körperflussigkeiten abtransportiert werden, werden an den Lymphknoten angegriffen. Die Lymphkoten konzentrieren sich dort, wo die Gliedmaßen oder der Kopf mit dem Körper verbunden sind. Andere Organe wie Thymus und Milz spielen ebenfalls eine Rolle bei der Bekämpfung dieser mobilen Angreifer. Dabei handelt es sich um einen ständigen alltäglichen Prozess, der im Hintergrund abläuft. Sie bemerken ihn nur, falls es zu einer Infektion kommt.

Zusätzlich zum Angriff auf Eindringlinge beginnen viele Wirtszellen, sich durch Fehler in der DNA oder andere Ursachen schnell zu teilen. Einige Zelltypen wie Haut-, Blut- und Darmgewebe teilen sich ohnehin schon schnell, weil sie sich schnell abnutzen und ersetzt werden müssen. Wird das nicht eingedämmt, werden diese zu Tumoren oder Krebs. Glücklicherweise verändert dieser Prozess meistens auch die molekularen Marker außerhalb dieser Zellen und das Immunsystem greift diese als Eindringlinge an.

Viele Eindringlinge, die die anderen Schutzbarrieren überwinden oder keine wirksamen Ersthelferreaktionen auslösen, erfordern eine spezielle Säuberungsaktion. Hier haben wir ein System von Reaktionen, die spezifisch auf den Eindringling abgestimmt sind. Wenn ein solcher Spezialist zum ersten Mal eindringt und sich der sofortigen Entfernung entzieht, nimmt das Immunsystem die Moleküle an der Außenseite der eindringenden Zellen ab und stellt spezifische Moleküle her, mit denen der Eindringling als fremd markiert wird. Die spezifischen Marker werden als Antigene bezeichnet. Dieser Vorgang kann einige Tage dauern, während derer Sie sich krank fühlen. Hier kommen die T- und B-Lymphozyten, spezialisierte weiße Blutkörperchen, ins Spiel, die auch Ihr Tierarzt mit einem Blutbild abnimmt. Neben der aktiven Markierung und dem Angriff auf geschulte Eindringlinge produzieren diese Zellen spezifische Antikörper gegen das Antigen, den Marker auf dem Eindringling. Diese werden im Blutkreislauf verteilt. Die Antikörper greifen das identifizierte Antigen an und markieren den Eindringling für die Zerstörung durch weiße Blutkörperchen. Einige der weißen Blutkörperchen behalten diesen Marker für lange Zeit und schaffen so eine lebenslange Erinnerung an einen Eindringling. Diese spezialisierte antikörperbasierte Reaktion braucht Zeit, um sich aufzubauen, oft Tage oder Wochen. Aber sobald diese bekannten Krankheitserreger ausgesetzt sind, werden spätere Angriffe sehr schnell abgewehrt, solange das zelluläre Immungedächtnis erhalten bleibt.

Impfstoffe als Helfer des Immunsystems

Dieses Immungedächtnis ist der Grund, warum wir impfen. Wenn wir impfen, infizieren wir unsere Hunde entweder mit toten oder deaktivierten Eindringlingen, damit sie eine Verteidigung gegen einen schwachen oder bereits toten Angreifer aufbauen. Dies kann durch eine Injektion, ein Nasenspray oder eine orale Gabe erfolgen. Wenn die Zellen dieses Antigen erst einmal kennengelernt haben, merken sie sich dieses möglicherweise ein Leben lang oder zumindest für lange Zeit. Einige Impfungen braucht man nur einmal im Leben durchzuführen, andere müssen jährlich aufgefrischt werden. Am häufigsten werden Hunde gegen Parvovirus, Staupe, Hepatitis und Tollwut geimpft. Dies sind tödliche Viruserkrankungen und Impfstoffe schützen nicht nur den Wirt, sondern auch andere Hunde. Das wird häufig als „Herdenimmunität" bezeichnet, weil es die Prävalenz der Krankheit in der Hundepopulation verringert. Und das, obwohl man Gruppen von Hunden oder Menschen nicht als „Herden" bezeichnet. Eine Impfung gegen Bordetella oder Zwingerhusten wird häufig vorgeschrieben für Hunde, die an Wettbewerben mit anderen teilnehmen. Die Hundeinfluenza stellt ein wachsendes Problem dar. Für diejenigen unter uns, die draußen in den Wäldern leben, gibt es jetzt eine relativ wirksame Impfung gegen Leptospirose und die Impfstoffe gegen die Lyme Borreliose werden ebenfalls besser.

Der Zeitpunkt der Impfung ist wichtig. Wird zu früh geimpft, dann funktioniert das Immunsystem eines Welpen noch nicht und abhängig von den in der Muttermilch enthaltenen Antikörpern wird der verfrüht gegebene Impfstoff nicht in Erinnerung bleiben. Impft man zu spät, so könnte ein Hund den Erregern bereits ausgesetzt worden sein. Was ist mit zu vielen Impfstoffen? Es gibt keinerlei Hinweise darauf, dass man bei einem gesunden Hund zu viele Vakzine geben könnte. Das Immunsystem wird ohnehin täglich angegriffen und ein paar gezielte Angriffe gehen in der allgemeinen Geräuschkulisse unter. Trotzdem hinterfragen einige die Impfpläne und sind bereit, für die Bestimmung von Titern extra zu bezahlen. Titerbestimmungen ermitteln die im Umlauf befindliche Population an Immunsystemzellen und Antikörpern, die auf eine bestimmte Krankheit spezialisiert sind. Zum Beispiel könnte ich meine Hunde jährlich gegen Tollwut impfen lassen. Oder ich könnte den Tierarzt den Bluttiter der Tollwut-Antikörper messen lassen und entscheiden, wann er zu niedrig ist und eine Auffrischung notwendig wäre. Was ist zu niedrig? Ah, da ist der Haken. Die Wissenschaft kann Ihnen durchschnittliche Mengen nennen und Übung hilft dabei, den Titer zu erkennen, bei dem man dem auffrischen sollte. Doch es bleibt ein Glücksspiel. Je höher der Bluttiter von Antikörpern, bis zu einem gewissen Grad, ist, desto besser sind die Chancen, die eindringenden Krankheitserreger bekämpfen zu können. Welcher Risikolevel ist der richtige? Dafür gibt es keine Garantie. Einige argumentieren damit, dass alle Impfstoffe erst nach einer Feststellung des Bluttiters verabreicht werden sollten. Andere argumentieren, dass wir aufgrund des Mangels an guten Daten bezüglich des richtigen Zeitpunkts eben impfen sollten. Ich schlage vor, dass wir für bessere Informationen sorgen, anstatt uns zu streiten. Spenden Sie lieber etwas Geld für die Forschung, anstatt eine Meinung auf Grundlage zu schwacher Fakten vertreten zu wollen.

Manchmal ähneln Antigene, diese Marker der Eindringlinge, in ihrer molekularen Struktur anderen gewöhnlichen Substanzen. Diese gewöhnlichen Substanzen können eine Immunantwort auslösen. Laufende Nasen sind eine Art des Immunsystems, wie ein Antigen aus der Nase ausgespült werden kann. Antigene bewirken die Freisetzung von Histamin, das Schwellungen und Juckreiz verursacht. Juckreiz kann ein nützliches Signal für den Körper sein, seine Aufmerksamkeit auf einen Bereich zu richten, ähnlich wie es bei Schmerzen der Fall ist. Genau wie Schmerzen kann einen auch unkontrollierter Juckreiz aufgrund der Ablenkung und dem Unbehagen wahnsinnig machen. Häufige fälschlicherweise als Eindringlinge erkannte Stoffe sind Pollen und manche Lebensmittel. Früher reagierte Blizzard, mein Langhaar-Border Collie, extrem auf Pilzsporen. Es war eine vernünftige Reaktion des Körpers: Bekämpfe den eindringenden Pilz, bevor er in dich eindringt. Aber es war eine Überreaktion. Eine Allergie. Er kratzte sich wund, bis wir herausfanden, was das Allergen war und es mit besseren als einfachen allergischen Reaktionsunterdrückern wie Antihistaminika behandeln konnten. Es gibt einige Hinweise darauf, dass eine frühe Exposition gegenüber vielen Antigenen dazu beiträgt, die späteren Immunreaktionen auf häufige Allergene zu aufzuheben oder abzuschwächen.

Der beste Schutz gegen Krankheiten bieten eine ordentliche Ernährung und Bewegung. Diese fördern gesundes Haar, Haut, Durchblutung und Immunreaktionen. Sorgen Sie für die empfohlenen Impfungen. Lassen Sie Ihren Hund regelmäßig von dem betreuenden Tierarzt untersuchen. Beziehen Sie Wissen aus mehreren, renommierten Quellen. Seien Sie skeptisch gegenüber vielen der vorübergehenden Trends, die im Internet zu entdecken sind.

Tour 9

Das innere Kontrollsystem

Wenn man wirklich einmal innehält und darüber nachdenkt, ist das Denken an sich schon eine erstaunliche Sache. Es scheint relativ einfach zu erklären, dass sich Muskeln zusammenziehen, um ein Bein zu beugen, damit ein Hund als Reaktion darauf, dass er das Leckerli in meiner Hand riecht, vorwärts getragen wird. Da braucht es beim Hund kein Nachdenken. Alles, was man dazu braucht, ist Chemotaxis, die Orientierung an einem chemischen Signal. Irgendein mysteriöses Rezeptor-Ding in der Nase signalisiert: FRESSEN! Und das Tier bewegt sich darauf zu. Sogar einfache einzellige Organismen können diese Fähigkeit zeigen, sich auf einen Auslösereiz hin oder von ihm weg zu orientieren. Gromit, wie alt er auch sein mag, nimmt den Geruch eines Leckerbissens auf und dreht den Kopf, um nachzusehen.

Das Sehen ist schwieriger zu erklären, aber ich werde es in diesem Teil tun. Wie aus den Eindrücken von außen ein komplettes visuelles Bild in Gromits Gehirn entsteht, ist komplizierter Stoff, aber noch kein Vergleich dazu, was passieren muss, wenn das Gehirn beginnt, Optionen abzuwägen. Jage ich das Eichhörnchen weiter oder gehe ich zum Fressen? Was ist passiert, als ich das letzte Mal zum Leckerli gegangen bin? Haben sie mein Halsband gepackt und mich gezwungen? Hat es ihnen Spaß gemacht? Ist das ein langweiliger Leckerbissen oder ein wirklich seltener Supergenuss? Sieht Tim glücklich oder wütend aus, wenn er mich ruft? Könnte ich das Eichhörnchen in dieser Entfernung auf diesem Untergrund erwischen? Selbst wenn all diese Berechnungen auf unterbewusster Ebene stattfinden, wie etwa bei einem Profisportler, der einen Schläger schwingt oder einen Ball fängt oder einen Hügel hinunterfährt oder ein Auto fährt, so hat das Gehirn viel zu verarbeiten. Sie könnten alle diese Dinge ohne ein Gehirn gar nicht tun. Aber Sie können auch jedes davon tun, ohne dass Sie wirklich darüber nachzudenken brauchen. Wenn Sie bewusstes Denken hinzunehmen, wie können wir dann das Verhalten jemals wirklich verstehen? Sind Hunde sich etwas bewusst (sind sich ihrer selbst bewusst) oder selbstbewusst (bewusst, dass sie sich ihrer selbst bewusst sind)? Ich entschuldige mich für all die wahre Komplexität, die ich gerade schöngeredet habe – und bitte verzeihen Sie meine Zweifel an den Spiegeltests, die als Beweis verwendet worden sind. Hunde sind keine Primaten, also warum sollte ein Spiegel ein guter Test sein, wenn das Sehen nicht der Hauptsinn ihrer Welt ist? Tatsächlich zeigen zwei neuere Studien, dass Hunde, die geruchsorientiert sind, sich selbst erkennen (Gatti, 2016 und Horowitz, 2017). Ich weiß, dass Sie „ja" sagen, und ich sage „ja", dass Hunde sich ihrer selbst bewusst sind, aber die Wissenschaft hat Schwierigkeiten, diese Fragen für andere Arten überzeugend abzusichern. Zu kompliziert, denken Sie. Ich antworte mit „Wenn Sie es denken können, können wir wahrscheinlich herausfinden, wie das funktioniert." Also werden wir es versuchen.

Wir Ökologen denken in der Regel eher in Systemen als in spezifischen Einheiten. Das bedeutet an dieser Stelle, dass wir einen Blick auf breitgefächerte Organisationssysteme werfen, ehe wir uns das Gehirn, das Auge, das Ohr und die vielen anderen Teile ansehen. Wohlgemerkt, die Einteilung, wie wir über die Systeme sprechen oder wie Gruppen von Funktionseinheiten enger zusammenarbeiten, wird künstlich von uns vorgenommen. Vermutlich glauben wir daran, dass das Ganze mehr als die Summe seiner Teile ist. Die Teile sowie die Art und Weise, wie sie zusammenarbeiten, wurden von der Natur nicht so entwickelt, dass eine getrennte Gliederung möglich wäre, also trennen Sie diese gedanklich auch nicht zu sehr voneinander, während Sie lesen. Es dient dem Überleben, dass erfolgreiche Kopien von sich selbst hergestellt werden. Säugetiere haben zwei sehr unterschiedliche Systeme, um den Körper zu kontrollieren. Sie mögen nun das Denken im Sinn haben, das Nervensystem. Doch Sie sollten sich viel mehr mit dem chemischen Kontrollsystem befassen, das vielen – OK, nicht ganz so vielen – als das endokrine System bekannt ist. Alles hat erhebliche Auswirkungen auf das Verhalten, aber auch auf die vielen Hintergrundaktivitäten desjenigen Behälters, der die Hoden und Eierstöcke von einem Ort zum anderen transportiert. Jedes System spielt eine Rolle für Gesundheit und Wohlbefinden. Die beiden arbeiten nicht immer zusammen. Jedes sieht sich Krankheit und Ausfällen ausgesetzt. Wegen jedem könnten Sie zum Tierarzt müssen.

Das endokrine System (Hormonsystem)

Evolutionstechnisch stammt das endokrine System aus modifizierten Zellen des Nervensystems. Es ist ein Körperkontrollsystem, das Chemikalien nutzt, die in den Blutkreislauf abgesondert werden, um so auf entfernte Körperteile einzuwirken. Diese Vorgänge sind oft eng mit den normalen neuronalen Schaltkreisen des Gehirns verbunden. Wenn die Augen etwas Unheimliches sehen, dann wird Adrenalin aus den Nebennieren, die an den Nieren hängen, ins Blut abgegeben. Der ganze Körper wird in Alarmbereitschaft versetzt und wappnet sich gegen Schwierigkeiten. Die endokrine Kontrolle ist weit ausgedehnter als die Kontrolle über das Nervensystem und sie hält länger an. Wenn zum Beispiel ein Bein bewegt wird, so geschieht das schnell, sofort und ohne bleibende Auswirkungen. Endokrine Drüsen sondern chemische Botenstoffe, die Hormone, ab. Und Hormone üben ihre Kontrollfunktion über einen längeren Zeitraum und mit größerer systemischer Wirkung aus. Viele dieser Chemikalien beeinflussen das Verhalten. Damit kann man leicht aufzeigen, dass Gene Chemikalien produzieren, die das Verhalten beeinflussen. Und das bedeutet, dass der genetische Einfluss auf das Verhalten ein ganz klares Instrument ist. Einige kurze Beispiele sollten ausreichen, um Sie davon zu überzeugen, dass Chemikalien das Verhalten beeinflussen. Ebenfalls dazu beitragen könnte die Tatsache, dass es dafür ein eigenes wissenschaftliches Gebiet namens Verhaltensendokrinologie gibt. Weithin bekannt sind die Auswirkungen von Östrogen auf das weibliche und Testosteron auf das männliche Sexualverhalten. Oxytocin, das in einigen kommerziellen Pheromonspendern für Hunde enthalten ist, fördert die soziale Bindung. Mindestens eine Studie bringt Aggression bei männlichen Jugendlichen mit dem Testosteronspiegel in Verbindung. Mit Leptin und Ghrelin haben wir Hormone, die den Appetit verringern bzw. steigern. (Dreger et al., 2016)

Grundsätzlich besteht das endokrine System aus einer Gruppe von Organen, die über den Körper verstreut sind und von denen jedes unterschiedliche Hormone absondert, die unterschiedliche system- oder körperweite Auswirkungen verantworten. Wird ein Hormon zu viel oder zu wenig produziert, so bekommt man Probleme. Eine Unterproduktion von Insulin verursacht Diabetes mit einem hohen Blutzuckerspiegel. Wird es überproduziert, steht am Ende ein zu niedriger Blutzuckerspiegel und die Zellen verhungern. Das endokrine System ist in mehrere Hauptgruppen eingeteilt, wie zum Beispiel solche, die den Stoffwechsel kontrollieren oder beeinflussen; Sexualhormone, die die Paarung beeinflussen; Cortisol oder Stresshormone, die das Kampf- und Fluchtsystem steuern, den Blutdruck und den Elektrolythaushalt beeinflussen; und die Blutzuckerkontrolle.

Dieses Kontrollsystem besitzt Drüsen oder eigenständige Strukturen (oft Organe, von denen Sie gehört haben und über deren Funktion Sie sich gewundert haben, wie zum Beispiel die Bauchspeicheldrüse) oder Gruppen von Zellen, die starke Chemikalien direkt in den Blutkreislauf absondern. Lassen Sie uns hier zu den ersten Worten in diesem Buch zurückgehen: Hoden und Eierstöcke. Dies sind zwei sehr bekannte endokrine Organe, die Keimzellen produzieren, wie bereits erwähnt. Aber jedes von ihnen sondert auch Hormone ab, die den Sexualtrieb beeinflussen und die etliche Körperorgane auf das Gebären vorbereiten. Östrogen, das von den Eierstöcken produziert wird, verändert den Uteruszyklus und wird wiederum von Hormonen aus der Hypophyse beeinflusst, die die Freisetzung von Eizellen auslösen. Testosteron, das hauptsächlich von den Hoden produziert wird, erhöht die Muskelmasse und die Knochendichte. Es bestimmt die Penis- und Klitorisgröße und was von den beiden man bekommt. Es steuert den Sexualtrieb und einige Aspekte der dominanten Aggression. Interessanterweise ist dieses männliche Hormon gar nicht nur männlich.

Weibchen produzieren es in den Eierstöcken, wo es ähnliche Funktionen hat, nur auf viel niedrigerem Level. Ebenso wird Östrogen, das weibliche Hormon, sowohl von Männern als auch von Frauen produziert, jedoch in unterschiedlichen Mengen. Östrogen beeinflusst das Fortpflanzungsverhalten sowie die Entwicklung verwandter weiblicher Strukturen wie der Gebärmutter. Eierstöcke und Hoden produzieren mehr Hormone als nur Östrogen und Testosteron, und sie werden ihrerseits durch Hormone reguliert, die von anderen Drüsen stammen. Um es noch ein bisschen schlimmer zu machen, es gibt Chemikalien in der Umwelt, die normale Hormone nachahmen und daher Verhalten und Gesundheit beeinflussen, als ob sie vom Organismus selbst produziert worden wären. Am bekanntesten ist Bisphenol oder BPA, ein Harz in vielen Kunststoffen, das Östrogen nachahmt.

So sehr dieser letzte Absatz verallgemeinert, so unzulänglich werden gleichzeitig diese beiden führenden Organe und nur zwei der mit ihnen in Zusammenhang stehenden Chemikalien beschrieben. Ich setze das als Bild ein, um aufzuzeigen, wie komplex das endokrine System ist. Wir bräuchten ein eigenes Buch alleine darüber. Sie müssen sich darüber im Klaren sein, dass viele anhaltenden Verhaltensweisen und Temperamente von Hormonen beeinflusst werden. Man sollte sich fragen, inwieweit dieses oft vernachlässigte System Einfluss auf das Verhalten und damit das Üben und Lernen hat.

Endokrine Drüsen

Lassen Sie uns einen Rundgang zu den wichtigsten endokrinen Drüsen Ihres Hundes machen. Da haben wir den **Hypothalamus**. Das ist ein Teil des Gehirns, der dazu dient, das Gehirn und das zentrale Nervensystem mit der endokrin- oder chemisch gesteuerten Körperkontrolle zu verbinden. Der Hypothalamus besitzt Neuronen, die bis in die Hypophyse hinein ragen. Diese hängt an der Basis des Gehirns. Der posterior gelegene (nach hinten gerichtete) Teil nimmt Gehirnsignale auf und sondert auf das Nervensystem ausgerichtete Hormone wie das Wohlfühl-Hormon Oxytocin ab. Der anterior gelegene (nach vorne gerichtete) Teil steuert viele interessante Kontrollelemente, einschließlich der Regulierung von Stresshormonen, wie sie in den Nebennieren hergestellt werden, von Wachstumshormonen und zur Milchbildung. Eine weitere ist die **Zirbeldrüse**, die für das Serotonin verantwortlich ist, das den Schlaf, den Tagesrhythmus und die jahreszeitlichen Verhaltensmuster steuert. Ich bin beispielsweise ein Morgenmensch. Dies wird wahrscheinlich von meiner Zirbeldrüse gesteuert. Andere wiederum sind Nachtmenschen. Warum sollten es sich mit unseren Hunden nicht ebenso verhalten? Haben Sie schon einmal beobachtet, ob Ihr Hund morgens, tagsüber oder abends besser lernt? Sie wählen Ihren Trainingsplan wahrscheinlich nach Ihrem eigenen Arbeits- oder persönlichen Rhythmus. Wahrscheinlich haben Sie den biologischen inneren (Tages-)Rhythmus Ihres Hundes nicht mit berücksichtigt.

Die **Schilddrüse** wird um die anterior gelegene oder vordere Luftröhre gewickelt. In erster Linie ist sie für die Regulierung des Stoffwechsels verantwortlich. Ihr Hund ist zu hyperaktiv? Möglicherweise sollten Sie seinen Thyroxinspiegel überprüfen. Er ist zu lethargisch? Das gleiche Hormon bei Unterproduktion könnte verantwortlich sein. Hyperthyreose ist bei Hunden selten, aber das Hormon beeinflusst eindeutig das Aktivitätsniveau. Die **Nebenschilddrüsen** sind in die Schilddrüse eingebettet, regulieren hingegen die Kalziumaufnahme. Die **Nebennieren** sitzen auf den Nieren und produzieren unter der Regie der **Hypophyse** Cortisol, das Stresshormon. Darüber hinaus produzieren sie Adrenalin, das in Kampf-oder-Flucht-Situationen so wichtig ist. Während die Bauchspeicheldrüse, wie vorher erwähnt, Verdauungsfunktionen innehat, sondert sie aber auch Hormone ab, die bei der Regulierung des Blutzuckers behilflich sind.

Machen wir uns noch einmal Gedanken über die Hoden und Eierstöcke. Ein läufiges Weibchen sondert Hormone aus ihrer Gebärmutter ab. Damit würde diese zu einer endokrine Drüse werden, abgesehen davon, dass diese Hormone dazu bestimmt sind, an die Außenwelt abgegeben zu werden, um Männchen anzulocken. Technisch gesehen ist dies eine exokrine Drüsenfunktion, da das Hormon an die Außenwelt abgegeben wird. Außerhalb des Körpers ausgeschüttete Hormone, die auf andere Wesen wirken oder als Hormone bei anderen wirken, nennt man Pheromone. Da Pheromone in Produkten wie Plättchen für Elektrostecker, Sprays und Halsbändern vorkommen, mit dem Ziel, Stress abzubauen und ein ruhiges Verhalten zu fördern, wie zum Beispiel während Gewittern, dachte ich, Sie könnten einen Blick auf die Biologie werfen wollen. Zurück zu Sex und den vom Weibchen produzierten Pheromonen, die Männchen anziehen. Bitte beachten Sie, dass ich gesagt habe „das Weibchen produziert Pheromone, die Männchen anzieht“ und nicht „das Weibchen produziert Pheromone, um Männchen anzuziehen“. Absicht ist schwer zu erkennen. Produziert das Weibchen selbst im evolutionären Sinne das Pheromon, um einen Partner anzuziehen, oder ist es ein zufälliges Nebenprodukt, das Männchen aufgreifen und verwenden, um Weibchen zu finden, die vielleicht kein Interesse an den Männchen hätten? Und all dies geschieht auf molekularer Ebene, daher ist das, was zu Kopien führt, ohnehin relevanter als Absichten.

Die fein abgestimmten Chemorezeptoren beim Männchen empfangen das Signal. Dies aktiviert sein eigenes endokrines System, versetzt es in höchste Alarmbereitschaft und signalisiert dem Zentralen Nervensystem, das Weibchen aufzuspüren. Das Männchen beginnt, dem Weibchen näherzurücken, angetrieben von schwer zu kontrollierenden Hormonen. Das Gehirn kann diese Signale nicht einfach ignorieren, doch ist der Körper diesen auch nicht vollkommen ausgeliefert. Sobald ein anderes Männchen ins Spiel kommt, das sich ebenfalls auf der Jagd nach dem läufigen Weibchen befindet, kann sein zentrales Nervensystem die sexbedingte Kurzsichtigkeit außer Kraft setzen, eine Adrenalinausschüttung umleiten, um sich auf einen Kampf vorzubereiten und die Paarung auf unbestimmte Zeit aussetzen.

Das Nervensystem

Diese Reise durch die Teile des Nervensystems soll Ihnen dabei helfen, die Grenzen und Fähigkeiten der Teile und des Ganzen zu kennen und zu verstehen, wie diese zusammenpassen. Wenn Sie beispielsweise die Grundlagen des Augenaufbaus kennen, können Sie verstehen, wozu ein Auge in der Lage ist und wozu nicht. Dies wiederum wird Ihnen helfen, die Welt durch die Augen eines Hundes zu sehen. Das ist nicht so, wie Sie sie sehen. Wir wissen nicht wirklich, wie ein Hund die Welt wahrnimmt oder visuelle Bilder im Gehirn verarbeitet. Aber es überrascht kaum, dass aktuelle Gehirnscans darauf hin deuten, dass Hundegehirne und menschliche Gehirne gleich strukturiert sind, mit den gleichen grundlegenden Verdrahtungsmustern. Beim Menschen kommen komplexere Verarbeitungsprozesse hinzu. Oder zumindest denken wir das.

Genau wie nach Rom führen alle Wege zum Gehirn. Aus praktischen Gründen berichtet jedes Sinnessignal, wenn es nicht unterwegs schon zum Schweigen gebracht wird, und jedes Sinnesorgan an das Gehirn. Wir werden das Nervensystem erkunden, und genau wie diese Signale wird unsere Tour im Gehirn enden.

Wir können uns das Nervensystem anhand von drei Hauptfunktionen vorstellen. Es gibt Sensoren, die Dinge aus der Umgebung erkennen und Signale woanders hin senden, in der Regel an das Gehirn. Das Gehirn verarbeitet hauptsächlich Signale und sendet Signale aus, damit etwas getan werden soll. Die ausgeführten Aktionen sind hauptsächlich muskulärer Natur, und die Zellen, die diese Aktionen steuern, werden als motorische Nerven bezeichnet.

Eine andere Möglichkeit, sich die Controller vorzustellen, die durch den Körper flitzen, besteht darin, sie sich geografisch vorzustellen. Das Gehirn und das Rückenmark zusammen werden als zentrales Nervensystem bezeichnet. Diejenigen Teile, die in dieses hinein oder aus diesem hinaus führen, alle Sensoren und Controller, die im ganzen Körper verstreut sind, werden zusammen als peripheres Nervensystem bezeichnet. Das periphere Nervensystem ist in zwei große Bereiche unterteilt, und zwar das somatische (willkürliche) und das vegetative (autonome). Hunde können kontrollieren, wohin sie ihre Füße setzen. Sie können dem Hund beibringen, seine Füße dorthin zu setzen, wohin Sie das möchten. Gromit hat gelernt, seine rechte Pfote hoch in die Luft zu heben, wenn einer von uns fragte: „Wer will ein Bier?" Die Leute fanden das so toll. Das Stichwort war „Wer will …", also hob er seine Pfote für alles, wenn er gefragt wurde. Zugunsten des Unterhaltungswertes haben wir „Bier" hinzugesetzt. Das ist freiwillige Kontrolle. Freiwillig im biologischen Sinne. Denn habe ich Gromit hier irgendwelche Wahlmöglichkeiten gegeben? Nicht wirklich.

Das **autonome Nervensystem** deckt die Bereiche ab, die sich hinter den Kulissen abspielen. Es umfasst die Kontrolle der inneren Organe, wird aber von einer Gehirnstruktur namens Hypothalamus gesteuert. Es gibt ein ganzes Verdrahtungsnetzwerk (keine echten Drähte, aber Nerven und lange Neuronen funktionieren wie Drähte, die Signale senden), um mit beängstigenden oder erregenden Situationen umzugehen. Dabei handelt es sich um das **sympathische System**. Für beruhigendere Aktionen im nicht erregten Zustand ist das **parasympathische System** zuständig. Dann gibt es noch einen dritten Bereich des peripheren Nervensystems, der von der Neuralleiste des sich entwickelnden Embryos abstammt. Die Neuralleiste ist sozusagen primitives Gehirnland. Es steuert das Verdauungssystem genau da, wo es sich auch befindet. Manche Biologen nennen es das zweite Gehirn. Wir denken also vielleicht wirklich mit dem Bauch.

Es gibt Sensoren im Körper, die Veränderungen in der Umgebung – sogenannte Inputs – erkennen. Dann wollen wir einen Blick auf jenes Organ werfen, das all diese Inputs verarbeitet: Das Gehirn. Dabei handelt es sich, im Gegensatz zu Eingabe oder Ausgabe, um Durchsatz. Schließlich werden wir den Output anschauen – den wir oberflächlich betrachtet als Verhalten ansehen können – allerdings von einer biologischen Warte aus. Sensoren außerhalb des Gehirns, etwa Nase oder Zehen, senden Signale an das Gehirn. Der Sensor, der die Erkennung durchführt, schaltet einen Nerv an. Der Nervenreiz wird in ein elektrochemisches Signal umgewandelt. Diese elektrochemischen Nervenimpulse sind auf zellulärer Ebene alle dieselben. Der Unterschied liegt darin, wohin das Signal gesendet wird. Ein Signal von einem Schmerzrezeptor auf dem Weg zum Gehirn sieht genauso aus wie ein Signal, das vom Auge eingeht und Informationen über Licht liefert. Den Unterschied macht aus, wo dieses Signal im Gehirn landet. Kommt das Signal vom Auge, so muss es ein Lichtsignal sein. Wenn Sie hart ins Auge getroffen werden, sieht das Gehirn zum Teil einen Lichtblitz, weil das Signal als solches interpretiert wird, obwohl es sich um ein stumpfes Gewalttrauma handelt.

All dies soll Sie jetzt aber nicht verwirren. Das Nervensystem leistet unglaublich viel und erreicht alle Bereiche unseres Körpers. Es ist schwer zu begreifen, wie komplex das wirklich ist. Hundetrainer sprechen oft über den Erregungszustand („war Ihr Hund erregt oder nicht" als binäre Entweder-Oder-Wahl) oder sprechen über das Gehirn als einen ziemlich einfachen Prozessor. Wenn Sie eine Aktivität belohnen, oftmals mit einem auf Nahrung basierenden Leckerbissen, dann bekommen Sie mehr von dem gewünschten Verhalten. Wenn Sie weniger belohnen, wird es weniger oder verschwindet ganz. Während dieses Modell für B. F. Skinner und fast jeden Studenten in einem einführenden Psychologiepraktikum gut funktionierte, wissen wir jetzt, dass das Ganze viel komplexer ist, als Skinner sich vorgestellt hatte. Ein Verhalten zu belohnen, funktioniert meistens gut. Ist dem nicht so, dann wäre es wichtig zu wissen, was sonst noch vor sich geht.

Neuronen

Im Grunde ist ein Neuron eine Zelle, die Teil des Nervensystems ist. Eine einzelne Nervenzelle oder ein Neuron kann ziemlich groß sein. Zum Beispiel erstreckt sich ein Neuron in Ihrem großen Zeh als eine Zelle über Ihr Bein nach oben bis ins Rückenmark. Bündel von Neuronen werden Nerven genannt. Sensorische Neuronen erkennen Signale oder Reize. Motoneuronen senden Signale an die Muskeln, damit diese etwas tun sollen. Interneuronen verbinden sich mit anderen Neuronen, oft im Gehirn. Alle sind sie Neuronen, und auf dieser Ebene unterscheiden sie sich eher in Funktion denn in Anatomie und Physiologie. Bei der Entwicklung von Embryonen werden Nerven (Neuronenbündel) in vorhersehbaren, bei Säugetieren üblichen Mustern abgelegt. Dieselben Dinge, die der dritte Kranialnerv bei mir tut, macht er ebenso bei meinem Hund.

Vorhin habe ich eine durchschnittliche Zelle beschrieben und sie mit meinem Büro verglichen, das meine Frau jetzt Schmodderzimmer nennt. Ich beschrieb das Innere der Zelle mit einigen Organellen wie dem Zellkern, dem Golgi-Apparat und den Mitochondrien. Neuronen besitzen all das auch, aber ihr Wirken konzentriert sich ausschließlich auf die Zellmembran, den Beutel, der das Schmodderzimmer umschließt. Neuronen bauen elektrische Spannung auf und senden einen elektrischen Impuls. Dieses elektrische Signal ist definitiv nicht wie eines, das über ein Kupfer- oder Glasfaserkabel übertragen wird, das Ihren Computer mit einem entfernten Server verbindet, der Filme oder Webseiten ausgibt. Das sind elektromagnetische Signale. Mit jedem elektrischen Signal entsteht auch ein magnetisches Feld – Sie können dies sehen, wenn Sie einen Kompass in der Nähe eines elektrisch leitenden Drahtes halten. Ein Kompass war der Vorläufer eines GPS-Geräts, der mithilfe des erdeigenen Magnetfelds nach Norden ausgerichtet war. Jedes Magnetfeld erzeugt ein elektrisches Feld. So können Sie Ihr Telefon schnurlos aufladen. Tatsächlich sind die beiden eins und regelrecht als elektromagnetische Felder bekannt. Diese bewegen sich schnell. Genau dort mit Lichtgeschwindigkeit, knapp dreihunderttausend Kilometer pro Sekunde im Vakuum. Für Interessierte – das sind etwas mehr als eine Milliarde Kilometer pro Stunde. Ich glaube, es ist auch so schnell, wenn Sie nicht neugierig sind. Können wir uns darauf einigen, dass dies schnell ist? Tatsächlich kann nichts schneller sein als die Lichtgeschwindigkeit. Es handelt sich um die Geschwindigkeits-begrenzung des Universums, einen wesentlichen Bestandteil des Raum-Zeit-Gefüges. Neuronen sind bloß nicht so schnell. Ein Nervenimpuls, Aktionspotenzial genannt, oder das elektrochemische Signal, das sich durch die Zellmembran eines Neurons bewegt, dümpelt mit einer Geschwindigkeit mit einem Meter pro Sekunde bis zu hundert Metern pro Sekunde dahin. Das ergibt eine Reichweite von drei bis dreihundertzwanzig Kilometer pro Stunde. Weit entfernt von Lichtgeschwindigkeit.

Sie fragen sich vielleicht, warum wir biologischen Kreaturen einen so langsamen Vorgang für die Kommunikation im Körper nutzen. Die Evolution arbeitet an vorzeitlichen Teilen und ich kann keine Beweise dafür finden, dass Organismen Kupfer raffinieren und Drähte in ihren eigenen Körper verlegen (außer bei sehr jungen Menschen). Das könnte man sowieso über die DNA codieren. Darüber hinaus kommen die natürlichen Signale, bei der uns eigenen kleinen Körpergröße und bei einer Geschwindigkeit von mehreren Dutzend Kilometern pro Stunde so gut wie sofort an.

Alle Tiere außer Schwämmen besitzen Neuronen. Ja genau, Schwämme sind Tiere, keine Pflanzen. Typische Neuronen haben Ranken, die sie mit Eingängen von Sensoren oder anderen Neuronen, den sogenannten Dendriten, verbinden. Aktionspotenziale bewegen sich entlang der Zellmembran dieser Ranken. Diese verbinden sich mit dem Zellkörper, worin sich das ganze schmoddrige Zeug des Zimmers befindet, während das Signal an der Zellmembran weiter besteht. Am anderen Ende des Zellkörpers befinden sich weitere faserartige Vorsprünge, die Axone genannt werden. Signale gehen in eine Richtung, von Dendriten über den Zellkörper bis hin zu Axonen. Es mag Hunderte oder Tausende von Dendriten geben, die Signale sammeln, aber typischerweise hat jedes Neuron nur ein Axon. Einige Neuronen benötigen nur ein schwaches Signal von einem oder wenigen Dendriten, um das Signal aus dem Axon zu senden, während andere viele Signale benötigen. Manche Neuronen erhöhen die Wahrscheinlichkeit, dass andere ein Signal senden, manche hemmen die Signalausbreitung.

Dort, wo sich Neuronen miteinander verbinden, entsteht eine Synapse. Dies ist eine Lücke in der Verkabelung, eine Gelegenheit, das Signal zu verändern. Das Axon eines Neurons könnte mit einem Dendriten oder dem Zellkörper des nächsten interagieren. Falls das Signal stark genug ist, überqueren kleine chemische Signalgeber, sogenannte Neurotransmitter, die Lücke und starten das Aktionspotenzial entlang des nächsten Neurons von Neuem. Neuronen sind miteinander verbunden, sodass ein Neuron mit Tausenden anderer Neuronen verbunden sein kann. Alle Aktivität im Nervensystem lässt sich darauf reduzieren: Gibt es ein Aktionspotenzial, wie viele gibt es, wie wird es (oder werden sie) vermittelt und was bedeutet diese Kombination von Neuronen, die das auslösen?

Tour 10

Eine geführte Tour zu den Inputs ans Gehirn: Die Sinne

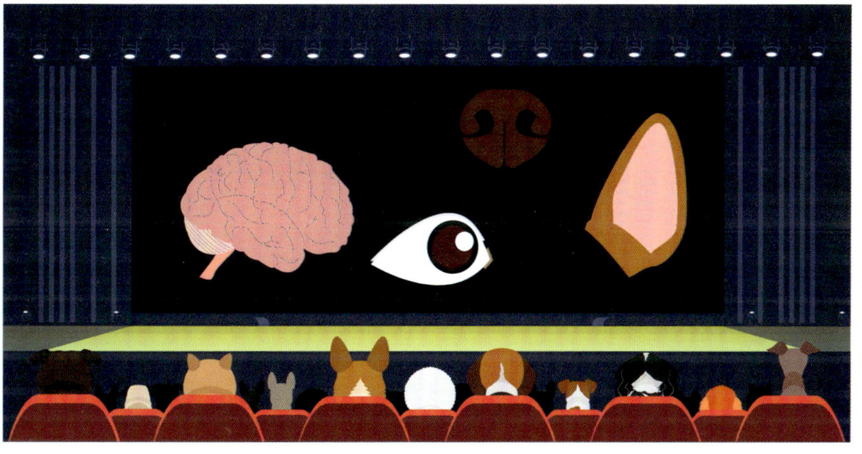

Der grau-weiße Klumpen, der in den dunklen Tiefen des Schädels sitzt, braucht Informationen von irgendwo da draußen, sonst würde er wahnsinnig einsam werden. Auf welche verschiedenen Arten nimmt das Gehirn eigentlich seine Umgebung wahr? Über Signale von Neuronen. Und wie bekommen diese Neuronen ein Signal? Die Signalausbreitung erfolgt nicht ansatzweise mit Lichtgeschwindigkeit und sie ist auch keine Zauberei. Sie braucht lediglich eine intakte physikalische Zellverbindung irgendeines Sensors, etwa einem Berührungssensor in einem Zeh, der diesen mit einem Bündel in der Wirbelsäule verbindet. Dann weiter bis zu einem Nerv zum Gehirn, wo das Gehirn dieses Signal in Zusammenhang mit verwandten Signalen setzt und Impulse an den Körper sendet (oder dabei scheitert), damit etwas getan wird. Zum Beispiel den Zeh bewegen. Dies kann ziemlich kompliziert werden, und wir wollen uns deshalb vielleicht lieber ein paar Beispiele dazu anschauen.

Die Augen / Das Sehvermögen

Da ich bereits die Themen Augen und Sehvermögen angesprochen habe und Primaten (Sie und ich) visuell orientierte Lebewesen sind, beginnen wir unsere Reise durch die Welt der Sinne eben dort. Auf gewisse Art ist das Auge ein Sensor, der Umgebungslicht oder verfügbares Licht aufnimmt und auf eine Sensoroberfläche konzentriert. Die Sensoroberfläche sendet Signale an das Gehirn, welches diese verarbeitet und ein visuelles Bild daraus erstellt. Das Gehirn fügt noch andere, damit verbundene Informationen aus dem Gedächtnis und von anderen Sensoren hinzu. Mein Hund zum Beispiel sieht Futter in der Schüssel, beschnüffelt es und verbindet das mit Erinnerungen. Etwa, dass es sich wirklich gut anfühlt, wenn es in seinem Maul ankommt. Also frisst er es. Cricket wird, wenn sie ein neues Futter sieht, darüber rätseln, es sich aus verschiedenen Blickwinkeln anschauen, beschnüffeln und schließlich das neue Futter ins Maul nehmen und wegtragen, wo sie es belecken und immer wieder probieren kann. Unsere anderen Hunde fressen einfach drauflos und überspringen jegliches Vorgeplänkel. Gleiche Sensoren – anderer Verarbeiter.

Augen sind, grob gesprochen, runde Kugeln aus lebendem Material und entwickeln sich aus embryologischem Hautgewebe und aus Hirngewebe heraus. Wenn man sich wie ein Lichtstrahl an der Außenseite des Auges beginnend nach innen vorarbeitet, so stößt man auf die erste Schicht des Auges, die Bindehaut. Diese Gewebeschicht befeuchtet und nährt die äußeren Augenschichten, ist empfindlich gegen Kratzer und irre schmerzempfindlich. Warum ist das wohl so? Schmerzen lassen einen zurückschrecken, und es ist für gewöhnlich eine gute Idee, sich von etwas zu entfernen, das am Auge kratzt. Früher habe ich weiche Kontaktlinsen getragen, weil meine Augäpfel, die eigentlich kugelförmig sein sollten, eher einem eierförmigen Football ähneln. Ich bin ziemlich kurzsichtig. Ab und zu, wenn ich am Ende des Tages die Kontaktlinse herausnehmen wollte, stellte ich fest, dass ich statt an der weichen Kontaktlinse an der Bindehaut gezogen habe. Schlechte Technik. Aua!

Als nächstes passieren wir die Hornhaut, die äußere Schicht, die das Licht sammelt. Wir reisen dann in eine vorne liegende Kammer, in der die Iris sitzt. Diese Struktur, die Pupille, kann sich weit öffnen, um mehr Licht hereinzulassen oder sich bis auf ein kleines Loch verengen, damit die Sensoren im Augenhintergrund nicht geblendet werden. Falls Sie im Zeitalter der alten Fotoapparate aufgewachsen sind, ist Ihnen vielleicht die hier vorliegende interessante Physik ein Begriff. Jeder kann das an sich selbst erfahren, wenn seine Augen älter geworden sind. Das ist bei den meisten um die vierzig der Fall. Licht, das durch ein kleines Loch gelenkt wird, bewirkt eine so genannte große Schärfentiefe. Das bedeutet, dass sowohl Nahes als auch Fernes gleichzeitig scharf erscheinen können. Je größer das Loch oder die Öffnung in der Blende (für Fotografen: eine niedrigere Blendenzahl) ist, desto geringer ist die Entfernung, bei der noch scharf gesehen werden kann. In einem hell erleuchteten Bereich ist die Pupille klein und Sie können gleichzeitig Wörter auf einer Seite und eine Szenerie im Hintergrund scharf sehen. Wenn Sie in einem schwach beleuchteten Raum etwas in zwei Meter Entfernung von sich anvisieren, sind die näheren und weiter entfernten Dinge drumherum unscharf. Hier liegt der Schlüssel für das Verständnis des Hunde-Sehvermögens, also behalten Sie das bitte im Hinterkopf.

Im Tierreich gibt es verschiedene Pupillenformen. Welches Auge das Lebewesen hat, sagt viel über seine ökologische Rolle aus. Kleine, runde Pupillen eignen sich hervorragend für Tagarbeiter und bieten eine breite Palette an Lichteinstellungen. Pupillenschlitze anstelle von Löchern helfen beim maximalen Öffnen der Augen und lassen eine Menge an zusätzlichem Licht herein. Bei Raubtieren sind die Schlitze vertikal ausgerichtet, was die Fähigkeit zu maximieren scheint, schwaches Licht in naher Entfernung zu nutzen, wenn sie sich der Beute nähern. Beutetiere wie Schafe und Hirsche haben horizontale Schlitze für die Pupillen, die dabei zu helfen scheinen, bei schwachem Licht in einiger Entfernung Bewegungen am Horizont zu erkennen. Für ein Beutetier verheißt Bewegung da draußen selten etwas Gutes. Sie brauchen keinen guten Fernfokus, sondern nur ein Gefühl dafür, ob etwas kommt, um Sie zu holen. Aber zurück zu unseren runden Pupillen und unserem Linsensystem. Wir fokussieren unser Licht auf einen kleinen kreisförmigen Bereich (die Fovea centralis), der auf der Netzhaut zentriert ist. Hunde aber fokussieren das Licht entlang einer eher ovalen Form, die horizontal ausgerichtet ist. Bei vielen Fischen ist der Fokusbereich so positioniert, dass das Licht von oben auf ihre Netzhaut fokussiert ist. Dies ist sinnvoll, da bei ihnen die Gefahr von oben kommt.

Wie auch immer, hinter der Pupille trifft man auf die Hauptfokussierlinse. Das ist eine flexible Linse, die durch einen Muskelring in Position gehalten und in ihrer Form verändert wird. Zumindest in jungen Jahren ist sie flexibel. Über Vierzigjährige bemerken, wie sich eine weniger biegsame Linse auswirkt. Und es ist wahrscheinlich, dass sie zukünftig eine Bifokal- oder Lesebrille benötigen. Diese winzigen Muskeln an der Linse verändern den Fokus des Objektivs und passen die Tiefenschärfe an, sodass Sie Dinge aus der Nähe und aus der Ferne sehen können. Danach passiert das Licht eine große, mit einer Gallertmasse gefüllte Kammer und trifft auf die Sensoren im Augenhintergrund. Hier wird das visuelle Bild in eine chemisch vermittelte Aktionspotenzialnachricht an das Gehirn zur Verarbeitung umgewandelt. Haben Sie das kapiert? Ein Auge wandelt für Ihr Gehirn ganz einfach nur Lichtphotonen zu Aktionspotentialen in den Neuronen um.

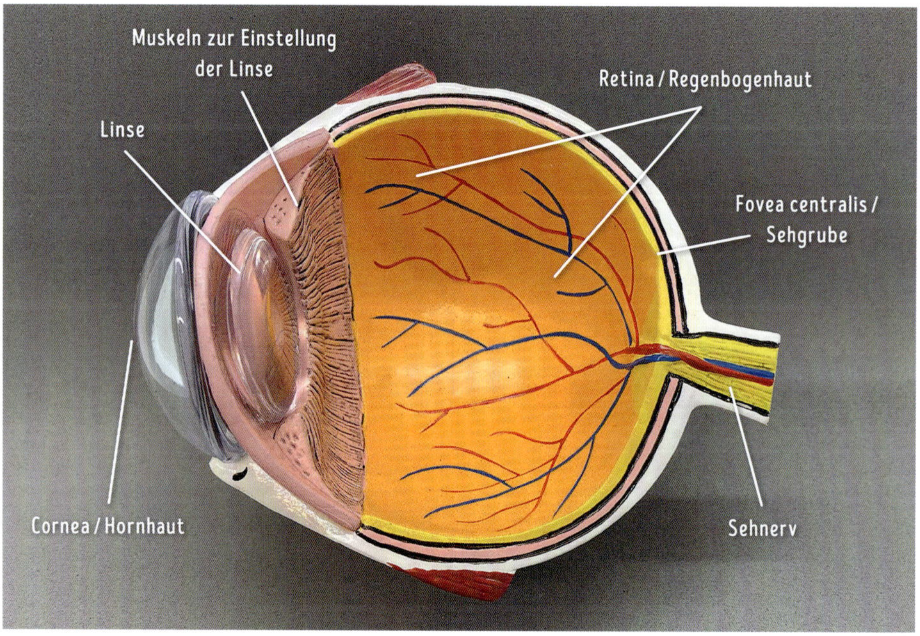

Um es klar auszudrücken, Sie sehen mit Ihrem Gehirn, nicht mit Ihren Augen. Sprechen Sie mir nach: „Wir sehen mit unserem Gehirn, nicht mit unseren Augen." Und noch einmal. Dies wird Ihnen auch später helfen, wenn Sie feststellen, wie schrecklich dürftig unsere Erinnerungen an Dinge sind, die wir gesehen haben. Sie können Ihren Augen vertrauen. Aber trauen Sie sich nicht, Ihrem Gehirn zu vertrauen. Augen sammeln und bündeln das Licht. Wenn ich Sie mit einer Brille ausstatte, die die Welt umdreht, sodass alles auf dem Kopf steht, würde Ihr Gehirn das nach ein oder zwei Wochen mit diesen Gläsern herausfinden und das Bild zurückdrehen, sodass es richtig herum stehen würde. Das ist keine große Sache, denn Sie sehen mit Ihrem Gehirn, genauso wie Sie eine Berührung mit Ihrem Gehirn fühlen und mit Ihrem Gehirn riechen. Ein weiteres Beispiel: Jedes Ihrer Augen hat einen blinden Fleck, wo der Sehnerv das Auge verlässt. Im Allgemeinen bemerken Sie diesen nicht, weil Ihr Gehirn den blinden Fleck mit allem, was um ihn herum ist, verbirgt. Schließen Sie ein Auge. Nehmen wir für dieses Beispiel an, Sie schließen Ihr linkes Auge, weil neun von zehn Menschen Rechtshänder sind. Wenn Sie zu den Linkshändern gehören, können Sie Ihr rechtes Auge schließen und dies mit der linken Hand tun und sich nach links bewegen, wo ich rechts sage. Eigentlich kann jede Gruppe, Links- oder Rechtshänder, dies mit beiden Augen tun, also fangen Sie einfach mit Ihrem rechten an, OK? Linkes Auge geschlossen. Rechte Hand in einer Daumen-hoch-Position wie das Emoji bei Ihrem Smartphone. Dies funktioniert am besten, wenn Sie eine leere Wand als Hintergrund haben. Starren Sie auf einen geeigneten Punkt an der Wand, einen Fleck, ein zerdrücktes Insekt oder einen sehr kleinen Punkt. Halten Sie Ihre rechte Hand auf Armlänge und positionieren Sie Ihren Daumen zwischen Ihr Auge und den Punkt an der Wand, auf den Sie starren. Bewegen Sie nun Ihren Daumen langsam nach rechts und bleiben Sie dabei auf der gleichen Höhe beim Starren. Starren Sie auf diesen Punkt, nicht auf Ihren Daumen. Sehr bald wird Ihr Daumen verschwinden, aber Ihre Hand wird noch sichtbar sein, solange Sie auf den Fixpunkt an der Wand starren. Wenn das für Sie nicht funktioniert, zeichnen Sie einen Punkt auf ein leeres Blatt Papier. Setzen Sie etwa 12 cm rechts davon ein schönes dickes Pluszeichen ein. Schließen Sie Ihr linkes Auge. Starren Sie mit Ihrem rechten Auge auf den Punkt und bringen Sie das Papier auf Armeslänge. Nähern Sie das Papier langsam Ihrer Nase. Das Plus verschwindet, wenn es Ihren blinden Fleck trifft. Im täglichen Leben bemerken wir das nicht, weil unser Gehirn es ignoriert, und es spielt keine Rolle, weil wir unsere Augen und unseren Kopf ständig bewegen, damit der blinde Fleck nicht lange an einer Stelle bleibt. Wir sehen mit unserem Gehirn, nicht mit unseren Augen. Optische Täuschungen funktionieren genauso. Selbst wenn Sie wissen, was vor sich geht, lässt sich Ihr Gehirn leicht austricksen.

Das Sensorfeld des Auges ist die Netzhaut. Es besteht aus Zellen, die als Stäbchen und Zapfen bezeichnet werden und die Zellen unterscheiden sich in Struktur und molekularer Zusammensetzung, sodass wir sie mit einem Mikroskop unterscheiden können. Stäbchen sind sehr lichtempfindlich und signalisieren lediglich in Grautönen die Anwesenheit und Abwesenheit von Licht. Sie bieten also keine Farbunterscheidung und sind so lichtempfindlich, dass sie gut für das Sehen im Dunkeln sind. Am Tag aber werden sie vom Tageslicht überwältigt, geblendet und sind uns wenig hilfreich. Zapfen gibt es in einer ganzen Reihe von unterschiedlichen Ausfertigungen und sie werden durch unterschiedliche Lichtwellenlängen aktiviert. Ein Mensch hat drei Typen, mit denen wir die drei Grundfarben Rot, Gelb und Blau unterscheiden können. All die Farben, die wir mit unserem Gehirn wahrnehmen, die Millionen von Farbtönen, macht das Gehirn, das die Signale von drei verschiedenen Zapfentypen interpretiert. Es gibt keine Möglichkeit, herauszufinden, ob das eine Gehirn eine Farbe genauso wahrnimmt wie ein anderes. All das, was ein normaler Zapfen bei einer festen Wellenlänge erkennt, ist ziemlich gleich. Wenn wir also gesunde Augen haben, senden wir alle ziemlich die gleichen Signale an unser Gehirn. Das bedeutet, dass wir alle die gleiche Farbe nennen würden, zum Beispiel vielleicht Blau, aber es gibt keine Möglichkeit zu wissen, wie das eine Gehirn Blau im Vergleich zu einem anderen sieht. Tatsächlich gibt es einige interessante optische Täuschungen, die darauf hindeuten, dass wir Farben nicht alle gleich wahrnehmen. Neulich ging ein Meme über die Kleiderfarbe im Internet viral. Wenn Sie einen Gendefekt haben und am Ende nur zwei funktionierende Zapfentypen besitzen, werden Sie als farbenblind bezeichnet. Angenommen, die roten Zapfen funktionieren nicht, dann können Sie Rot nicht von Grün unterscheiden. Es ist nicht so, dass Sie kein rotes oder grünes Objekt sehen; ein rotes oder grünes Objekt wird deshalb nicht unsichtbar. Die beiden Farben werden nur als gleich ans Gehirn gemeldet, weil Ihnen funktionierende rote Zapfen fehlen. Blau von Gelb könnten Sie leicht unterscheiden.

Hunde haben viele Sehstäbchen. Das ist gut für Ihre Nachtsichtfähigkeit. Sie haben auch zwei Arten von Zapfen, wie die meisten Säugetiere. Diese erkennen Blau und Gelb. Unser Drei-Zapfen-System ist selten und kommt nur bei wenigen Säugetiergruppen vor. Das Gehirn eines Hundes empfängt Signale wie ein rotgrünblinder Mensch. Lassen Sie mich hier klarstellen, dass Farbenblindheit die falsche Bezeichnung ist. Man ist nicht blind, und in unserem Beispiel ist ein rotes Objekt nicht unsichtbar. Rot kommt je nach Ton nur als eine Grauschattierung oder ein Blau- oder Gelbton vor. Zweifarbensehen ist in der Natur sehr nützlich. Das Unterscheiden von Blau- und Gelbtönen funktioniert hervorragend bei schlechten Lichtverhältnissen. In der Natur gibt es nicht viel Rot, das ein Hund zu erkennen braucht. Keine Stoppschilder. Ja natürlich, ein Sonnenuntergang ist dadurch wahrscheinlich weniger dramatisch. Rotgrünblinde Freunde von mir können Vögel und andere getarnte Tiere besser erkennen als ich: Daher kann es sein, dass es für Jäger besser ist, dichromatisch (zwei Zapfentypen) zu sehen als ein Dreifarbensehen. Hunde waren Jäger. Und jetzt bilden Sie sich mal nur nicht sowas ein wie „Wir sind die Nummer eins, wir sind trichromatisch!“ Fangschreckenkrebse haben bis zu 16 Zapfenarten. Nein, ich weiß nicht warum; wahrscheinlich hilft es, Nahrung oder Partner zu finden. Bezogen auf die Evolution gesprochen ist das eine großartige Ausrede, denn fast alles ist der Nahrung oder der Paarung oder beidem dienlich.

Hieraus können wir also mitnehmen, dass Rot für Hunde keinen guten Kontrast zu Grün bildet. Dunkelrot erscheint schwarz, hellrot erscheint grau. Ich habe eine Freundin, die ein schwarzes Oberteil mit roten Ärmeln trägt, wenn sie einen Agility-Hund führt, sagt sie, damit ihr Hund ihre Armpositionen besser sehen kann. Für den Hund ist alles schwarz, wenn man den Rotton berücksichtigt, den sie verwendet. Ein anderer benutzt ein leuchtend rotes Spielzeug, wenn er Apportieren spielt, damit sein Hund es besser sehen soll. Eine dritte verwendet ein orangefarbenes Frisbee, das sie ihren Hunden zuwirft. Ein anderer einen orangefarbenen Tennisball. Es gibt Apps, die ein Smartphone-Bild in das umwandeln, was ein Hund sieht. Hunde sehen kein Rot. Für sie ist Orange minus Rot einfach Gelb oder Grün, je nachdem, um welchen Orangeton es sich handelt. Etwas Rotes im Gras sieht grau bis schwarz aus auf Grün. Nehmen wir noch Schatten dazu, dann sieht ein Rot wie ein Schatten aus und ein Schatten rot. Orange gegen Gras ist entweder ein Gelbton, der einen guten Kontrast darstellen kann oder Grün, was wiederum je nach Farbton schlecht ist. Gelb auf Schwarz ist viel besser. Gelb neben Blau ist der beste Kontrast für Hunde. Außerdem haben Hunde nur etwa ein Zehntel der Gesamtzahl an Zapfen, die wir haben, weil ihr Auge mit Nachtsichtstäbchen vollgepackt ist. Hunde haben viele Sehstäbchen in ihrer Fovea centralis, sodass sie im Dunkeln sehr gut scharf sehen können. Es bedeutet auch, dass Formen und Muster für sie wahrscheinlich weitaus wichtiger sind als die betreffende Farbe, da die Stäbchen im Zentrum keine Farbe erkennen. Sie haben auch eine reflektierende Schicht hinter der Netzhaut, das Tapetum, die die Nachtsicht verbessert. Sie können in etwa ein Sechstel so viel Licht wie wir wahrnehmen. Sie beherrschen die Nacht, aber sie tun es zu Lasten der Farbunterschiede, die wir tagsüber haben. Nachts kauerten wir uns in unseren Höhlen oder Baumwipfeln zusammen und schliefen, in der Hoffnung, dass uns nichts entdecken würde, weil wir es wahrscheinlich nicht gesehen hätten. Es sei denn, der Mond hätte hell geschienen.

Unsere Linsen zentrieren das Licht auf unsere Fovea centralis. Diese besteht fast ausschließlich aus Kegeln, da wir uns zu Tageslichtarbeitern entwickelt haben. Hätten wir in diesem mittleren Bereich Stäbchen, die tagsüber nicht gut funktionieren, würde uns das eine geringere Sehschärfe bescheren. Die Fähigkeit, kleine Unterschiede zu erkennen, wäre vermindert. Nachts aber funktionieren wiederum diese Zapfen nicht. Sie brauchen viel Licht, um aktiviert zu werden. Bei schwachem Licht können wir zwar ausreichend sehen, außer wenn ich mir den Zeh stoße, aber ohne guten Fokus. Gehen Sie einmal hinaus aufs Land, weit weg von der Stadt, wo es wirklich dunkel ist, aber nicht stockdunkel oder gehen Sie in einen abgedunkelten Raum mit einer winzigen Menge Licht. Es braucht 15 oder 20 Minuten ohne Licht, bis sich Ihre Sehstäbchen vom Geblendetsein durch Scheinwerfer, Raumlicht oder Tageslicht erholen. Sehen Sie sich um. Sie werden keine Farbe erkennen. Wenn Sie sich auf einen Stern oder den kleinsten Lichtpunkt konzentrieren, den Sie erzeugen können, wird er verschwinden, weil er sein Licht an Ihre Fovea centralis sendet, wo es keine Stäbchen gibt! Schauen Sie nur leicht von diesem Stern oder Lichtpunkt weg, wird er wieder sichtbar. Ziemlich cool, aber das hat einen Sinn. Unsere Sinne sind daran angepasst, was in den Millionen von Jahren, in denen wir uns entwickelt haben, in unserem Umfeld am besten funktioniert hat. Und nicht unbedingt an unser heutiges Umfeld. Hunde haben sich auch nicht in Städten oder auf Bauernhöfen entwickelt, daher sind ihre Körperteile für andere Situationen als unsere optimiert.

Hunde können weit entfernte Dinge sehen. Und wie weit? Was ist denn das am weitesten entfernte Element, das Sie sehen können? Dies ist eine Fangfrage. Sie sehen mit Ihrem Gehirn (wiederholen Sie das noch einmal), also können Sie alles sehen, was auf Ihre Retina projiziert wird, und auch nur das. Eigentlich kann man nur bis zur Netzhaut sehen. Wenn Sie wissen, wo Sie an einem dunklen Himmel suchen müssen, können Sie Andromeda, eine benachbarte Galaxie, sehen. Andromeda ist 2,6 Millionen Lichtjahre entfernt. In dem Moment, in dem ich dies hier schreibe, ist sie 24.030.255.373.985.271.808 Kilometer entfernt. Andromeda kommt uns mit einer Geschwindigkeit von etwa 160 Kilometer pro Sekunde oder 580.000 Kilometer pro Stunde näher! Es ist nicht die Entfernung des Objekts, die das von uns Gesehene einschränken, sondern eher die Helligkeit des Objekts und die Fähigkeit des Auges, sich zu fokussieren. Die Entfernung spielt eine Rolle, aber hier ist die Entfernung vom Auge zum Rest des Gehirns entscheidend. Es dauert ungefähr hundert Millisekunden oder eine Zehntelsekunde, bis das Bild von Ihrem Auge im Gehirn ankommt und verarbeitet wird. Was Sie jetzt sehen, ist tatsächlich schon eine Zehntelsekunde her. Die Gegenwart kann man einfach nicht sehen. Das ist philosophisch betrachtet schon interessant, aber bei Geschwindigkeiten wie auf der Autobahn ist es lebensverändernd. Wenn Sie mit einhundert Kilometern pro Stunde unterwegs sind, legen Sie 2,7 Meter zurück, bevor Ihr Gehirn die Informationen verarbeitet hat, die es gesehen hat. Bei einhundertzehn Kilometren pro Stunde sind es schon drei Meter. Geben Sie also darauf acht, wie nah Sie auf ein anderes Auto auffahren! Läuft ein Hund mit einer Geschwindigkeit von vierzig Kilometern pro Stunde, so hat das Beutetier fast 1,2 Meter zurückgelegt, ehe das Hundegehirn die Informationen verarbeiten kann. Das würde niemals ausreichen, um etwas anderes als eine bereits tote Beute zu erlegen. Das Gehirn muss die Geschwindigkeit berechnen, den Verlauf abschätzen, herausfinden, wo sich das Maul relativ gesehen zu den Augen befindet und dann diese Beute oder diesen Ball oder dieses Frisbee schnappen. Das Fangen von Beutetieren, die ausweichen, um ihr Leben zu retten, erfordert eine Menge an neuronaler Verarbeitung. Die Bearbeitung braucht Zeit. Da Beutetiere im Jetzt leben und das Bild schon veraltet ist, muss man zu antizipieren lernen. Wenn man darüber eine Millisekunde lang nachdenkt, ist das alles schon sehr fundiert.

Wenn ich zum Augenarzt gehe, bekomme ich eine Reihe von Zahlen zum Lesen vorgehalten. Nehmen wir an, der Arzt sagt, ich habe eine Sehschärfe von 6/6. Das bedeutet, dass ich in sechs Metern Entfernung deutlich sehen kann, was ein durchschnittlicher Mensch in sechs Metern Entfernung sieht. Meiner tatsächlichen Sehschärfe entspricht eher 6/60. Das bedeutet, dass eine durchschnittliche Person in einer Entfernung von sechzig Meter klar sehen kann, ich aber dasselbe erst bei einer Entfernung von nur sechs Metern sehen kann. Zum Glück habe ich eine Brille, um meine Kurzsichtigkeit auf 6/6 zu korrigieren. Meine Hunde, wenn sie dem Durchschnitt entsprechen, sehen das menschliche Äquivalent von 6/25. Sie müssen also sechs Meter von etwas entfernt sein, das ein durchschnittlicher Mensch bei fünfundzwanzig Metern sehen könnte. Sie können Bewegungen besser erkennen als wir, was damit zu tun hat, wie die Netzhaut verdrahtet ist. Laterale oder seitliche Bewegungen in ihren Augen lösen eine Reaktion des Gehirns bei einem niedrigeren Schwellenwert aus als unsere Augen. Ein einzelnes Hundeauge besitzt ein Gesichtsfeld, das ein bisschen breiter, jedoch im Wesentlichen das gleiche ist wie unseres. Unser Gesichtsfeld beträgt 135 Grad. Augen wie die unseren, die nach vorne gerichtet sind, haben ein kombiniertes Sichtfeld von etwa 190 Grad. Ein Vollkreis umfasst 360 Grad, ein Halbkreis demnach 180 Grad. Hundeaugen sind im Durchschnitt etwa 20 Grad von der mittleren Linie verschoben, sodass sie ein breiteres Gesichtsfeld von etwa 250 Grad besitzen (ein Dreiviertelkreis macht 270 Grad aus). Das kann stark je nach Hund variieren. Ein Durchschnittshund, der geradeaus schaut, hat ein Gesichtsfeld, das sich bis zu seinen Schultern erstreckt. Unsere Sichtfelder überschneiden sich stärker, wodurch wir Tiefe oder Entfernung erkennen können. Die Sicht unserer Augen überlappt sich deutlich mehr als bei Hunden, daher haben wir eine 3D-Sehfähigkeit. Hunde haben eine größere Gesamtübersicht.

Schließlich, und dabei habe ich das Thema noch lange nicht erschöpfend behandelt, sitzen Hundeaugen gut 1,3 Meter näher am Boden als unsere. Wenn Sie sehen möchten, was ein Hund sieht, gehen Sie zunächst auf Hände und Knie. Wenn Sie einen kleineren Hund haben, legen Sie sich bitte auf den Boden. Da sieht die Welt ganz anders aus. Hohes Unkraut versperrt jetzt Ihre Sicht. Niedrige Zäune und Sofas sind für Hunde dasselbe wie für uns hohe Wände. Was lungert dahinter womöglich herum? Wir können oben drüber blicken, brauchen uns also nicht zu sorgen. Für Ihren Hund stellt das entweder eine unsichtbare Katastrophe oder Glück dar. Wenn ich mich auf den Boden lege, drehen meine Hunde vor Freude durch, rollen auf mir herum, springen auf mich, zerren an meiner Base-Cap. Für sie ist das der Spielehimmel. Hebe ich mein Gesicht über die Höhe ihres Kopfes, dann blicken sie mich wieder ganz anders an.

Es gibt einen großartigen, wenn auch etwas veralteten Artikel im *Journal of American Veterinary Medical Association* vom Dezember 1995 mit dem Titel „Die Sehfähigkeit bei Hunden“ („Vision in Dogs“), den ich sehr empfehlen kann. Ich liebe das zusammenfassende Schluss-Statement so sehr, dass ich es komplett zitieren möchte:

„Im Vergleich zum visuellen System des Menschen könnte das visuelle System des Hundes in Bezug auf den Grad der binokularen Überlappung, die Farbwahrnehmung, den Akkommodationsbereich und die Sehschärfe als minderwertig angesehen werden. Bezogen auf andere Aspekte des Sehens, wie der Fähigkeit, bei schwachem Licht zu funktionieren, der Schnelligkeit, mit der die Netzhaut auf ein anderes Bild reagieren kann (Flimmerfusion), das Sichtfeld, der Fähigkeit, Grauschattierungen zu unterscheiden und möglicherweise der Fähigkeit, Bewegung wahrzunehmen, übertrifft das visuelle System des Hundes wahrscheinlich das menschliche visuelle System. Dies hat den Hund in bestimmten Umweltsituationen zu einem effizienteren Raubtier gemacht und ermöglicht es ihm, eine für den Menschen unzugängliche ökologische Nische zu besetzen.“ Ich denke, dies ist eine großartige Auflistung der Unterschiede zwischen dem Sehvermögen von Hunden und unserem. Es kommt nicht zu dem Schluss, dass eine Version besser ist als die andere, sondern dass sie unterschiedliche ökologische Rollen zulassen. Das erinnert mich an die Frage „Wer kann besser sehen, ein Hund oder ein Mensch?“. Es ist alles eine Frage der Perspektive und der Evolutionsgeschichte. Genau das liebe ich.

Die Ohren / Das Hören

Wenn wir an Ohren denken, neigen wir dazu, an Hören zu denken; das wird das Hauptaugenmerk sein. Die Ohren sind auch der Ort, an dem das Gleichgewicht wahrgenommen wird. Dieser Ort hat nichts mit dem Hören zu tun, hängt jedoch mit einigen physisch benachbarten Strukturen zusammen, die zusammen neben dem Ohr eingepfercht sind und auch aus demselben embryonalen Gewebe stammen. Wir werden noch darüber sprechen, aber zuerst einmal geht es um das Hören. Augen sind Sensoren, die für die Erkennung von Lichtphotonen optimiert sind. Ohren erkennen die physikalische Bewegung von Luft- oder Wassermolekülen, den Schall. Im Vakuum nützen sie nicht viel, da es kein Medium gibt, um den Schall zu verbreiten. „Im Weltraum kann dich niemand schreien hören." Der Film „Alien" hat es mit dieser Parole genau getroffen. Das ist wieder eins der Hauptärgernisse mit Geeks. Würde ein Raumschiff in Ihrer Nähe explodieren, so wäre das ganz still, da der Weltraum ein Vakuum ist. Also gäbe es keine Luft- (oder Wasser-) Moleküle, die bewegt werden könnnten, um eine Vibration oder Stoßwelle zu erzeugen, die Sie hören oder fühlen könnten.

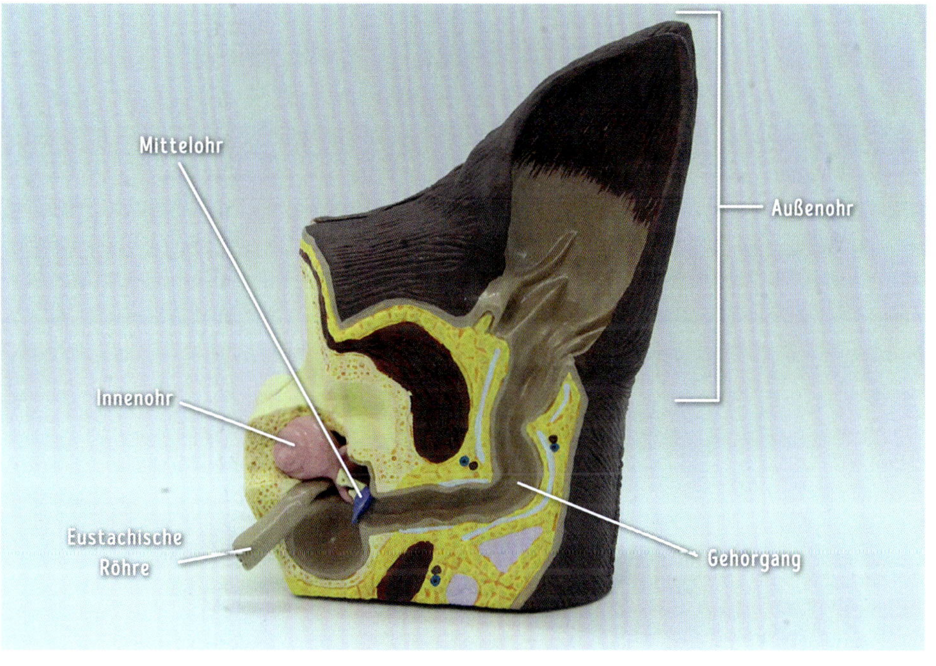

Sie können Vibrationen über Ihren ganzen Körper spüren, sodass der gesamte flüssige Enzymbeutel, was ja Ihr Hund im Grunde genommen ist, in gewisser Weise als akustischer Detektor fungiert. Ohren befinden sich dort, wo das am besten funktioniert. Wie die Augen haben auch die Ohren ein Gerät, um die einfallende Energie zu bündeln. Im Auge waren das Hornhaut und Linse. Beim Ohr sind das das äußere Ohr oder die Ohrmuschel oder die Pinnae. Hunde können ihre Ohren im Allgemeinen drehen. Das hilft ihnen zu lokalisieren, woher das Geräusch kommt. Die Zeitverzögerung (eigentlich eine Phasenverschiebung, aber das spielt hier keine Rolle), mit der ein Ton auf ein Ohr trifft, bevor es das andere erreicht hat, lässt die Richtung erkennen. Die Ohren sind zudem ganz leicht vertikal versetzt, was die Fähigkeit verleiht, gewisse Unterschiede im Bereich oben und unten erkennen zu können. Im Wasser breitet sich Schall viel schneller aus als in der Luft, etwa viereinhalb Mal so schnell. Daher ist es im Wasser schwieriger, die Schallrichtung zu unterscheiden.

Der Schall wird vom äußeren Ohr aufgenommen und muss dann aber noch in einen Nervenimpuls umgewandelt werden. Im Auge geschah das, wie wir gesehen haben, direkt an der Netzhaut mit lichtgetriggerten Nervenzellen. Im Ohr ist es etwas komplexer. Zunächst wird der Schall in einer Reihe mechanischer Schritte verstärkt. Das Trommelfell nimmt die Luftschwingungen auf. Diese werden über die drei Gehörknöchelchen vom Trommelfell zum Innenohr übertragen. Und zwar in der Reihenfolge Hammer, Amboss, Steigbügel (oder auf Latein für die Medizintypen: *Malleus*, *Incus*, *Stapes*). Diese Knöchelchen verstärken den Klang durch die Art und Weise, wie sie miteinander verbunden sind, um etwa ein zusätzliches Drittel. Sie übertragen den Schall am einen Ende vom Trommelfell über den Hammer und bringen ihn konzentriert am anderen Ende über den Steigbügel auf eine kleine Fläche, wodurch der Schall um das 18-fache erhöht wird. Interessanter – jedoch nicht überraschenderweise gibt es ein paar Muskeln, die an den Knochen des Mittelohrs befestigt sind und reflexartig beim Dämpfen zu lauter Geräusche behilflich sein können. Das Trommelfell bedeckt den gesamten Gehörgang, um Schall zu sammeln, aber die drei Knöchelchen müssen frei in der Luft schwingen können. Nun würde das zu einem Druckunterschied im Kopf führen, der das Ohr wieder weniger funktionsfähig machen würde. Daher gibt es eine kleine Röhre für den Druckausgleich, die sogenannte Eustachische Röhre, die das Mittelohr mit der Kehle verbindet. Wenn Sie eine Erkältung bekommen, ist diese Röhre oft verstopft und Sie haben Probleme mit dem Druckausgleich der Ohren. Den Nutzen dieser kleinen Röhre spüren Sie auch, wenn Sie einen Aufzug benutzen, in einem Flugzeug fliegen oder tauchen.

Der letzte der drei Knochen, wenn man sich ins weiter Innere begibt, ist der Steigbügel. Dieser sitzt auf einem kleinen Membranfenster auf einem mit Flüssigkeit gefüllten Organ, der Gehörschnecke (Cochlea). Dort bewegt sich der Steigbügel hin und her und erzeugt Schwingungen im Innenohr, die von Nervenenden aufgenommen werden. Die Gehörschnecke kann man sich als lange, gerade Röhre vorstellen, nur eben platzsparend aufgerollt. Wo die Geräusche auf das Nervenende treffen, ist je nach Frequenz des Geräusches unterschiedlich, sodass ein Hund Frequenzen unterscheiden kann (die die Tonhöhe steuern). Da Beutetiere, die sich durch die Vegetation bewegen, viele hochfrequente Geräusche machen, können Hunde höhere Frequenzen wahrnehmen als wir. Das Gehör von Hunden reicht von etwa 30 bis 50.000 Hertz (also Zyklen pro Sekunde, nicht der Mietwagenanbieter). Der Mensch hört ungefähr im Bereich von 20 bis 25 Hertz. Verdeutlichen können wir das mit Hilfe eines Klaviers. Wenn Sie möchten, dass es den gesamten Bereich abdeckt, den ein Hund hört, müssten Sie für Hunde noch 48 Tasten hinzufügen, von denen die letzten 20 Tasten für den Menschen nicht hörbar wären. Viele Dinge wie Motoren machen Geräusche, die für eine Wahrnehmung durch den Menschen zu hoch sind. Unsere Fähigkeit zum Hören hochfrequenter Geräusche nimmt mit zunehmendem Alter stark ab. Staubsauger klingen für

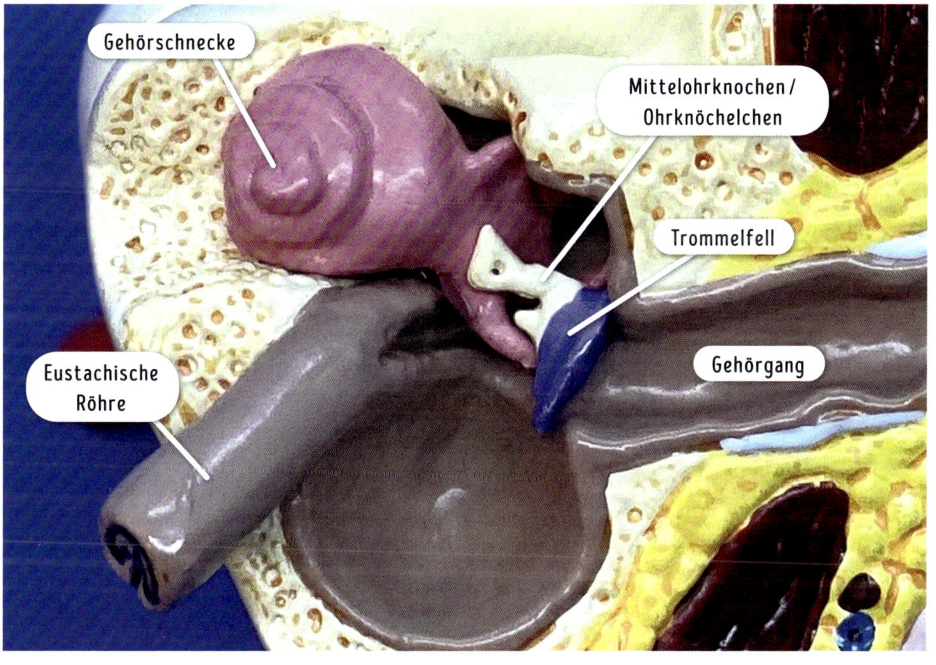

die meisten Hunde schrecklich – weil wir die hohen Töne nicht wahrnehmen können, denken wir bloß, dass sie laut sind. Uns entgehen viele der Geräusche, die ein Hund hören kann. Auch ist die Geräuschverstärkung bei Hunden besser als bei uns, sodass sie um viermal schwächere Geräusche wahrnehmen können als wir. Ihre Klangwelt ist deutlich reichhaltiger als unsere.

Zur Erzeugung von Schwingungen befinden sich in den Ohren aufwändige Knochenverbindungen. Und zwar in einer Flüssigkeit, in der Nervenzellen die Bewegungen aufnehmen und in Gehirnsignale umwandeln können. Wenn die Bewegungen der Flüssigkeit nicht von Schall herrühren, könnte man die gleichen Strukturen verwenden, aber um andere Signale zu erkennen. Genauso hat es die Evolution eingerichtet. Das Innenohr hat einen physischen Nachbarn, wo dieselbe Flüssigkeit in einer Röhrenbewegung verwendet wird, um die Körperposition zu erkennen. Es ist schwierig, das sicher festzumachen, doch einige embryologische Vergleiche deuten darauf hin, dass die Wahrnehmung der Körperposition sich schon weit vor der Wahrnehmung einer Schallposition entwickelt hat, und nicht umgekehrt. Ich habe keine Ahnung, wofür Sie diese Informationen in irgendeiner Weise gebrauchen können, aber ich fand sie interessant. Und ich habe mich gefragt, welches System das andere plagiiert hat.

Das Gleichgewicht

Das Gleichgewicht ist ein komplexes Ergebnis der Verflechtung von visuellen Hinweisen aus den Augen, der Propriozeption – oder Körperpositionssignalen mithilfe von Berührungen außenliegender Sinne und einem Gefühl dafür, wo sich die Gliedmaßen befinden – mit einem Gefühl für Beschleunigung. Beschleunigung ist normalerweise die Schwerkraft, die Sie nach unten zieht, aber wenn Sie sich schnell um sich selbst drehen, spürt Ihr Körper die Zentrifugalkraft. Ich denke, wir alle unterschätzen das, es sei denn, wir werden schwindlig und fühlen uns benommen. Plötzlich finden wir diesen Kram hochinteressant. Lassen Sie uns ein wenig auffrischen, was das Ganze so komplex macht. Zunächst einmal kann das eigene Gehirn, eingebettet in das knöcherne Gewölbe des Schädels, von sich aus nichts erkennen. Es ist ziemlich dunkel im Inneren Ihres Gehirns. Keine Straßenbeleuchtung. Zwei separate Augen senden ständig komplexe visuelle Bilder, die interpretiert werden müssen. Über den ganzen Körper verteilt sind Bewegungssensoren, die Informationen darüber senden, wo sich jeder Körperteil befindet und was für Bedingungen er vorfindet. Es mag rutschig oder klebrig oder heiß oder kalt oder … sein. Jeder Finger verfügt über Tausende von Berührungssensoren. Jeder Muskel hat Dehnungsrezeptoren, damit einem die Lage des Körper bewusst ist.

Jede Sekunde gelangt eine unvorstellbare Anzahl an Signalen ins Gehirn. Jedes Signal wird in Echtzeit entweder verstärkt, weitergegeben oder ignoriert. Mein Hund kann ein Eichhörnchen sehen, dann über umgestürzte Bäume springen, eine Richtungsänderung des Eichhörnchens bemerken (Haken schlagen und Klettern sind deren Spezialität), bei der Landung umschwenken und in eine neue Richtung starten. Was mich wirklich fasziniert, ist, wie schnell sich das neuronale Netzwerk im Kopf an noch nie dagewesene Situationen anpasst. Wish, die über ein Jahrzehnt lang jeden Tag, jede Stunde und jede Minute laufen und klettern, springen und kraxeln konnte, erlitt einen Bänderriss. Das Pendant beim Menschen wäre das Kreuzband. Dies ist ein Band, das verhindert, dass der Oberschenkelknochen zu weit nach vorne auf der Tibia rutscht. Sie kugelte sich ihr Knie aus. Dieses Bein war in den zwei Wochen, in denen wir auf die Operation warten mussten, kaum in der Lage, ihr Gewicht zu halten. Sie gewöhnte sich noch auf dem Weg zurück mit dem Frisbee an die neue Normalität mit einem untauglichen Hinterbein. Und dies ab dem Moment, als sie sich das Hauptband riss, das ihre Tibia an ihrem Oberschenkel hielt. Stellen Sie sich das vor. Sie landete und drehte sich, das Frisbee im Maul, und ihr Band war komplett durchgerissen. Ihr rechtes Knie wurde instabil, und das Bein, das sie seit 11 Jahren immer und immer unterstützt hat, funktionierte nicht richtig. Sie rannte direkt zurück, ohne Pause in der Aktion, das Frisbee im Maul, bereit für einen weiteren Wurf, ohne jedoch ihr jetzt fast nutzloses Bein zu benutzen. Wie kann sich ein Gehirn so schnell an eine umfassende Veränderung des Körpers, seines Gleichgewichts, seiner Fortbewegung in einem Augenblick anpassen? Warum brach sie nicht einfach als ein zitternder Haufen Masse zusammen, genau wie sie es tut, wenn wir ihr im Winter Pfotenschuhe anziehen möchten? Ich kann es überhaupt nicht begreifen.

Das Gleichgewicht oder die sensorische Wahrnehmung des Gleichgewichts oder das Wissen, welches Ende oben sein und dort gehalten werden sollte, wird hauptsächlich durch eine Reihe von flüssigkeitsgefüllten Röhrensystem im Innenohr festgestellt, die direkt über der Hörschnecke sitzen. Dies sind Pendants zu den Beschleunigungsmessern in Ihrem Smartphone. Ihr Smartphone verfügt über elektronische Einrichtungen, die Bewegungen messen, damit es sich beispielsweise einschalten kann, wenn Sie es anheben oder Ihre Bewegungen beim Gehen aufzeichnen kann. Ihr Innenohr kann das Gleiche tun. Es nutzt Nerven, die an ihren Enden mit einem winzigen Kristall versehen sind und relative Bewegungen der Kristalle in der Flüssigkeit erkennen.

Stellen Sie sich vor, Sie sitzen in einem Auto, während jemand anderes fährt. In Kurven oder beim Bremsen versucht Ihr Kopf, in die gleiche Richtung zu gehen, in die er zuvor ausgerichtet war. Das ist der Trägheit geschuldet. Wird das Auto scharf nach links gesteuert, fühlt sich Ihr Kopf an, als würde er nach rechts ziehen. Ihr Kopf an Ihrem Hals verhält sich wie ein Kristall auf den Nervenhärchen. Diese Röhren sind wie lange Busse oder Züge voller Menschen, die in der Lage sind, Positionsänderungen zu spüren, indem sie das Wippen der Köpfe erkennen.

Zwei Schlaufen, eine in jedem Ohr, sind vertikal und auf einer Linie mit der Ohr-zu-Ohr-Achse ausgerichtet. Ein zweites vertikales Paar zeigt mit der Nase zum Hinterkopf. Das dritte Paar liegt horizontal. Mit diesen sechs Schleifen, drei an jedem Ohr, erhalten Sie eine 3D-Ansicht Ihrer eigenen Bewegung. Diese Schleifen heißen Bogengänge und bilden das Vestibularsystem. Die Lage auf der Cochlea ist kein Zufall. In vielerlei Hinsicht funktioniert dieser Satz flüssigkeitsgefüllter Röhrchen nach dem gleichen Mechanismus wie die Cochlea. Die Balance- und Hörsysteme haben sich gemeinsam entwickelt. Wenn Bewegungen in der Cochlea stattfinden, interpretiert das Gehirn diese als Geräusche. Wenn sie sich im vestibulären System befinden, erkennt das Gehirn Orientierungsänderungen.

Offensichtlich ist das Gleichgewicht eine entscheidende Größe. All diese Informationen, die ich mein ganzes Leben lang übersehen habe, erklären mir nun, dass unser Körper seine Position im Auge behalten muss, damit unsere Augen auf ein Bild fixiert bleiben können. Verlieren wir unseren Gleichgewichtssinn, so können wir nicht lesen oder gehen, während wir auf einen festen Gegenstand schauen. Unser Blick wandert, als hätte er einen eigenen Kopf. Das Gleichgewichtssystem im Innenohr ist unter anderem deshalb wichtig, weil es Signale an die Augenmuskeln sendet, damit diese reagieren und die Dinge im Fokus halten können. Aber auch unsere Augen helfen uns, das Gleichgewicht zu halten. Versuchen Sie einmal, mit offenen Augen auf einem Fuß zu stehen und dann mit geschlossenen Augen. Bitte achten Sie dabei darauf, dass Sie nicht umfallen. Auf faszinierende Art und Weise helfen die Augen dem Gehirn, das Gleichgewicht zu interpretieren und die drei Schlaufenpaare im Innenohr helfen Ihren Augen, ein Ziel zu fixieren, damit Sie das Gleichgewicht halten können.

Dieses System aus Nervenenden in Flüssigkeitsröhrchen hat außer dem Hören und dem Gleichgewicht noch einen dritten Nutzen. Neben der Cochlea befinden sich zwei weitere otolithische (wörtlich „Ohrgestein“) Organe. Diese erkennen Beschleunigungen, und das ist nicht dasselbe wie die Körperposition. Die Körperposition ist, welches Ende sich oben befindet und wo genau oben ist, während diese erkennen, ob man beginnt, sich schneller zu bewegen oder langsamer zu werden. Alle diese Organe liegen physisch gesehen beieinander und senden die gleiche Art Nervensignale. Nämlich Aktionspotenziale. Allerdings werden die Signale je nach Quelle unterschiedlich interpretiert. Eine Vibration in der Cochlea wird als Schall wahrgenommen. Eine Vibration in den Bogengängen zeigt die Lage an. Eine Schwingung in den Otolithen bedeutet eine Bewegungsänderung. Sie können sich in einem völlig dunklen Raum befinden und wissen, welches Ende oben ist und ob Sie gerade fallen. Wer jemals wie ein Astronaut in den Weltraum aufsteigt, wird nicht frei von Schwerkraft sein, wie es den Anschein hat. Die Schwerkraft reicht sicherlich bis dorthin, da sie weiter als zum Mond reicht und ihn in der Umlaufbahn und darüber hinaus hält. In der Umlaufbahn befindet man sich tatsächlich im freien Fall. Andauernd. Aber man fällt so schnell, dass man die Erde immer wieder verfehlt und sie immer umkreist. Nach einiger Zeit beginnt das Gehirn, die Signale neu zu interpretieren, und es wird sich anfühlen, als würde man einfach schweben und nirgendwo hingehen. Währenddessen fällt man mit acht Kilometern pro Sekunde weiter. Der Schall bewegt sich mit etwa 1,6 Kilometern pro Sekunde. Das ist schon ziemlich cool, oder?

Berührungen / Der Tastsinn

Licht wird mit den Augen erkannt und lässt Sie die Welt um sich herum sehen. Schwingungen in der Luft werden mit den Ohren wahrgenommen, damit Sie hören können. Im Innenohr werden Position und Bewegung unterschieden. Ohne jedoch die Oberflächen zu spüren, mit denen ein Körper in Kontakt ist, würden die Vorfahren unserer Hunde viele Informationen verloren haben, die sie beim Kaninchenjagen fürs Abendessen benötigten. Habe ich gerade mein Bein gegen einen Stein gestoßen? Ist es heiß draußen? Ist das Schnee oder Sand? Ist das Kaninchen in meinem Mund und ist es in Ordnung, sowas zu essen? Die Haut ist mit Sensoren ausgestattet, die Temperatur, Chemikalien, Schmerzen und Berührungen erkennen. Sie arbeiten auf unterschiedliche Weise, um die Umgebung zu erkennen, aber sie alle wandeln dies in ein Aktionspotenzial um und senden es über Nerven zum Gehirn. Die Wahrnehmung des Signals geschieht immer im Gehirn. Wenn jemand sagt: „Es findet alles nur im Kopf statt“, dann hat er Recht. Was es aber auch nicht leichter macht, einen juckenden Insektenstich zu ignorieren.

Fahren Sie mit den Fingern durch das Fell Ihres Hundes. Das fühlt sich anders an, als mit den Fingern über einen harten Tisch zu streichen oder sie im Maul Ihres Hundes zu bewegen. Eine Nase und einen Nagel kann man mit geschlossenen Augen erfühlen und leicht voneinander unterscheiden. Wenn man seine Umgebung erkennen kann, hat man dadurch einen klaren Überlebensvorteil. Wenn man seinen Tastsinn auch nur vorübergehend wegen eines Taubheitsgefühls verloren hat, ist man einem viel höheren Verletzungsrisiko ausgesetzt. Es gibt verschiedene Arten von Berührungsrezeptoren, die Signale senden. Diese interpretieren wir als Vibration, leichte Berührung oder Druck. Verletzte Haut besitzt Detektoren, die ein Schmerzsignal senden. Deshalb tut ein Schnitt weh. Der Körperteil mit dem Schnitt signalisiert dem Gehirn: „Sei etwas vorsichtiger und schicke vielleicht hierhin ein wenig Hilfe.“ Eine Verbrennung, eine Schnittwunde und ein stumpfer Bluterguss werden alle gleich gemeldet, mit demselben Detektortyp, aber irgendwie kann das Gehirn sie unterscheiden. Einige dieser Berührungsrezeptoren erkennen Dehnungen in einem Muskel, sodass Sie erkennen können, wie weit Sie eine Gliedmaße bewegt haben. Temperatursensoren in der Haut und im Mund erkennen Temperaturänderungen gegenüber der Grundkörpertemperatur. Sie scheinen über Veränderungen in Proteinen zu wirken, welche das Aktionspotential im Neuron auslösen. Mit anderen Worten, sie bestehen aus temperaturabhängigen Proteinen, die ihre Form bei Temperaturänderungen ändern, und ein Neuron erkennt diese Änderungen und löst ein Aktionspotenzial aus. Das klingt alles ziemlich geradlinig, ist aber alles andere als das. Hunde können subtile Veränderungen der Textur erkennen, auf der sie laufen, obwohl es nicht unendlich viele Texturdetektoren gibt, lediglich vier oder fünf. Dadurch fühlt sich Gras jedoch anders an als Teppich.

Was ist Schmerz wirklich? Schmerz ist nur ein Signal (Aktionspotenzial in einem Neuron), genau wie Druck oder Hitze oder Kälte, das sich vom Sensor zum Gehirn bewegt. Es ist ein Gedanke, der sich nicht von einem Traum oder dem Bild eines Schwans auf einem See unterscheidet. Wenn ich nicht mental instabil bin, kann ich die Stimmen, die Bilder, die Gerüche ignorieren. Aber nicht den Schmerz. Wie macht das Gehirn das? Wie macht es ein Schmerzsignal so unwiderstehlich und den süßen Geruch von Klee so vernachlässigbar? Beides ist nur ein Aktionspotenzial im Gehirn, aber diejenigen, die einen Unterschied bezüglich des Überlebens ausmachen, haben Priorität. Stichwort Amygdala. Mehr dazu im nächsten Teil.

Gehirnsignale bewegen sich schnell, doch die Zeitverzögerungen kann man messen. Das kann unser Gehirn kompensieren. Wenn etwas einen Fuß und eine Hand gleichzeitig berührt, nimmt unser Gehirn die Berührungen als gleichzeitig wahr, obwohl die eine weiter vom Gehirn entfernt ist als die andere. Ein Gehirn kann andere Zeichen nutzen, um zu erkennen, ob es sich um eine oder um zwei getrennte Berührungen handelt. War die Berührung leicht, ein Kitzeln oder heftig? Hier ist das andere Problem. Gromit liegt gerade auf dem Boden zu meinen Füßen. Die Hautneuronen wissen nicht, dass er schläft, daher sendet jedes Neuron aus jedem Haar Signale über das, was er berührt. Sein Gehirn ignoriert sie. Immer noch dringen die Geräusche von mir, wie ich tippe, in seine Ohren, werden aber ignoriert. Ich greife nach unten und berühre sein Gesicht, und sofort öffnen sich seine Augen. Millionen von Signalen gehen die ganze Zeit ein, weitgehend ignoriert, kommen aber immer noch. Halten Sie an dieser Stelle kurz inne und schicken Ihre Gedanken zu Ihren Füßen. Ohne hinzusehen, können Sie feststellen, ob Sie Schuhe anhaben. Diese Berührungszellen haben die ganze Zeit über Signale abgefeuert, um ihre Arbeit zu erledigen, aber Ihr Gehirn hat sie selektiv ignoriert. Ihr Gehirn kann die verschiedenen Berührungssignale zusammensetzen und Ihnen ohne Hinsehen sagen, wo Ihre Füße sind, welche Körperteile mit Kleidung bedeckt sind und wie die relativen Temperaturen sind. Schmerzen sind ein großartiger Abwehrmechanismus und erhalten sofortige Aufmerksamkeit, auch wenn Sie schlafen. Bestimmte Geräusche, wie zum Beispiel das Rascheln eines Futterbeutels, werden Gromit sofort wecken. Genauso das Gefühl, dass ich auslöse, wenn ich einen Schritt in die Nähe seines Kopfes mache. Eine paarige Struktur im Gehirn, ein Teil auf der linken und eins auf der rechten Seite, die Amygdala, überwacht ständig Signale und sortiert die relevanten von den weniger signifikanten. Schmerz scheint Aufmerksamkeit zu erregen, weil er für das Überleben so wichtig ist. Wer Schmerzen ignoriert, kann dadurch sterben. Wer das Gefühl von Schuhen an seinen Füßen ignoriert, eher weniger.

Chemorezeption / Geschmacks- und Geruchssinn

Geruch und Geschmack sind eigentlich der gleiche Sinn: Chemorezeption. Wörtlich bedeutet dies, Chemikalien aus der Umwelt zu erhalten. Als Primaten verlassen wir uns bei einem Großteil unserer Tour 10 auf das Sehen – eine geführte Tour durch Eingaben in das Gehirn, die wir durchführen, und ein großer Teil unseres Gehirns ist der visuellen Verarbeitung gewidmet. Doch alle Säugetiere sind ziemlich gut im Sinne der Chemorezeption oder der chemischen Erkennung, oder auch im Schmecken und Riechen, wie wir sie sonst nennen. Das meiste von dem, was Sie als Geschmack bezeichnen, ist in Wirklichkeit der Geruch, und die beiden funktionieren tatsächlich ziemlich gleich. Wenn Sie das nächste Mal etwas Leckeres essen, halten Sie sich einmal die Nase zu. Damit verliert Ihr Essen viel von seinem Geschmack, nicht wahr? Das liegt daran, dass Sie es nicht mehr riechen können. Hunde sind Superstars in der Chemorezeption. Wie weit können sie einen Geruch wahrnehmen? Ha, damit habe ich Sie schon einmal drangekriegt, oder? Wir riechen mit unserem Gehirn, nicht mit unserer Nase. Die Chemikalie muss in die Nase oder in den Mund gelangen, also ist der Abstand Null. Aber Geruchsmoleküle können in der Tat aus sehr großen Entfernungen zu uns herwehen.

Auf molekularer Ebene triggern verschiedene Chemikalien verschiedene Neuronenarten. Es ist eine Art Schloss-und-Schlüssel-System, bei dem Moleküle einer bestimmten Form in Rezeptoren mit bestimmter Form passen. Dieses Neuron wird dann je nach Passgenauigkeit angesprochen oder eben nicht. Diese Neuronen sind auf der Zunge und im Nasenrücken verteilt (wohin die Gerüche, die Sie für Geschmack hielten, aus dem Mund nach oben steigen). Die Zellen auf der Zunge leisten nur einen groben Schutz vor gefährlichen Nahrungsmitteln wie bitteren Giften. Der Mensch hat um die 500 Arten von Chemorezeptoren. Man nimmt an, dass Hunde davon 1000 besitzen, wobei einige Wissenschaftler allerdings sagen, sie hätten sogar 20.000 verschiedene Arten. Es besteht keine vollständige Übereinstimmung darüber, wie verschieden ein Rezeptor sein muss, um als verschieden zu gelten. Das verwirrt Sie? Lassen Sie mich das an Farben verdeutlichen, da die meisten von uns einen Farbsinn besitzen und unser Geruchssinn eher wenig fein eingestellt sind. Wie viele Farben gibt es? Das sind drei, nämlich die Primärfarben Rot, Blau und Gelb. Alle anderen Farben leiten sich von ihnen ab. Es muss also andere, abgeleitete Farben geben. Wie viele? Ich sage 64, weil so viele in meiner Schachtel mit Crayola-Buntstiften in der Schule waren. Heute gibt es sie in Kartons mit bis zu 120 Farben. Mein Computermonitor zeigt 256 Farben an. Aber wir erkennen 1000 Hell-Dunkel Stufen und jeweils etwa 100 Stufen Rot-Grün und Gelb-Blau über die Zapfen. Das wären Millionen von Farben. Wenn Sie in ein Auge schauen, finden Sie nur drei Arten von Farbrezeptoren. Lange Rede, kurzer Sinn: Der Blick auf Zellrezeptoren ist möglicherweise nicht der beste Weg, um Unterschiede in einem Sinn zu unterscheiden, in dem wir wirklich schlechter sind als Hunde.

Schauen wir uns zunächst den Menschen mit seinen 500 Arten von Rezeptoren an. Wie unsere Augen mit drei Arten reagieren diese Rezeptoren wahrscheinlich auf unterschiedliche Konzentrationen und Mischungen. Kombinationen von eingehenden Chemikalien und Kombinationen von signalgebenden Rezeptoren verschaffen uns diese komplexen Gerüche, die wir als einzigartig wahrnehmen: Kiefernpollen oder frisch geschnittenes Gras. Einige Chemikalien können geruchlos sein, aber dennoch ein Signal senden, wie viele Pheromone. Gerüche sind auch eng mit dem Gedächtnis verbunden. Wir erinnern uns an Gerüche und erinnern uns an Erinnerungen, die mit diesem Geruch verbunden sind. Seltsamerweise erinnere ich mich, wenn ich Brotbacken rieche, sofort an eine Predigt, die ein Freund in seinem ersten Jahr nach dem Seminar hielt, in der er ausführlich über das Brotbacken berichtete. Ich habe keine Ahnung, wo das passiert ist, ich erinnere mich auch nicht an irgendetwas anderes über die Predigt, geschweige denn, warum Brot dazu gehörte. Aber beim Brotbacken denke ich an diese Erinnerung. Der Hefegeruch lässt mich auch an Bierbrauen denken, was mich an die vielen Kneipen denken lässt, die ich besucht habe. Brot ist wirklich wunderbar, aber ich schweife schon wieder ab. Man dachte, dass diese 500 Chemorezeptoren beim Menschen bedeuten, dass wir 10.000 Gerüche wahrnehmen könnten. Aber neuere Studien deuten darauf hin, dass wir da näher an einer Billion liegen könnten. Hunde wären da noch großartiger als wir, weil sie mehr Arten von Rezeptoren haben. Falls ja, wenn wir also eine Billion Gerüche erkennen können, aber nur zehn Millionen Farben und etwa eine halbe Million Töne unterscheiden können, würde dies bedeuten, dass der Geruchssinn für den Menschen viel wichtiger ist, als wir bisher dachten. Wir wissen, dass es für Hunde so ist, also schauen wir uns das jetzt an.

Geruch muss als einzigartig erkennbar sein und wird in Konzentration oder Stärke gemessen. Denken Sie nur einmal daran, dass man Kleidung, die von irgendeinem beliebigen Menschen getragen worden ist, mitnehmen kann und das Kleidungsstück einem trainierten Hund zum Riechen geben. Der Hund wird sich an diesen Geruch erinnern und kann dieses einzigartige Individuum aufspüren. Es ist bekannt, dass Bloodhounds eine Spur über 160 Kilometer hinweg verfolgen können. Sie können winzige Unterschiede in Konzentration und Stärke oder Frische wahrnehmen. Mit Hilfe dieser Fähigkeit können sie erkennen, welchen Weg sie auf einem Pfad einschlagen müssen. Machen Sie sich einmal kurz Gedanken dazu. Wenn ich einen Pfad entlang gehe, kann ich in einer Minute 90 Meter zurücklegen. Ein trainierter Hund könnte auf dieser Spur herumschnüffeln. Sagen wir nun einmal, der Hund ginge die ganzen 90 Meter. In dieser 90-Meter-Spanne würde der Hund erkennen, an welchem Ende der Geruch frischer war und somit auch, in welche Richtung ich gegangen war, selbst wenn ich diese Spur Stunden zuvor gelegt hätte. Normalerweise können sie dies in wenigen Metern und nicht in hundert Metern Entfernung tun. Ich hätte die hundert Meter in einer Minute zurückgelegt. So erkennt der Hund einen Zeitunterschied von einer Minute in der Duftkonzentration und trennt meinen Duft von allen anderen konkurrierenden Düften ab. Sprengstoffspürhunde am Flughafen können ein Billionstel Gramm chemischen Geruchs in einem großen Raum mit vielen Tüten mit Kaffee, schmutziger Wäsche und den Gerüchen aller Orte, an denen die Tüte war, und den vielen Händen, die die Tüte berührt haben, aufnehmen. Freunde von mir haben Hunde darauf trainiert, um diese bestimmte Schildkrötenart aufzuspüren, die ich untersucht habe. Wenn sie darauf trainiert werden, können Hunde die Blutzuckerunterschiede eines zuckerkranken Partners riechen (genauer gesagt Ketone erkennen, die bei einer Blutzuckeränderung im Atem freigesetzt werden). Ihnen kann beigebracht werden, bestimmte andere Krankheiten, einschließlich Krebs, zu erschnüffeln. Sie können Elektronik erschnüffeln, wie zum Beispiel verbotene Telefone in einem Gefängnis. Nein, Hunde sind keine perfekten Geruchsdetektoren und sie können getäuscht werden. Sie können da jeden fragen, der Hunde zur Nasenarbeit oder Sportfährten ausgebildet hat. Aber Hunde sind erstaunlich gute Verfolgungsräuber, die den Geruch nutzen, um Beute aus der Ferne zu entdecken, den Ton, um näher zu kommen, und die Sicht, um das Ganze abzuschließen.

Weitere Sinne

Sehen, Hören, Schmecken, Riechen und Fühlen. Wir haben alle fünf Sinne abgedeckt. Wow. Allerdings, wer hat denn je behauptet, dass es nur fünf Sinne gibt? Nein, ich beziehe mich nicht auf den unwissenschaftlichen sechsten Sinn von etwas Übernatürlichem. Die Fünf-Sinne-Auflistung geht auf Aristoteles zurück, und der ist seit Jahren tot. Schon um die 2300 Jahre. Seitdem haben wir ein bisschen dazugelernt. Wir haben einen Gleichgewichtssinn, der über Berührungsdetektoren im Innenohr funktioniert, aber auch das Sehen beinhaltet. Ebenso haben wir ein Gefühl für Geschwindigkeit oder Beschleunigung. Nennen Sie das einen neuen Sinn oder eine Kombination aus zwei bereits bestehenden? Die Haut hat Berührungssensoren, aber wir wissen jetzt, dass sich Schmerz- und Temperaturrezeptoren von Berührungen unterscheiden, und es gibt sogar mehrere Arten von unterschiedlichen Berührungsrezeptoren. Ihre Blase und andere Muskeln verfügen über Dehnungsdetektoren, die Ihnen die Muskelposition (Propriozeption) und das Gefühl oder den Drang zum Wasserlassen vermitteln. Hunger und Durst sind ebenfalls Sinne, sind aber schlecht erforscht. Ebenso haben Sie und wahrscheinlich Ihre Hunde ein Zeitgefühl oder die Chronorezeption. Wissenschaftler wie ich würden hier hinzufügen, dass Wahrnehmungen für Magnetismus und elektrische Felder bei einigen anderen Arten bekannt sind und bei Hunden vorkommen könnten. Ich bin (noch) nicht überzeugt von der Untersuchung von Hunden, die sich auf den Stuhlgang konzentrieren. Es gibt interessante Situationen, die durch eine genetische Mutation verursacht werden, in denen manche Menschen einen zusätzlichen Zapfentyp haben und vier Grundfarben erkennen können. Einige andere Menschen haben Synästhesie, bei der zwei oder mehr Sinne verschmelzen. Sie können Farben schmecken oder Geräusche sehen. Es erscheint alles vernünftig, wenn man bedenkt, dass es sich jeweils nur um ein Aktionspotenzial handelt und das Gehirn auf unbewusster Ebene entscheiden muss, was das Signal bedeutet.

Tour 11

Schaltzentrale: Das Gehirn

Als ich gerade frischgebackener Biologieprofessor war, kam ein neues Fachgebiet namens Neurowissenschaften auf. Diese Disziplin veränderte schnell unser biologisches Verständnis dazu, wie wir die Welt um uns spüren und wahrnehmen, wie wir handeln und wie das Gehirn alles zusammenfügt. Die Neurowissenschaft macht auch weiterhin unglaubliche Entdeckungen, wie wir gleich sehen werden, wenn wir uns das Gehirn anschauen. Das Gehirn ist das Organ im Körper, wo eigentlich alle Signale des Nervensystems schlussendlich ankommen.

Als ich über die Leber schrieb, musste ich da so richtig philosophisch werden? Musste ich nicht. Musste ich meine Meinung erklären, als ich das Thema Knochen behandelte, die Grundlage der Struktur eines Organismus sind? Nein, auch dann nicht. Wenn eine Person eine Nierentransplantation bekommt, denken wir dann, sie wäre jetzt jemand anders? Tun wir nicht. Doch wenn man sich an das Thema Gehirn macht, betritt man sofort gefährliches Terrain. Die alten Griechen glaubten, dass sich Gedanken und Geist im Herzen befinden. Wir verwenden immer noch ein Herz als Sinnbild für die Liebe, obwohl wir heutzutage wissen, dass Emotionen im Gehirn wahrgenommen werden. Die alten Ägypter haben beim Präparieren ihrer Mumien das Herz ganz besonders behandelt. Das Gehirn entfernten sie durch die Nase und warfen es weg. Heute werden wir alle komisch, sobald wir über das Gehirn reden. Niemand wundert sich darüber, wenn ich das Herz eines Hundes mit dem eines Menschen vergleiche. Säugetiere bleiben Säugetiere. Und ein Säugetierherz bleibt eben ein Säugetierherz. Sicher, das einer Maus ist zu klein, um mein Blut zu bewegen und in das Herz eines Blauwals, das über eine halbe Tonne wiegen kann, könnte ich hineinklettern. Die Klappen, die Schichten, die Zelltypen, alle sind sie gleich. Wenn man das Gehirn verstehen möchte, ist das anders. Es besteht nicht nur aus Neuronen und Verbindungen. Es bewahrt Erinnerungen und bewertet und gewichtet Gedanken, die keine körperlich greifbaren Dinge sind. Es kann Fantasien heraufbeschwören und sich etwas vorstellen, was nie geschehen ist. Vielleicht besteht es aber doch nur aus Neuronen und Verbindungen und unser Realitätssinn ist nur ein Artefakt der Biologie, eine unbeabsichtigte Konsequenz davon. Sehen Sie, schon werden wir komisch. Wir trennen das Gehirn nicht von dem, was ein „wir“ oder einen „Gromit“ ausmacht. Das Gehirn scheint so viel mehr zu sein als seine Teile.

Alle aktuellen Bildgebungsverfahren des Gehirns zeigen, dass die Gehirnfunktionen eines Hundes und seine Nervenbahnen denen des Menschen ähneln. Als ich noch grün hinter den Ohren im Grundstudium der Biologie saß, wurde uns immer wieder beigebracht, wie wir doch besonders seien, wie unser Gehirn uns doch auszeichnete, wie dieses Gehirn uns doch moralische Überlegenheit verlieh. Schon damals hatte ich das Gefühl, dass etwas Wichtiges fehlte. Alle Tatsachen sprechen dafür, dass das Gehirn meines Hundes auf den meisten Ebenen genauso vielseitig und komplex ist wie meines. Nicht auf allen Ebenen. Ich bin sicher, wir werden einige wirklich wichtige Unterschiede finden. Die Hirnforschung untersucht meistens Menschen, weil wir den Forschern sagen können, was wir denken und fühlen. Meine Biologiedozenten sagten mir, dass ich bis zum Beweis des Gegenteils davon ausgehen sollte, dass alle Tiergehirne so einfach wie Reptiliengehirne sind. Unfähig zu höherem Denken. Seitdem wurde ich durch Forschung und jahrzehntelanges genaues Beobachten von Hunden davon überzeugt, dass wir wohl eher davon ausgehen sollten, dass die Ähnlichkeiten die Unterschiede überwiegen. Ich werden bei meinen Beschreibungen der Gehirnfunktionen unser Wissen über das Hundegehirn in vereinfachter Form darstellen und die Querverbindungen dazu ziehen, was wir über den Menschen wissen.

Nichts davon soll etwa ein Anspruch meinerseits sein, Hunde mit Menschen gleichstellen zu wollen. In erster Linie bin ich weder Philosoph noch Ethiker, aber auch ethische Überlegungen sind mir nicht fremd. Meine Vegan- und Tierrechtsfreunde argumentieren, meine Einstellung würde bedeuten, dass ich alle Menschenrechte auch auf Hunde ausdehnen müsse. Als ob Rechte mit Gehirnen verbunden wären. Meine Jägerfreunde behaupten das Gegenteil. Sie sagen, Rechte würden nach Arten gewährt. Meine Freunde, die an Säugetieren forschen, scheinen es vorzuziehen, überhaupt nicht darüber zu sprechen, weil dies ihre Ergebnisse beeinträchtigen würde und vielleicht ihre Bereitschaft, eine sehr wichtige Forschung zu betreiben. Um es klar zu sagen: Gehirnfunktion oder Spezies sind nicht die Kriterien, nach denen ich Rechte zugestehe. Ich bin in meiner Auffassung von Rechten viel eher geografisch oder beziehungsorientiert. Ich sehe einen obdachlosen Menschen, der mit einem großartigen Gehirn gesegnet ist, und es bricht mir das Herz. Ich könnte solchen Menschen einen Dollar geben und eine zusätzliche kleine Spende für Notunterkünfte und Speisekammern machen. Wenn mein Hund auf seinem Plüschbett einen Hauch von Unbehagen zeigt, bringe ich ihn zum Tierarzt. Ich gebe meinen Hunden mehr Rechte, als ich den meisten Menschen geben würde, nicht weil sie Hunde sind oder nicht oder Verstand haben oder nicht, sondern weil sie direkt in meiner Familie leben. Nichts ist komplexer oder nuancierter als das. Ich glaube nicht, dass die Tatsache, dass Hundegehirne aus biologischer Sicht unserem ähnlich zu sein scheinen, mehr als diese Tatsache aussagt. Wenn Gehirne für unsere Ethik wichtig sind, geben wir dann schlaueren Menschen mehr Rechte als weniger intelligenten? Wir werden uns in diesem Teil gar nicht mit diesem Thema beschäftigen.

Ich staune jeden Tag darüber, wie aufnahmefähig Hunde sind. Und mich betrüben Menschen, die ihre Hunde mit Untätigkeit und Wiederholungen wahnsinnig langweilen. Ich mache mir Sorgen darüber, dass wir psychische Probleme bei Hunden nicht erkennen, genauso wie wir daran scheitern, diese wie andere Gesundheitsprobleme auch und gleichwertig wie bei einem Menschen zu behandeln.

Okay, das hätten wir hiermit geklärt. Schauen wir uns nun das Gehirn an.

Physischer Aufbau

Anders als das Herz, die Knochen oder die Muskeln ist die physische Anordnung des Gehirns schwer zu erkennen. Zunächst einmal handelt es sich um eine weiche, gallertartige Struktur, die nicht gut untersucht (seziert) werden kann, es sei denn, sie wird chemisch fixiert. Dies verändert es zu einer härteren, wachsartigen Textur, fügt aber auch alle möglichen Arten von Anomalien hinzu. In frühen Hirnstudien wurde dies so gemacht und es war nützlich, um Bereiche des Gehirns zu identifizieren. Orte, die benannt werden konnten. Das ergab aber nur eine schlechte Vorstellung davon, was diese Teile taten. Tatsächlich bestand der einzige Weg, wie man das herausfinden konnte, oft darin, jemanden zu finden, bei dem ein Teil abhanden gekommen war, zum Beispiel durch eine Hirnverletzung oder einen Unfall, und zu beobachten, was dann schief laufen würde. Dazu mussten man jemanden mit einem Problem finden und mit ihm arbeiten, bis er schließlich freundlicherweise starb, damit man sehen konnten, welcher Teil des Gehirns beschädigt war. Bei einem Großteil des Körpers gilt „dieser Teil sitzt hier und tut dies“, sodass jedem einzelnen Bereich ein Name gegeben und eine beobachtete Funktion zugeordnet wurde.

Dann kam das Jahr 1990. Bis dahin war es wie ein Stochern im Finstern ohne Taschenlampe. Dann war es, als hätten wir auf einmal Scheinwerfer, Laserstrahlen und eine ganz neue Welt. Damals wurde die funktionelle Magnetresonanztomographie (fMRT) der wissenschaftlichen Gemeinschaft in einem Artikel und kurz darauf auf einer großen MRT-Konferenz in San Francisco bekannt. MRTs gab es erst seit einem Jahrzehnt, und diese neue Art mit dem „f“ vor dem Namen offenbarte mehr als nur Struktur. Funktionelle MRTs zeigen die Gehirnaktivität. Vor den 1980er Jahren gab es einfach keine gute Möglichkeit, das Gehirn zu betrachten, ohne es tatsächlich zu öffnen und darin herumzustochern. Da das Gehirn über keine Schmerzrezeptoren verfügt, konnten Forscher jemandes Schädel und Kopfhaut betäuben, ein Loch hineinschneiden und dünne Metallsonden einführen. Dann fragten sie einen Dinge wie: „Können Sie das fühlen?“ Wobei die Testperson stets hoffte, den Chirurgen nie so etwas sagen zu hören wie: „Hmm, das sieht aber interessant aus.“ Klingt barbarisch, aber das war schon eine Verbesserung gegenüber dem Gar-nichts-tun-können. Mit der Einführung von MRTs in den 1980er Jahren änderten sich die Dinge. MRTs haben riesige Magnete. Mittels einiger wirklich cooler Technologien sind sie in der Lage, die Wassermoleküle der Weichteile zu nutzen, um etwas wie eine Röntgenaufnahme Aussehendes aufzunehmen. Röntgenstrahlen verwenden DNA-schädigende ionisierende Strahlung und eignen sich am besten für die Darstellung von hartem Gewebe wie Knochen. Auf einmal, zack, bumm, Weichgewebe in 3D mit Computern, die eine revolutionäre Software verwenden, damit man Teile aus jedem Blickwinkel betrachten kann. Das f in der funktionellen MRT oder fMRT bezieht sich auf die Fähigkeit, eine MRT zu verwenden, um die metabolische Aktivität der Bildgebung durch Messung des Blutflusses zu messen. Aktive, funktionierende Teile des Gehirns verbrauchen mehr Energie und bekommen dadurch mehr Blut. Tatsächlich verbrauchen die zweihundertdreißig Gramm an Gehirn Ihres Hundes etwa ein Fünftel der gesamten Energie, die sein Körper verbraucht.

Von meinem Gehirn gibt es MRTs, die also bestätigen können, dass ich tatsächlich etwas da oben drin habe, sehr zur Überraschung meiner Freunde. Beim MRT liegt man auf einer schmalen Liege, wird mit dem Kopf in eine große, runde Öffnung eines riesigen Elektromagneten hineingefahren. Früher kam der ganze Körper in eine grabgroße Öffnung und man fühlte sich ziemlich eingesperrt. Da sie damals nach einem Tumor in mir suchten, konnte ich nicht anders, als an einen Sarg zu denken. Der Techniker sagt: „Jetzt ganz still halten“ und man hört enormes Hämmern und Scheppern und Klopfen. Der Reflex kommt auf, sich das Geräusch ansehen zu wollen. Man bekämpft es. Falls Sie sich das fragen sollten: Mein Gehirn war, wie sich herausstellte, in Ordnung. Die Ärzte bekamen Bilder von meinem lebenden Gewebe bei der Arbeit. Ein Loch in meinen Kopf zu machen war nicht notwendig. Im Laufe der Zeit ermöglichte uns diese Fähigkeit, Gehirnfunktionen beim Menschen Hirnregionen zuzuordnen. Wenn man sich ein Bild von einem Bauernhof anschaut, dann leuchten bestimmte Teile des Gehirns auf. Betrachtet man ein Bild einer hübschen Person, Ihres bevorzugten Geschlechts oder ohne Geschlecht, so leuchtet ein anderer Bereich auf. Beim Essen wieder ein anderer Bereich. Es zeigte uns, wie einfach unsere Sicht auf unsere Gehirnfunktion war. Sie mögen jetzt denken: „Und was hat das mit mir und meinen Hunden zu tun?“ Ich sage: Alles. Geben Sie mir noch einen Moment Zeit.

Die funktionelle MRT ermöglichte es Forschern, über anatomische Studien hinaus von MRTs zur funktionellen Arbeit an lebenden Gehirnen zu gelangen. Bisher hat nichts uns ermöglicht, die 100 Billionen Synapsen im Gehirn tatsächlich abzubilden. Eine andere Quelle nennt über eine Billiarde Synapsen. Es kamen jedoch viele wertvolle an Menschen gewonnene Daten herein. Es dauerte nicht lange, bis andere Forscher auch die Anwendung bei Tieren sahen. Bis 2005 wurden Studien über Ratten veröffentlicht. Im Jahr 2015 sorgten Hunde in einem Aufsatz mit dem Titel „Funktionelles MRT des olfaktorischen Systems von Hunden bei Bewusstsein" (Jia et al., 2015) für die Arbeit von Hao und anderen an der Auburn University für den großen Durchbruch. Mit positiver Verstärkung und Ohrstöpseln trainierten sie Hunde, in den engen Röhren mit all dem Geräuschhämmern des Magneten vollkommen still zu sitzen, ohne betäubt werden zu müssen. Jetzt tun dies mehrere Labore, bisher hauptsächlich mit Labradoren und Golden Retrievern und Border Collies. Die Studien an Säugetieren im Allgemeinen und Hunden im Besonderen zeigen ein ausgeprägtes Säugetiergehirn mit den gleichen Grundstrukturen, die gleichzeitig aufleuchten. Leckeres Fressen erhellt die gleichen Bereiche. Negative Bilder beleuchten ähnliche Bereiche. Ihre und unsere Gehirne – solange es sich um Säugetierhirne handelt, verhalten sich ziemlich gleich. Denken wir auch genauso? Verdammt, ich denke nicht einmal so wie meine Frau oder meine Geschwister. Hier beginnt die Spaltung. Wir werden im Abschnitt über Verhaltensweisen darauf zurückkommen. Lassen Sie uns zunächst einen rutschigen Spaziergang durch das gallertartige Gehirn unternehmen.

Ich möchte, dass Sie sich das Gehirn einmal wie eine Stadt vorstellen. Die Straßen wären die Neuronen und die Wasser- und Abwasserleitungen wären das Kreislaufsystem. Ich bitte Sie: „Bring mich zur Stadtverwaltung." Sie bringen mich zum Rathaus, aber Sie weisen auf ein anderes Gebäude hin, in dem sich weitere Verwaltungsbüros befinden, ein weiteres für das Bundessteueramt, ein Dutzend andere für Post, verstreute Polizeistationen, Feuerwehren und, nun, Sie beginnen langsam zu verstehen. Wo kommt Nachschub an? Bahnhöfe, Flughäfen und auf jeder Straße. Das Funktionieren ist diffus, verstreut, integriert und verbunden. So ist es mit dem Gehirn. Wir können auf Bereiche mit primärer Verantwortung hinweisen, aber diese sind durch Neuronen mit anderen Bereichen verbunden, die sie beeinflussen. Betrachten wir mal ein Beispiel. Sie sagen zu mir, mein Hund hustet. Mein Gehirn muss Sprachfunktionen aktivieren, damit ich weiß, was Sie gesagt haben, und jedes Wort ist mit anderen Bildern verbunden. Genauso wie damals, als ich so viel husten musste, dass ich dachte, ich hätte mir dabei eine Rippe gebrochen. Der Teil meines

Gehirns, der an Emotionen beteiligt ist, kommt hinzu, weil dies mein Hund ist, nicht Ihr Hund, also interessiert es mich mehr. Ich höre zu, um zu sehen, ob ich Ihrer Diagnose zustimme. Ich plane schon voraus. Was ist, wenn ich einen Tierarzt brauche? Was ist, wenn es Zwingerhusten ist? Haben wir den Impfstoff nicht bekommen? Ich versuche mich zu erinnern. Ist es ein zufälliger Hund oder ist es Wish, die sowieso diese seltsamen hustenähnlichen Anfälle bekommt, wenn ihr Halsband oder ihre Leine gegen ihren Hals drückt? Es gibt keinen einzigen Teil meines Gehirns für Wish oder Erinnerungen an sie. Keine Wunschzentrale. Wunschgedanken, Erinnerungen und Assoziationen sind zerstreut. Komplex, klar. Verstehen wir das zur Gänze? Absolut nicht. Mein Punkt ist, dass ich, während ich uns durch die Strukturen des Gehirns führe, möchte, dass Sie sich daran erinnern, dass es viele Bereiche gibt, mit denen jede Erinnerung verbunden ist – und je mehr es davon gibt, desto einfacher ist es, sich daran zu erinnern. Das wird der Kern des Verhaltens sein, um das es noch gehen wird.

Vernetzung von Neuronen

Selbst primitive Lebewesen wie Regenwürmer haben ein Gehirn. Gehirne sind zentrale Areale, in denen sich Neuronen sammeln und miteinander verbinden können. Wenn es sich um eine kleine Ansammlung handelt, sagen wir fünfzehntausend Neuronen, dann nennen wir sie ein Ganglion. Sie sind über unseren ganzen Körper verstreut, davon zwanzig Paare entlang unseres Rückenmarks. Genauso wie bei Hunden auch. In der Großhirnrinde des menschlichen Gehirns befinden sich um die sechzehn Milliarden Zellen. Unsere nächsten Verwandten, Schimpansen, besitzen etwa acht Milliarden Zellen, Hunde weniger als eine Milliarde, was aber immer noch doppelt so viele sind wie Hauskatzen haben. Damit liegen Hunde bezüglich der Zellzahlen mit Waschbären und Löwen gleichauf. All dies geht aus einem faszinierenden Artikel voller Grafiken und Zahlen in „Frontiers in Neuroanatomy“ (Grenzen der Neuroanatomie) aus dem Jahr 2017 hervor, in dem die Gehirne von Carnivoren verglichen werden. Jedes Neuron kann Tausende von Verbindungen haben, daher ist es großartig und komplex, Milliarden von Neuronen zu haben. Wir können uns nur schlecht vorstellen, was das in Bezug auf die kognitiven Fähigkeiten ausmacht. Nicht alle sind sich einig, dass das Zählen von Neuronen das beste Maß für Intelligenz ist. Doch es ist sicher besser, wenn man Methoden einsetzt, die kulturelle Vorurteile wie standardmäßige schriftliche Tests überlagern. Die meisten Hunde fressen diese einfach oder pinkeln darauf, was sich dann nachteilig auf ihr Ergebnis auswirkt.

Das sollte mein Hauptargument klar machen. Wir wissen, wie Gehirne funktionieren; die Teile sind die gleichen, aber bezüglich der Differenziertheit und Größe liegen sie um Welten auseinander. Denken Sie nur einmal an die Unterschiede in der Komplexität zwischen einem Computer von vor zehn Jahren und einem von heute. Für jüngere Leser unter uns: Bitte überlegen Sie, was Ihr aktuelles Smartphone im Vergleich zu vor fünf Jahren leistet. Es hat mehr Fähigkeiten und viel raffiniertere Funktionen. Ich würde behaupten, dass mein Hund liebt und hasst, glücklich und traurig ist und all diese grundlegenden Emotionen hat, die ich auch habe. Unser Gehirn hat jedoch die Fähigkeit, sich Welten vorzustellen, die nicht existieren, über sie zu schreiben und Technologien zu entwickeln, mit denen man diese Welten erreichen kann. Und wahrscheinlich drehen sich die Gedanken, die mein Hund hegt, mehr um Essen, Schlafen und das Lesen der Pipi-Post, wenn wir nächstes Mal rausgehen, um nachzuschauen, ob die Nachbarhündin schon läufig ist.

Der Hirnstamm

Viele Funktionen des Gehirns sind grundlegender Natur. Sie werden von allen Wirbeltieren benötigt sowie für Dinge, über die man nicht viel nachdenken möchte. Wann haben Sie Ihre Herzfrequenz das letzte Mal bewusst kontrolliert? Wenn Sie darüber nachdenken müssten, was würde passieren, wenn Sie einschlafen? Diese Funktionen werden vom Hirnstamm übernommen. Ich werde die Benennung aller Teile überspringen. Als da zum Beispiel der unterste Teil des Hirnstamms wäre, wo das Rückenmark den Hals verlässt und in den Schädel eintritt, die Basis des Hirnstamms, Medulla Oblongata genannt. Coole Wortansammlung, es macht Spaß, das so zu formulieren. Aber wir werden hier vereinfachen, wie wir es zuvor schon bei anderen Körperteilen getan haben. Der Hirnstamm ist auf jedem Gehirndiagramm leicht zu erkennen, da er wie eine fette Verlängerung des Rückenmarks aussieht. In gewisser Weise ist er das ja auch. Oder, wenn wir und das anders herum anschauen: Das Rückenmark ist nur der Teil des Gehirns, der sich außerhalb des Schädels bis zum Rücken erstreckt. Tatsächlich gibt es keine Trennlinie im Inneren, nur die geografische Grenze des Schädels. Einige sehr grundlegende Aktivitäten finden hier im Hirnstamm statt, wie das Aufrechterhalten des Lebensrhythmus (Herzschlag), Atmen, Schlucken, Augenbewegungen und dergleichen. Wenn man, wie ich, das Rückenmark zum Gehirn dazu zählt (wobei ich vielleicht der einzige bin, der das tut), und ohne einen Schädel wenig Möglichkeiten hat, eine Grenze zu ziehen, dann deckt das Gehirn auch Reflexe wie den Kniebeugereflex ab. Jeder Anatomiestudent muss sich ein Dutzend Hirnnerven beim Menschen oder Hund einprägen, die zu Orten wie den Ohren (Hörnerv) und dem Gesicht (Gesichtsnerv) gehen. Zehn von ihnen kommen aus dem Hirnstamm. Der Hirnstamm ist eine Art Nexus oder Knotenpunkt, durch den viele Wege gehen oder von dem viele Wege ausgehen.

Das Kleinhirn und das Großhirn

Vom Hirnstamm gehen zwei große Hirnteile ab, das Großhirn und das Kleinhirn. Echt jetzt? Hätte man dafür nicht markantere und deutlicher unterscheidende Bezeichnungen wie „das höhere Funktionszentrum“ und „Motorsteuerungszentrale“ vergeben können? Denn genau das sind sie. Zuerst zum Kleinhirn. Diese unschwer erkennbare Struktur des Gehirns befindet sich im Rücken, am nächsten an der Stelle, an der das Rückenmark in den Schädel eintritt. Es ist verantwortlich für die Feinmotorik der Pfoten sowie die Körperhaltung, das Gleichgewicht und die Koordination der motorischen Funktionen. Im Kleinhirn kontrolliert die linke Seite die linke Körperseite, die rechte deckt die rechte Seite ab. Diese sind eng miteinander verbunden, um eine Koordination zu ermöglichen. Ich habe eine Freundin, nennen wir sie Sue, deren Hund Yeoman einige Ganganomalien aufwies. Sue lernte Yeo im Tierheim kennen – da war einer von den beiden knapp sechs Monate alt. Sues Tierarzt ordnete eine Röntgenaufnahme an und stellte dabei fest, dass die Hälfte des Kleinhirns bei ihrem Hund fehlte. Meistens lebte ihr Hund ganz normal. Wie das geht? Nun, es gibt noch so viel über das Gehirn zu lernen.

Das Großhirn liegt vor dem Kleinhirn und geht vom vorderen Teil des Hirnstamms aus. Bei Säugetieren ist es groß. Das Großhirn hat eine riesige Rille oder ein Tal in der Mitte, die die linke und rechte Seite teilt. Die beiden Seiten teilen einige Gehirnfunktionen untereinander auf. Im Allgemeinen kontrolliert die linke Seite des Gehirns die rechte Seite des Körpers und die rechte deckt die linke Hälfte ab. Lassen Sie uns hier für einen Moment innehalten. In den 1960er Jahren ordnete man beim Gedanken an die „linke Gehirnhälfte“ oder „rechte Gehirnhälfte“ üblicherweise der einen analytische Fähigkeiten und der anderen Kreativität zu. Oft wurde auch das Geschlecht so zugeordnet. Allzu oft wurde dies dann dafür genutzt, Menschen des einen Geschlechts glauben zu lassen, dass sie dem anderen in analytischem oder kreativem Denken überlegen seien. Das einzige Problem bei dieser Denkweise ist, dass sie ungenau ist. Falsch. Sogar nachweislich falsch. Funktionelle MRT-Scans und andere Methoden beweisen, dass dies überhaupt nicht richtig ist. Es ist immer noch eine beliebte Idee, doch die Anatomie und Funktion des Gehirns geben nicht das her, was viele Menschen glauben wollen. In der Tat, abgesehen von einigen wenigen Beispielen neigen die Seitenunterschiede dazu, die geografische Körperkontrolle zu auszuüben, nicht das Denken, das überall im Gehirn hin und her huscht. Sprache ist linksseitig, aber der Kontext der Sprache scheint eher rechtsseitig zu sein. Diese Gehirnseitigkeit wird Lateralisierung genannt. Die meisten Arten weisen diese auf, somit muss sie einige Vorteile bieten. Wie ich bereits erwähnt habe, sind neunzig Prozent der Menschen Rechtshänder. Wenn Händigkeit nicht wichtig wäre, würden Sie erwarten, dass die Hälfte Linkshänder und die Hälfte Rechtshänder sind. Bei Hunden ist das so, halb Linkspfötler, halb Rechtspfötler. Wir sind uns weder sicher, warum die meisten Arten eine Präferenz für eine „Hand" zeigen, noch können wir sagen, warum Hunde dies nicht tun. Genauer sollte ich sagen, dass Experten sich nicht einig sind, welche Erklärungen am besten durch die Daten gestützt werden. Wir haben nur Probleme mit den Details, aber hüten Sie sich vor den üblichen, groben Vereinfachungen wie „Mein Hund ist rechtshirnlastig, also ist er emotionaler". Er mag emotionaler sein, aber die aktuelle Wissenschaft zeigt, dass dies nicht an der Einseitigkeit des beteiligten Gehirns liegt.

Das Großhirn besteht aus mehreren Lappen mit jeweils einer Spezialisierung. Die hinteren Lappen sind die Okzipitallappen links und rechts. Diese mischen stark beim Sehen und der Sprache mit. Die Seitenlappen oder Schläfenlappen sind stark mit dem visuellen und verbalen Gedächtnis (Sprache und Erkennung dessen, was ein Objekt ist) und der Interpretation anderer Erinnerungen verbunden. Parietallappen sind die nächstvorderen. Sie verarbeiten Eingaben von anderen Gehirnbereichen und helfen, diese zu organisieren. Die vordersten Lappen werden intelligenterweise als Frontallappen bezeichnet. Sie koordinieren übergeordnetes Denken wie Problemlösung, Vorausplanung, Treffen von Entscheidungen oder Bewertungen, Aufmerksamkeit, ein paar motorische Fähigkeiten sowie das nebulöse Etwas, das man Persönlichkeit nennt.

Ventrikel und Hirnhäute

Das Gehirn hat einige leere Räume, die Ventrikel. OK, sie sind zwar leer an Neuronen, aber voll mit einer speziellen Körperflüssigkeit namens Liquor. Diese ventrikulären Räume hängen zusammen mit der Rückenmarksflüssigkeit, welche bis in die Mitte des Rückenmarks reicht. Sie bieten dem Gehirn einen gewissen Aufprallschutz, indem sie Stöße absorbieren und bieten einen getrennten Bereich für das Immunsystem im Gehirn. Diese Abschottung, auch als Blut-Hirn-Schranke bekannt, trägt dazu bei, das Gehirn vor Chemikalien und Eindringlingen im Blut zu schützen.

Das Gehirn ist in drei Gewebeschichten eingehüllt, die Hirnhäute. Diese bilden direkt unterhalb des Schädelknochens so etwas wie einen Sack um das Gehirn herum. Die äußere Schicht ist zäh und faserig, die mittlere Schicht ähnelt eher den Sparren in einem Dach voller Spinnennetze. Sie schafft Raum und Dämpfung zugleich. Die innerste Schicht, die auf dem Gehirn und dem Rückenmark und diesen somit am nächsten liegt, folgt allen Konturen des Gehirns und haftet fest an dessen äußersten Teilen. Das ist alles, was das weiche gallertartige Numero-Uno-Organ des Körpers schützt. Alles, was Sie zum Schutz Ihres Gehirns haben, ist eine Haarschicht, Muskeln, die zwar hauptsächlich den Kiefer bewegen, jedoch den Schädel, die Knochen, die Hirnhäute und dann das Gehirn selbst bedecken. Das Ganze ist recht gut angepasst für einen Hund, der mit voller Wucht gegen einen Baum rennt oder von Hufschlägen in den Kopf getreten wird. Ein direkter Schlag kann immer noch tödlich ausgehen. Wenn Sie dieses Hundegehirn und seine Hüllen in ein Auto stecken, das mit den evolutionär gesehen nie dagewesenen Geschwindigkeiten von 65, 80 oder 130 Kilometer pro Stunde … Moment, Sie fahren mit 130 Kilometer pro Stunde die Straße entlang? Was ist, wenn Ihr Auto mit vollem Karacho in diesen Baum fährt, was macht den Verzögerungsunterschied zwischen einem gefährlichen Aufprall auf den Baum mit 32 Kilometern pro Stunde und der tödlichen Geschwindigkeit beim plötzlichen Stopp des Autos aus? Hundesicherheitsgurte und zusammenklappbare Hundehütten helfen, den Schlag zu absorbieren. Verlassen Sie das Haus nicht ohne sie. Fahren Sie defensiv, denn diese Beschränkungen helfen nur ein wenig, und Ihr Hund verdient es, sein Gehirn intakt zu halten.

Das wunderbare Zusammenspiel von allem

Lassen Sie uns hier eine Pause einlegen, um einen der Hauptpunkte noch einmal aufzugreifen. Es gibt Dutzende von Strukturen, die ich benennen kann. Die meisten von ihnen haben vage Funktionen wie „verbindet dieses Gebiet mit …“ oder „koordiniert Signale aus dieser Region mit …“. Der Hauptpunkt, der ins Auge springende Punkt ist, dass das Gehirn mit allen Neuronen untereinander verbunden ist, wobei jedes Neuron Tausende von Verbindungen zu vielen Teilen des Gehirns hat, die irgendwie Signale aus verschiedenen Bereichen koordinieren und in Beziehung setzen und assoziieren. Diese Signale sind die zuvor beschriebenen Aktionspotenziale, die sich entlang der Neuronen ausbreiten. An jeder Verbindung oder Synapse befindet sich ein chemischer Vermittler, der das eingehende Aktionspotenzial stoppen oder verändern kann. Es ist dieses super-komplexe Netz von Verbindungen, auf das es ankommt. Wenn man versucht, die Synapsen zu stören, beeinträchtigt man damit die Gehirnfunktion. Wenn man in einem Verbindungsbereich herumpfuscht, wie zum Beispiel dem Corpus Callosum, der die Hemisphären des Großhirns verbindet, dann bekommt man andere Probleme. Wenn man das Kreislaufsystem durcheinander bringt, das Sauerstoff und Zucker an das Gehirn sendet, ergibt das wieder andere Probleme. Wenn man noch die elektrochemischen Schnittstellen hinzufügt, an denen sich das Gehirn mit dem chemischen endokrinen System über Hypothalamus und der Hypophyse verbindet, erhält man nochmal andere Probleme. Jetzt fügt man noch Gedächtnis, Erfahrungen und andere Assoziationen hinzu, die eine Auswirkung darauf haben, wie das Gehirn mit Informationen umgeht. Es sollte also klar sein, dass Verhaltensweisen komplex sind und wir sie nicht als isolierte Ereignisse behandeln können. Ignoriert mich mein Hund, weil er schlechte Erinnerungen an diesen Trick hat, den ich trainiere, oder ist die Körperchemie ausgefallen oder die Gehirnchemie oder assoziiert ein Teil des Gehirns dies nicht perfekt oder ist das Gehirn mehr auf etwas im Hintergrund konzentriert, vielleicht einen Geruch oder ein Geräusch, das ich selbst nicht wahrnehmen kann?

Wir werfen einen Blick auf meinen gerade erfolgten Austausch mit meiner Frau. Dieser verdeutlicht, warum ich all dies präsentiere. Und es zeigt auch, wie schwierig ihr Leben mit einem Geek wie mir ist, weil wir den Austausch getextet haben. Die Wettervorhersage kündigte für heute Morgen zwischen sechs und sieben Uhr morgens eiskalten Regen an, der Agility-Trainingslauf begann um acht Uhr. Meine Frau beschloss, früh loszufahren. Das scheint offensichtlich und einfach. Mein Text an sie lautete wie folgt:

Hast Du Dir je Gedanken darüber gemacht, wie komplex das war? Du musstest Dich über den aktuellen Straßenzustand informieren, Dir vorstellen, wie die Straßen auf der Grundlage früherer Erfahrungen aussehen würden. Das wurde überlagert mit Erinnerungen an das Fahren auf vereisten Straßen und der unglaublichen Belastungen, denen Du ausgesetzt wärst. Das alles in Bezug auf das Timing, um rechtzeitig um acht zum Start anzukommen, und dann dagegen gewichtet, gar nicht zu gehen (Ha, als ob das jemals wirklich eine Option gewesen wäre!), dann aber zu gehen. Gehen bedeutet Fahren, was viele motorische Fähigkeiten erfordert, die so trainiert und in Dir verwurzelt sind, dass Du nicht ans Autofahren denkst, während du diese Blechkiste zwischen zwei Linien mit einem Abstand von zwei Metern auf einer gepflasterten Oberfläche kontrollierst ... Dann nimmst Du Wish mit auf einen Weg, den sie noch nie gesehen hat. Sie musste lernen, was jedes Hindernis für Anforderungen stellte. Sie musste einem Weg folgen, den Du von hier aus mit subtilen Schulterverschiebungen signalisieren würdest, und sie musste ihre Erfahrung hinzunehmen, um die bestimmte Sache bei dem dortigen Hindernis zu tun. Das Ganze musste sie mit voller Geschwindigkeit tun, ohne sich mit den Füßen in den Geweben oder Tunneln zu verheddern, und dabei alle Gerüche und Geräusche und Anblicke anderer Hunde und Menschen, die herumliefen, noch ignorieren. Sie erhöhte ihre Motivation, doch sie hatte auch einen angeborenen Antrieb.

Der Text barg natürlich Abkürzungen und Sprachkürzel, die sie ableiten würde. Sie könnten dies nicht, weil Sie nicht dieselbe gemeinsame Vergangenheit mit mir teilen. Sehen Sie jetzt, wie kompliziert es heutzutage ist?

Jetzt möchte ich es mit der Realität versuchen. Es gibt einige solide Beweise dafür, dass zumindest beim Menschen die Vorstellungskraft genauso nützlich sein kann wie die physische Praxis, da das Muskelgedächtnis nicht wirklich in den Muskeln, sondern im Gehirn gespeichert ist. Basierend auf empirischen Erkenntnissen verbringen Sie Zeit damit, sich anschaulich vorzustellen, wie Sie einen Agility-Kurs laufen, sich beim Tanzen oder Freestyle bewegen, einen Frisbee werfen oder einen Hundeschlitten handhaben oder andere körperliche Aktivitäten ausführen. Falls Sie gut darin sind und sich lebhaft an Erlebnisse erinnern können, dann kann das so effektiv sein wie die körperliche Aktivität selbst. Die bloße Vorstellung von Handlungen verbrennt keine Kalorien oder produziert Endorphine, aber es ermöglicht dem Gehirn, zu üben. Sobald das Signal in der Großhirnrinde ist, scheint das Gehirn nicht zu unterscheiden, ob es von der motorischen Großhirnrinde kam, in der Sie die Bewegung ausgeführt haben, oder von anderen Teilen der Großhirnrinde, wo Sie es sich vorgestellt haben. Wahrscheinlich funktioniert das auch bei Ihrem Hund. Wir können unsere Hunde nicht zwingen, über ein bestimmtes Thema nachzudenken, aber ich muss annehmen, dass sie eine anständige Jagd auf ein Eichhörnchen oder einen wilden Frisbee-Fang in ihrem eigenen Gehirn wiederholen, während sie die Schritte proben. Ahnenwölfe, die dies taten, hätten gegenüber denen, die dies nicht taten, einen deutlichen Überlebensvorteil gehabt. Daher scheint dies einen wahrscheinlichen Weg der Entwicklung zu sein. Es bedeutet auch, dass die Realität für unsere Großhirnrinde möglicherweise etwas schwammiger sein mag, als wir gerne denken.

Tour 12

Biologie und Verhalten: Unsere chaotischste Tour

Möchte man einen handfesten Streit vom Zaun brechen, dann braucht man bloß ein paar Hundetrainer, Tierärzte und Verhaltensexperten in einen Raum zu bringen und ihnen das klassische Problem „Angeboren oder Erworben" zu präsentieren: Was beeinflusst das Verhalten stärker, die Genetik oder die Umwelt? Genau das gleiche können Sie mit einem Raum voller Biologen, Neurowissenschaftlern und Psychologen machen. Bringen Sie sich Popcorn mit. Halten Sie sich aus der Schusslinie und beobachten Sie bloß das Feuerwerk. Oh, warten Sie, Sie sind ein Angehöriger einer dieser Gruppen? Nun, da wird es jetzt aber wirklich interessant. Kann man einem Greyhound wirklich beibringen, einem Eichhörnchen *nicht* nachzujagen? Oder direkt zum Feuerwerk: Lässt sich angeborene Aggression kontrollieren? Auf dieser Tour möchte ich einige Themen beleuchten, von denen ich hoffe, dass ich in meiner Rolle als Biologe etwas Licht ins Dunkel bringen kann. Bitte seien Sie sich im Vorfeld dessen bewusst, dass dies immer noch ein ungelöstes Problem ist, für das es wahrscheinlich eine sehr komplizierte und nuancierte Antwort geben wird. Es gibt Daten, die eine Vielzahl von Ansichten stützen und es ist immer schwierig, Aussagen mit „immer" oder „nie" wissenschaftlich zu überprüfen, wenn die Ausnahmen gering und kaum messbar sind. Jedem mit allen Antworten mangelt es an allen Beweisen. Das heißt aber nicht, dass sich ein Stopp auf der Tour nicht lohnt.

Kann man sich über genetisch bedingtes Verhalten hinwegsetzen?

Das Hundegehirn kann über Training lernen, hormonelle und andere instinktiv programmierte Reaktionen zu kontrollieren. Die meisten Reaktionen. Zumindest einige Reaktionen. In welchem Ausmaß? Sowohl Hunde als auch Menschen sind durch hormonelle Steuerung beeinflusst. Beide haben aber auch ausreichend komplexe Gehirne, um zu lernen, wann es angebracht ist und wann nicht, dem chemisch induzierten Verhalten zu folgen. Hunger, der Drang zu essen, wird durch das Hormon Ghrelin beeinflusst, das im Magen produziert wird. Ohne Training reagiert ein Hund auf das Hunger-Antriebshormon mit Fressen. Legen Sie Futter vor einen hungrigen, untrainierten Hund und er frisst. Jetzt. Mit Genuss. Mit Training kann sogar ein hungriger Hund lernen, den Hungertrieb zu ignorieren und auf die Erlaubnis zum Fressen zu warten. Was hat also nun wirklich die Kontrolle, das Gehirn oder die Hormone? Wenn man lange genug wartet, wie zum Beispiel bis kurz vor dem Verhungern, wird das Hormon das Gehirn außer Kraft setzen. Aber unter normalen Umständen kann das Gehirn die meisten Hormone zumindest zeitweise kontrollieren. Zumindest scheint es aktuell so. Dies funktioniert auch mit anderen hormonellen

Antrieben. Ich unterrichte College-Studenten und mache ihnen deutlich, dass Hormone niemals als Entschuldigung für ein Verhalten herhalten können, sei es Hunger, Aggression oder Sex. Hormone beeinflussen, aber mit Training können die meisten kontrolliert werden. Vielleicht alle. Es gibt eindeutig einige Personen, die selbst mit dem Training, das sie erhalten, hormoninduziertes Verhalten nicht kontrollieren können. Ob sie das wohl mit einem besseren Training könnten? Hormone beeinflussen die Aggression von Hunden. In welchem Ausmaß? Und kann man das kontrollieren?

An dieser Stelle müssen wir uns eine kurze Auszeit für dic Vokabelarbeit nehmen. Für einen Evolutionsökologen sind die Dinge im Gehirn (Gedanken, induzierte Handlungen usw.) entweder angeboren (genetisch begründet) oder erlernt oder eine interaktive Kombination von beiden. Man wird entweder mit diesen Dingen auf den Genen liegend geboren, man bekommt sie von außen gelehrt oder man findet sie von sich selbst heraus. Training ist das Mittel, wie man dieses Lernen im Gegensatz zum Selbst-Herausfinden steuern kann. Aus den korrigierenden Anmerkungen, die ich oft zu meinen Vorträgen von Hundetrainern erhalte, schließe ich, dass die Begriffe in weiten Teilen der Welt der Hundeausbildung aber überhaupt nicht so verwendet werden. Das Wort „Training" scheint vielmehr im Allgemeinen dafür verwendet zu werden, wenn man meint, dass man eine neutrale oder bis dahin nicht vorhandene Handlung nimmt und mehr davon erhalten möchte. Mit Verhaltensmodifikation meint man einen Ansatz, der auf schon bestehende Verhaltensweisen angewendet wird. Diese sollen gestoppt oder geändert werden. Ich bin mir absolut sicher, dass ich hier zu stark vereinfache, aber ich bin nicht daran interessiert, die Begriffe Training oder Verhaltensmodifikation so zu erklären, wie die Welt des Hundetrainings sie kennt. Es gibt unzählige Bücher darüber und anscheinend auch etliche Möglichkeiten der praktischen Durchführung. Meine Erfahrung ist, dass viele Biologen Schwierigkeiten haben, mit Trainern und Verhaltensexperten über Training zu sprechen, weil sie unterschiedliche Begriffe mit unterschiedlichen Ausprägungen verwenden. Diese werden oft von der Lehrmeinung oder dem methodischen Paradigma bestimmt, dem sie folgen. Ich möchte das nicht bewerten, es ist weder gut noch schlecht, es ist einfach so.

Wir klassifizieren Verhaltensweisen oft unabhängig von ihrer Herkunft. Ich höre zum Beispiel häufig Vorträge darüber, wie man Hunde mit Angst, Aggression, Depression oder mangelnder Aufmerksamkeitsspanne trainieren soll, ohne dass da dabei unterschieden wird, ob diese Verhaltensweisen genetisch bedingt sind, aus früheren Situationen erlernt oder durch Krankheiten oder schlechte Ernährung verursacht worden sind. Wenn ich also frage, ob Sie die Angstaggression meines Hundes kontrollieren können, hängt die Antwort wahrscheinlich von der Ursache ab. Um das wirklich herauszufinden, brauche ich ein kontrolliertes Experiment für jede Ursache, Behandlung und Variation in Rasse und Alter und und und … an verlässliche Daten und Fakten dazu kommt man nur schwer heran.

Das Wort „Kontrolle", das ich gerade benutzt habe, ist nochmal ein anderes Problem. Ich stelle eine grundsätzlich biologische Frage: Wenn ein Hund genetisch beeinflusstes Verhalten aufweist, wie viel davon kann man durch umweltbedingte (nicht-genetische) Mittel abschwächen oder verstärken? Was ist stärker, Lernen (weitgehend definiert) oder Genetik? Überlagert eine Erkrankung des Hirns beides? Wenn wir uns in diesen Bereich wagen, dürfen wir nicht außer Acht lassen, dass eine wissenschaftlich fundierte Antwort darauf schwierig und ungenau ist. Nur ein Beispiel: Ich stelle die Hypothese auf, dass alle genetisch beeinflussten Verhaltensweisen immer außer Kraft gesetzt werden können (sagen wir einmal, dass jede Aggression bei einem Hund wegtrainiert werden kann). Das lässt sich logischerweise nicht testen. Ich müsste alle Hunde auf allen möglichen Aggressionsstufen testen. Bei jedem Hund, dem das Aggressionsverhalten nicht abtrainiert wurde, könnte man das Training (in meiner Begriffsdefinition) dafür verantwortlich machen. Aber das Gegenteil könnte man leicht tun: Nämlich die Hypothese aufstellen, dass man keinem Hund aggressiven Handlungen abtrainieren kann. Mit etwas Mühe können Sie diese Aussage leicht als falsch widerlegen. „Immer" ist in diesem Beispiel unmöglich zu beweisen, da Sie nicht jede Trainingsart (oder Verhaltensmodifikation) an allen Hunden ausprobieren können, insbesondere, wenn Ihr Maß für Erfolg die Aggression gegen Menschen ist. Es gibt ein ziemlich großes ethisches Problem mit Experimenten, die Gesundheit und Leben von Menschen gefährden. Und auch wenn Aggression ein Hauptproblem im Hundeverhalten ist, gilt meine Aufmerksamkeit genauso Zwangsstörungen, Hetzinstinkten, Angst, Depression oder Hunger.

Erst gestern rief mich ein lieber Freund, ein Arzt, an und fragte mich: „Inwieweit kann man die Genetik beim Hund durch Training überlagern?" Sein Sohn hatte einen schönen Pitbull-Mischling gekauft und nun fürchtete er als guter Arzt allein aufgrund der Rasse um seine Enkel. Ich fragte ihn aufgrund seiner jahrelangen Erfahrung als Arzt, wie viel genetisches Verhalten beim Menschen abtrainiert werden könnte. Er zögerte und sagte, dass es dazu keine wissenschaftlichen Erhebungen gibt. Genauso ist es auch bei Hunden. Ich würde gerne sagen können, dass wir mit einer bestimmten Menge x an Training in der Lage wären, einen bestimmten Instinkt y zu überwinden.

Doch ich glaube nicht, dass die Antwort klar ist, obwohl Leute auf beiden Seiten des Disputs aufgrund ihrer Erfahrung darauf bestehen, dass dem so wäre.

Lassen Sie mich beim Beispiel Aggression bleiben. Nehmen wir nun einmal an, ich trainiere Ihren Hund und garantiere Ihnen (wie ich das mindestens einmal bei einem Trainer gehört habe), dass er nach meinen Training sein Leben lang niemals mehr einen Menschen durch aggressives Verhalten verletzen wird. Da ich selbst schon einen ängstlichen Hund besessen habe, wäre meine erste Reaktion als Besitzer darauf: Und was ist mit Aggression gegen andere Hunde? Diese wird statistisch kaum erfasst und dokumentiert wie bei Beißvorfällen gegen Menschen, daher haben wir nur punktuelle Aufzeichnungen. Von Aufzeichnungen zur Zahl der „Knapp-dran-vorbei-Fälle“ mit drohenen Blicken oder Anknurren im Vorbeigehen ganz zu schweigen. Nehmen wir nun für mein Beispiel an, mein Training oder meine Verhaltensänderung funktioniert und wir werden die nach außen sichtbare Aggression los. Wenn sie genetisch bedingt war, liegt sie dann jetzt wie eine tickende Zeitbombe im Hund versteckt, die nur darauf wartet, hochzugehen, oder ist sie wirklich sicher weggesperrt? Die Biologie sagt, dass Instinkte stark und in den Genen fest verankert sind, weil es zu lange dauern würde, diese Verhaltensweisen zu lernen und die Nachkommen folglich am Ende nicht überleben würden. Gehirne sind etwas ziemlich Machtvolles. Sind sie in der Lage, den Instinkt außer Kraft zu setzen? Klar, in vielen Fällen schon. Ich habe zum Beispiel den Drang, Ihnen Ihr leckeres Essen zu mopsen, aber ich tue es nicht. Ich kann meine Belohnung aufschieben. Bedeutet das nun, dass alle Menschen oder Hunde das lernen können? Oder heißt es, dass mein Instinkt in dem Fall nur schwach ausgeprägt war?

Wenn ich die Antwort darauf hätte, würde ich in einem ganz anderen Beruf arbeiten. Über drei Jahrzehnte lang führe ich nun schon offene wissenschaftliche Auseinandersetzungen mit Psychologen und Trainern zu diesem Thema. Leider sind die Diskussionen aber ziemlich fruchtlos, da die Daten immer noch fraglich sind und die Frage wirklich eine ganze Reihe von weiteren Fragen mit sich bringt, die sich alle hinter dem Kernproblem „Angeboren oder Erworben“ (im Englischen schön griffig „Nature or Nurture“) verstecken. Es ist eine Kernfrage, die auch die Ethik bei der Inhaftierung bei Menschen berührt, bei der Euthanasie von Hunden, beim Einsperren von Hunden und bei der Todesstrafe beim Menschen. Kein Wunder, dass wir dazu so vehemente Meinungen vertreten. Wahrscheinlich wird die Realität zu uneindeutig für unsere Wünsche sein. Sicher erscheint mir nur, dass die Antwort darauf lautet: Einige oder die meisten der hormonell induzierten Verhaltensweisen können die meiste Zeit über kontrolliert werden. Wie unbefriedigend ist das denn? Man möchte doch wissen: „Kann genau dieses Verhalten hier jetzt mit vernünftigem Training beeinflusst werden?"

Können erlernte Verhaltensweisen verlernt werden?

Vergessen wir nicht, dass ich mich hier auf den Vergleich von „gehirngesteuert" zu „hormongesteuert" konzentriert habe. Wir wissen, dass einige inakzeptable Verhaltensweisen aber auch einfach erlernt wurden, ohne genetische Beteiligung. Vielleicht sogar die meisten. Kann man diese wirklich verlernen? Wie vollständig? Wie wir ebenfalls wissen, können Gehirne körperliche Schäden erleiden und krank werden. Kann ein Verhalten, das aus solchen organischen Gewebeveränderungen resultiert, außer Kraft gesetzt werden? Inwieweit? Einfach ausprobieren. Das ist das Beste, was man für den Moment tun kann. Versuchen Sie es, aber achten Sie auf Ihre Sicherheit und die anderer, die dem Hund und seiner Stimmung womöglich weniger Aufmerksamkeit schenken. Ich habe wirklich gute Verhaltenstherapeuten Wunder bewirken sehen, aber ich habe auch die Folgen von Hundeangriffen gesehen, bei denen keine Wunder gewirkt hatten, sei es, weil man es entweder gar nicht oder erfolglos versucht hatte.

Die Antwort auf die unmögliche Frage

Belesen Sie sich dazu, seien Sie skeptisch gegenüber extremen Behauptungen, fordern Sie Beweise und verlangen Sie mehr als eine Studie zu dem, was auch immer Sie glauben mögen. Es gibt viele gute Bücher, ein paar wirklich großartige Lehrer und ein ganze Welt voll Literatur dazu. In seinem Kern ist das Thema so eng mit der Ethik verbunden, dass mir die beiden untrennbar voneinander erscheinen. Wenn ich von der Prämisse ausgehe, dass alle Hundeleben wichtig sind, werde ich wirklich alles dafür tun, jeden Hund zu retten zu versuchen. Sogar die Psychopathen. Wenn ich aber als Prämisse nehme, dass jede Verletzung eines Menschen inakzeptabel ist – sei es aufgrund des Wertes des Menschen oder aus der Erkenntnis heraus, dass von Hunden verursachte Verletzungen und Tötungen zu Beschränkungen bei einzelnen Rassen oder im Zusammenleben mit Hunden generell führen können – dann setze ich mich stark dafür ein, abweichendes Verhalten von Hunden zu eliminieren (möglicherweise auch durch Beseitigung des Hundes). Ich hoffe, dass wir alle die Komplexität der Situation erkennen können, auch wenn wir von vielen unterschiedlichen, tief empfundenen Überzeugungen ausgehen. Es ist wirklich eine Frage von Leben und Tod, auf die uns genügend echte biologische Antworten fehlen, um viel helfen zu können. Es ist kompliziert, eben aufgrund unterschiedlicher ethischer Positionen, enormer Unterschiede bei einzelnen Hunden, unvollständiger Daten und manchmal wenig hilfreicher oder zu einfacher Medienberichterstattung. Die Medien möchten zu Recht über klare Antworten berichten. Und die haben wir nicht immer.

Aber Sie möchten genau jetzt Antworten haben. Ich bedaure, aber die Wissenschaft gibt sie nicht her. Mein Arztfreund wollte von mir wissen, was ich ihm zu seinen Enkeln raten würde. Ich sagte ihm das, was er selbst Tausende Male zu Patienten gesagt hat, die von ihm eine verlässliche Antwort auf die Frage „Kann ich den Krebs besiegen?“ oder „Wie geht man am besten mit … um?“ haben wollten. Man muss Risiken und Nutzen gegeneinander abwägen. Risikotoleranz ist individualistisch. Ich wäre viel eher bereit, selbst ein persönliches Risiko einzugehen, als es Ihnen, einem Kind oder meinem Hund aufzuerlegen. Das Risiko besteht jedoch in beide Richtungen. Wenn ich meinem befreundeten Arzt versichere, dass der Hund ungefährlich ist, riskiere ich vielleicht körperliche Verletzungen bei einem Kind, das einer Rasse mit bekannten Instinkten zur Ressourcenbewachung ausgesetzt ist. Oder ich riskiere, einem Kind auf alle Zeiten Angst vor Hunden einzujagen, wenn ich sage, dass diese Rasse gefährlich ist, obwohl viele Individuen es nicht sind. Und das darauf basierend, dass kein früheres individuelles Verhalten dieses Hundes diese Einschätzung rechtfertigen würde. Es gibt einige ziemlich gute (wenn auch nicht perfekte) Bewertungstechniken (siehe Sternberg, 2016), die dabei helfen können, Hunde bzw. deren Wesen und mögliches Verhalten besser einzuschätzen. Auch professionelle Verhaltensexperten können das. Wir selbst haben unsere eigenen Hunde vom Welpenalter an ihr ganzes Leben lang immer wieder evaluiert. Das bietet keine Garantie, aber Informationen zur Einschätzung von Wahrscheinlichkeiten. Jedes Mal, wenn ich Auto fahre, riskiere ich, ein Kind zu verstümmeln oder einen freilaufenden Hund zu erwischen. Ich reduziere das Risiko, indem ich beim Autofahren keine SMS schreibe, nicht trinke, wenn ich fahre und beim Autofahren sehr wachsam bin. Zumindest sollte man die vorhandenen Risikostufen identifizieren und daran arbeiten, bekannte Gefahren zu reduzieren.

Können alle Verhaltensweisen durch ausreichend häufiges und gutes Training kontrolliert werden? Das ist eine faszinierende und bisher ungelöste biologische Frage. Wir können zum Beispiel nicht sagen, ob ein großartiger Trainer den kriminellsten Hund nehmen und ihn umerziehen könnte. Es gibt „Denkschulen“ und Netzwerke bei Hundetrainern, die behaupten, dass man jedes x-beliebige schlechte Verhalten bei jedem x-beliebigen Hund einfach und leicht abtrainieren könne. Ich kaufe ihnen diese Aussage nicht ab. Vielleicht mit Hilfe von Medikamenten, aber auch dann bin ich immer noch skeptisch. Die regulär auftretenden biologischen Varianten bringen mich zu der Überzeugung, dass extreme Ausnahmen auftreten müssen. Wie viele? Ich weiß nicht: 0,1 %? 1 %? 50 %? Können wir sie alle retten? Wie weit sind wir bereit, für eine Umerziehung zu gehen? Dabei fallen mir Bilder aus dem Film „Uhrwek Orange" ein. Schlagen Sie dazu gerne nach, wobei ich Ihnen das Anschauen des Films nicht empfehlen möchte. Er ist wirklich merkwürdig.

Selbst wenn alle Hunde oder Menschen umerzogen werden könnten, so wären, realistisch betrachtet, fachmännische, perfekt angewendete Techniken und Medikamente nur begrenzt und schon gar nicht immer und überall oder kostenlos verfügbar. Individuen unterscheiden sich voneinander. Einem durchschnittlichen Hund kann irre viel beigebracht werden, durchschnittlich betrachtet. Aber was machen wir mit denjenigen, die ihr Verhalten entweder nicht kontrollieren können oder denen nicht beigebracht werden kann, dieses Verhalten zu kontrollieren? Ich hatte eine liebe Freundin, die einen Hund aus dem Tierschutz gerettet hatte. Sie ist eine ausgezeichnete Trainerin mit viel Erfahrung mit der Rasse, die sie sich geholt hatte. Über Monate hinweg waren das Training und die Verhaltentherapie erfolglos. Der Hund biss sie immer noch mehrmals in die Hand und nahm regelmäßig sehr aggressive Haltungen gegenüber ihren Kindern, ihrem Mann, ihr und ihrem anderen Hund ein. Schließlich musste sie den Hund aufgeben, da er ihre Familie zerstörte. Bei weiteren Recherchen fand sie heraus, dass dieser Hund schon bei zwei früheren Haltern ein solches Verhalten gezeigt hatte. Die Tierschützer hatten geglaubt, dass alle Hunde ein Zuhause verdienten, und diese Ansicht hätte fast eine Familie zerstört.

Hat jeder Hund ein gutes Zuhause verdient? Das fragen Sie mich? Sicher hat er das. Genauso wie jeder Mensch auch. Und alle Hunde verdienen eine gute, sie geistig fördernde Ausbildung, Liebe und Zugang zu medizinischer Versorgung. Ob und inwiefern das realistisch ist, das kann ich nicht beurteilen.

Ich bin mir dessen bewusst, dass dieses Thema die Hundefreunde spaltet, heute mehr denn je, da der Wert eines Hundes für den Menschen derart gestiegen ist. Als ich klein war, haben die meisten Menschen ihre Hunde kaum medizinisch behandelt. Die Anschaffung eines neuen Hundes war kostenlos, die Kosten für die medizinische Versorgung jedoch nicht. Wir Menschen haben uns von einem überwiegend ackerbauenden Volk zu einem urbanen Volk entwickelt. Laut dem statistischen Bundesamt der USA überstieg im Jahr 1920 der Prozentsatz der Stadtbewohner in den USA im Norden zum ersten Mal die Fünfzig-Prozent-Marke. Im Süden war das im Jahr 1950 der Fall. Hunde wurden in den USA vom ersetzbaren Werkzeug (das sie für viele Menschen gewesen waren) zu unverzichtbaren Familienmitgliedern. Mit Blick auf die Zukunft möchte ich Ihnen dringend dazu raten, bei Zucht und Auswahl von Hunden eher auf ein genetisch positiv beeinflusstes Temperament und Verhalten eines Hundes zu achten als auf genetisch bedingtes gutes Aussehen. Das würde zwar die Probleme von heute nicht lösen, aber das Dilemma in zukünftigen Generationen verringern.

Wie dem auch sei: Endokrine Drüsen interagieren mit anderen Drüsen oder Organen einschließlich des Gehirns. Diese regulieren und beeinflussen sich gegenseitig und beeinflussen oft jede Zelle des Körpers. Das endokrine System bietet eine umfassende Kontrolle, die viele Organe gleichzeitig betrifft. Wenn wir über das Erregungsverhalten von Hunden sprechen, denken wir oft, dass es mit visuellen Reizen oder vielleicht Geräuschen oder Gerüchen beginnt, die das Nervensystem ansprechen. Erregung ist nicht gleich Stress, doch unter Hundeleuten wird beides oft gleichgesetzt. Erregung ist ein physiologischer Zustand erhöhter Sensibilität für bestimmte Signale, ein Hochfahren des sympathischen Nervensystems und impliziert keine sexuellen Untertöne der Erregung. Stress kann eine Art situative Erregung oder ein chronischer Zustand sein, der mit einer bestimmten Reihe von Hormonen verbunden ist, die in Zeiten der Gefahr den Fokus auf lebensrettende Maßnahmen legt. Erregung kann dazu dienen, das Lernen zu verbessern, während Stresshormone die Lernfähigkeit reduzieren. Ihr Hund kann am besten lernen, wenn er nicht gestresst, sondern erregt und aufmerksam ist. Erkennen Sie den Unterschied in der Biologie dessen, was jeweils beschrieben wird und machen Sie sich weniger Gedanken darum, ob wir alle mit den gleichen Begriffen das Gleiche meinen.

Als Lehrer kann ich nicht erwarten, dass bei Prüfungen in einem stressgeladenen Raum viel gelernt werden kann. Um Schüler zum Lernen zu bewegen, müssen sie eine Belohnung für sich erkennen können. Genauso kann ich Spaß, Aktivität und Futter dafür einsetzen, um meinen Hund zu erregen und das Training zu verbessern. Wenn der Hund gestresst ist, kann ich nur hoffen, dass das vorherige Training mir hilft, die Situation zu meistern. Durch den Hypothalamus können neue systemweite Chemikalien wie etwa Adrenalin freigesetzt werden, die den Körper erregt halten. Die endokrine Funktion kann nicht wie das Nervensystem ein- und ausgeschaltet werden. Und das Ganze ist auch noch kontextspezifisch. Adrenalin kann bei Erregung, aber auch bei Stress durch den Kampf- oder Fluchtinstinkt eine Rolle spielen. Weil das endokrine System direkt mit dem Nervensystem verbunden ist, kann es uns oft entgehen, dass viele Verhalten von ersterem chemisch gesteuert oder beeinflusst werden, ohne dass das Nervensystem viel oder überhaupt beteiligt ist. Körperkontrolle oder Verhalten ist ein ziemlich komplexes Thema.

Was tun also angesichts all dieser für uns absolut unverständlichen, komplexen Zusammenhänge, über die ich nur staunen kann? Muss man wissen, wie ein Auto funktioniert, um es zu fahren? Nein, aber es hilft, wenn man ein seltsames Geräusch hört und mögliche Fehlerpunkte durchgehen und entscheiden kann, ob diese möglicherweise von Bedeutung sind oder ob man gefahrlos weiterfahren kann. Muss man alle Gehirnbereiche kennen, um Wish einen neuen Trick beizubringen oder mit ihr spazieren zu gehen? Nein, aber es hilft, wenn etwas schiefgeht, und mit diesem Wissen kann man ein besserer Trainer werden. Wenn man weiß, dass Verhaltensweisen mit so vielen Assoziationen in der Vergangenheit verbunden sind, steigt der Bedarf an konstant guten Umgebungen, positiven gemeinsamen Erfahrungen und vielleicht der Möglichkeit, ein wenig nachsichtiger zu sein, wenn man nicht genau das gewünschte Verhalten erzielt. Ein Großteil der Arbeit mit unseren Hunden baut auf unserer Beziehung zu ihnen auf. Wir sind über Emotionen und Ereignisse mit dem Gehirn unserer Hunde verbunden. Wenn ich hauptsächlich von meinem Hund enttäuscht bin, zeigt es sich an ihm. Wenn ich für ihn ein Quell der Freude und des Vergnügens bin, überträgt er das auch auf andere Dinge, die ich mit ihm tue. Hier ein kleines Beispiel. Ich rufe Cricket zu: „Komm!“. Jedes Mal, wenn sie zu mir kommt, egal, warum ich sie hergerufen habe, muss es ein freudiges Ereignis sein. Auch, wenn ich sie aus einem Müllhaufen herausgeholt habe. Zu mir zu kommen muss etwas Positives sein, denn ein sofortiges Herkommen ohne Zögern könnte ihr Leben retten. An dem betreffenden Tag, wenn der Moment des Nachdenkens im schlimmsten Fall tödlich sein könnte, möchte ich nicht, dass ihr Gehirn zuerst herausfinden muss, ob das Herkommen Spaß macht oder nicht.

Bewusstsein verstehen

Gromit läuft einen Agility-Parcours. Wish hütet Schafe. Cricket tanzt Freestyle. Alle jagen Frisbees und Hasen. Hunde können unglaublich aktiv sein. Aber mehr als die Hälfte ihres Lebens schlafen sie. Und wir schlafen ein Drittel davon? Warum? Eine endgültige Antwort darauf werden wir hier nicht finden. Raubtiere einschließlich dem Menschen haben einen weitgehend unterbrechungslosen Schlaf. Beutetiere wie Elche und Rehe, die stets wachsam sind, schlafen in kurzen Abständen von wenigen Minuten. Würden Delfine schlafen, könnten sie möglicherweise ertrinken. Sie können eine Gehirnhälfte schlafen lassen, während die andere wachsam bleibt, und dann wird getauscht. Außer Spitzmäusen und ein paar anderen Merkwürdigkeiten schlafen wir aber alle. Über Schlaf wissen wir so einiges. Im Ruhezustand hat der Körper die Zeit für Aufgaben wie das Filtern von Blut, das Verdauen von Nahrung und das Nachholen von Schadensreparaturen. Es spart Energie, was in freier Wildbahn wichtig ist, wenn man jede Mahlzeit erst suchen und sich erarbeiten muss. Da gibt es kein mal eben Anhalten beim nächsten Fastfoodrestaurant, um sich etwas mitzunehmen. Schlafmangel beeinträchtigt das Gedächtnis und das Lernen, also spielt auch das hier eine Rolle. Aus evolutionärer Sicht ist Schlaf eindeutig wichtig, sonst würde er nicht so viel Zeit in Anspruch nehmen, wobei er uns erstaunlich verwundbar macht.

Findet irgendeiner dieser Kontrollmechanismen des Gehirns bewusst statt? Da es sich hier um ein überwiegend wissenschaftliches Buch handelt, lassen Sie uns auf alle wichtigen philosophischen Überlegungen und moralischen Bewertungen des Bewusstseins verzichten. Durch die wunderbaren Erkenntnisse der Neurowissenschaften haben wir heutzutage auch ein paar Ideen dazu bekommen, wie die Biologie des Bewusstseins funktioniert.

Bewusstsein beinhaltet das aktive Erfahren dessen, was in der Welt um einen herum passiert. Im Schlaf erfährt man die Welt nicht. Man ist ohne Bewusstsein. Man ist nicht tot und leicht aufzuwecken. Selbst im Schlaf sind Teile des Gehirns in Alarmbereitschaft. Die meisten Neuronen des Rückenmarks und des Kleinhirns sind transaktional und senden Signale über Pfade hin zum Gehirn oder weg vom Gehirn zum Körper. Das Großhirn hat viele, viele, viele, viele, viele Rückkopplungsschleifen. Das sind Möglichkeiten, die Aktivitäten des Gehirns zu konditionieren oder Signale zu nuancieren. Das meiste davon geht in der weißen Substanz oder der äußeren Schicht des Großhirns vor. Es scheint vorwiegend in den nicht-frontalen Lappen des Gehirns zu passieren. Schäden an den Frontallappen wirken sich auf die Planung und Angemessenheit von Verhaltensweisen aus, aber nicht darauf, wie man die Welt erfährt. Selbst beim Menschen sind wir uns noch nicht sicher, was das Bewusstsein hervorbringt oder was es überhaupt ist. Wir können uns nicht darauf einigen, was es bedeutet. Die meisten Wissenschaftler argumentieren, dass wir es bei uns selbst nicht sehr gut messen können, also können wir es bei anderen Tieren nicht messen.

Bitte nehmen Sie zur Kenntnis, dass es Wissenschaftler gibt, die ihre Karriere darauf verlegt haben, und sie hätten definitiv Einwände gegen das zu erheben, was ich gerade geschrieben habe. Das ist die Natur der Wissenschaft: Wir nutzen Fakten und Experimente, um überzeugende Argumente zu liefern, und nur in sehr wenigen Forschungsbereichen herrscht Einigkeit unter allen Wissenschaftlern.

Vielleicht sollten wir einfach als Definition verwenden, dass wir empfindungsfähig oder uns etwas gewahr sind. Hm, immer noch zu vage. Und es ist zweischneidig, denn Sie können sich zwar einer Sache gewahr sein, aber es gibt Schattierungen dessen. Ich kann kilometerweit fahren oder laufen – eine sehr bewusste Handlung. Aber dann denke ich währenddessen an meine Hunde und habe habe keine Ahnung mehr, wie ich dahin gekommen bin, wo ich bin. War ich bei Bewusstsein? Ich war mir der Welt um mich herum nicht gewahr. Aber ich muss es gewesen sein, denn ich habe keinen Unfall gebaut und bin nicht gestolpert. Gibt es Schattierungen des Bewusstseins? Ehrlich gesagt, der Wert, den ich persönlich jedem Wesen beimesse, hängt nicht davon ab, ob es etwas empfindet oder sich bewusst ist oder nicht. Aber wenn Bewusstsein ein Maß für Problemlösungsfähigkeit, Gedächtnis und Zusammenhänge ist, dann haben Säugetiere eines. Was auch immer das Bewusstsein sein mag.

Bewusste versus unbewusste Verhaltensweisen

Wie viel von dem, was Sie an einem Tag tun, wird bewusst gesteuert oder beeinflusst? Vieles von dem, was wir für bewusstes Verhalten halten, ist es gar nicht und unser Gehirn tut vieles, dessen wir uns gar nicht gewahr sind. Aktuelle Schätzungen beziffern unbewusste Aktivität auf 90–95 % dessen, was das Gehirn tut. Selbst bewusste Aktivitäten sind nicht immer kontrollierbar. Wenn sie es wären, würde ich sieben Kilo weniger wiegen, weil ich mich einfach dafür entscheiden würde. Wenn ich die volle Kontrolle über mich hätte, würde ich während des Unterrichtens nicht solche Sachen sagen wie die, mit denen ich immer wieder herausplatze. Wäre alles bewusste Entscheidung, könnten Hirnschäden oder krankheitsbedingte Verhaltensänderungen durch einfache Anweisungen behoben werden. Sollte das für uns so stimmen, so darf man sich nicht wundern, wenn das auch bei Hunden zutrifft. Tatsächlich scheint es uns angenehmer, über Verhaltensweisen bei Hunden zu sprechen, die angeboren oder genetisch bedingt sind. Also lassen Sie mich das umkehren: Da wir Verhaltenstendenzen beim Hund kennen, die genetisch bedingt und jenseits ihrer Kontrolle liegen, brauchen wir nicht überrascht zu sein, wenn wir das beim Menschen auch so vorfinden. Bedenken Sie, dass Menschen im Gegensatz zu Hunderassen, bei denen wir die Genpools oft mit viel Papierkram verbunden voneinander getrennt halten, ihre Gene überall austauschen. Wenn man einmal die elisabethanische Moral beiseite lässt, dann sind wir Menschen eine promiskuitive Spezies und haben selten langfristige und weitverbreitete Versuche unternommen, eine Rasse zu erhalten.

Border Collies wurden gezüchtet, um einige ziemlich wichtige Hütefunktionen zu erfüllen, bei denen es auf Details ankam. Hütehunde können nicht einfach selbständig eines der Schafe ignorieren. Sie müssen auch das letzte noch erwischen. Wir haben Retriever gezüchtet, um ruhig mit uns in engen Ansitzen zu verharren und uns bei der Jagd zu helfen – aber erst dann, wenn sie dazu aufgefordert werden. Dann sollen sie mit großer Hingabe einen geschossenen Vogel holen. Sie sind spitze im Abhängen und Entspannen, genauso wie beim energiegeladenen Spielen. Wir haben Gene für Geselligkeit bei Hunden identifiziert und können darauf selektieren. Hurrarufe an dieser Stelle für „The Functional Dog Collaborative“ sowie deren Podcast und Website www.functionalbreeding.org. Schauen Sie ruhig nach. Sie sind schon da, wo ich hoffe, dass die Zukunft der Hundezucht hingeht. Geselligkeit ist die genetische, wesensmäßige Ausrichtung der Hundes auf den Menschen, im Gegensatz zur Sozialisation. Diese ist eine trainierte Reaktion auf den Menschen und die menschliche Umgebung. Können wir diese genetischen bedingten Wesenszüge vollständig trainieren? Es gibt noch keine endgültige biologische Antwort darauf. Aber bestimmt ist es einfacher, Aggression bei einem Hund abzutrainieren, der mit weniger aggressiven Tendenzen ausgestattet ist und einfacher, Tricks bei einem Hund anzutrainieren, der mit einem neugierigeren oder entdeckerfreudigeren Temperament ausgestattet ist.

Wie die Genetik Verhaltensweisen auf molekularer Ebene steuert oder beeinflusst, ist noch nicht besonders gut erforscht. An voriger Stelle haben wir gesehen, dass genetische Merkmale auch Umwelteinflüsse in sich tragen. Das gilt auch für genetisch gesteuertes Verhalten. Genetische Merkmale können stark von der Umwelt beeinflusst werden, wie zum Beispiel die Körpergröße, aber Studien an eineiigen Zwillingen zeigen, dass sogar ziemlich grundlegende genetische Ausprägungen durch Lernen und die Umwelt beeinflusst werden. Wish und Cricket sind eng verwandt und teilen ein Viertel ihrer Gene. Rufen Sie sich ins Gedächtnis, dass dies ein Viertel der Gene ist, die zwischen Hunden variieren. Die überwältigende Anzahl der Gene ist bei allen Hunden identisch. Bei diesen beiden sehen wir zum Beispiel grundlegende temperamentsbedingte Ähnlichkeiten in Bezug auf Geselligkeit. Andere Hunde, die wir zur gleichen Zeit in derselben Umgebung mit ihnen aufgezogen haben, zeigten ihr ganzes

Leben lang sehr unterschiedliche Eigenschaften. Gromit ist viel distanzierter. Blizzard war so menschenzentriert, wie ein Hund nur sein kann, außer dass er eine ziemlich niedrige Schwelle hatte, um seinen Was-zum-Teufel-geht-hier-vor-Modus anzuwerfen, den die Profis Angstaggression nannten. Die Genetik beeinflusst das Verhalten von Hunden. Sie setzt Grenzen. Sie ist jedoch nicht das alleinige Kriterium für Entscheidungen, also müssen wir trainieren. Wir kennen einige ziemlich interessante grundlegende Mechanismen, die uns beim Training von Hunden am meisten von Nutzen sind.

Die (Gehirn-)Chemie des Lernens

Kehren Sie mit mir zu den Vorfahren unserer Hunde vor etwa zwanzigtausend Jahren zurück. Ihre physische Umgebung änderte sich ständig, was Wetter, Tageszeit, Bewegung oder sogar Wanderung von Beutetieren, Bränden und Jahreszeiten sowie nomadischen oder sesshaften Menschen in der Region anbelangte. Es musste nützlich sein, eine Basisausstattung an Verhaltensweisen und Tendenzen zu besitzen, die an sich ändernde Zeiten angepasst werden konnten. Zum Beispiel wäre es in einer sozialen, in Gruppen lebenden Spezies wie Hunden nicht gut gewesen, genetisch darauf programmiert zu sein, jedem Hund, den man bei der Geburt zum ersten Mal sah, zu folgen – wie bei der Prägung von Gänsen. Diesen Leithund wird es ein paar Jahre später nicht mehr geben. Was würde demnach passieren? Lernen ermöglicht es einem, sich an neue Umstände anzupassen. Genetisches Verhalten bildet die Grundlage, auf der das Lernen aufbaut.

Lernen auf molekularer Ebene im Gehirn, in den Neuronen, vielleicht an den Synapsen, hat auch mit chemischen Stoffen zu tun. Gutem und starkem Stoff. Diese Stoffe sind meist Neurotransmitter, die in den Synapsen zwischen Neuronen vorkommen. Sie haben auch systemische Effekte oder Auswirkungen auf den ganzen Körper und das Gehirn. Die Untersuchung von Drogensucht und anderen Arten von Suchterkrankungen hat uns dabei geholfen, das eingebaute molekulare Belohnungssystem für Verhaltensweisen kennenzulernen. Stressstudien zeigen uns die andere Seite auf, die negative Belohnungsstruktur. Wir verstehen diese Systeme noch nicht vollständig und die Öffentlichkeit hat sie zu sehr vereinfacht. Wahrscheinlich werde ich dasselbe tun, um ein paar Pluspunkte einzufahren, aber ich will es nicht hoffen.

Es gibt einige bekannte Wohlfühldrogen, die die Wohlfühlhormone und Neurotransmitter in unserem Körper nachahmen. Die natürlich vorkommenden, die Sie und Ihr

Hund haben, sind unter anderem Dopamin und Serotonin. Wenn etwas gut klappt, löst das eine Freisetzung dieser Stoffe und/oder Endorphine oder Oxytocin aus. Diese lösen eine Wohlfühlreaktion aus, eine chemische Belohnung, die dazu führt, dass man die Aktivität wiederholt, um mehr von den Wohlfühldrogen zu bekommen. Nach einigen Wiederholungen wird Dopamin in Erwartung der Handlung ausgeschüttet, was auch ohne die Handlung ein gutes Gefühl vermittelt. Oft, so scheint es, kann dieser antizipierte Erfolg besser sein als die Belohnungen der Aktion selbst. Ich sitze, du gibst mir ein Leckerli, es fühlt sich gut an, etwas Hunger zu stillen und setzt Endorphine (natürlich vorkommende Opioide) frei, die mich dazu bringen, dieses Futter zu wollen. Dopamin wird freigesetzt, das Bedürfnis verstärkt. Also probiere ich einige Aktivitäten aus, die ich gerade ausgeübt habe, weil ich noch nicht weiß, ob es das Richtige war, zu sitzen, dich anzusehen oder ob es mit dem Auto zu tun hatte, das gleichzeitig vorbeifuhr. Wiederhole es oft und ich entwickle eine leichte Abhängigkeit von dieser Aktivität, weil ich Opioide dafür bekomme, und schließlich sogar beim bloßen Antizipieren der Aktivität. Klare, gut getimte Hinweise helfen mir, schneller zu sehen, was ich getan habe, um diese Opioide freizusetzen.

Vielleicht haben Sie schon von einem Läuferhoch gehört, bei dem ein Läufer durch seine körperliche Aktivität so viele Endorphine freisetzt, dass er alles andere dafür opfert, um jeden Tag so „high" zu werden. Bei jeder Sucht ist das so. Eine Sucht nach Opioiden selbst kürzt all die Mühe und Arbeit ab, die man eigentlich aufwenden müsste, um sie zu bekommen. Ich persönlich bekomme wahrscheinlich deshalb einen Dopaminschub, wenn ich neue Dinge lerne, weil ich dafür früher belohnt wurde oder zumindest dachte, dass ich dafür belohnt werde. Diejenigen, die mich kennen, sagen, dass ich süchtig nach Lernen bin. Lernen ist nun mein Beruf und ich bin ein Workaholic. Wenn man süchtig danach wird, erhält man Belohnungen. Wird man alkoholsüchtig, leidet der Körper und man wird sozial geächtet. Wird man süchtig nach Sport, spielt man die ganze Zeit. Wird man süchtig nach Hunden – oh ja, da bin ich gelandet. Hundeliebhaber bekommen Dopamin-Schübe in Erwartung ihrer nächsten Hundeaktivität. Dann tun sie es und werden danach erneut chemisch belohnt. Ich frage mich, wie groß der Unterschied zwischen Leidenschaft und Besessenheit in Sachen Hundeaktivität und anderen obsessiven Verhaltensweisen wie Alkoholismus und Zwangsstörungen wirklich ist. Wie bei jeder dieser süchtig machenden Verhaltensweisen gibt es viele ungefährliche Grauzonen. Ich liebe es, ein Bier oder ein Glas Wein zu trinken, aber das macht mich nicht zum Alkoholiker. Meine befreundeten Psychologen sagen, dass der einzige wirkliche Unterschied zwischen einer gesunden Leidenschaft und einer Sucht darin besteht, dass eine Sucht andere gesunde Aspekte des Lebens beeinträchtigt. Wenn mein Hund von Eichhörnchen besessen ist, wenn er sie sieht, kann er gesund sein. Wenn er nichts tun kann, außer aus dem Fenster zu schauen oder Phantomhörnchen zu jagen, dann ist das ein Problem.

Dopamin und Serotonin sind so beliebt geworden, dass es schon Menschen mit Schmuck gibt, der die Molekülstruktur zeigt. So wie die Frau an meiner Supermarktkasse. Ich fragte: „Sind Sie etwa Chemikerin?“ Sie sagte: „Nein, warum?“ Ich antwortete: „Weil Sie eine chemische Struktur als Halskette tragen.“ Sie sagte: „Ja, das ist Dopamin. Meine Geistdroge. Ich weiß nicht genau, was es bewirkt, aber es verhilft uns allen zu einem guten Gefühl.“ Wie alles, ist auch das bis zu einem gewissen Punkt gut. Ratten, die freien Zugang zu Dopamin erhalten, verzichten auf Essen und Schlafen, um sich selbst zu behandeln. Zu viel von fast allem ist nicht so gut. Und all dies sage ich, während Sie süchtig nach Ihren Hunden werden, und diese süchtig nach Ihnen und den Aktivitäten werden, die Sie ihnen beibringen. Wenn diese Aktivitäten für einen Tag ausgelassen werden, blasen manche Hunde Trübsal. Gromit, der fünfzehn Jahre als ist und Arthrose hat, läuft mit eindringlichem Bellen im Haus herum, bis er seine Frisbee-Runde für diesen Tag hatte. Wenn man das erledigt (wobei *ich* das machen muss), beruhigt er sich wieder. Bis zum nächsten Tag. Seine Gelenke müssen dabei leiden, aber der Dopaminschub unterdrückt die Schmerzen und die Ausschüttung von Stresshormonen. Die unbekannte Größe dabei ist Cortisol. Ich möchte nochmals vor zu starker Vereinfachung warnen, aber sie ist hilfreich, um ein paar allgemeingültige Informationen leichter erkennen zu können. Cortisol wird ausgeschüttet, wenn der Körper unter Stress steht. Evolutionär gesehen funktioniert das im sympathischen System aus Kampf oder Flucht. Es gibt ein ganzes Netzwerk von Nerven im peripheren Nervensystem, das unwesentliche Funktionen unterdrückt und Blut und Aufmerksamkeit umleitet, damit ein Organismus in einer unmittelbar gefährlichen oder potenziell gefährlichen Situation um sein Leben kämpfen oder die Fliege machen kann. In einer als solchen empfundenen Krise wird das Blut von der Verdauung zu den Muskeln hin geleitet. Wir entwickeln einen Tunnelblick. Die Muskeln bereiten sich auf ihren Einsatz vor und entwickeln oft noch zusätzliche Kraft. Das Gehör wird schärfer.

Das ist alles großartiger Stoff in kleinen Dosen, falls das Leben auf dem Spiel steht. Es ist ein erregter Zustand, hat aber den gegenteiligen Effekt wie ein erregter Zustand durch einen Dopaminschub. Wenn zu viel Cortisol oder geringe Mengen über einen längeren Zeitraum verabreicht werden, treten viele negative physiologische Auswirkungen auf. Eine chronische Cortisol-Exposition, in der Regel durch anhaltende

Stresssituationen, zeigt sich durch Müdigkeit, Schlafprobleme, erhöhte Aggression, Gewebeschäden wie Arthritis, Verdauungsprobleme und Aufmerksamkeitsprobleme, um nur einige zu nennen. Der Körper lernt, Situationen zu vermeiden, die viel Cortisol freisetzen, anderenfalls entwickelt er Symptome aufgrund des chronisch erhöhten Cortisolspiegels.

Ein und dieselbe Aktivität kann in verschiedenen Kontexten entweder zu einer Ausschüttung von Dopamin oder Cortisol führen. Wenn ich vor eine Gruppe von Leuten trete, um einen Vortrag zu halten, bin ich schon ganz aufgeregt wegen des aufgrund meiner Vorfreude freigesetzten Dopamins. Danach bin ich high von der Euphorie, auf der Bühne gestanden zu haben. Für die meisten Menschen ist dies eine der am meisten gefürchteten und stressigsten Situationen überhaupt. Sie schütten Cortisol aus, was sie müde, irritiert und erleichtert zurücklässt. Rennfahrer bekommen ein chemisches High, wenn sie das tun, was bei meiner Frau alle Anzeichen einer Posttraumatischen Belastungsstörung hervorruft: nämlich schnell unter widrigen Straßenbedingungen fahren, sich in den Verkehr ein- und ausschlängeln. Verbindet Ihr Hund den Sport oder die Aktivität, die Sie so mögen, mit Belohnungen, Spaß und Dopamin? Oder löst sie Stress und Versagensängste aus (wenn ich das Wort „Ängste“ verwenden darf)?

Gesellige Hunde sind solche, die Gene zur Orientierung am Menschen in sich tragen. Sie sind die Nachkommen derer, die sich selbst selektiert haben, um mit Menschen zusammen zu sein, die sie genau lesen konnten und wussten, ob sie Freund oder Feind waren. Hunde als Gruppe sind extrem gut, einige Forscher sagen, dass sie neben dem Menschen am besten darin sind, menschliche Emotionen und Einstellungen zu lesen, denn dazu wurden sie selektiert. Nehmen Sie Agility als mein aktuelles Beispiel. Wenn ich jedes Mal gestresst wäre, wenn ich in den Agility-Ring gehen würde (und ich erlebe in dieser Situation Stress, also mache ich nie Agility), würde mein Hund das spüren. Ich würde duftbasierte Hormone ausschütten und Stress und Angst zeigen. Das würde mein Hund mitbekommen. Wenn mein Hund dann keine gute Leistung zeigen und keine Belohnung für das Ereignis bekommen würde, wird von jedem von uns noch mehr Cortisol ausgeschüttet. Wenn ich dagegen freudig erregt bin, würde mein Hund das spüren, und wenn er während des Laufs mit erfolgreicher Ausführung und danach von mir belohnt würde, dann bilden sich positive Süchte. Was passiert natürlich, wenn ich einen schlechten Lauf belohne? Es gibt eine Balance, die je nach Hund variiert: Das Ereignis als Ganzes muss für ihn immer Spaß machen und lohnend sein, ohne dass wir ihm dabei zeigen, dass ein schlechter Teil seines Laufs das gewünschte Ergebnis war. Es gibt ziemlich starke Beweise dafür, dass es für einen Hund umso schwieriger ist, eine Belohnung mit einem Ereignis zu verbinden, je länger die Zeit zwischen Ereignis und Belohnung, gemessen in wenigen Sekunden, ist. Wenn mein Hund bei einem Agility-Lauf eine Latte berührt und mich zehn Sekunden später am Ziel enttäuscht sieht, denkt der Hund nicht „Oh, diese verflixte Latte". Er würde die Enttäuschung mit dem Lauf selbst oder mit mir in Verbindung bringen.

Darin liegen alle Komplexitäten des Verhaltens. Aktionen sind Reaktionen auf eine lebenslange Ansammlung von Erinnerungen an Belohnungen, einschließlich der damit verbundenen chemischen Freisetzungen und der Erwartung darauf. Durch die beabsichtigten und unbeabsichtigten Assoziationen negativer Ereignisse und Erinnerungen werden Verhaltensweisen verstärkt. Die Leistung im Agility wird komplizierter durch die Konzentration des Gehirns auf die anliegende Aufgabe trotz Ablenkungen außen herum, dadurch, wie die Beziehung zwischen Hund und Mensch ist und welche angeborenen oder vielleicht krankheitsbedingten Faktoren noch mit hineinspielen. Tun Sie meinen verhaltensorientierten Rezensenten einen Gefallen. Sie wollten diesen Absatz gern in Fettdruck mit blinkenden Buchstaben haben. Aber weil der Verlag leider keine blinkenden Buchstaben als Schriftoption hatte, können Sie ihn vielleicht einfach noch einmal lesen.

Wie weit geht das Lernen bei Hunden? Chaser, mein Held in der Border Collie-Welt, lernte zweitausend Wörter und wahrscheinlich eine einfache Nomen / Verb-Satzstruktur (Pilley, 2014). Sehen Sie sich eine beliebige Aufführung im Dogdance an, um zu sehen, wie viele komplexe und oft mit Emotionen verbundene Verhaltensweisen miteinander verkettet werden können. Es gibt buchstäblich Tausende von Büchern, Videos, Seminaren und Präsentationen über das Verhalten und die Ausbildung von Hunden. Ich bitte Sie, sich an die Biologie zu erinnern, die dem Lernen zugrunde liegt, an die psychischen Gesundheitsprobleme, die wir größtenteils mit Hunden teilen und an die extreme Wichtigkeit von gutem Training und Verhaltensänderungen. Nutzen Sie all dies, es hilft Ihnen dabei, das Gute von dem Schlechten zu unterscheiden, und was mit Ihrem Hund funktioniert und was nicht. Es tut mir leid, aber ich habe hier keine Zauberformel oder Zaubertränke anzubieten. Aber wenigstens haben wir nun einen Ausgangspunkt, von dem aus wir mit der Suche nach Antworten beginnen können.

Tour 13

So bleibt Ihr Hund gesund

Der Hauptbeweggrund für dieses Buch ist: Sie sollen Ihr Wissen über Biologie wirklich anwenden können, um Ihre Beziehung zu Ihrem Hund, Ihrem Tierarzt und anderen Pflegekräften zu verbessern. Ich liefere Ihnen ein paar Beispiele für den Fall, dass der Sinn und Zweck dahinter noch nicht offensichtlich ist. Außerdem können Sie nun, da Sie einiges über die grundlegenden Funktionen und Teile wissen, erkennen, wie diese sich im Laufe der Zeit verändern. Daher werfen wir nun einen kurzen Blick auf Welpen und ältere Hunde.

Gromit ist fast fünfzehn Jahre alt. Er ist wahrlich nicht derselbe Hund, der er als Welpe oder als Siebenjähriger war. Er ist nicht nur weniger verspielt oder energisch, er ist von innen heraus anders. Ein Border Collie hat eine durchschnittliche Lebenserwartung von zwölf Jahren, also ist Gromit da drüber. Er ist sehr steif, wenn er von seinen Nickerchen aufsteht. Die Länge und Häufigkeit dieser Nickerchen hat erheblich zugenommen. Seine Gelenke sind von der Arthrose verdickt und seine Hüften unbeweglicher geworden. Wenn ich ihm in die Augen schaue, sind sie trüb. Er kann das Klappern des Futternapfs nicht mehr hören. Das Gute daran ist, dass ihn Gewitter nicht mehr stören. Seine Nase dagegen funktioniert besser denn je. Täglich fordert er Frisbee-Zeit von mir ein, egal, wie viele Spaziergänge wir gemacht haben. Er springt immer noch für den Frisbee, auch wenn ich nur niedrig werfe, um seine Gelenke zu schonen. Es scheint ihm einfach nur das Springen danach wichtig zu sein. Es kommt öfter vor, dass ihm die Scheibe an den Kopf fliegt oder er an der falschen Stelle oder zur falschen Zeit danach schnappt. Nach etwa zehn kurzen Würfen ruht er sich aus, und dann fangen wir von vorne an … Ist dieser Punkt abgehakt, dann kann er seinen Tag fortsetzen. Manchmal schaue ich ihn nur erstaunt an.

Gromit war unser Transformationshund. Er hat uns von bloßen Hundebesitzern mit weiteren Schwerpunktinteressen in ihrem Leben zu Hundemenschen gemacht, die den ganzen Alltag um ihre Hunde herum aufbauen. Wir wählen unsere Autos danach aus, wie gut die bruchsichere Transportbox hineinpasst. Wir haben unser Haus ausgesucht, weil das Grundstück genug Platz bot, um einen riesigen eingezäunten Auslauf anzulegen. Die ersten umfangreichen Arbeiten an unserem Haus bestanden im Bau einer Scheune fürs Agility-Training. Meine Frau hat ihren Tätigkeitsschwerpunkt als Hundetrainerin vom Umwelttraining zu einer vom individuellen Hund ausgehenden Vorgehensweise verlagert. Ich habe Hundeforschung in mein akademisches Portfolio aufgenommen und Hundebiologie in meine Unterrichtsbeispiele integriert, sehr zur Freude meiner Schüler. Alle unsere Hunde begleiten uns auf Reisen, auch zu Feldstudien. Gromit veränderte unsere Prioritäten im Alltag und zog uns in seine Welt.

Unsere gemeinsame Zeit wird immer kürzer. So viel von dem, was ich gelernt habe und so viel von dem, was ich hier schreibe, habe ich auf schmerzliche Art und Weise gelernt und wünschte, ich hätte es schon früher gewusst.

Gromit kam, wie fast alle unsere Hunde, aus dem Tierschutz zu uns. Ich verstand nicht, auf welche subtile Art und Weise Verhalten genetisch beeinflusst werden kann, weil ich nichts über seine Abstammung oder seine Geschwister wusste. Im Laufe seines Lebens hat er eine ziemlich typische Reihe von Hundegesundheitsproblemen durchgemacht. Er hat sich beim Laufen durch den Wald Schnitte zugezogen. Er hatte Hautflecken, Hodenkrebs, Leptospirose mit damit verbundenem Nierenversagen, Arthritis, Lyme-Borreliose. Und seit ein paar Tagen leidet er an epileptischen Anfällen. Er ist beinahe blind aufgrund operablen Grauen Stars und inoperablen Glaskörpertrübungen. Er hat Arthritis, vielleicht von der Borreliose, aber auch von seiner über vierzehnjährigen Zeit als aktiver Hund. Eine typische Form von Arthritis entsteht durch Verschleiß. Er hat Zecken gehabt. Er hatte viele Magen-Darm-Probleme sowie eine Blasenentzündung. Viel zu früh wird er nun sterben. Beaker, sein Vorgänger, hatte als Welpe Bandwürmer. Er hatte einen schweren Anfall von schmerzhaftem und blutigem Durchfall durch Giardien. Wish ergänzte unser medizinisches Wissen durch Schnittwunden im Gesicht und an den Beinen, die zum Teil genäht werden mussten sowie einen wiederholt gebrochenen Zeh. Diese Woche hat sie sich, wie bereits erwähnt, einen Bänderriss zugezogen. Auf sie warten eine Operation und zwei Monate Physiotherapie. Tattoo hat unseren Erfahrungsschatz um Probleme mit dem Innenohr erweitert. Beaker und Blizzard starben beide an Krebs. Tattoo und Gromit haben uns abverlangt, mit Schmerzen umzugehen und uns ein Urteil über die Lebensqualität zu bilden. Das Wissen um die Biologie von Hunden hat mir geholfen, sie länger am Leben zu halten und sie gut gedeihen zu lassen, während sie ihr Leben lebten. Allerdings konnte es mir nie leichter machen, loszulassen und mich von ihnen zu verabschieden. Ich hoffe, dass die Informationen in diesem Buch Ihnen dabei helfen, mehr Freude an Ihrem Hund zu haben und seinen komplexen, so anmutigen Körper und Geist zu bestaunen. Dabei zu wissen, worauf Sie achten müssen oder nach was Sie fragen müssen, wenn Sie eine Krankheit oder Verletzung vermuten. Und dabei, Ihre gemeinsame Zeit ein wenig besser zu gestalten.

Vom Welpen bis ins hohe Alter

Die Biologie, die ich bisher behandelt habe, gilt für Hunde jeden Alters. Alle fressen und verdauen. Sie atmen. Sie haben Gene und Zellen. Sie verwenden Muskeln und ein Skelett, um sich fortzubewegen. Das Fell schützt einen Welpen genauso wie einen Erwachsenen. Pränatale, also ungeborene Welpen unterscheiden sich jedoch von neugeborenen Welpen, die sich natürlich wiederum von Erwachsenen und insbesondere von betagten Erwachsenen unterscheiden.

Welpen

Außer bei ungewöhnlichen Rassen wie dem Alaskan Klee Kai, der zumindest für mich wie eine Welpenversion eines Huskys aussieht, ist es nicht schwer, einen Welpen von einem Erwachsenen zu unterscheiden. Das ist beim Menschen ja genauso, oder nicht? Die Gesunderhaltung eines Welpen ist nicht dasselbe wie die Gesunderhaltung eines Erwachsenen.

Wir müssen wieder da anknüpfen, wo ich im ersten Teil aufgehört habe, und zwar, nachdem sich Sperma und Eizelle getroffen haben. Wenn Sie möchten, können Sie bei der Gelegenheit darüber nachdenken, dass bei allen Säugetieren keine Garantie dafür besteht, dass der gesamte Wurf von ein und demselben Vater stammt. Spermien von verschiedenen Paarungen (oder Papas) können sich beim Weibchen mindestens ein oder zwei Tage um den Eileiter herumdrücken, bei Schildkröten sogar Jahre (nicht, dass Sie mich danach gefragt hätten). Dagegen kann man sich sicher sein, dass alle Welpen dieselbe Mutter haben. Die Embryologie ist zwar faszinierend, für die meisten Hundebesitzer aber kein Thema, das sie auf dem Schirm haben. Die einzelne Zelle mit den 39 Chromosomen von Papa, dem Spermium, verbindet sich mit der viel größeren Eizelle mit ihren Mitochondrien und 39 Chromosomen von Mama. Und schon hat man einen vollständigen Satz mit 78 Chromosomen. Dies kann man sich als Zelle Eins vorstellen, die ihre DNA in einem Prozess namens Mitose kopiert und sich in zwei Hälften teilt. Zwei Zellen. Jede von ihnen verdoppelt sich zu zwei weiteren, was jeweils vier ergibt. Dann acht. Nein, ich werde das nicht bis zu zehn Billionen tun, aber genau das passiert. Während dieses Prozesses spezialisieren sich Zellen in drei Schichten, die Endoderm, Mesoderm und Ektoderm genannt werden. Aus dem Endoderm entwickelt sich das Gewebe, das die Lunge und den Darm auskleidet und die Netzhaut des Auges bildet. Das ist ziemlich cool. Aus dem Mesoderm entstehen die meisten Muskeln und Organe im Inneren. Ektoderm bildet die Haut, aber auch die äußeren Schichten des Auges wie Hornhaut und Linse. Und das Gehirn selbst. Das verleiht der Aussage, dass jemand dickhäutig ist, eine ganz andere Bedeutung, oder?

Die Schichten falten sich, teilen sich, bewegen sich und Strukturen kommen und gehen als Ergebnis evolutionärer Überbleibsel. Das ist der Punkt, wo wir vorübergehend Kiemenschlitze von Fischstadien aus unserer Vergangenheit sehen und … aber wir wollten ja endlich zum Welpen kommen, richtig? Halten Sie einen Moment inne und denken Sie darüber nach, wie schwierig es ist, ein paar Dutzend identischer Zellen in einen Ball hineinzubekommen, damit diese sich differenziert in Gewebetypen und dann in Organe weiterentwickeln und dafür sorgen, dass alle Teile an den richtigen Stellen landen. Ich wundere mich wirklich, dass jeder von uns mit der richtigen Anzahl von Fingern und Zehen auf die Welt kommt. Ganz nebenbei, was ist denn überhaupt die „richtige" Zahl? Denn Variationen sind das, was ein langfristiges Überleben der Arten in einer sich verändernden Umgebung ermöglicht. Bedenken Sie auch, dass Arten als solche sich keine Gedanken um ihr Überleben machen. Diejenigen, die Kopien von sich erstellen, tauchen in späteren Generationen auf, diejenigen, die keine erfolgreichen Kopien erstellen, nicht. Es gibt keine Beweise oder auch nur einen denkbaren Mechanismus, der es einer Spezies (einer großen Gruppe) ermöglichen würde, sich um alles zu kümmern, es sei denn, sie kommunizierte breit über soziale Medien. Die meisten Arten haben kein Facebook, Twitter, Instagram … jaja, schon klar, ich verrate mein Alter, wenn ich diese Beispiele wähle.

Säugetiere gebären lebend, mit Ausnahme von drei Arten aus Australien und Neuseeland, die Eier legen. Embryonen durchlaufen all das Bohei zur Zellteilung, bis irgendwann ein Junges hervorploppt, um sein restliches Wachstum außerhalb des Mutterleibs zu absolvieren. Aus evolutionärer Sicht ist der sich entwickelnde Embryo ein Parasit der Mutter, der ihr Ressourcen entzieht, manchmal ihr Immunsystem herausfordert und Spuren hinterlässt. Die Plazenta, das Organ, das den Embryo mit der Mutter verbindet, um den dringend benötigten Sauerstoff zu bekommen und Abfall und Kohlendioxid abzuleiten, besteht aus Gewebe, das sowohl vom Embryo als auch von der Mutter stammt. Nach der Geburt verbleiben einige fetale Zellen in der Mutter. Man hat festgestellt, dass sie im mütterlichen Gewebe wie zum Beispiel dem Herzen, der Leber und dem Gehirn wachsen.

Säugetiere produzieren keine Neugeborenen, die schon geschlechtsreife Erwachsene sind. Oder können Sie sich vorstellen, dass ein Mensch fünfzehn Jahre lang ein Baby austrägt? Es gibt viele interessante Variationen bei Säugetierarten, deren Embryonen ihre Entwicklung um bis zu ein Jahr verzögern – sie werden erst dann geboren, wenn mehr Nahrung zur Verfügung steht (Stichwort verzögerte Einnistung – Mustelidae sind darin Profis). Embryonen werden außerdem in unterschiedlichen „Fertigkeits-Graden" geboren. An einem Ende des Spektrums kriechen Beuteltierembryonen aus der Vagina, solange sie sehr klein sind und nur ihre Vorderarme gut entwickelt haben. Sie kriechen in das Marsupium, den Beutel. Sie beenden den Großteil ihrer Entwicklung, die andere Säugetiere innerhalb ihrer Mütter durchlaufen, im Beutel. Am anderen Ende des Spektrums sehen wir Tiere wie Pferde und Rehe, die ihre Jungen als Nestflüchter zur Welt bringen. Diese sind gut entwickelt und können innerhalb von Stunden nach der Geburt laufen. Sie sind normalerweise Beutetiere und müssen bereit sein, zu laufen oder zumindest zu gehen, bevor ein Raubtier des Weges kommt. Die Tragezeit beträgt bei Pferden knapp ein Jahr, bei Hirschen sieben Monate. Die Größe spielt dabei eine Rolle. Elefanten tragen zweiundzwanzig Monate und kommen fertig zum Aufbruch auf die Welt.

Einen anderen Weg haben da viele Raubtiere eingeschlagen. Die Mutter wäre tatsächlich benachteiligt, müsste sie etwa ein halbes Dutzend parasitärer Welpen in sich herumschleppen. Das zusätzliche Gewicht verlangsamt sie und macht sie weniger wendig. Daher ist es besser, wenn die Welpen herauskommen und sie ihnen Futter bringt. Sie können sich im Lager weiter entwickeln anstatt in der Mutter. Mit 60 Tagen Tragezeit liegen Hunde eher im Bereich des „Unfertigseins". Wir nennen das Nesthocker. Welpen werden blind und taub geboren und verbringen die ersten paar Wochen damit, rasch dieselben Anlagen zu entwickeln, wie sie Nestflüchter schon im Mutterleib mitbekommen. Die Augenform wird fertig, das Mittelohr entwickelt sich, das Herz schließt die Klappen zwischen den beiden Kammern und leitet jetzt Blut in die Lunge. Solche Sachen eben. Tatsächlich öffnen sich die Augen noch etwa zwei Wochen lang gar nicht. Sie würden geschädigt, wenn sie früher geöffnet und Licht ausgesetzt würden. In vielerlei Hinsicht, zumindest in den meisten Fällen, ist dies immer noch die Entwicklung des Embryos. Sie findet jetzt nur anstelle der Gebärmutter in einer Höhle statt. Wenn Sie kein Hundezüchter sind oder Hundewelpen in Ihrem Haus haben, werden Sie so etwas nie zu Gesicht bekommen. Die durchschnittliche Wurfgröße bei Hunden beträgt ein halbes Dutzend Welpen, je nach rassebedingten Unterschieden, individuellen Variationen und danach, wieviel Glück die Spermien auf ihrer Reise haben.

Die nächsten paar Wochen bis einen Monat nach der Geburt sind der Zeitraum, in dem der Muskelaufbau und das Laufenlernen stattfinden. Ebenso entwickelt sich die

Verbindung des Gehirns mit der Außenwelt, damit es lernt, dass das, was es sieht, hört und fühlt, das ist, was um es herum vor sich geht. Dies ist auch die Zeit des Gefüttertwerdens, in der viel fettreiche Muttermilch getrunken wird, mit der die Nährstoffe und Immunmoleküle bereitgestellt werden, die der Welpe als Schutz benötigt.

Veröffentlichungen zu den Entwicklungsstadien sind, um es mal so zu sagen, ziemlich ziellos. Ich würde gerne behaupten, dass sie schlecht ausgearbeitet waren, aber das stimmt nicht. Jede ist gut durchdacht, basiert aber auf anderen Kriterien. Schließlich sind die Definitionen der Stadien vom Menschen gemacht. In der Natur findet stetiges Wachstum statt. Im Jahr 2012 hat die American Animal Hospital Association (AAHA) Leitlinien für die Lebensstadien von Hunden veröffentlicht, die uns helfen können, die Entwicklungsstadien zu erkennen. Verstehen Sie, wie ich da vorgegangen bin? Ich habe alle Beschreibungen der Welpenstadien von den Futtergiganten und alle Quellen der Tierverhaltensforscher übersprungen und bin zu einer hoffentlich objektiveren Quelle übergegangen. Hunde wachsen kontinuierlich, daher sprechen wir als Biologen oft von Neugeborenen, Jugendlichen (vor der Geschlechtsreife), Erwachsenen (geschlechtsreif und fruchtbar) und post-fruchtbarem Stadium. Bei domestizierten Arten können wir noch das geriatrische Stadium einfügen. In freier Wildbahn bedeutet Geriatrie im Allgemeinen, dass die Tiere zu Nahrung für andere werden. Aber wir Menschen teilen gerne in einzelne Stufen auf, daher sind die Abgrenzungen etwas undefiniert. Da das, was ich nun dabei bin zu tun, der Willkür unterliegt, möchte ich die AAHA anstelle von Mark und Marys Better Dog Care Webseite zitieren dürfen (eine solche Seite existiert gar nicht, das habe ich mir bloß ausgedacht).

Die AAHA definiert das Welpenstadium als die gesamte Zeit von der Geburt bis zur Fortpflanzungsreife. Es deckt die gesamte Zeit der Entwicklung von den Welpenzähnen bis zur Umstellung auf feste Nahrung ab und packt diese zusammen. Lassen Sie uns einige Meilensteine aus diesen ersten Teilen festhalten, wohl anerkennend, dass wir in verschiedenen Linien Abweichungen eingezüchtet haben und die Individuen alle unterschiedlich sind. Welpen bekommen ihre Milchzähne, die achtundzwanzig kleinen scharfen Zähne, ab einem Alter von etwa vier Wochen. Welpen werden in der Regel in der fünften oder sechsten Woche von der Muttermilch entwöhnt. Ich werde oft gefragt, warum Welpenzähne so scharf sind. Eine Spekulation ist, dass es für die Mutter schmerzhaft ist und sie zwingt, die Welpen zu entwöhnen. Das scheint dazu zu führen, dass Welpen mit weniger scharfen/schmerzhaften Zähnen ausgewählt werden, damit sie länger eine kostenlose Mahlzeit bekommen, daher bin ich skeptisch. Welpen werden in der Regel von ihren Müttern getrennt und finden mit acht bis zwölf Wochen ihr neues Zuhause. Welpen beginnen, die Welt um sie herum zu erkunden und normalerweise werden in dieser Phase viele Anstrengungen unternommen, um den Welpen zu sozialisieren. Das Datenmaterial dazu ist uneinheitlich. Da Argumente gegen diese Vorgehensweise ohne solide Datengrundlage vermutlich dazu führen würden, dass dieses Buch verrissen wird, lassen Sie uns einfach davon ausgehen, dass es so gemacht wird. Die Erwachsenenzähne ersetzen die Milchzähne im Alter von 15 bis 30 Wochen. Haushunde erreichen die Geschlechtsreife bereits nach sechs Monaten bis höchstens zwei, im Allgemeinen in weniger als einem Jahr. Dies ist eine anstrengende Zellteilungs- und Wachstumsphase, daher nehmen Welpen im ersten Jahr bevorzugt protein- und energiereiche Nahrung zu sich. Vor der sexuellen Reife dreht sich alles um Wachstum und Stärkung, Sozialisation und Lernen. Es ist auch die Zeit, in der viele genetische Probleme sichtbar werden, weil die Systeme neu sind und das Wachstum sie stark belastet.

Kastration

Wir nehmen uns hier eine kleine Auszeit für einen weiteren Streitpunkt. Doch diesmal liegen uns einige interessante biologische Daten vor, die manche der jüngst aufgekommenen Haltungen zum Thema Kastration von Hunden stärken. Zunächst stellt sich die Frage, ob man überhaupt kastrieren (beim Rüden Entfernung der Hoden, bei der Hündin Entfernung der Eierstöcke bzw. teilweise auch der Gebärmutter) sollte? Dies ist keine wissenschaftliche Fragestellung und daher eine ordentliche Auseinandersetzung wert. Denn Sie werden keine Daten finden, die Ihre geschätzte Meinung stützen. Die Wissenschaft kann fragen, *wie* der Hund zum geschlechtlichen Neutrum gemacht werden soll (man kann z. B. einen Rüden auch sterilisieren, indem man die Samenleiter durchtrennt, aber die Hoden belässt) und welche Auswirkungen das hat, aber sie kann nicht experimentieren oder Daten darüber sammeln, ob das nun ethisch oder sozial akzeptabel ist. Da die Antworten darauf sich auf die Welpenentwicklung auswirken, platziere ich diesen Abschnitt hier. Aber ich habe mit mir selbst gehadert, ob ich das Thema in Teil 1 oder zu Beginn dieses Abschnitts über Welpen hier einfügen sollte. Verzeihen Sie, falls Sie anders entschieden hätten. Dieser kleine Exkurs sollte Ihnen Zeit geben, sich für die Argumentation zu wappnen.

Eine Kastration sei unethisch, argumentieren einige. Und in der Tat wird diese in Europa zunehmend abgelehnt. Viele Menschen möchten das „Natürliche“ für ihre Hunde. Natürlich wäre aber allenfalls die ungezügelte Freiheit. Dafür ist es zu spät.

Vielleicht sollte ich sagen, dass viele ihren Hund „unverändert“ haben möchten. Dem kann ich nicht widersprechen. Wenn jemand jedoch behauptet, man sollte nicht kastrieren, weil der Hund sich nicht dafür entscheiden kann, würde ich antworten, dass der Hund sich auch nicht dafür entschieden hat, domestiziert zu werden oder in meiner Familie zu leben und in meinem Haushalt noch andere Hunde und Menschen als Familienmitglieder zu haben. Und dass man ihm auch gar nicht die Entscheidung überlassen kann, ob er sich kastrieren lassen möchte. Auswahl setzt voraus, dass man mehr als eine Seite der Gleichung kennt. Wir vermenschlichen unsere Hunde rasch und unterstellen, sie könnten wie ein Mensch denken und entsprechend wählen. Da die meisten niemals Welpen zeugen, kann man dann voraussetzen, dass sie überhaupt wie wir daran denken, sich zu paaren? Sowieso werden *Sie* die Entscheidung für Ihren Hund treffen. Bleiben Sie dabei. Aber drängen Sie anderen nicht Ihre Meinung und Entscheidung auf. Sprechen Sie darüber, überzeugen und bedenken Sie, dass die Hunde, die wir Menschen vor zig Jahrtausenden domestiziert haben, damit sie uns als Helfer dienen sollten, heute in vielen Fällen als vollwertige Familienmitglieder in unseren Häusern leben. Was für domestizierte Rinder in Ordnung war, gilt jetzt möglicherweise nicht mehr für unsere ehemaligen Haustiere, die jetzigen Familienmitglieder. Ich akzeptiere, dass sich die Zeiten ändern, aber ich akzeptiere nicht, dass Hunde eine Wahl treffen können, wenn sie die Alternativen nicht kennen. So oder so sind wir diejenigen, die die Entscheidung fällen.

Derzeit gehöre ich noch dem Lager an, das die Meinung vertritt, Hunde seien domestizierte Mitbewohner, aber es gibt zu viele von ihnen auf der Welt, als dass ich mich mit ihnen beraten könnte, wenn ich Entscheidungen über Leben und Tod für sie treffe. Dazu gehört für mich, dass ich einer Kastration beim Haushund den Vorzug gebe, sofern keine Zuchtabsichten bestehen. Glauben Sie mir, wenn ich könnte, würde ich den Rat und die Zustimmung der Hunde einholen. Ich gebe zu, dass mir dieser paternalistische Ansatz nicht ganz gefällt, birgt er doch die Tendenz, Hunde mit wirklich guten genetischen Anlagen zugunsten von weniger herausragenden zu beschneiden (die Wortspielerei an dieser Stelle ist volle Absicht). Ich gebe hier nur ein paar Sätze dazu von mir, obwohl es sich dabei schon um eine tiefsinnige und tiefgreifende Frage handelt. Und weil sich meine Meinung dazu noch im Laufe der Zeit durchaus verändert hat und möglicherweise weiter ändert, fühle ich mich unglaublich schlecht gerüstet, um diese Frage wirklich anzugehen. Ich möchte darauf hinweisen, dass Tierschutzverbände und humanitäre Hilfsorganisationen die Kastration vorantreiben, um die große Zahl unerwünschter Welpen zu reduzieren, die aufgrund von Vernachlässigung leiden und sterben. Das ist ein echtes biologisches Problem auf Populationsebene. Außerdem ist es auch durchaus bequemer, einen kastrierten Hund zu haben. Läufige Hündinnen ziehen unkastrierte Rüden an; sie bluten und bescheren ihrer Familie womöglich noch unerwartet einen Wurf Welpen. Ein Rüde, der eine läufige Hündin riecht, stellt möglicherweise eine Herausforderung dar und ist nur schwer unter Kontrolle zu bringen. Stimmt, viele Rüden kann man zu kontrollieren lernen und auch mit läufigen Hündinnen kann man umgehen, aber es sind dennoch Herausforderungen, um die sich die meisten Hundeneulinge gar keine Gedanken machen.

Ich kann das Argument derjenigen absolut nachvollziehen, die sagen, Kastrieren sei unfair, weil der Hund nie seine Zustimmung dazu gegeben habe. Ich stimme ihnen zu, dass der Hund nie die Möglichkeit hatte, eine Kastration in Betracht zu ziehen. Denn einem Hund kann man diesen komplexen Gedanken gar nicht mitteilen. Vielleicht würde er ja eine Entscheidung treffen, wenn Sie es schaffen könnten, ihm den Gedanken klar genug zu kommunizieren. So oder so entscheiden Sie aber für Ihren Hund. Aber die Frage der Wahlmöglichkeit sollte hier keinesfalls alleinentscheidend sein. Ich persönlich bin kein Fan von unnötigen Operationen und würde auch niemals Wolfskrallen entfernen lassen, denn sie dienen der Stabilisierung der Pfoten. Ich würde keine Ohren kupieren, denn ich mag das unverfälschte Aussehen. Ich würde keine Ruten kupieren, denn sie dienen dem Gleichgewicht. Aber dennoch verurteile ich diejenigen nicht, die es tun. Ich denke, im Großen und Ganzen werde ich jemanden danach beurteilen, wie gut er sich um seinen Hund kümmert, ob der Hund normalgewichtig ist und wie die Person auf die Bedürfnisse seines Hundes eingeht. Dabei kann ich über eine kleine Verstümmelung hinwegsehen. Ich habe Freunde, die gegen jegliche Art des Beschneidens sind. Ich habe Freunde, die denken, dass kleinere Schönheitsoperationen in Ordnung sind. Deren Standpunkt kann ich verstehen. Aber ich habe keine Freunde, die denken, dass Hunde nur unser Eigentum sind und wir mit ihnen machen können, was wir wollen. Das ist für mich nicht akzeptabel. Und doch gibt es solche Menschen da draußen. Weltweit gesehen ist genau das sogar die vorherrschende Meinung.

Nehmen wir also für diesen Absatz hier einmal an, dass Sie wissen möchten, wann Sie einen Hund vom biologischen Standpunkt aus gesehen kastrieren sollten. Ich möchte Ihnen ein wenig Biologie an die Hand geben, damit Sie dem, was normalerweise nur ein lauter Wer-schreit-am lautesten-Kampf ist, etwas entgegenzusetzen haben. Ich möchte Ihnen nicht vorschreiben, dass Sie kastrieren sollten oder sogar müssen, wenn Sie sich der Auswirkungen Ihrer Entscheidungen bewusst sind. Gerade wenn die Welt der Hunde neu für Sie ist, liegt mir eine Kastration viel mehr am Herzen, um Ihnen und Ihrem Hund das Leben zu erleichtern. Wenn Sie schon ein paar Hunde weiter sind, werden Sie mit den vielen schwierigen Entscheidungen ringen, die Sie für Ihren Hund treffen und sich wünschen, Sie hätten schon bei Ihrem ersten Hund mehr Wissen gehabt. Und das ist gut so.

Nun ist es so, dass es einen wachsenden Wissensschatz der Biologie gibt, der Ihnen bei der Wahl des Kastrationszeitpunkts den Weg weisen kann. Hormone beeinflussen das Verhalten und es bestehen Verhaltensrisiken im Falle einer frühzeitigen Entfernung der Keimdrüsen. Hormone sind sehr mächtig und eine Kastration, noch ehe die Hormone des Erwachsenen eine Chance haben, die Physiologie zu beeinflussen, birgt auch messbare Gesundheitsrisiken. Die bisher vorliegenden Daten scheinen darauf hinzudeuten, dass man mit der Entfernung von Keimdrüsen die Geschlechtsreife oder gar den Stillstand des Wachstums abwarten sollte. Das sollte uns jetzt nicht überraschen. Hoden und Eierstöcke sind evolutionstechnisch gesehen das, worum es im gesamten Organismus geht. Das Anhalten der Entwicklung ohne diejenigen Hormone, die daran gebunden sind, bringt zwangsläufig erhebliche Nebenwirkungen mit sich.

Wenn man beim Rüden wartet, bis die Wachstumsfugen in den langen Knochen (Oberschenkel- und Oberarm-Knochen, Scheinbein und Elle) verschmelzen, führt dies zu stärkeren Beinen und einem weniger langbeinigen Hund. Ein frühes Kastrieren führt zu einer erhöhten Anfälligkeit für körperliche Auswirkungen, insbesondere bei Leistungshunden sowie zu einem erhöhten Risiko für viele Krebsarten. Würde ich im Tierheim ein pädiatrisches Neutrum dann meiden? Unser Hund Blizzard war ein spindeldürres Beispiel für die Auswirkungen einer Kastration im Welpenalter. Er stammte aus einem Tierheim und verstarb früh an Krebs. Ich kann nicht beweisen, dass sein Krebs ursächlich mit dem frühen Kastrieren zusammenhängt, aber die Wahrscheinlichkeit dafür ist hoch. Ich möchte keinen Tag mit ihm missen. Er war ein wunderbarer Hund. Ich persönlich würde mich nicht dafür entscheiden, einen so jungen Hund zu kastrieren. Bei Blizzard habe nicht ich diese Entscheidung getroffen – und alles in allem würde ich mich nicht auch für einen anderen kastrierten Junghund entscheiden. Ich bin aber auf meiner Lernkurve auch schon so weit fortgeschritten, dass ich mit Verhaltensweisen, die bei unkastrierten Hunden auftreten, umgehen kann. Das ermöglicht es mir, zu einem viel späteren Zeitpunkt eine dauerhafte Entscheidung treffen zu können. Ich kann verstehen, warum die Tierheime dies tun und warum sich möglicherweise jemand insbesondere zu Beginn seiner Zeit mit Hunden dafür entscheiden mag. Ich persönlich würde es jedoch nicht empfehlen.

Früh kastrierte Hündinnen haben ein geringeres Risiko für Gesäugekrebs und Pyometra, eine eitrige Entzündung der Gebärmutter. Letztere kann nach Entfernung der Gebärmutter gar nicht erst vorkommen. Andererseits kann man eine Hündin auch kastrieren, indem man einfach die Eierstöcke entfernt und die Gebärmutter belässt. Niemand hat gesagt, dass es einfach wäre. Studien beginnen mich davon zu überzeugen, dass die beste Option bei einer Hündin ist, einen vollständig entwickelten Läufigkeitszyklus zuzulassen, damit das Östrogen vor der Kastration einmal wirken kann. Dazu muss die erste Läufigkeit notiert werden; das ist nicht immer sichtbar. Es erfordert zudem, die Hündin mehrere Wochen von unkastrierten Rüden fernzuhalten. Andere empfehlen, bis nach der zweiten Läufigkeit zu warten, weil die erste eine weniger aktive hormonelle Wirkung haben kann. Einige Tierärzte wiederum empfehlen, die Eierstöcke beizubehalten, damit die Hormonmuster normal bleiben, aber die Gebärmutter zu entfernen, damit die Hündin für Rüden unattraktiv ist und keine Gebärmutterinfektion bekommen kann. Viele Tierärzte empfehlen immer noch die Entfernung sowohl der Eierstöcke als auch der Gebärmutter, weil Eierstöcke Eierstockzysten entwickeln können. Ich denke, hier werden Sie zusätzliche Nachforschungen anstellen müssen, um Ihre eigenen Schlussfolgerungen abzuschließen, da die Studien noch nicht abgeschlossen sind und viele Tierärzte sich weigern, die Eierstöcke zu belassen. Wie Sie sehen, ist es gar nicht so einfach. Die Biologie ist eine sehr differenzierte Wissenschaft, und dazu kommen noch Ihre eigene Ethik und Ihr eigener Umgang mit Problemen. Wir ließen unsere letzte Hündin eine volle Läufigkeit durchlaufen, bevor wir ihre Eierstöcke und Gebärmutter entfernten. Bei der nächsten Hündin würde ich, glaube ich, die Eierstöcke intakt lassen, sofern die neueren Studien dies unterstützen.

Hunde-Greise

Wir überspringen nun den normalen erwachsenen Hund, denn das ist die Phase, in der Ihr Hund sich den größten Teil seines Lebens über befinden wird. Auch haben wir damit schon den größten Teil des Buches zugebracht und die nächsten Abschnitte bezüglich der tierärztlichen Versorgung beziehen sich nochmals intensiv darauf. Irgendwann bewegt sich Ihr Hund von ausgewachsen (voll entwickelte Geschlechtsreife) zum voll entwickelten Hund. Diese Phase dauert gemäß den AAHA-Richtlinien von der Mitte der Lebenserwartung Ihres Hundes bis zu den letzten 25 % der Lebenserwartung Ihres Hundes. Das ist mir zu eigenmächtig festgelegt und biologisch gesehen passiert nichts Eindeutiges dabei. Das Alter an sich ist keine Krankheit, sondern Zeit, die vergangen ist. Ihr Hund wird gerade einmal ein wenig älter, hat seinen physiologischen Höhepunkt überschritten, ist aber immer noch aktiv. Unter „Lebenserwartung" versteht man übrigens die durchschnittlich zu erwartende Lebensdauer. Die Hälfte aller Hunde wird diesen Zeitpunkt überleben, die Hälfte wird vorher sterben. Border Collies leben im Durchschnitt zwölf Jahre. Nach AAHA-Standards befindet sich der Hund bei einer Lebenserwartung von zwölf Jahren im Erwachsenenstadium von sechs bis neun Jahren. Ihr Hund wird bald schon zu einem Senior, und das, wo er heute noch ein Welpe ist. Die Zeit vergeht wie im Flug. Die Seniorenzeit für meine Border Collies in den letzten 25 % ihrer Lebensspanne ist dann also bei einem Alter von neun bis zwölf Jahren. Und das Greisenalter für einen Border Collie ist alles über zwölf Jahre, da dies die durchschnittliche Lebenserwartung jener Rasse ist. Gromit, hörst du zu? Gromit ist an die 15 Jahre alt.

Vom Standpunkt der Biologie aus wollen wir nach den Krankheiten des Alters forschen. Jedes System kann ausfallen, aber die Wahrscheinlichkeit dafür steigt, je mehr Zeit vergeht. Arthrose entsteht durch Abnutzung der Gelenke. Muskeltonus und Fitness lassen nach, sodass Hunde mehr schlafen oder sich ausruhen und weniger spielen oder arbeiten. Trübungen der Sicht treten auf, oft mit einem Grauen Star. Die Haare werden grau. Durch Abnutzung beschädigte Zähne brechen ab oder müssen entfernt werden.

Wie alt ist mein Hund also nun, in Menschenjahren gerechnet? Sie sind gar keine Menschen, warum also fragt man so etwas? Ich schätze, weil es Spaß macht. Ermitteln Sie die Lebenserwartung Ihres Hundetyps und wenden Sie die AAHA-Perzentile an, falls Sie etwas zum Einordnen brauchen. Wie das geht, zeige ich Ihnen in Kürze. Wenn Sie die Lebenserwartung nach Rasse nicht als Grundlage für Ihre Berechnung hernehmen möchten, gibt es viele Diagramme mit der Hundegröße im Vergleich zum Alter in Jahren, die sich auf Menschenjahre beziehen. Ich finde diese in vielerlei Hinsicht irreführend, aber sie sind einfach anzuwenden. Es geht um Haustiere. WebMD.com verfügt über eine beliebte und benutzerfreundliche Tabelle. Nehmen wir einmal meinen 11-jährigen Border Collie, Wish. Wish wiegt knapp 14 Kilogramm. Laut diesem Diagramm wäre sie fünfundsechzig Menschenjahre alt und stünde kurz vor dem Ruhestand. Auf den AAHA-Perzentilen hat sie 92 Prozent der durchschnittlichen Lebenserwartung (elf Jahre alt/zwölf Jahre durchschnittliche BC-Lebenserwartung) erreicht und ist somit ein älterer Hund. Okay, ich nehme beides ab. Sie ist nicht mehr der junge Hüpfer, der sie einmal war. Sie läuft agil, tanzt Freestyle, unternimmt 10-Meilen-Wanderungen und ist die ganze Zeit sehr aktiv. Als sie sich den Bänderriss zuzog, fragten wir uns, ob wir es richten lassen sollten. Operationen sind nicht gerade günstig und es gibt sie in drei Preisklassen von teuer bis „wenn Sie danach fragen müssen, können Sie es sich nicht leisten". Die teuerste Option ist die am wenigsten invasive und hat eine kürzere Erholungszeit als der mittlere Preis. Für Wish bedeutet die günstigste Option, dass sie wahrscheinlich nie wieder laufen wird. Nach Alter und Lage der Dinge würde ich vielleicht entscheiden, dass es an der Zeit ist, in Rente zu gehen und die günstigste Alternative zu wählen. Das wäre vernünftig. Aufgrund ihres Aktivitätsniveaus könnte sie jedoch mit der teuersten Alternative danach wieder Sport machen. Sie hat ihre Blütezeit mit Sicherheit überschritten, sie gewinnt nicht mehr wie früher, aber sie liebt es eindeutig zu laufen, sogar auf drei Beinen, während wir auf die teuerste Operation warten. Nein, wir lassen sie das natürlich nicht machen. Man muss den Hund behandeln, nicht die Alterstabelle anschauen. Die Operation findet in einer Woche statt.

Ich mag die AAHA-Richtlinien immer noch, da sie einen dazu zwingen, die durchschnittliche Lebenserwartung einer Rasse in Betracht zu ziehen. Suchen Sie nach der Rasse Ihres Hundes. Adams und ihr Team veröffentlichten im „Journal of Small Animal Practice" (2010) einen Artikel, der das Durchschnittsalter der Rassen basierend auf über 15.000 Hunden auflistet. Bei allen Hunden lag der Durchschnitt bei elfeinviertel Jahren – nehmen Sie das für einen Mischling. Bei den häufigeren Rassen lagen Bulldoggen mit sechseinviertel Jahren am niedrigsten und Deutsche Doggen und Shar Peis mit sechseinhalb Jahren. Am anderen Ende der Lebenserwartungsskala finden wir Cardigan Welsh Corgis mit sechzehn Jahren (Pembrokes durchschnittlich zwölf Jahre), Irish Terrier mit fast fünfzehn Jahren, Toy Pudel mit vierzehneinhalb und Cairn Terrier mit vierzehn Jahren. Es gibt viele Variationen, sowohl nach Größe als auch nach Rassen. Sobald Sie den Durchschnitt für die Rasse oder Hunde insgesamt haben, verwenden Sie die Prozentskala, die die AAHA verwendet und Sie werden eine gute Vorstellung davon bekommen, wo Ihr Hund altersmäßig einzuordnen ist.

Gesundheits- und Veterinärmedizin

Je nachdem, wie man es kategorisiert und einteilt, ist die Mehrheit der Tierarztbesuche zehn bis zwölf Gesundheitsproblemen zuzuordnen. In beliebiger Reihenfolge umfassen diese Veränderungen des Appetits, Erbrechen und Durchfall; Zahnprobleme einschließlich Mundgeruch; Blasenprobleme; Husten und Atemprobleme; Gewebeschäden einschließlich Schnitte und Prellungen; Lahmheiten und Gelenkprobleme; Hautprobleme wie Juckreiz, lokale Infektionen und Hautschwellungen einschließlich Infektionen. Außerdem Ohrenprobleme und Verhaltensänderungen. Während ich mit diesem Buch einfach nur die wunderbare Biologie unserer besten Freunde aufzeigen möchte, gibt es einen ziemlich engen Zusammenhang zwischen der Hundebiologie und Tierarztbesuchen. Man besucht den Tierarzt, wenn die Biologie nicht mehr so funktioniert, wie sie sich entwickelt hat, sei es aufgrund einer Verletzung oder einer Krankheit. Beides stellt Abweichungen vom Normalzustand dar. Sie müssen also wissen, was normal ist. Nicht nur allgemein bei Hunden, sondern für diesen Hund in diesem Alter mit diesen abweichenden spezifischen Bedingungen.

Rassen, Krebserkrankungen und Todesfälle

Ich würde gerne einfach die Rassen auflisten, die am wahrscheinlichsten sterben. Das ist einfach. Alle. Oder ich würde gerne einfach die zehn Rassen auflisten, die am wahrscheinlichsten an Krebs erkranken. Das aufzulisten ist einfach, aber kaum korrekt durchführbar. Das Problem ist, dass jedes Jahr unzählige Hunde an unbekannten Ursachen sterben. Somit werden die Todesursachen falsch erkannt und die Raten an Krebstoten falsch eingeschätzt. Einige Krebsarten sind leichter zu finden als andere, daher überschätzen wir diese Arten. Einige Rassen sterben eher an Unfällen, aber obwohl sie Krebs haben können, werden sie als Unfalltod registriert und zählen nicht zu Krebs. Daraus sollte man nicht schließen, dass die Daten nicht vorhanden wären. Nur, dass man sie sorgfältig aufnehmen muss. Mit Bedacht.

Lassen Sie mich Ihnen ein Beispiel geben. Es gibt eine ziemlich interessante Studie, die 1997 von Bonnett und anderen in Schweden durchgeführt wurde. Diese zeigte interessante rassespezifische Ergebnisse. (Bonnett et al., 1997) Die Rassen mit dem höchsten Risiko (und der jeweils häufigsten Todesursache) waren beginnend mit dem höchsten Risiko von oben nach unten:

- Irischer Wolfshund: Tumor
- Berner Sennenhund: Tumor
- Deutsche Dogge: Magen-Darm-Erkrankung
- Bernhardiner: Erkrankungen des Bewegungsapparates
- Neufundländer: Herzkrankheit
- Windhund: Erkrankungen des Bewegungsapparates
- Dobermann: Tumor
- Boxer: Tumor
- Riesenschnauzer: Tumor
- Zwergspitz: Trauma
- Drever: Trauma
- Basset Hound: Tumor
- Cocker Spaniel: Tumor
- Deutscher Schäferhund: Erkrankungen des Bewegungsapparates

Faszinierend. Aber die Wissenschaftler listen jeweils die drei bis vier häufigsten Ursachen einer jeden Rasse auf. Wenn man sie gruppiert betrachtet, ist das Bild noch viel komplexer! Es gibt eine aktualisierte Arbeit aus dem Jahr 2005 mit einem anderen Ansatz, einem größeren Datensatz und weitaus mehr Details zu spezifischen Todesursachen, mit einigen anderen Ergebnissen (Egenvall, et al., 2005).

Dobson stellte in ihrem Artikel aus dem Jahr 2013 über Krebs bei Hunderassen fest, wobei sie wie viele andere Studien auch andere Todesursachen unbeachtet ließ, dass Hauttumore am häufigsten vorkommen (Dobson, 2013). Sie sind offensichtlich viel leichter zu sehen und werden daher häufig diagnostiziert. Dobson stellte fest, dass diese zehn Rassen am wahrscheinlichsten an Krebs sterben: Irish Water Spaniel, Flat-Coated Retriever, Magyar Vizsla (Rauhaar), Berner Sennenhund, Rottweiler, Spinone Italiano, Leonberger, Staffordshire Bull Terrier, Welsh Terrier und Riesenschnauzer. Ist es denn wirklich so einfach? Dobsons Aufsatz ist 24 Seiten lang. Krebs gibt es in vielen Varianten und unterschiedliche Rassen neigen zu unterschiedlichen Krebsarten.

PetMD hat im Internet eine Liste von krebsanfälligen Rassen eingestellt. Basierend auf ihrer professionellen Umfrageerfahrung in den Vereinigten Staaten listen sie diese neun auf: Rottweiler, Berner Sennenhund, Bouvier des Flandres, Deutscher Schäferhund, Deutsche Dogge, Labrador Retriever, Bichon Frisé, Boxer und Golden Retriever.

Die Frage, welche Rassen am gesündesten sind, wird durch solch kurze Listen wie diese übermäßig vereinfacht. Auf der anderen Seite ist es ein recht nützlicher erster Schritt, die Rassenwahrscheinlichkeiten für eine Mischung oder einen „reinen“ Satz der Gene zu kennen, die schon vorliegen, damit man weiß, worauf man bei seinem Hund zu achten hat. Ist es wahrscheinlich, dass er an einem Trauma sterben wird? Lassen Sie Vorsicht in Bezug auf Unfälle walten. Krebs? Welcher Typ? Achten Sie auf Symptome. Auch hier: Seien Sie sich bewusst, was bei Ihrem Hund normal ist, damit Sie Anomalien erkennen können.

Bakterien können jeden Teil des Körpers infizieren. Daher kann jedes Symptom oder jede Veränderung, die Sie bemerken, eine Infektion sein. Vielleicht aber auch nicht. Bakterien sind überall und können überall sein. Falls Sie eine Infektion übersehen, wird der Körper sie im Laufe der Zeit höchstwahrscheinlich beseitigen oder isolieren. Dies kann jedoch bleibende Schäden hinterlassen. Eine einfache Infektion kann isoliert und chronisch werden, anhaltende Schmerzen oder Beschwerden verursachen oder die Herzklappen angreifen.

Ich denke, wir übersehen oft, dass Hunde mit Ausnahme von Schizophrenie für dieselben psychischen Probleme anfällig sind wie Menschen. Die sieht man zwar nicht auf Röntgenbildern, sie sind aber oft nicht weniger chemisch verursacht als Diabetes oder Allergien. Wir scheinen nur zu denken, dass das Gehirn nach anderen Regeln spielen sollte. Das tut es aber nicht. Sie müssen auf häufige Anzeichen einer psychischen Erkrankung achten. Leider überschneidet sich diese Liste aber mit den

Symptomen vieler anderer Erkrankungen, sei es die (nicht spielerisch motivierte) Neigung zum Weglaufen oder Verstecken, zwanghaftes Lecken oder Jagen, nachlassende Verspieltheit, destruktives oder aggressives Verhalten, Durchfall, plötzlicher Gewichtsverlust oder Appetit- oder Durstverlust, übermäßiges Haaren unabhängig vom Wechsel der Jahreszeiten, sich Hinkauern, reduzierte soziale Interaktionen, vermehrtes Schlafen, Zittern oder Erbrechen.

Unkontrolliertes Wachstum normaler Zellen, auch bekannt als Krebs, kann in jedem Zelltyp auftreten und sich überall im Körper manifestieren. Potenziell könnte jedes Symptom von Krebs oder einer Infektion verursacht sein. Das ist es aber höchstwahrscheinlich nicht. Sie müssen Symptome und Veränderungen im Vergleich zum Normalzustand feststellen, aber nicht versuchen, ohne ausführliche Tests voreilig zu einer Diagnose kommen zu wollen. Auch erfordert nicht jedes Symptom einen sofortigen Aufbruch in die Notfallklinik. Wie sehr beeinträchtigen diese Symptome die täglichen Aktivitäten? Wie schnell haben sie eingesetzt? Jeder Tag ist anders, sodass ein aufmerksamer Beobachter jeden Tag etwas finden kann, worüber er sich Sorgen machen kann. Millionen von Jahren der Evolution in einer Welt ohne medizinische Hilfe haben die meisten Krisen, die im Körper auftreten und die absolut sofortige Lösungen erfordern, so gut wie ausgemerzt. Also heißt das für Sie: Entspannen, beobachten, nachdenken, Notizen machen.

Im Falle starker Blutungen oder extremen Atembeschwerden überspringen Sie den letzten Satz über das Entspannen bitte. Ohne Luft in der Lunge und Blut, das den Sauerstoff bewegt, bleiben Ihnen nur wenige Minuten. Vergiftungen können Kreislauf- oder Atmungsstörungen verursachen, daher sollte die Behandlung nicht verzögert werden. Ansonsten entspannen Sie sich. Selbst schwerer Durchfall wird Ihren Hund nicht innerhalb von Minuten dehydrieren und ein Zucken in der Schulter bedarf möglicherweise gar keiner weiteren Behandlung.

Den richtigen Tierarzt für Sie finden

Suchen Sie jetzt, solange alle gesund sind, einen guten Tierarzt. Seien Sie proaktiv und finden Sie jemanden, dem Sie vertrauen und mit dem Sie zusammenarbeiten können. Tierärzte sind leicht zu finden und die meisten von ihnen sind wirklich gut. Ich habe mich zwei Jahrzehnte lang um eine ältere Frau gekümmert. Sie hatte Golden Retriever. Ihr Tierarzt war einer ihrer früheren Lieblingsschüler. Um meine ältere

Freundin bei Laune zu halten, ließ er sie jedes Mal in die Praxis kommen, wenn einer ihrer Hunde eine Verdauungsstörung hatte. Ihre Hunde waren immer übergewichtig, aber dieser Tierarzt hat ihr das nie gesagt. Ich habe ihn ausdrücklich gefragt, warum er das Thema nicht angesprochen hat. Er sagte, er wolle gern, dass meine Freundin weiterhin glücklich sei. Vielleicht ist das die Art von Tierarzt, die Sie für sich haben wollen. Ich persönlich möchte lieber einen, der ehrlich ist, klare Ratschläge gibt und die biologischen Mechanismen dahinter erklärt. Möglicherweise ist auch das nicht der Tierarzt Ihrer Wahl. Vielleicht suchen Sie einen, der zugänglich und freundlich ist und Ihre Zeit nicht mit Erklärungen verschwendet. Es gibt so viele Tierärztetypen, wie es Persönlichkeitstypen gibt. Die meisten können ihren Stil anpassen, wenn Sie ihnen klar machen, was Sie von ihnen brauchen. Alle sollten gute Diagnostiker sein. Niemand kann Gedanken lesen, weder Ihre noch die Ihres Hundes.

In freier Wildbahn und während des größten Teils der Domestikation, als Hunde noch reine Werkzeuge für die Menschen waren, wurde jeder Hund, der Schmerzen oder Schwäche zeigte, angegriffen, entsorgt, oder eliminiert. Das Merkmal „Schmerzen zeigen“ wurde folglich stark ausselektiert. Das bedeutet, dass Ihr Hund, wenn er Schmerzen zeigt, schon ziemlich starke Beschwerden haben muss. Wenn er mehr als üblich hechelt (außer, wenn es warm ist), dann ist das oft ein Zeichen von Schmerzen oder Unbehagen. Eine erhöhte Herzfrequenz ohne damit verbundene Aktivität kann schmerzinduziert sein. Jaulen bei Bewegung oder Berührung sind offensichtliche Anzeichen von Schmerzen. Widerstand gegen normales Berühren oder Streicheln ist ein subtiler, aber ähnlicher Hinweis. Mehr Schlaf als normal, verminderter Appetit oder Lethargie können Symptome von Schmerzen sein – und Schmerzen sind ein Symptom für ein zugrunde liegendes Problem.

Der Tierarztbesuch

An einem typischen Tierarztbesuch ist ein ganzes Team beteiligt, allerdings erledigt in kleineren Praxen möglicherweise ein und dieselbe Person alles. Eine Empfangsdame vereinbart Termine mit Ihnen, begrüßt Sie beim Betreten der Praxis und informiert das Team über Ihre Ankunft. Eine Tierarzthelferin wird das Gewicht Ihres Hundes ermitteln, die Symptome mit Ihnen besprechen und den Aufnahmebogen ausfüllen (digital oder auf Papier). Mit diesem Aufnahmebogen, dieser Aufzeichnung an Informationen, die Sie der Assistentin geben, wird dem Tierarzt mitgeteilt, warum Sie dort sind. Der Bogen wird überprüft, bevor der Tierarzt den Untersuchungsraum betritt. Seien Sie hier klar und völlig entgegenkommend und machen Sie hier nicht einen auf „ich will den Assistenten nicht belästigen und hebe das für den Tierarzt auf." Die Wände in Tierkliniken sind oft ziemlich dünn. Ich habe Leute gehört, die Dinge beschrieben haben, die sie dem Assistenten nicht erzählt haben. Diese Informationen hätten dem Tierarzt bei der Vorbereitung und Diagnose geholfen. Einige Tierärzte haben mir erzählt, dass manche Leute dem Assistenten verschiedene (oder erfundene) Symptome mitteilen, „um sicherzustellen, dass der Tierarzt mich beachtet". Je glaubwürdiger Sie für den Assistenten klingen, desto besser kommunizieren Sie zum Wohl Ihres Hundes. Je klarer Sie kommunizieren können, umso besser. Wenn Sie es nicht können, haben Sie keine Scheu, das zuzugeben. Manchmal ist alles, was man sagen kann, eben: „Mein Hund verhält sich nicht normal. Ich kann nicht sagen, was er hat, aber er ist nicht in Ordnung." Das ist wichtig und um Längen besser als erfundene Symptome. In jedem „Telefon"-Spiel werden die Nachrichten beim Erzählen verzerrt. Sie müssen dennoch aufpassen und sicherstellen, dass der Tierarzt gehört hat, was Sie dem Assistenten gesagt haben. Ihre Informationen sind entscheidend für eine genaue Diagnose. Der Tierarzt wird Fragen stellen, eine klinische Untersuchung oder einen Check-Up durchführen, soweit die Symptome es erfordern, vielleicht ein oder zwei Labortests anordnen und Ihnen helfen, die nächsten Schritte zu verstehen. Die meisten Tierärzte, die ich kenne, wünschen sich, dass, falls es finanzielle Limits für eine Behandlung gibt, die Leute das gleich zu Beginn anstatt erst viel später ansprechen würden, da dies oft eine andere Vorgehensweise diktiert.

Um eine gute Versorgung zu bekommen, muss man nicht unbedingt in eine große Klinik gehen. Einer der absolut besten Tierärzte, mit denen ich je zusammengearbeitet habe, befand sich in einem sehr ländlichen Teil von Vermont in Newfane. Ich hatte eine örtliche große Klinik in Brattleboro angerufen, als Wish ihr Gesicht beim Schafehüten an einer scharfen Zaunkante aufgeschnitten hatte. Ich konnte die Muskeln sehen, höchstwahrscheinlich den Zygomaticus minor, aber es kann auch der Levator labil superioris gewesen sein, der Muskeln im Schnauzenbereich, der die Oberlippe anhebt. Ihre Überlegungen gingen gerade sicher in die gleiche Richtung – oder etwa nicht? Eine örtliche Praxis, nur zehn Meilen von unserem Standort entfernt, sagte, man würde uns nicht annehmen, wenn ich kein Stammkunde sei. Ich lebe nicht in Vermont, ich war nur gerade dort, um Vorlesungen über Hundebiologie zu halten. Sicher, baumelnde Haut und freiliegende Muskeln sind per se kein lebensbedrohlicher Notfall, aber das kann ich nicht selbst nähen (eigentlich kann ich es, aber mir fehlen die Medikamente, um die Schmerzen zu betäuben), die Wunde musste gereinigt werden und wir würden ein Antibiotikum brauchen. Ich konnte auch nicht sagen, ob eine besondere Gefahr für das Auge bestand. Ich bin sicher, dass es eine großartige Praxis war, aber sie boten keine Aufnahme und keine Hilfe an. Ich gehe davon aus, dass ihre lokalen Kunden sie lieben, und darauf haben sie sich konzentriert. Ihre Website ließ sie auf jeden Fall beliebt und bedarfsgerecht aussehen. Meine Erfahrung war nicht dergestalt.

Die nächstgelegene offene Tierarztpraxis lag vierzig Meilen entfernt. Die diensthabende Tierärztin des West River Valley Veterinary Services nahm meinen Anruf selbst entgegen, sagte, sie würde gerne für mich geöffnet lassen, da sie bald schließen würde und lud uns ein. Weil die Klinik vierzig Meilen entfernt war und wir über Schotterstraßen, einige Gebirgsbäche und über eine schnucklige überdachte Brücke reisen mussten, musste sie eine Stunde auf mich warten. Als ich dort ankam, begrüßte uns die Tierärztin Tara beim Hereinkommen. Sie hatte einen ihrer Assistenten zurück in die Klinik gerufen. Tara untersuchte sorgfältig, stellte mir Fragen zum Hergang und erklärte klar, was sie vorhatte. Währenddessen sprach sie liebevoll mit Wish, säuberte, nähte und verband die Wunde; dann gab sie mir noch Anweisungen zur Nachsorge. Ich machte ihr Komplimente zu ihrer Praxis, da ich in meinem Leben doch schon einige gesehen habe. Ihre gesamte Berufsphilosophie (ich glaube, die Praxis gehörte eigentlich einem anderen Tierarzt, der aber eindeutig die gleichen Wertvorstellungen gehabt haben muss) entsprang der Einstellung, dass eben zu jeder beliebigen Tages- und Nachtzeit etwas passieren kann – und da sie sich etwas aus Tieren machte, musste sie auch jederzeit Hilfe anbieten. Da sie sich in einer ziemlich abgelegenen Gegend befand, gab es keine 24-Stunden-Klinik, an die sie ihre Patienten verweisen konnte. Ihre Praxis deckte die Grundversorgung ab, und wenn ich dort leben würde, wäre sie definitiv meine Tierärztin.

Ebenso hatten wir in Ohio einen ausgezeichneten Tierarzt, in der Suburban Veterinary Clinic in Dayton. Wir hatten Brian kennengelernt, als er sein Studium begann und behielten den Kontakt, bis er seine Praxis gründete, in der er sich jahrelang hervorragend um unsere Hunde und Katzen kümmerte. Seine Praxis war damals schon mittelgroß und ist seitdem noch gewachsen. Aktuell gehen wir zu einer sehr großen Tierklinik in den Twin Cities, dem Inver Grove Heights Animal Hospital mit allen spezialisierten Testgeräten im Haus, mit Experten für Ernährung, Chiropraktik, Chirurgie, Allergien und was auch immer. Wir gehen aber nicht in erster Linie wegen der Klinik oder der Ausstattung dorthin, sondern deshalb, weil im Tierärzteteam fast alle von genau der Art sind, die wir zu schätzen gelernt haben. Sie sind klar in ihren Aussagen und wenn sie etwas nicht wissen, bereit, das zuzugeben. Sie sind in der

Lage, die detaillierten wissenschaftlichen Erklärungen zu geben, die ich erwarte und kombinieren dies mit der guten Diagnostik, die unsere Hunde brauchen. Treffen Sie die Wahl Ihres Tierarztes mit Bedacht und halten Sie dann daran fest.

Symptome

Auch wenn kein Buch tierärztlichen Rat ersetzen kann, lassen Sie uns hier dennoch einmal die hauptsächlichen Symptomkategorien für Tierarztbesuche mit Blick auf die verursachende Biologie überprüfen. In diesem Buch habe ich aus mehreren Gründen empfohlen, einen Tierarzt zu konsultieren. An dieser Stelle tue ich das deutlicher denn je. Symptome deuten auf ein Problem hin und bilden typischerweise nicht das Problem selbst. Appetitlosigkeit etwa kann viele, viele Ursachen haben. Sie bemerken lediglich die Veränderung, die Aufgabe des Tierarztes ist es dann, die mögliche Ursache herauszuarbeiten. Die meisten Probleme können Sie mit den Mitteln, die Ihnen daheim zur Verfügung stehen, einfach nicht selbst diagnostizieren. Außer, Sie wären ein Tierarzt, der von zu Hause aus arbeitet. Tierärzte gehen jahrelang zur Uni und lernen viel mehr an biologischen Details, als ich in diesem Buch hier abdecke. Sie bilden sich ihr Leben lang fort. Wir sind mit unseren Tierärzten und unseren Veterinärmedizinischen Assistenten per Du. Nicht, weil wir ständig hinrennen, sondern weil wir mit bis zu vier Hunden auf einmal ankommen. Manche davon alt, aber alle sind sie aktiv, und früher oder später bekommen sie alle WSI oder SWN. SWN, müssen Sie wissen, bedeutet, mit dem Hund „Stimmt was nicht". WSI ist die häufige Diagnose „was Schlimmes innendrin". Der durchschnittliche Hund in den Vereinigten Staaten kommt einmal im Jahr zum Tierarzt. Die meisten Tierärzte, die ich kenne, sind der Meinung, dass ein jährlicher Besuch, sofern es keinen sonstigen Anlass gibt, vollkommen ausreicht. Sie können Ihren Tierarzt kennenlernen und er Sie und Ihren Hund. Dabei kann er sehen, wie sich die Ausgangsbasis gestaltet und ist so in der Lage, schleichende Veränderungen frühzeitig zu erkennen.

Jenachdem, worum es geht, ist ein Tierarztbesuch nicht gerade günstig. Eine einfache Untersuchung ohne weitere Tests wird wahrscheinlich weniger kosten als eine wirklich schicke Leine und ein Halsband. Bei Blutbildern und anderen Diagnostika kommt man leicht auf das Doppelte. Jährliche Besuche sind großartig geeignet, um auf dem Laufenden zu bleiben, was eine Prävention vor Krankheiten durch Impfen oder die Prävention von Herzwürmern und Flöhen mittels Medikamenten anbelangt. In den meisten ihrer Lebensjahre gehen unsere Hunde nur zur jährlichen Untersuchung zum Tierarzt. Alle paar Jahre entwickelt einer von ihnen SWN und wir sind wegen einiger Tests nochmal beim Tierarzt. Bei vier Hunden macht das etwa alle sechs Monate einen Tierarztbesuch. Ich glaube, sie haben ihren neuen Gebäudeflügel dort nach uns benannt.

Zurück zu den Symptomen. Halten Sie die Augen offen, was ungewöhnliche Veränderungen im Verdauungssystem und das Stoffwechselabfallsystem wie zum Beispiel beim Pinkeln betrifft, die Atmungs- und Kreislaufsysteme, Haut-, Skelett- und Muskelsysteme, die sensorischen Systeme sowie die psychische Gesundheit im Zusammenhang mit der zentralen Verarbeitung im Gehirn. Die biologischen Grundlagen all dieser Dinge kennen Sie ja inzwischen – außer, Sie hätten mit dem Buch erst hier im vorletzten Teil zu lesen begonnen. Zu wissen, wie die Systeme aussehen, wenn sie ordentlich funktionieren, hilft beim Erkennen von Veränderungen, die unserer Aufmerksamkeit bedürfen. Im Laufe Ihres Lebens mit Hunden dürfen Sie einige davon, wenn nicht alle, erwarten.

Innere Parasiten

Unsere erste Erfahrung mit Parasiten machten wir mit Beaker. Er entwickelte schmerzhaften, explosionsartigen Durchfall. Ganz offensichtlich war das nicht normal und rezeptfreie Medikamente zur Verlangsamung des Verdauungssystems halfen nicht. Ich erinnere mich noch, wie ich ihn mitten in der Nacht nach draußen brachte und er vor Schmerzen so laut aufheulte, dass meine Frau im Haus geweckt wurde. Es war unverkennbar, dass er medizinische Hilfe brauchte. Ein einfaches Medikament, das wir zu schätzen gelernt haben, nahm sich seiner Giardien an. Denn Beaker war schon mit Bandwürmern zu uns gekommen, was man an den Proglottiden in seinem Kot erkennen konnte, die wie kleine Sesamkörnchen aussahen.

Erbrechen

Jeder unserer Hunde hat sich irgendwann übergeben und/oder flüssigen Stuhlgang gehabt. OK, jeder Hund auf dem Planeten hat das doch manchmal, oder? Das Verdauungssystem von Hunden entwickelte sich zu einem empfindlichen System. Das braucht man auch, wenn man rohe, manchmal sich bereits zersetzende Lebensmittel frisst, die an sich schon von zweifelhafter Gesundheit sind. Sie müssen bei Erbrochenem auf Inhalt und Farbe achten. Stammt dieses Material aus dem Magen oder dem Dünndarm (erinnern Sie sich an diesen Abschnitt des Verdauungsteils)? War das nur eine einmalige Angelegenheit, oder kommt es unter vorhersehbaren Umständen öfter vor?

Zähne

Gromit hat ein paar Zähne verloren, entweder beim Kauen oder Herumzerren, genau wissen wir es nicht. Ansonsten sind wir weitgehend von Zahnproblemen verschont. Alle paar Jahre lassen wir aber die Zähne unserer Hunde reinigen, um das Zahnfleisch zu schützen. Einige Rassen und viele (die meisten?) Individuen aller Rassen profitieren von der täglichen Zahnreinigung. Bakterien bilden einen Biofilm auf den Zähnen und verdauen die Nahrung, die nicht hinuntergeschluckt wurde. Im Laufe der Zeit verdickt sich dieser Biofilm zu einer weißlichen, mineralähnlichen Ablagerung, die zu Karies und Zahnfleischerkrankungen führt – Zahnstein. Viele Tierärzte empfehlen das Zähneputzen; es gibt sogar Hundezahnpasta. Meine Freundin Sarah schwört darauf, dass die Zähne sauber werden, wenn man mit ein bisschen Mull um den Finger gerollt sanft über die Zähne reibt. Auf die Ernährung kommt es an: Mehr Kohlenhydrate führen zu mehr Zucker im Mund (danke an die Amylase), was zu mehr Zersetzung führt. Was, Ihr Hund will Ihren Finger nicht im Maul haben? Schmecken Ihre Finger vielleicht nach Seife oder Parfüm? Liegt es daran, dass Ihr Hund Ihnen nicht vertraut? Vielleicht mag Ihr Hund es nicht, wenn an seinen Zähnen gerieben wird, weil da etwas wie ein wundes Maul oder ein abgebrochener Zahn ist. Schauen Sie einmal danach in seinem Maul. Oh, Ihr Hund ist ein Beißer? Für mich wäre das ehrlich gesagt ein Ausschlusskriterium. Wenn ich meinem Hund mit meinen Händen nicht vertrauen kann und ich ihn füttere und pflege, wie kann ich ihm dann in der Nähe von Kindern oder einer seltenen (in unserem Haus jedenfalls) nicht hundegewohnten Person vertrauen?

Ich rieche auch regelmäßig am Atem meiner Hunde. Mit zunehmendem Alter zeigt sich bei Gromit die größte Veränderung. Wahrscheinlich liegt das an Veränderungen in seiner Darmflora. Wir überprüfen sein Maul, um sicherzustellen, dass er frei von Karies oder Zahnfleischentzündungen ist. Man muss das Normale kennen, um das Anormale zu erkennen. Ein Wolf müsste einen furchtbaren Atem haben, wenn man sich anschaut, was er frisst. Meine Hunde ernähren sich viel besser, ihr Atem sollte einen also nicht rückwärts umhauen. Schlimmen Mundgeruch sollten Sie mit Ihrem Tierarzt besprechen, denn das könnte ein wichtiges Symptom für etwas anderes als Mundgeruch sein.

Warum es hilft, etwas von Biologie zu verstehen

Cricket entwickelte in ihrer ersten Woche bei uns ein Problem mit den Harnwegen. Natürlich wurde uns das Problem an einem Freitag klar, und wirklich draufgekommen, was es ist, sind wir erst am späten Samstag. Sie litt, und das war bestimmt nicht das, wie unsere Beziehung beginnen sollte. Also brachten wir sie zu einer teureren Version eines Routine-Check-Ups in eine rund um die Uhr geöffnete Tierklinik. Es wurde bestätigt, dass es sich nur um eine Blasenentzündung handele und nicht irgendeine schlimme Welpenkrise. Gromits vermehrter Harndrang hingegen signalisierte sein Nierenversagen, was wiederum ein Symptom seiner Leptospirose war. Wish bekommt gelegentlich Hustenanfälle, die durch zu starkes Ziehen an ihrer Leine und ihrem Halsband verursacht werden. Zum Glück nicht durch eine Atemwegsinfektion oder gar Rauchen. Grundsätzlich verwenden wir ein Geschirr, auch um mögliche Nackenprobleme einzudämmen. Beaker starb an Blutkrebs. Jeder unserer Hunde hatte Schnitte und Kratzer; jeder aktive Hund bekommt sowas.

Die Einzige, die genäht werden musste, ist Wish. Eine Woche vor der Teilnahme am Landeswettbewerb hatte sie zwei große Schnitte im Gesicht und eine Schnittwunde am Bein. Sie ist ein raues und stürmisches Mädchen, hat sich ein paar Mal einen Zeh gebrochen und jetzt einen Bänderriss zugezogen. Beaker hat sich die Nase gebrochen, genauer gesagt sein Nasenbein. Er war zu nahe an der Tür und drehte seinen Kopf sehr schnell, als er hörte, wie Leckerlis hervorgeholt wurden. Beaker war ein großer, kräftiger Hund und konnte seinen Kopf ziemlich schnell drehen. Alle unsere älteren Hunde haben Arthritis. Wish und Gromit haben verdickte Gelenke an den Gliedmaßen davon. Und Gromits Hüften sind nicht mehr das, was sie einmal waren. Tattoo hatte schwere Hüftdysplasie. Im Alter von drei Jahren zeigte eine Röntgenaufnahme, dass er eigentlich nicht mal zum Gehen in der Lage sein sollte, und dennoch war er sehr erfolgreich im Agility. Unser Tierarzt meinte damals: „Wir behandeln den Patienten, nicht das Röntgenbild.“ Mit elf Jahren musste er in Rente gehen, mit dreizehn waren die Schmerzen nicht mehr zu beherrschen.

Alle außer Cricket haben Beulen unter der Haut gehabt. Normalerweise werden diese abgesaugt und vom Tierarzt auf Krebs untersucht. Bisher handelte es sich nur um einfache Fettansammlungen. Blizzard hatte eine große Beule auf der Brust. Diese ließ sich nicht wie ein Fettklumpen bewegen und ging deutlich tiefer. Sie wuchs schnell und eine Röntgenaufnahme zeigte ein Krebsgeschwür an seinen Rippen, das sich bereits auf seine Wirbelsäule ausgebreitet hatte. Unsere Hunde waren größtenteils frei von Ohrenproblemen, obwohl Gromit taub ist. Beaker hatte einmal Ohrmilben. Tattoo lief eines Morgens im Kreis wegen einer vestibulären Erkrankung, Gleichgewichtsprobleme, die sich im Laufe der Zeit selbst regulierte. Gromit verliert seine Sehkraft. In jeder dieser Situationen halfen uns einige Biologiekenntnisse dabei, das Problem zu verstehen und weniger in Panik zu geraten. Wir fühlten uns besser gerüstet dafür, uns in Absprache mit dem Tierarzt für Behandlungsoptionen zu entscheiden.

Fachleute für Verhaltensprobleme

Glauben Sie nicht, dass niedergelassene Tierärzte unsere einzigen Trumpfkarten sind. Es gibt daneben noch Spezialisten, die Hilfe für alle möglichen Probleme bieten. Auf jeden Fall sollten Sie aber deren Qualifikation überprüfen, denn in vielen Staaten darf sich jeder einfach so „Hundespezialist für xy“ nennen.

Da gibt es Hundetrainer mit geringer Praxiserfahrung, andere haben Praktika bei Trainern absolviert oder sich spezialisiert. Ich habe so manches Beispiel für in ihrem Wahrheitsgehalt weit gedehnte Aussagen erlebt, wie etwa „ich bin vom Verband zertifizierter Hundetrainer.“ Wobei sich dann herausstellte, dass das Zertifikat für eine sehr spezifische Art einer Tätigkeit mit Hunden galt, die weit weg von der Tätigkeit eines Trainers war. In diesem Fall handelte es sich um Hundemassage … aber die Person verkaufte sich als Experte für Verhaltensprobleme. Auf der anderen Seite haben einige der erfahrensten und besten Hundeverhaltensexperten, die ich kenne, überhaupt keine Zertifizierung. Da fallen mir sofort ein paar Schlittenhundeführer ein. Sie sind brillant. Aufmerksam. Sogar quasi Gelehrte auf ihrem Gebiet. Als Kunde müssen Sie also einfach vorsichtig sein und schauen, mit wem sie es zu tun haben.

Zertifizierte Hundetrainer

In den USA wurde ein Zertifizierungsrat für Professionelle Hundetrainer (Council for Professional Dog Trainers / CCPDT) von der Vereinigung für Professionelle Hundetrainer (Association of Professional Dog Trainers / APDT) gegründet, um Hundetrainer unabhängig zu zertifizieren. Diejenigen mit einer Zertifizierung haben eine organisierte Ausbildung absolviert, Prüfungen bestanden und müssen sich an einen Berufsethikkodex halten. (Ich gebe zu, dass ich hier befangen bin. Denn ich habe

Programme für die APDT gemacht und bin zweifellos ein bisschen voreingenommen, sonst würde ich ja auch nicht mit ihnen arbeiten.)

(Anm. des dt. Verlages: In Deutschland gibt es bisher keine einheitliche staatlich anerkannte Ausbildung, Prüfung oder Zertifizierung zum Hundetrainer. Jeder darf sich ohne Ausbildung so nennen. Einige Verbände kämpfen um einen Professionalisierung des Berufsbilds und bieten Zertifizierungen nach eigenen, hohen Standards an wie etwa BHV oder IBH.)

Verhaltenpsychologen und Verhaltenstherapeuten

Verhaltenspsychologen gibt es in vielen Facetten, darunter sogar solche mit akademischen Abschlüssen auf Master- oder Doktoranden-Ebene.

In den USA gibt es zertifizierte Verhaltenspsychologen für angewandtes Tierverhalten (Certified Applied Animal Behaviorists / CAABs) und assoziierte zertifizierte Verhaltenspsychologen für angewandtes Tierverhalten (Associated Certified Applied Animal Behaviorists / ACAABs) – dies sind Verhaltenspsychologen für angewandtes Tierverhalten, die einen Master- oder Doktortitel im Fach Tierverhalten bei einer der akkreditierten Universitäten erworben haben.

(Anm. des dt. Verlags: In Deutschland gibt es keine vergleichbare akademische Ausbildung. Tierärzte können eine Zusatzbezeichnung „Verhaltenstherapie" erwerben, ansonsten ist das Berufsbild des Hundeverhaltensexperten oder Hundepsychologen nicht von offizieller Seite geregelt. Diverse Verbände oder private Schulen bieten solche Ausbildungen oft als Zusatzausbildung für Hundetrainer an, aber es handelt sich um keine staatlich anerkannten Berufsabschlüsse.)

Verhaltenspsychologen studieren „normal" bei Hunden, genau wie Sie das tun sollten, damit sie „anomal" erkennen und behandeln können. Sie kennen Verhaltensänderungen, die neuesten und besten (was nicht immer ein und dasselbe ist) Techniken und sie kennen sich aus mit Training von Menschen, damit Sie lernen können, wie Sie Ihren Hund im Griff haben oder er besser werden kann.

Überraschenderweise (oder vielleicht auch nicht, wenn man bedenkt, was sie alles noch so wissen müssen) gesteht man Tierärzten in ihrer Ausbildung nur sehr wenig

Zeit zu, in der sie etwas zum Verhalten lernen. Selbst für die einfachsten Trainingsangelegenheiten empfehlen sie oft einen Verhaltensexperten oder einen Hundetrainer. Wie Humanmediziner auch, so können sich Tierärzte spezialisieren und Zertifizierungen oder Zusatzqualifikationen erlangen, auch bezüglich des Verhaltens. Jeder zertifizierte und zugelassene Tierarzt hat aber ausreichendes Wissen dazu, wann er grundlegende Medikamente gegen Verhaltensprobleme wie Angst vor Gewitter verordnen muss. Die meisten wissen auch, an welcher Stelle sie überfordert sind und werden dann einen Experten empfehlen. Manchmal können sie das aber auch nicht, weil es in der Gegend einfach keinen gibt oder weil die Symptome noch nicht klar genug sind.

Verhaltenspsychologen, egal, wie sie sich im Einzelfall nennen, sind quasi Hundetrainer, die helfen können, Probleme zu lösen oder zumindest zu managen. Ich kenne eine Reihe fabelhafter Leute, die gerufen werden, um bei Problemen wie Bellen, Beißen und so weiter zu helfen. Blizzard tendierte ab dem Welpenalter sein ganzes Leben lang zu angstaggressiven Verhaltensweisen. Das erforderte jeden Tag seines ganzen Lebens proaktives Management, das uns von einer wunderbaren Verhaltensexpertin namens Leslie beigebracht wurde. Sie ist tough wie ein Feldwebel, hat aber andererseits weiche Seiten und ein Herz von der Größe von Texas, was sie natürlich nicht zugibt. Sie brachte mir Trainingsfähigkeiten bei, wie zum Beispiel, zu verstehen: „Was sind Deine Kriterien für dieses Verhalten?" Sie arbeitete mit mir am Timing der Belohnungen. Sie brachte mir bei, wie man mit Situationen umgeht, die man nicht kontrollieren kann – zum Beispiel mit all den Leuten, die ihren Hund meinen fröhlich begrüßen lassen wollen, obwohl meiner sich gerade zu Tode ängstigt. Wir nannten ihren Unterricht „Folter und Wunder". Geben Sie Ihrem Hund eine faire Chance und holen Sie sich einen Fachmann, wenn Sie nicht die gewünschten Ergebnisse erzielen können. Jede Verhaltensänderung bei einem Hund bedeutet, dass er mit einer Warnflagge winkt und es ist unsere Aufgabe, zu beobachten, worum es geht. Kurz gesagt können bei unseren Hunden durchaus Dinge schiefgehen. Wenn sie das tun, sind die meisten reparabel oder beherrschbar, und wenn nicht, dann läuft unser Leben unrund.

Für Hunde gibt es Masseure, Ernährungsberater, Physiotherapeuten, Hundesitter, Gassigeher – was das Herz begehrt. Ob man sie braucht? Manchmal bestimmt. Ansonsten können sie dazu beitragen, Ihre Beziehung enorm aufzuwerten.

Trainer für spezielle Beschäftigungen

Engagieren Sie sich in irgendeiner Art von Hundesport oder -aktivität, damit Ihr Hund geistig beschäftigt wird. Erinnern Sie sich, wie komplex das Hundegehirn ist? Für die meisten Hunde ist es nicht genug, wenn sie Ihnen nur dabei zusehen, wie Sie im Haus herumlaufen. Wir wissen, dass gemeinsame körperliche Aktivitäten mit Ihrem Hund die Konzentration der süchtig machenden chemischen Substanzen erhöhen, die Ihnen dabei behilflich sind, sich an Ihren Hund und Ihren Hund an Sie zu binden. Solche Aktivitäten sind nicht nur von Gesundheitsbewusstsein motivierte Gewohnheiten, um Sie und Ihren Hund in Bewegung zu halten – sie fungieren sogar als positive, sozial akzeptable Form einer schönen Sucht!

Es gibt unzählige Hundesportarten und Aktivitäten, von Dogdance über Flyball bis hin zu … OK, hier ist eine Liste, die ich für einen Vortrag vor einigen Jahren zusammengestellt habe. Es gibt mehr, viel mehr, nur keine, über die ich mehr weiß, als Sie durch Googeln der Bezeichnung herausfinden können. Jede Aktivität hat eine sehr engagierte Anhängerschaft, die nur darauf aus ist, Sie davon zu überzeugen, dass dies der größte Spaß ist, den Sie mit Ihrem Hund haben können. Jeder hat eigentlich auch Recht!

- **Agility:** Führen eines Hundes über einen vom Richter entworfenen Hindernisparcours mit Standardelementen

- **Scheunenjagd:** Sie bringen Ihrem Hund bei, eine Ratte in einem Käfig zwischen Strohballen zu finden und anzuzeigen.

- **Bikejöring oder Dog Scooting:** Ihr Hund zieht Sie auf einem Fahrrad, oft querfeldein.

- **Zughundesport:** Wie Hundeschlittenfahren auf Rädern, das Ziehen eines leichten Wagens mit Personen oder anderen Gegenständen

- **Hundeausstellungen:** Hunde werden von Richtern daraufhin bewertet, welche in Exterieur und Fellbeschaffenheit am besten dem Rassestandard entsprechen.

- **Frisbeewerfen oder Discdogging:** Fliegende Scheiben müssen aus der Luft gefangen werden. Es geht um Distanz und Genauigkeit.

- **Dog Diving:** Hunde springen von einer Plattform aus möglichst weit in einen Pool.
- **Hundewanderungen:** Mitnehmen eines Hundes auf eine Wanderung, manchmal auf Zeit, manchmal mit Ausrüstung
- **Field Trials:** Wettbewerbe zur simulierten Jagd, insbesondere mit Retrievern zum Auffinden oder Apportieren von Vögeln
- **Flyball:** Rennen, bei denen Hunde einige Hürden nehmen, einen Ball aus einer Ballmaschine fangen und ihn zurückbringen – ein schneller und aufgedrehter Sport
- **Hüten:** Sie arbeiten mit Ihrem Hund an einer Gruppe von Enten, Rindern, Schafen oder Ziegen und müssen dabei bestimmte Aufgaben erfüllen.
- **Jagen:** Einsatz Ihres Hundes als Partner beim Aufspüren, Hochscheuchen oder Vorstehen von Wild
- **Hunderennen (Lure Coursing):** Eine künstliche Beute wird auf einer Rennbahn mittels eines festen Schnur- und Flaschenzugsystems am Boden in hoher Geschwindigkeit vor den Hunden (meist Windhunden) hergezogen, um diese zum Nachhetzen zu bringen.
- **Mushing:** Schlittenhundearbeit mit Teams von gut ausgebildeten Hunden im Schnee
- **Dogdance:** Hund und menschlicher Partner tanzen nach Choreografien zu Musik
- **Nasenarbeit:** Geruchsspuren oder Duftboxen an gut versteckten Orten finden
- **Fährten:** präzise Ausführung ganz bestimmter standardisierter Suchaufgaben
- **Dog Parkour:** eine Art langsameres Agility im frei zusammengestellten Erlebnis-Parcours zusammen mit dem Hundeführer nach dem Vorbild von Trimm-Dich-Pfaden (mögliche Elemente sind Tische, niedrige Mauern usw.)
- **Schutzhundesport oder VPG:** eine Reihe von Sportarten, die einem Hund beibringen, den Hundeführer zu schützen, ohne dabei jedoch andere zu gefährden

- **Rally Obedience:** Obedience über einen Hindernisparcours
- **Windhundrennen:** Klassisches Hunderennen (für Rassen wie Greyhounds) um einen festen ovalen Kurs
- **Skijöring:** Ihr Hund zieht Sie auf Skiern.
- **Personensuche:** Sehen Sie, wie gut Ihr Hund der Spur einer bestimmten Person folgt, die diese zuvor abgegangen ist.
- **Treibball:** „Hundefußball" mit einem Gymnastikball, der Hund bewegt den Ball in ein Tor
- **Weight Pulling:** Wettbewerbe, bei denen es darum geht, das meiste Gewicht auf einem Wagen oder Schlitten über eine bestimmte Distanz zu ziehen

All dies kommt zu den Dingen hinzu, die Sie sowieso zu Hause tun, wie Gassigehen und Ballspielen. Ein guter Hundetrainer für jede dieser Sportarten kann auch ein Einstieg in die Welt der Spezialisten sein, die sich mit Management- und Gesundheitsfragen befassen. Nein, Sie brauchen nicht für jede Aktivität einen kostenpflichtigen Trainer. Ein solcher ist eine große Hilfe, aber Sie können auch kostenlos Spaß mit Ihrem Hund haben. Wenn man von den Kosten fürs Fressen mal absieht. Oder von Tierarztrechnungen. Halsbändern. Speziellen Ausrüstungsgegenständen. Die Preise sind variabel. So kann es zum Beispiel sein, dass ein Oberklasse-Obediencetrainer Sie auch an einen Oberklasse-Tierarzt oder Oberklasse-Verhaltensspezialisten weiterleitet.

Fragen am Lebensende

Ich werde dieses Teil damit schließen, wie man Entscheidungen zur Beendigung eines Lebens trifft. Manchmal hat man keine Wahl. Als wir in Ohio lebten, hatten unsere Nachbarn einen Akita, der immer zu uns kam, wenn wir ein Lagerfeuer machten. Er liebte es, am Feuer zu liegen. Eines Morgens, als ich zum Spazierengehen aufbrach, sah ich ihn da liegen, an unserer Feuerstelle. Er war tot. Da gab es nichts mehr zu entscheiden. Er war ein guter alter Hund und seine Zeit war gekommen. Manchmal hat man keine Wahl und muss sich trotzdem entscheiden. Als Beaker an Krebs erkrankte, hatte man uns gesagt, worauf wir achten mussten und was schieflaufen könnte. Der

Krebs breitete sich bis auf seine Milz aus. Diese riss eines Morgens, während unseres üblichen Apportierspiels. Ganz plötzlich hatte er enorme Schmerzen und zitterte. Ein paar Minuten später waren wir unterwegs in die Klinik. Während der Veterinär ihn für immer von den starken Schmerzen erlöste, hielten wir ihn im Arm. Mit Blizzard war es so, dass er auch große Schmerzen hatte und sehr schnell unter den Giftstoffen litt, die der Krebs in seinem Körper freisetzte. Ein paar Tage lang verwöhnten wir ihn nach Strich und Faden und gönnten ihm alle möglichen Leckereien, die Hunde sonst bei uns zu Hause nicht bekommen: Eiscreme, geräucherte Rinderbrust ... und er durfte mit uns am Tisch essen. Wir haben eine Solo-Bootsfahrt mit ihm gemacht. Wir weinten viel, ließen unseren Tierarzt ins Haus kommen und hielten ihn fest, während er von seinen Schmerzen erlöst wurde. Ebenso bei Tattoo. Seine Schmerzen nahmen allmählich zu, von chronischen Dauerschmerzen bis hin zu einer Unfähigkeit, das zu tun, was er normalerweise hatte tun können. Es gab kein „heute geht es dir noch gut und eines schönen Tages ist es aus". Wir mussten Entscheidungen treffen, die viel schwieriger waren, zum Beispiel den Tag und die Uhrzeit bestimmen, wann der Tierarzt zu uns nach Hause kommen würde. Der Tod ist bei uns zu Hause eine Familienangelegenheit, bei der alle Hunde anwesend sind und nicht etwas, dem man aus dem Weg geht. Wir hielten ihn fest im Arm, während er starb. Unsere Katze, die es liebte, auf Tattoo liegend zu schlafen und mit seinen tiefen Atemzügen auf und ab zu „reiten", war nie mehr dieselbe, nachdem Tattoo uns verlassen hatte.

Diese Woche haben wir Gromits Ernährung auf Eiscreme und geräucherte Rinderbrust umgestellt, nachdem er Anfälle hatte und sein Blutbild zunehmende Nierenschäden zeigte. Er isst auch mit uns am Tisch. Ich habe ihm sogar ein paar Hirschsteaks gegrillt. Wir haben ihn mit kurzen Spaziergängen zu seinen Lieblingsplätzen verwöhnt. Fast jede Minute erschüttern leichte Krämpfe seinen Körper. Sie beginnen, ihm das Gleichgewicht und den Schlaf zu rauben. Seine Schmerzen scheinen gering zu sein, aber er ist gut mit Medikamenten eingestellt. Seine Furcht scheint groß zu sein. Wir können dies nicht zulassen und es ist unsere Pflicht, jetzt zu handeln, da er so sehr leidet. Morgen früh kommt der Tierarzt zu uns nach Hause. Wir werden Gromit halten. Wir werden weinen. Wir werden in Erinnerungen schwelgen. Ich bin jetzt schon am Weinen, dafür brauche ich nicht auf den Tod zu warten. Gromit hat uns zu Hundemenschen gemacht. Sein Dahinscheiden wird möglicherweise am schwersten von allen werden.

Wie entscheiden Sie, wann Sie sich entscheiden müssen? Ich frage das wohlgemerkt nicht so, dass es Raum für die Aussage ließe, es sei immer Sache des Hundes, den

Zeitpunkt für seinen Tod zu bestimmen und nicht an mir, das zu entscheiden. Ich bin nicht dieser Meinung. In den meisten Fällen gibt es keine einfachen und eindeutigen Antworten. Die moderne tierärztliche Versorgung und die Tatsache, dass Hunde heute bei uns im Haus leben anstatt wie früher im Stall bei den Rindern haben zu besserer Früherkennung geführt und dazu, dass wir bessere Partner unserer Hunde geworden sind. Tierärzte haben Checklisten und Websites mit Fragen, die Ihnen bei der Entscheidung helfen, ob es an der Zeit ist. Sie alle laufen darauf hinaus, dass man das Für und Wider abwägen muss. Kann der Hund an Aktivitäten teilnehmen, die er früher gemacht hat? Gromit verlangte bis vor einer Woche noch danach, Frisbee zu spielen. Ich hatte in einem früheren Teil geschrieben: „Wenn er damit aufhört, mache ich mir Sorgen. Es tut ihm eindeutig weh, aber nicht so sehr, dass er zögern würde." Jetzt hat er damit aufgehört. Ich mache mir Sorgen. Hat Ihr Hund Schmerzen? Wie stark sind diese? Woran erkennen Sie das? Kann der Hund sich ohne Hilfe und übermäßige Schmerzen Grundbedürfnissen wie Essen und Ausscheidungen widmen? Was ist unverhältnismäßig?

Viele meiner Hundefreunde nehmen „wenn die schlechten Tage die guten überwiegen" als Maß dafür, wann es Zeit ist, sich zu verabschieden. Was macht einen schlechten Tag aus? Warum sind fünfzig Prozent das Kriterium, warum nicht fünfundsiebzig oder dreiunddreißig Prozent? Jemand muss sich entscheiden, daran führt kein Weg vorbei. Das wird Sie treffen. Wir legen Kriterien lange im Voraus fest, hinterfragen sie dann aber und drehen uns im Kreis um die Frage, wie schlimm es ist. Ist heute schlimmer als gestern und im letzten Monat? Ziehen wir es für uns oder für unseren Hund in die Länge? Wenn man zu lange auf das Unvermeidliche wartet, wird mein teuerster Freund leiden (das kann meine Frau oder der Hund sein, nehmen Sie es, wie Sie wollen). Entscheiden wir uns zu früh dafür, berauben wir uns alle eines Lebens, das niemand beenden wollte. Das Beste, was ich hier sagen kann, ist das, was meine liebe Freundin Sue sagt. „Wenn Sie ein echter Hundefreund sind und Ihren Hund wirklich kennen, wenn Sie ernsthaft fragen, ob es jetzt an der Zeit ist, ist es höchstwahrscheinlich schon weit darüber hinaus."

Jetzt gerade schläft Gromit auf seinem Hundebett neben dem Schreibtisch in meinem Büro. Er kam heute wieder vorbei, wie er es oft während meiner Schreiberei getan hat. Ich beobachte, wie er atmet, das Zucken in seinen Träumen, und mache mir Gedanken um meinen Freund. Ich frage mich nicht, ob es Zeit ist. Denn das ist es. Er bekommt jede Schmerzbehandlungstechnik, die es gibt, von Akupunktur über Adequan-Injektionen, die ich ihm verabreiche, bis hin zur täglichen Schmerzmitteldosis.

Die meiste Zeit scheint er schmerzfrei zu sein, aber er lahmt und keucht manchmal, was zeigt, dass seine Schmerzen nicht immer vollständig in den Griff zu bekommen sind. Wenn ich heute Morgen mit dem Schreiben fertig bin, wird er mich nicht aufstehen hören. Wenn er aufwacht, wird er erkennen, dass ich gegangen bin und mich suchen gehen, wobei er die ganze Zeit bellt. Wie ein U-Boot mit Sonarsystem, dass suchend alle paar Sekunden einen Ping absetzt. Wenn wir uns oben an der Treppe treffen und das Treppenlicht nicht an ist, wird er den Kopf drehen und über seine rechte Schulter zu mir aufblicken, als wollte er sagen, dass er hier mehr Licht brauche. Wenn das Licht an ist, geht er ohne abzusetzen hinunter. Er geht Treppen jetzt langsam, das tut ihm weh. Aber er entscheidet sich immer noch dafür, sie zu nehmen, also können die Schmerzen nicht allzu schlimm sein. Tattoo gab das Treppensteigen auf, dann das Rennen und schließlich das Gehen fast ganz. Vielleicht haben wir mit Tattoo zu lange gewartet, aber er hatte sein ganzes Leben lang Schmerzen und war trotzdem immer voller Lebenslust. Genauso ist es bei Gromit. Er war ein Wendepunkt in unserem Leben. Sein Verlust wird tief gehen und wir werden uns nie ganz davon erholen. Wir werden ihn nicht vergessen. Aber wie scheuen uns auch nicht, die Verantwortung zur Entscheidung zu übernehmen. Die Verantwortung für ein Leben, in dem wir uns entschieden haben, ihm Pflege, Essen und lustige Aktivitäten zu schenken und für sein gesundes Gewicht zu sorgen. Auch die Verantwortung für den Tod, es sei denn, die Natur entscheidet gnädigerweise für uns, ehe wir am Morgen eingreifen müssen.

Tour 14

Das Gleichgewicht finden

Und dann kam die Pandemie.

Diese Zeile habe ich glatt von Lincolns zweiter Antrittsrede stibitzt und für meine Zwecke angepasst. Der Bürgerkrieg stand nur wenige Wochen vor seinem Ende. Für Lincoln neigte sich dieser große Sturm, der das Land in Stücke gerissen hatte, endgültig dem Ende zu und er blickte bereits auf die notwendige Heilung in die Zukunft. Wir leben nicht in der Vergangenheit. Egal, wie sehr wir uns bemühen, unsere einzige Zeitreise ist vorwärts. Wir können nicht einmal in der Gegenwart stillsitzen und sie genießen. Die Mathematik und die Wissenschaft rund um die Zeit arbeiten in beide Richtungen, aber wir leben nur in eine Richtung. Manchmal trifft die Wissenschaft auf die Realität und wir bemerken eine Diskrepanz.

Die Covid-19-Pandemie oder „Die Pandemie" ist die größte biologische Invasion von Außerirdischen seit der Spanischen Grippe von 1918 vor einem Jahrhundert. Ein paar Wochen nach Gromits Tod, direkt nach Wishs Bänderoperation und gerade mal eine Woche, nachdem eine Freundin an den Folgen des Virus gestorben war, hat meine Einrichtung – wie fast jede Universität im Land – ihre Kalkulationsplanung erstellt und große Kürzungen angekündigt. Die Universität verteilte das Geld praktisch mit der Gießkanne, um den Bedarf der Studenten zu decken, während die Arbeitslosigkeit in die Höhe schoss. Ich denke, jemand mit einigermaßen funktionierendem Verstand kann erkennen, dass man aus schierer Vernunft heraus verzweifeln kann. Nicht, dass Verzweiflung – oder ihr Freund, die Hoffnungslosigkeit – jemals eine rationale Ursache bräuchte. Die Vergangenheit war tragisch, die Gegenwart unerträglich und die Zukunft sah ziemlich düster aus.

Wie jeden Tag, ob Regen oder Sonnenschein, Pandemie oder nicht, flog Cricket aus dem Nichts auf meinen Schoß und leckte mein Gesicht. Sie tat dies nicht, um mir in meinem Zustand zu helfen; das war ihr zu dem Zeitpunkt egal. Sie wollte nach draußen gehen. Sie musste raus. „Und da wir nun schon nach draußen gehen, könnte ich da vielleicht den Frisbee mitnehmen?" Knochen heilen langsam. Wish brauchte während ihrer ersten vier Wochen der Heilung für ihr Knie langsame Spaziergänge über fünfzehn Minuten. Nicht nur langsame Spaziergänge, sondern wirklich l-a-n-g-s-a-m-e-Spaziergänge. Trotz allem, was vor sich ging, sangen die Vögel immer noch. Die Hunde forderten ihre Spaziergänge ein, wollten spielen und ihre Mahlzeiten. Sie boten uns weiterhin ihre Kameradschaft. Was ich sie sagen hörte – obwohl ich mir völlig bewusst war, dass nicht sie es waren, sondern ich, der sprach – was ich immer und immer wieder hörte, war: „Ja, sicher, das ist alles schlecht, aber wir sind hier. Jetzt." Die Zeit vergeht, und Wish und Cricket sind jetzt erst einmal unsere Zukunft.

Die Knietherapie von Wish erforderte zweimal täglich Bewegungsübungen, um die Muskeln zu dehnen und Verwachsungen der Narbe mit dem Gelenk zu verhindern. Na, erkennen Sie, worum es geht? Hier ist grundlegende Biologie am Werk. Der Tierarzt verordnete Bewegungsübungen. Die meisten Leute, wenn ich von Kommentaren in Chats zur Hunderekonvaleszenz ausgehe, überspringen diesen und andere Schritte mit dem Argument „weil mein Hund das nicht nötig hatte". Die Hunde hatten es sehr wohl nötig und die Menschen haben nur das „Warum" der Aufgabe nicht verstanden. Also haben sie es auch nicht gemacht. Wish benötigte Wärme am Bein, um die Durchblutung zu erhöhen. Das verletzte Gewebe brauchte viele körpereigene Entzündungshemmer und Abwehrstoffe. Diese langsamen Spaziergänge beanspruchten den chirurgisch veränderten Knochen, die Tibia (übrigens, danke der Nachfrage), dergestalt, dass neuer Knochen wachsen konnte. Ohne Beanspruchung gäbe es an den benötigten Stellen keinen neuen Knochen oder viel weniger dichten Knochen, der daher schwächer wäre und später im Leben wahrscheinlich Schaden nehmen würde. Hat es uns geholfen, die Biologie dessen, was vor sich ging, zu kennen? Aber sicher hat es das. Wir wussten, warum der Tierarzt diese Pflege verordnete, warum es für Wish wichtig war und was passieren würde, wenn wir das weglassen würden. Nach vier Wochen zeigte sich bei Wish ein größerer Heilerfolg als bei den meisten Hunden nach acht Wochen. Eben weil wir, wie der zertifizierte Hunde-Physiotherapeut sagte, auch alle Übungen durchgeführt hatten, die die meisten Menschen auslassen.

Vor der Verletzung war Wish fit, da sie nicht übergewichtig war, sodass ihr Knie nicht übermäßiger Belastung ausgesetzt gewesen ist. Sie war kardiovaskulär fit, was bedeutete, dass das Blut bereits ein gutes Netzwerk von Gefäßen hatte, um heilende Zellen liefern zu können. Also die notwendigen Immunfaktoren, um die Invasion zu bekämpfen. Es transportierte auch die Medikamente, die der Arzt verabreichte, darunter Antibiotika zur Bekämpfung von Infektionen und Schmerzmittel. Sie war es gewohnt, die ganze Zeit angefasst zu werden, sodass wir sie leicht dazu bringen konnten, an Bewegungs-, Wärme- und Kältetherapie teilzunehmen und die Narbe zu überprüfen. Die beste Heilung fand vor der Verletzung statt. Kein Tippfehler. Davor. Wish war fit und daran gewöhnt, dass an ihr herumgemacht wurde, und sie genoss eine gesunde Ernährung. Das hat viel mehr zu ihrer Heilung beigetragen als danach die Medikamente. Wenn sie länger mit Ihrem Hund zusammenleben möchten und wollen, dass er gesünder ist, dann fangen Sie jetzt damit an. Heute. Und ab dann jeden Tag, mit gelegentlichen freien Tagen, wenn es draußen richtig eklig ist. Vorbeugen ist ein viel kostengünstigeres Heilmittel, als später ein Problem beheben zu müssen. Auch birgt Vorbeugung mehr Spaß, sowohl für Sie als auch den Hund.

Übrigens, unser Chirurg war ein Künstler (Artiste / denken Sie sich das Wort mit dem französischen Akzent, den ich in meinem Kopf habe). Wir haben im Internet Horrorbilder von Narben gesehen. Die Leute posten nur das Schlimmste. Wishs Narbe ist wunderbar verheilt. Die einzige Narbe, die man bei ihr findet, ist die von diesem Unfall mit der Schafherde in Vermont in ihrem Gesicht.

Sie brauchen nicht zu glauben, dass die OP-Nachsorge mit einem Border Collie purer Spaß und Spiel wäre. Wish ist von einer Rasse, bei der auf das Merkmal Arbeiten selektiert wurde. Die Operation machte sie praktisch arbeitslos. Arbeitslos bezüglich aller ihr bisher wichtigen Aufgaben. Als der Chirurg uns sagte, wir müssten sie acht Wochen lang unter Kontrolle halten, keine Treppen, kein Springen, lachten wir. Unmöglich. Aber wir wussten, wenn wir das bei nicht verheilten Knochen ignorierten, würde dies mit Sicherheit zu missgebildeten Knochen und einer unnützen Operation führen. Hunde sind schlau und wir konnten den Körper nicht über ein sehr strenges Regiment mit methodischen Übungen und Dehnungen hinaus belasten. Also boten wir Wish einen neuen Job: Sie musste lernen. Gehirnarbeit ist eine großartige Übung.

Fütterung. Das einfache Abstellen einer Schüssel mit Essen war über Nacht auf einen Schlag anders geworden. Schon mal was von Schnüffelmatten gehört? Ich nicht, aber meine Frau kannte sie gut. Mit einer Hundetrainerin verheiratet zu sein, ist jedenfalls hilfreich. Schnüffelmatten sind hinterhältige Fütterungsgeräte, die von einem Schüler des Marquis de Sade erfunden wurden. Sie haben Klappen und überlappende waschbare Stoffschichten. Man verteilt das Futter in Ecken und Winkeln zwischen den Schichten und der Hund beginnt nach ein paar Hundeblicken herumzuschnüffeln, um das Futter zu finden. Die Mahlzeiten wurden ausgedehnt, während Wish die Matte bearbeitete. Wir kauften Tischsets aus Silikongummi, die wie eine Waffel mit Quadraten gestaltet waren. Man streicht Käse oder Erdnussbutter hinein und friert sie ein. Der Hund braucht zehnmal länger, um an das Futter zu bekommen. Es gibt Intelligenzspielzeuge, in denen man Futter versteckt – der Hund muss Klötzchen verschieben oder Dinge drehen, um die Mahlzeit zu finden. Oder man streut einfach das Futter über ein Handtuch und rollt es auf, damit der Hund es ausrollen muss, um das Futter aus den Falten zu holen.

Bevor Sie es auch nur bemerkt haben, wird uns die Pandemie als etwas Normales erscheinen. Unsere langsamen Spaziergänge zeigen uns, dass die Frühjahrswanderung der Grasmücken im Gange ist. Wir bewegen uns voran. Meine Hunde verschaffen mir wundervolle Zukunftsaussichten, auf die ich mich freuen kann, weil sie von dem

Chaos um uns herum unbeeindruckt sind. Stabilität und Spaß in ein und demselben Fellpaket.

Ich habe zwei liebe Freunde, die regelmäßig Pflegehunde aus dem Tierschutz aufnehmen. Für mich erscheint das verrückt. Sie bekommen einen Hund, verängstigt, einsam, aus einem zu oft schrecklichen oder tragischen Leben gezogen, verlieben sich in ihn – und geben ihn dann weg. Jedes Mal wie ein Todesfall. Sie erinnern mich daran, nein, wir gehen voran. Diese Hunde führen ein großartiges Leben in liebevollen Familien und sie können sehen, wie sich viele dieser Leben entfalten, und wissen, dass sie eine Rolle dabei gespielt haben. Dies hilft, den Blick auf den Horizont zu richten, wenn das Meer voller Wellen ist.

Vermisse ich Gromit, der gerade starb, als die Pandemie zu der schrecklichen Bestie reifte, zu der sie wurde? Ja, und zwar mit jeder Faser meines Körpers. Obwohl die Emotionen alle in meinem Gehirn stattfinden. Vermisse ich Beaker, der zwei Tage vor meiner Mutter gestorben ist und mir keinen Gefährten zum Trauern hinterlassen hat (außer meiner Frau, aber Sie wissen schon, wie ich das meine, oder?). Ich vermisse ihn jeden Tag. Jeder dieser lieben Freunde, einschließlich Tattoo und Blizzard, bereiteten mir große Freude, etwas, auf das ich mich jeden Tag freuen konnte und erinnerte mich daran, dass die meisten meiner Sorgen nicht wirklich so wichtig waren, solange wir einander hatten. Tatsächlich bereiten mir diese inzwischen verstorbenen Freunde immer noch große Freude und Befriedigung.

Cricket und Wish, sie tragen diese Fackel weiter für uns. Ob wir sie jemals ersetzen können? Nein. Keiner unserer Hunde hat einen vorherigen ersetzt. Jeder ist sein eigenes Bündel aus Geheimnis und Freude. Ganz sicher sind sie nicht nur eine Tüte voller Enzyme. Sondern das Produkt von Millionen von Jahren natürlicher Selektion, die den Hund geformt hat, zig Jahrtausende von Menschen, die nach bestimmten Eigenschaften selektierten, damit sie die ultimative Perfektion erreichten. Und die liegt nun auf dem Hundebett neben meinem Schreibtisch und unterbricht meine Arbeit zum Spielen oder für ihre eigene Arbeit.

Hunde bringen unser Leben ins Gleichgewicht. Wir schenken ihnen Leben. Wir teilen unsere Leben miteinander. Nehmen Sie sich eine Minute Zeit und machen Sie sich Gedanken über das Blut, das durch jeden Teil Ihres Hundes fließt (oder stellen Sie sich meinen Hund vor, wenn Ihrer gerade nicht verfügbar ist). Luft, die in die Lunge ein- und ausströmt. Wie oft? Ist das eine normale Frequenz für diese Situation?

Erleichtert überprüfe ich meine Notizen. Nahrung arbeitet sich langsam durch den Verdauungstrakt, während Organ um Organ Chemikalien absondert oder die heiße Masse mechanisch zu einer verdaulichen Suppe vermischt, die auf der anderen Seite auf wundersame Weise als fester Klumpen herauskommt. Wenn nicht, wie ist die Farbe? Scheint es normal geformt zu sein? Ist sein Geruch normal? Welche Gedanken rasen durch den Kopf meines Hundes, während seine Neuronen losfeuern? Zählt Cricket auch meine Atemzüge? Sie betritt auf jeden Fall das Badezimmer, als wollte sie meinen, äh, Kot untersuchen. Ich schaue aus dem offenen Fenster. Welche Düfte, die auf Sensoren in Crickets Nase treffen, sind für meine unsichtbar? Ein Geräusch erregt ihre Aufmerksamkeit. Ich höre es nicht. Ist es ein hoher Ton, nur für sie? Ein Eichhörnchen in einem Baum? Ja, das ist diesmal der Grund.

Genießen Sie die Reise.

Meine Frau hat ein Foto von mir gemacht, wie ich mit Blizzard im Wald spazieren gehe. Ich schaue auf ihn herab und er sieht zu mir auf. Sie fügte dem Bild eine Bildunterschrift hinzu, eine Zeile, die sie irgendwo gelesen hatte und Roger Caras zugeschrieben wurde: „Einige unserer Schätze stellen wir in Museen aus. Mit anderen gehen wir spazieren."

So, nun muss ich spazieren gehen.

Über den Autor

Tim Lewis, Ph. D., nähert sich der Hundeforschung durch die Linse eines evolutionären Ökologen. Geboren in Colorado in Sichtweite der Rocky Mountains und aufgewachsen in der Nähe von Chicago, hat er sein Erwachsenenleben hauptsächlich in den Wäldern verbracht, umgeben von Wildtieren und Hunden. Wie bei vielen von uns fand sein erster Hund *ihn* und begrüßte die Lewis', als sie von der Hochzeit eines Freundes zurückkehrten. Beaker lebte fast eine ganze Woche draußen, bevor er das Haus in Besitz nahm. Im Herzen wild streifte er durch die Landschaft, wann immer er der Leine entkommen oder aus der Tür flitzen konnte. Vieles von dem, was er tat, schien ganz natürlich zu sein und war diesem Welpen eindeutig nicht beigebracht worden. Beaker zeigte Tim, wie man die Welt durch die Augen eines Hundes sieht.

Tims formale, nicht-hundespezifische Ausbildung startete am Augustana College in Illinois, wo er seinen Bachelor-Abschluss in Biologie erhielt, gefolgt von einem Master und einem Doktortitel in Wildtierökologie an der University of Wisconsin-Madison. Tim lehrte zwei Jahrzehnte lang an der Wittenberg University in Ohio, wo er ein preisgekrönter Professor der Biologie war; jetzt ist er Professor für Biologie an der University of St. Thomas in St. Paul, Minnesota. Seine Vorlesungen umfassen Ökologie, Evolution, Säugetierökologie, Waldbiologie, tropische Ökologie und allgemeine Biologie. Er nutzt häufig beispielhaft den Hund, um biologische Ideen zu veranschaulichen und hielt sogar für Universitätsstudenten und Hundefreunde eine Vorlesung über Hundebiologie ab. Seine Forschung umfasst viele Tierarten, darunter Wölfe, Hirsche, Eichhörnchen, Schildkröten und natürlich Hunde. Seit mehr als 30 Jahren präsentiert er die Ergebnisse seiner Forschung in Zeitschriften, auf Konferenzen und als Gastredner. Derzeit lebt er mit zwei Border Collies zusammen, zieht das Hüten mit seinen Hunden den meisten anderen Aktivitäten neben Spaziergängen vor und bewegt sich mit seiner Frau, die diese Sportarten ausübt und anderen lehrt, am Rande der Hunde-Agility- und Hunde-Freestyle-Welt.

Quellen

Adams, V.J. et al. (2010). Methods and mortality results of a health survey of purebred dogs in the UK. *Journal of Small Animal Practice* 51 (10): 512–524.

Arendt, M. et al. (2016). Diet adaptation in dog reflects spread of prehistoric agriculture. *Heredity* 117: 301–306.

Bonnett, B.N. et al. (1997). Mortality in insured Swedish dogs: rates and diagnostic category of death in various breeds. *The Veterinary Record* 141: 40–44.

Dawkins, R. (1976). *The Selfish Gene.* Oxford, U.K. Oxford University Press.

Dobson, J.M. (2013). Breed-predispositions to cancer in pedigree dogs. *ISRN Veterinary Science* 2013 (11): 941275.

Dreger, D.L. et al. (2016). Whole-genome sequence, SNP chips and pedigree structure: building demographic profiles in domestic dog breeds to optimize genetic-trait mapping. *Disease Models & Mechanisms* 9: 1445–1460.

Dreher, J.C. et al. (2016). Testosterone causes both prosocial and antisocial statusenhancing behaviors in human males. *Proceedings of the National Academy of Science* 113 (41): 11633–11638.

Egenvall, A., et al. (2005). Mortality in over 350,000 Insured Swedish dogs from 1995–2000: II. Breed-specific age and survival patterns and relative risk for causes of death. *Acta Veterinaria Scandinavica* 46 (3): 121–36.

Gatti, R.C. (2016). Self-consciousness: beyond the looking-glass and what dogs found there. *Ethology Ecology & Evolution* 28: 232–240.

Horowitz, A. (2017). Smelling themselves: Dogs investigate their own odours longer when modified in an "olfactory mirror" test. *Behavioural Processes* 143: 17–24.

Jia, H. et al. (2015). Functional MRI of the olfactory system in conscious dogs. *PLOS One* 9 (1): e86362.

Miller, P.E., and Murphy, C.J. (1995). Vision in dogs. *Journal of the American Veterinary Medical Association*, 207 (12): 1623 – 1634.

Pilley, J.W. (2014). *Chaser: Unlocking the Genius of the Dog Who Knows a Thousand Words*. Boston, MA, Mariner Books.

Stahler, D.R. et al. (2006). Foraging and feeding ecology of the gray wolf (Canis lupus): lessons from Yellowstone National Park, Wyoming, USA. *The Journal of Nutrition*, 136 (7): 1923S – 1926S.

Sternberg, S. (2016). *Assessing Aggression Thresholds in Dogs: Using the Assess-A-Pet Protocol to Better Understand Aggression*. Wenatchee, WA, Dogwise Publishing.

Theurl, I. et al. (2016). On-demand erythrocyte disposal and iron recycling requires transient macrophages in the liver. *Nature Medicine* 22: 945 – 951.

Vilar, J.M. et al. (2016). Biomechanic characteristics of gait of four breeds of dogs with different conformations at walk on a treadmill. *Journal of Applied Animal Research*, 44 (1): 252 – 257.

Index

D

E

F

G

L

M

N

O